高等学校计算机应用规划教材

U0128900

影视媒体非线性编辑
——Adobe Premiere Pro CS5

杨方琦　主编

何泰伯　刘原　副主编

清华大学出版社

北　京

内 容 简 介

本书主要介绍了影视媒体非线性编辑的基本理论，阐述了非线性编辑的技术基础和艺术基础，讲授了非线性编辑软件 Adobe Premiere Pro CS5 的操作技能。主要内容包括：非线性编辑概述、非线性编辑的技术基础和艺术基础、Premiere Pro CS5 概述、项目配置与素材管理、创建与编辑序列、高级编辑技巧、视频切换特效、视频运动特效、视频滤镜特效、数字音频编辑、字幕设计制作、作品渲染与输出。为了方便教师授课和学生自学，本书配套有教学光盘。

本书概念清晰，实例丰富，理论与实践并重，技术与艺术融合。本书可作为高等院校广播电视类专业、影视艺术类专业、数字传媒类专业和教育技术学专业“非线性编辑”课程的主讲教材，也可作为影视后期制作培训班学员及广大自学人员的辅导用书。

本书配套有教学光盘，为读者提供了全书的多媒体课件、实例源程序、素材和操作演示视频。

本书封面贴有清华大学出版社防伪标签，无标签者不得销售。

版权所有，侵权必究。侵权举报电话：010-62782989 13701121933

图书在版编目(CIP)数据

影视媒体非线性编辑：Adobe Premiere Pro CS5 /杨方琦 主编. —北京：清华大学出版社，2012.9

(高等学校计算机应用规划教材)

ISBN 978-7-302-29783-3

Ⅰ. ①影… Ⅱ. ①杨… Ⅲ. ①影视编辑软件—高等学校—教材 Ⅳ. TN94

中国版本图书馆 CIP 数据核字(2012)第 189678 号

责任编辑：胡辰浩 袁建华
装帧设计：牛艳敏
责任校对：成凤进
责任印制：李红英

出版发行：清华大学出版社
网 址：http://www.tup.com.cn，http://www.wqbook.com
地 址：北京清华大学学研大厦 A 座 邮 编：100084
社 总 机：010-62770175 邮 购：010-62786544
投稿与读者服务：010-62776969，c-service@tup.tsinghua.edu.cn
质 量 反 馈：010-62772015，zhiliang@tup.tsinghua.edu.cn

印 装 者：北京密云胶印厂
经 销：全国新华书店
开 本：185mm×260mm 印 张：22.5 字 数：519 千字
(附光盘 1 张)
版 次：2012 年 9 月第 1 版 印 次：2012 年 9 月第1 次印刷
印 数：1～4000
定 价：39.00 元

产品编号：045000-01

前　言

影视媒体非线性编辑既是一门技术，也是一门艺术，是技术与艺术高度融合发展的产物。随着非线性编辑方式的不断发展和数码摄像产品的广泛普及，非线性编辑已备受广大影视爱好者和专业人士的欢迎和关注。非线性编辑不但在电视台、电影制片厂和音像出版社得到了广泛的应用，而且还在多媒体资源开发、网络流媒体制作等传媒领域得到了越来越多的应用。近年来，为了适应广播电视类专业、影视艺术类专业、数字传媒类专业和教育技术学专业的快速发展，满足人才培养的目标和要求，高等院校在上述专业的课程体系中均开设了影视媒体非线性编辑课程。不但促进了非线性编辑的应用、普及和提高，而且也有利于加快非线性编辑课程体系建设和精品教材建设。

由于影视媒体非线性编辑涉及的内容非常广泛，对学习者的知识、能力和综合素质要求非常高。因此，编者在教材内容的取舍、体系结构的安排和难易程度的掌握上，进行了详细周密的分析、论证和安排。本书基于性能卓越的非线性编辑软件 Adobe Premiere Pro CS5 为工具，简要介绍了影视媒体非线性编辑的基本理论知识，系统阐述了影视媒体非线性编辑的艺术基础和技术基础，深入讲解了 Premiere Pro CS5 软件的基本操作方法与使用技巧。全书共安排了 13 章的内容，分别讲授了非线性编辑概述、非线性编辑的技术基础、非线性编辑的艺术基础、Premiere Pro CS5 概述、项目配置与素材管理、创建与编辑序列、高级编辑技巧、视频切换特效、视频运动特效、视频滤镜特效、数字音频编辑、字幕设计制作、影视作品的渲染与输出。为了方便教师授课和学生自学，本书配套有教学光盘，为读者提供了全书的多媒体教学课件、实例源素材、源程序和操作演示视频。

本书强调理论与实践并重，技术与艺术融合，夯实理论基础，强化实践技能。全书结构合理、内容丰富、层次分明，实例翔实、行文流畅，表述准确。各章节的引言部分阐明了学习本章内容的意义和价值，列出了详细的学习目标。各章节的正文部分以读者为中心，紧密围绕学习目标，结合教学过程中的重难点问题，穿插讲解了大量极具实用价值的实例。各章节结尾部分安排了本章小结及思考与练习，小结有助于帮助读者提炼、巩固和理解所学知识，思考与练习则有助于培养读者运用知识解决实际问题的能力。

本书由杨方琦主编，具体编写分工如下：第 1、2、3 章(杨方琦)、第 4 章(张著)、第 5 章(赵晓娟、张著)、第 6、7 章(坚斌)、第 8 章(王亮、王楠)、第 9 章(熊晓莉、张丽萍)、第 10 章(权国龙、刘原)、第 11 章(赵晓娟)、第 12 章(刘原、熊晓莉)和第 13 章(何泰伯)。全书由杨方琦负责统稿和审定。

本书建议授课 72 学时，理论讲授 36 学时，上机实践 36 学时，具体包括理论知识的讲授、学生的上机实践操作以及综合性 DV 作品的创作。

本书在编写过程中，参阅了大量的著作、教材和网站，考虑到教材使用的方便性，没有在书中一一进行注释，但都作为参考文献在书末列出，在此谨向作者表示衷心的感谢。如有遗漏，敬请作者谅解。限于编者的学识水平和编写经验，书中难免存在不当和错漏，敬请广大读者朋友和同行批评指正。希望您不吝赐教，并将意见和建议发给我们，以供再版时修订，我们的电话是 010-62796045，信箱是 huchenhao@263.net。

编　者

2012 年 6 月

目　录

第1章　非线性编辑概述

随着电影电视技术、计算机技术和多媒体技术等关键技术的相继出现和发展，使得人们将生活片段以影像资料的方式记录和重现的梦想得以实现。时至今日，影视媒体编辑技术经过多年的发展，已经由最初的直接剪接胶片的形式发展到现在借助计算机进行数字化编辑的新阶段，影视媒体编辑从此跨入了非线性编辑的数字化时代。

本章学习目标：

1．了解影视编辑方式发展历史沿革；

2．掌握非线性编辑的概念及其特点；

3．掌握实现非线性编辑的基本条件；

4．掌握非线性编辑系统的构成要素；

5．了解非线性编辑系统的发展趋势。

1.1　线性与非线性编辑概述

1.1.1　影视编辑发展

影视编辑的发展经历了不同的阶段，发生了多次飞跃，每一次飞跃都与当时科学技术的发展紧密相关。技术的发展带动了编辑理念的发展，带动了编辑方式的发展，而编辑方式的发展又反过来促进了编辑专业技术与专业设备的发展，这就形成了一个“科学技术——编辑方式——专业设备——科学技术”螺旋式良性周期发展的趋势，在这里科学技术的发展是首位的。对影视编辑发展历程的回顾，可以使我们加深对非线性编辑概念的理解，也可以帮助我们预测非线性编辑的发展方向。

1．物理编辑方式

1956年由于磁带录像机的发明，剪辑好的电视节目可以利用电视来观看，这是一次技术上的飞跃。电视的发明和发展是一个对电影模仿、借鉴的过程。在这之前，电影节目的剪辑就是剪刀加胶水的物理剪辑方式，因而电视节目也沿用了电影的这种剪辑方式。与电影胶片通过直接观看图像来定位的剪辑有所不同，磁带剪辑是借助放大镜观察磁带上的磁迹来定位的，然后根据剧情需要利用剪刀和胶带切割磁带、重新粘接磁带。由于磁带的这种定位方式很难精确定位编辑点，编辑时也无法实时查看画面，只能凭借经验或量尺来大致估算，所以磁带的剪辑精度还远不及电影胶片的剪辑精度高。与电影胶片相同，这种物理剪辑方式对磁带有永久性损伤，节目磁带不能复用，因此难以复制大量高质量的电视节目。由于当时技术上的落后，还难以实现真正意义上的节目编辑，只能说是节目片段的剪辑。

2. 电子编辑方式

1961年，由于录像技术的发展和录像机功能的完善产生了一个质的飞跃，节目编辑人员可以利用先进的录像和显像设备构成标准的对编系统，从而实现从素材到节目的转录，这标志着电视编辑进入了电子编辑时代。采用电子编辑方式，可以在编辑过程中利用显示设备查看编辑情况，帮助确定编辑点。这种编辑方式避免了对磁带的永久性损伤，编辑好的磁带可以作为节目源素材母带，进行大量的转录复制，从而得到较高质量的节目磁带。不过，由于当时的设备还无法实现逐帧重放，因而电子编辑还不能达到精确到每一个时间帧的编辑精度，并且由于设备都是手动调控，磁带启动和停止时带速不匀，难以与放像机的走带同步，从而造成编辑的磁带接点处出现跳帧现象。

3. 时码编辑方式

1967年，美国电子工程公司研制出了EECO时码系统。1969年，使用SMPTE/EBU时码对磁带位置进行标记的方法实现了标准化，因而出现了大量基于时码的控制设备，编辑技术和编辑手段也产生了一次质的飞跃。当时的设备可以实现同步预卷编辑、预演编辑、自动编辑、脱机编辑等新功能，而且带速的稳定性也有了很大改进，从而使编辑精度和编辑效率有了大幅度的提高。但是由于磁带的固有缺陷无法弥补，实时编辑点定位问题仍难于控制，磁带复制造成的信号损失也没有彻底解决。

4. 非线性编辑方式

1970年，出现了世界上第一台非线性编辑系统，从而揭开了非线性编辑时代的序幕。这是一种记录模拟信号的非线性编辑系统，它将图像信号以调频方式记录在磁盘上，可以随机访问磁盘，使得编辑点定位问题得到了很大改善。但其功能还只限于记录与复制，处理速度的限制也使得编辑中难以叠加复杂的特技。随着计算机处理速度的提高以及计算机图像理论的发展，20世纪80年代出现了纯数字计算机非线性编辑系统，这才真正开始了非线性编辑时代。编辑人员在使用计算机进行编辑与合成操作过程中强烈感受到数字编辑与合成技术带来极大的便利性和手段的多样性，这促使非线性编辑技术开始了突飞猛进的发展。早期的数字非线性编辑系统受当时硬件压缩技术和磁盘存储容量的影响，视频信号并不是以压缩方式记录的，系统也仅限于制作简单的广告和片头，影视节目的主体内容仍由电子编辑设备处理。20世纪90年代以后，随着数字媒体技术和存储技术的发展、实时压缩芯片的出现、压缩标准的建立以及相关软件技术的发展，使得非线性编辑系统进入了高速发展时期。现有的非线性编辑系统已经完全实现了数字视频信号与模拟视频信号的高度兼容，广泛地应用于电影、电视、广播、网络等传媒领域。

1.1.2　线性编辑概述

1. 线性编辑的概念

“线性”是英语单词Linear的直接译意，意思是指连续。线性编辑指的是一种需要按照时间顺序从头至尾进行编辑的节目制作方式，它所依托的是以一维时间轴为基础的线性记录载体，如磁带编辑系统。因为素材在磁带上是按照时间顺序排列的，这就要求编辑人员必须按照顺序进行编辑，先编辑第一个镜头，结尾的镜头最后编辑。这种编辑方式就要求编辑人员必须对一系列镜头的组接顺序做出确切的判断，事先做好构思，因为一旦编辑完成，就不能轻易改变这些镜头的组接顺序。因为，对编辑带上画面的任何改动，都会直接影响到记录在磁带上的信号位置的重新安排，从改动部分以后直至结尾的所有部分都将受到影响，需要重新编辑一次或者进行复制。

线性编辑的这些特点主要由载体本身的性质和对载体的操纵方式所决定的。例如，使用像磁带那样的带状载体，则载体的各部分必须在物理实体上依据信号的时间顺序排列。在录像机播放时，一个旋转的磁头逐一读取磁带上记载着视频信息的磁信号，将它转换为随时间变化的电信号进行重放。记录时，磁头又将随时间变化的电信号转换成随着空间长度变化的磁信号存储在磁带上。由于磁信号在磁带上是随着时间、空间的顺序排列的，所以依托于磁带编辑的方式被称为线性编辑。

2. 线性编辑的缺陷

与胶片和磁带的物理剪接相比，线性编辑有许多优点，但是也有许多缺陷和不足的地方。

(1) 不能随机存取素材

所谓随机存取就是说素材可以在任意时间非常方便快捷地获得。线性编辑系统是以磁带为记录载体，节目信号按照时间线性排列，在寻找素材时录像机需要进行卷带搜索，只能在一维的时间轴上按照镜头的顺序一段一段地搜索，不能跳跃进行。因此，素材的选择很费时间，影响了编辑效率。另外，大量的搜索操作对录像机的机械伺服系统和磁头的磨损也较大。

(2) 节目内容修改困难

因为电子编辑方式是以磁带的线性记录为基础的，一般只能按照编辑顺序记录，虽然插入编辑方式允许替换已录磁带上的声音或图像，但是这种替换实际上只能是替换旧的，它要求要替换的片断和磁带上被替换的片断时间一致，而不能进行增删，就是说，不能改变节目的长度，这样对节目的修改就非常不方便，因为任何一部电视片、一个电视节目从样片到定稿往往要经过多次编辑。

(3) 信号复制劣化严重

节目制作中一个重要的问题就是母带的翻版磨损。传统编辑方式的实质是复制，是将源素材的信号复制到另一盘磁带上的过程。由于在线性编辑系统中的信号主要是模拟视频，当进行编辑及多代复制时，特别是在一个复杂系统中工作时，信号在传输和编辑过程中容易受到外部干扰，造成信号的损失，使图像的劣化更为明显。在前一版的基础上，每编辑一版都会引起图像质量下降，或每做一次特技就会有一次信号损失。编辑人员为了画面质量的考虑，不得不忍痛割爱，放弃一些很好的艺术构思和处理手法。而如果采用素材带重新进行编辑，工作量又太大。

(4) 录像机磨损严重，磁带容易受损伤

编辑一部几十分钟的电视片，要选择几百个甚至上千个镜头，录像机来回搜索反复编辑，使录像机机械系统磨损严重，录像机操作强度大，寿命减短，且维修费用很高。另外，记录磁带的缺点也不断暴露出来，例如，拉伸变形、扭曲、变脆、掉磁、消磁以及划伤等都会影响磁带质量。

(5) 系统构成复杂，可靠性相对降低

线性编辑系统连线复杂，有视频线、音频线、控制线、同步基准(黑场)线等，各自系统构成复杂，可靠性相对降低，经常出现不匹配的现象。另外，设备种类繁多，录像机被用作录/放像机与编辑台、特技台、时基校正器、字幕机、调音台和其他设备一起工作，由于这些设备各自起着特定的作用，各种设备性能参差不齐，指标各异，当它们连接在一起时，会对视频信号造成较大的衰减。另外，大量的设备同时使用，使得操作人员众多，操作过程复杂。

1.1.3　非线性编辑概述

1. 非线性编辑的概念

人们一般用“非线性”描述数字硬盘、光盘等介质存储数字化视频与音频信息的方式，是因为数字化存储信息的位置是按照磁盘操作系统规则进行分配的，位置关系可以理解为是并列平行的、没有顺序的，可以对存储在硬盘中的数字化视频与音频信息进行随意的抽取组编，存储信息与接受信息的顺序可以完全不相关。

非线性编辑是相对于线性编辑而言的，它指的是可以对画面进行任意顺序的组接而不必按顺序从头编到结尾的影视节目编辑方式。非线性编辑以硬盘为载体，实现视音频信号的随机存储和读取。这种基于硬盘为存储介质并且可以利用硬盘的随机存取功能对数字化视音频信号进行编辑的方式称之为数字非线性编辑，我们现在一般所指的非线性编辑即是数字非线性编辑，以下我们简称为非线性编辑。在更广泛的意义上来说，非线性编辑所指的不只是一种编辑技术，或一种编辑方式，或一种编辑系统，它也代表了一种编辑的思维观念。在非线性编辑时，可以随时任意选取素材，无论是一个镜头还是镜头中的一段；可以以交叉跳跃的方式进行编辑；对已编部分的修改不影响其余部分，无须对其后面的所有部分进行重编或者再次转录。

2. 非线性编辑的分类

通过对非线性编辑技术发展沿革的了解，总结出它的3种类型，即按其记录载体和对载体的操纵方式进行分类。

(1) 机械非线性编辑

机械非线性编辑——以胶片、磁带为记录载体，以机械式的剪辑方法为主的非线性编辑方式，如电影的胶片剪辑和早期的录像磁带剪辑。

(2) 电子非线性编辑

电子非线性编辑——利用电子、磁性或者光学影像信号载体，能够即刻进行记录重放，而且对素材的选取调用更加灵活迅速的编辑模式，和电影剪辑类同，但在性能上更为优越。因为它无须在物理上触动信息载体，仅是对信号的选取、切换和显示。电子非线性编辑更突出了对素材的随机选用和镜头间的瞬间切换，使编辑人员能够选择多种方案，并立即体验到它们的效果，因而进一步促进了编辑创作。

(3) 数字非线性编辑

数字非线性编辑——以计算机系统以及大容量随机存取记录技术为基础的影视节目非线性编辑方式。它是指在编辑过程中将所有的素材，包括活动视频，静止图形图像、字幕，音频等素材全部转化成数字信号存储在计算机硬盘上，在计算机的软硬件环境中完成素材的编辑、合成和特技效果处理、配音等后期制作。由于基于硬盘的存储载体具有随机存取的特点，编辑人员可以随机地访问素材，不受素材存储的物理位置的限制，编辑结果既可以迅速生成编辑清单(EDL表)，也可以直接合成完成片以数字方式记录在硬盘上，最后再将硬盘里的画面重放出来记录在磁带上或其他数字载体上，从而最终完成整个编辑过程。

数字非线性编辑，既不同于以胶片为载体的机械式非线性编辑，也不同于传统的电视制作技术中的电子线性编辑和电子非线性编辑。数字非线性编辑与用计算机进行文字处理有很大的相似之处。例如，大多数文字处理软件允许作者剪切、复制、粘贴和删除文本中的文字、段落和整页内容。在数字非线性编辑中，活动的视频画面体现在计算机屏幕上是一个沿时间线排列的单幅静止画面的组合，可以灵活地被改变声音和影像的顺序及持续时间，可以沿时间线被剪切、修剪、复制、拼贴、插入和删除，使编辑效率大为提高并节省费用。

随着数字非线性编辑技术的迅速发展，影视节目的后期制作又承担了一个非常重要的职责——特技和合成。早期的视觉特技和合成镜头大多是通过模型制作、特技摄影、光学合成等传统手段完成的，主要在拍摄阶段和洗印过程中完成。数字非线性编辑系统的使用为特技合成制作提供了更多更好的手段，也使许多过去必须使用模型和摄影手段完成的特技可以通过计算机制作完成。数字非线性编辑也使剪辑或编辑的内涵和外延不断扩大，发展成为意义更为广泛的数字后期制作。

3. 非线性编辑的特点

非线性编辑主要具有信号处理的数字化、编辑方式的非线性和素材的随机存取三大特点。

(1) 信号处理数字化

非线性编辑的技术核心是将视频信号作为数字信号进行处理，全系统以计算机为核心，以数字技术为基础，使编辑制作进入了数字化时代。处理数字信号与处理模拟信号相比，存在许多优势，如数字信号在存储、复制和传输过程中不易受干扰，不容易产生失真，存储的视音频信号能高质量地长期保存和多次重放，在多带复制性上效果更加明显，编辑多少版都不会引起图像质量下降，从而克服了传统模拟编辑系统的致命弱点。

数字技术保证了高质量的图像，数字化的这些优势来源于磁头对硬盘上信息的读取方式，对于节目的编辑制作来说，画面的组接、声音的插入并非是真实地改变表示图像、声音的数据在存储载体(硬盘或光盘)上的物理位置，而只是将这些数据的地址码重新进行编排，并不涉及到这些数据本身。另外磁头本身也不与信息接触，从而保证了信息无损，所以无论做多少次编辑都不会影响信号的质量。编辑过程只是编辑点和特技效果的记录，可以不进行图像和声音信号的复制，节目素材的插入、移动都十分方便。

数字信号的运算是一种精确的运算方法，还可以任意进行编程，改变算法也很容易，因此可以制作出丰富多彩的特技效果。视频信号数字化后为计算机的处理能力的发挥提供了广阔空间，可以在硬盘上和其他素材进行混合叠加，可以制作多层特技画面以及二维、三维特技效果，真实场景与虚拟场景的完美结合可以创造出许多以前无法想象的特技效果。每一段素材都可以相当于传统编辑系统中一台放像机播放的信号，而素材数量是无限的，这使得节目编辑中的连续特技可一次完成无限多个，不仅提高了编辑效率，而且丰富了画面的特技层次，而这些看起来复杂的工作在计算机中就能顺利地完成。另外，数字系统具有图像处理的专长，在采集时，可以方便地对图像的亮度、色调和饱和度等参数进行调整；在加工处理时，可以方便地改变图像的艺术效果。

数字化是近年来随着计算机的兴起而日益为人们所熟悉的一个名词，电视设备的数字化，简单地说，就是采用计算机的数字编码方式，对电视图像信息进行采集、存储、编辑和传送。全数字化是未来电视节目制作系统的关键所在，只有在整个数字化环境中进行传输和处理，才能从根本上实现电视节目的高效率和高质量。

电视领域的数字化革命直接影响着节目后期制作这一重要环节，这场由数字技术进步带来的电视制作方式的革命不仅是信息革命、技术革命，同时也是思维意识的革命，编导人员过去难以达到的创意在非线性的工作和思维方式中得以实现，同时，其构思空间也进入了一个“只有想不到，没有做不到”的新境界。

(2) 素材存取随机化

在非线性编辑系统中可以做到随机存取素材，这个特点来源于对承载着数字信号的硬盘载体的操纵控制方式。非线性编辑的存储媒介以盘基为基础，采用硬盘(或可写光盘)为记录载体，硬盘的表面用一个个同心圆划分成磁道，数据是记录在磁道上，用编码的方式写入，使磁层磁化，不同的磁化状态表示“1”和“0”。视音频素材是一个个以文件的形式记录在硬盘或光盘上的数据块，每组数据块都有相应的地址码，查看素材就是通过硬盘或光盘上的磁头来快速地访问这些数据块，硬盘的磁头取代了录像机的磁头来完成素材的选取工作。当选取素材时，实际上是控制着硬盘的磁头去读取二进制数据。硬盘的磁头与录像机的磁头工作原理完全不同，它以跨接式、随机性的非线性存取方式来读取数据。因此，访问音视频文件的不同部分的时间是一样的，画面可以方便地随机调用，省去了磁带录像机线性编辑搜索编辑点的卷带时间，不仅大大加快了编辑速度，提高了编辑效率，而且编辑精度可以精确到帧。

(3) 编辑方式非线性

线性编辑的过程是从一盘录像带挑选镜头并按特定次序复制到另一盘录像带上，它的工作实质是复制；而非线性编辑并不是复制具体的节目内容，而是将素材中所要画面的镜头挑选出来，得到一个编辑次序表，非线性编辑的实质是获取素材的数字编辑档案，更突出了素材调用的随机性。这个特点是建立在素材选取随机性的基础上。各个镜头的组接表实质上就是一个素材的读取地址表，只要没有最后生成影片输出或存储，对这些素材在时间轴上的摆放位置和时间长度的修改都是非常随意的。

非线性编辑有利于反复编辑和修改，发现错误可以恢复到若干个操作步骤之前。在任意编辑点插入一段素材，入点以后的素材可被向后推；删除一段素材，出点以后的素材可向前补。整段内容的插入、移动都非常方便，这样编辑效率大大提高。

在具体应用中对镜头顺序可以任意编辑，可以从前到后进行编辑，也可以从后到前进行编辑；可以把一段画面直接插入到节目的任意位置，也可以把任意位置的画面从节目之中删除；既可以把一段画面从一个位置移动到另一个位置，也可以用一段画面覆盖另一段画面。

图像通过增加帧或者减少帧，可拉长或缩短镜头片断，随意改变镜头的长度。这在传统线性编辑方式中是很难做到的。

在非线性编辑中，由于声音信号在此也成为数据，因此也可以在同一工作平台中进行声音方面的后期制作，能完成许多传统录音机无法胜任的特殊处理，如声音可不变音调改变音长，即声音频率不变，延长或缩短时间节奏，利用声音波形进行编辑等。另外，图像与声音的同步对位也很准确方便，有利于对画面和声音特别需要同步的影视节目的后期编辑。

(4) 合成制作集成化

从非线性编辑系统的作用上看，它集传统的编辑录放机、切换台、特技机、电视图文创作系统、二维/三维动画制作系统、调音台、MIDI 音乐创作系统、多轨录音机、编辑控制器、时基校正器等设备于一身，一套非线性编辑系统加上一台录像机几乎涵盖了所有的电视后期制作设备，操作方便，性能均衡。硬件结构的简化，实际上就降低了整个系统的投资成本和运行成本。

以往的后期制作设备种类繁多，需要由大量的视频电缆连接在一起，容易造成设备不匹配的情况。另外各种设备性能各异、当进行多代编辑时信号的传输会使图像质量造成或多或少的劣化。而在非线性编辑系统中，使用者面对的仅是一台计算机及一些辅助设备，避免了多机工作时的重复转换、重复设置、指标各异、性能参差不齐的问题。也不必考虑系统的相位、同步等问题，操作者在系统中进行的各项操作均不影响信号质量，使得传统编辑中造成的信号损伤降为零，存储的视音频信号能高质量地长期保存和无数次重放。操作者在同一个环境中完成图像、图形、声音、特技、字幕、动画等工作，可以保证视音频同步，而且易于学习。主机高度集成，融多台设备的功能于一体，系统结构简化，不仅占据空间大幅度减小，而且具有很好的性能价格比，另外也便于进行设备维护。

(5) 编辑手段多样化

在非线性编辑系统中，可以在计算机环境中使用十分丰富的软件资源，可以使用几十种甚至数百种视频、音频、绘画、动画和多媒体软件，设计出无限多种数字特技效果，而不是仅仅依赖于硬件有限的数字特技效果，使节目制作的灵活性和多样性大大提高。

非线性编辑系统拥有强大的制作功能：方便易用的场景编辑器和丰富的二、三维特技以及多样效果结合的编辑；完整的字幕制作系统，功能强大的绘图系统及高质量的动画制作；可灵活控制同期声音与背景声音的切换与调音，可实现任意画面与声音之间对位的后配音功能。在一个环境中，就能轻而易举地完成图像、图形、声音、特技、字幕、动画等工作，完成一般特技机无法完成的复杂特技功能并保证音视频准确同步。系统易于学习，无须掌握多种机器的使用技巧。另外，系统可以通过软件进行升级，不需要做硬件的更新，因而减少了设备投资。

(6) 节目制作网络化

非线性编辑系统的优势不仅仅在于它的单机多功能集成功能，更在于它可以多机联网。通过联网，可以使非线性编辑系统由单台集中操作的模式变为分散、同时工作，这与电视台的节目制作流程相吻合，体现了节目制播一条龙的工作模式。网络化的好处是可以实现资源共享，素材一旦上载到视频服务器中就可以实现网络共享。电视节目的信息量大，时效性强，在数字化系统中可以将众多的非线性编辑系统连接起来，构成同其他网络共享资源的系统，使电视台内、电视台之间的节目交流更加快捷。从经济的角度来看，节目制作的网络化会给非线性编辑工作带来更广的经济效益。我们可以想象一下多套网络化的非线性编辑系统，同时工作在一个电视节目的不同部分，第一个系统用于画面的剪接，第二个系统用于制作字幕、图标、片头等，第三个系统用于音频合成制作，第四个系统用于节目特技部分的制作，最后一个系统将前 4 个部分的工作合成在一起，这样我们可以更快、更经济，同时也是更具创造性地制作电视节目。这也是今后许多后期工作室的工作模式。

电视节目的制作质量及新闻时效性代表了一个电视台的水平，非线性编辑系统可以提供一个理想的采、编、审环境，在一个网络视频服务器中共享数字化的节目素材，加快了信息的传播速度，提高了编辑、记者的工作效率。随着 ATM 等网络技术的发展，开放的非线性编辑系统网络功能会逐渐增强，从而为整个电视节目制作走向网络化打下了基础。

另外，从更广泛的意义角度来看，网络化制作代表了未来的发展趋势。非线性编辑为电视节目制作的网络化提供了可能性，为未来电视台的发展开辟了广阔的空间。以视频服务器为核心，配合硬盘摄像机、硬盘编辑系统及硬盘播出系统的全数字化、网络化的电视台已经呈现雏形，这种以高速视频服务器和高速视频网络构成的网络系统代表了脱机编辑、在线输出，是电视台未来的发展方向。

(7) 记录载体永久化

非线性编辑系统以硬盘作为记录载体自有它得天独厚的优势。硬盘为非接触式记录设备，记录时，磁头与磁盘之间不直接接触，磁头只是通过感应磁场读取出 0、1 二进位数据，不存在磁头与介质的磨损问题，因而故障率极低，平均无故障工作时间可达 30 万小时，工作寿命远远长于录像机磁带。非线性编辑系统中的录像机一般只用两次：一次是向非线性编辑系统输入素材，另一次是将制作好的节目输出到录像带上。这样就大大减少了录像机磁头的磨损及编辑过程中反复搜索造成的素材磁带的磨损，录像机的工作寿命延长，从而降低了系统的设备维护费，设备的升级换代也很容易，并且花钱少。改善和增加功能可以通过更换硬件插卡和升级软件来实现，主机照常使用，不像传统电视制作系统一旦升级就需要把很多原有设备淘汰，从而提高了设备可靠性和使用寿命。

4．实现非线性编辑过程的基本条件

非线性编辑过程之所以可以在计算机中实现，主要是由视、音频素材的数字化存储特性和合理化压缩编码方式所决定的。

(1) 数字化存储特性

基于磁带存储介质进行编辑时，要受到磁带存储特性的制约。磁带存储器属于顺序存储设备，它的数据保存在一个个块里，要找数据必须从开始位置一个块、一个块地读出再查找，因而数据存取需要花费较多时间。编辑时首先要在各素材带上对所需的素材片段以时间码的编号分别按顺序寻找，然后将找到的各个素材片段，按照时间码的顺序分别记录在录像机节目磁带上，形成成品带，这就是线性编辑过程。显然，线性编辑过程就是一个内容复制的过程，而且这个复制过程非常繁琐。

数字硬盘的优异存储特性决定了视频与音频素材的非线性编辑方式。数字硬盘是数字化的直接存储设备，具有容量大、存取速度快、可靠性高、重复使用次数无限制和存储信息质量不变等特点。它保存的所有数据都有地址，如硬盘的磁头号、磁道号和扇区号等，因而数据的存取可在操作系统规则下按地址直接进行，与数据的排列顺序无关，而且其按已知地址寻找数据所用的时间很短，几乎可以忽略不计。所以，硬盘中素材片段相互位置的关系可以理解为是并列平行、没有顺序的，所编辑的素材片段之间的转换也可以视为不需时间的、直接跳跃的。

显然，非线性编辑的全过程实质是对各素材片段地址指针移动顺序的编辑过程，编辑时可以随意改变素材片段地址指针而不考虑其存储的物理位置，因而素材片段间的连接在地址指针的指引下是以一种跳跃方式进行的，而且这种跳跃所用的时间几乎为零。跳跃转换是非线性编辑的重要特点，也带来了容易修改的优点。

(2) 合理化压缩编码

选择合理的压缩编码方式是实现非线性编辑过程的又一基本条件。这不仅是因为数字化后的高质量视频与音频信号仍然具有非常高的传输与存储码率，大大超过当前计算机的运算能力，更重要的是非线性编辑过程为了达到令人满意的视频画面质量和听觉效果，需要同步进行视频与音频捕获和视频与音频存储，需要精确到每一幅图像的编辑，需要对视频与音频信号叠加切换、运动、滤镜等复杂特效，需要合成字幕、图形和动画，需要进行效果的屏幕显示等，这些工作无一不需要对视频与音频信号进行精确地实时处理，而实现实时处理的首要任务就是如何解决计算机系统对巨大的视频与音频数据的传输和存储。那么，当前解决这一问题的最主要方法就是对视频与音频信号的合理码率压缩。

对于一个非线性编辑系统来说，选择合理的压缩编码方式，首先需要考虑的是采用的压缩方式必须对视频与音频信号的非线性编辑精确到帧，一般不采用帧间压缩过大的编码方式；其次要考虑采用的压缩编码方式生成的视频与音频压缩文件应是流行的标准化文件，应具有良好的兼容性；还需要考虑的是采用的压缩编码方式要有合适的算法和硬件压缩编码处理器的支持，否则难以实现视频与音频信号的快速实时处理。因此，一般的非线性编辑系统都应考虑安装视频与音频硬件压缩编辑卡，以完成非线性编辑过程中的全部压缩和解压缩任务。

1.2　非线性编辑系统

1.2.1　非线性编辑系统概述

非线性编辑的工作过程是：把输入的各种模拟视频信号经视频卡和声卡转换成数字信号(即 A/D 模数转换)，采用数字压缩技术，存入计算机硬盘中，将传统电视节目后期制作系统中的切换台、数字特技、录像机、录音机、编辑机、调音台、字幕机、图形创作系统等设备功能，用一台计算机来进行运算、完成，再将处理后的数据送到图像卡、声卡进行数字解压及 D/A 数模变换，最后将变换所得模拟视、音频信号选入录像机进行录制。完成从输入到输出过程中信号处理的设备，称为非线性编辑系统。

1．非线性编辑系统的构成

非线性编辑系统产生于 20 世纪 70 年代初期，当时的非线性编辑系统对图像信号采用模拟调频的处理方式，其记录载体为可装卸的磁盘，编辑时通过随机访问磁盘以确认编辑点。20 世纪 80 年代，出现了纯数字的非线性编辑系统，该系统使用磁盘和光盘作为数字视频信号的记录载体，由于当时的磁盘储存容量小，压缩硬件也不成熟，所以画面是以不压缩的方式记录的，系统所能处理的节目总长度约为几十秒至几百秒，因此仅能用于制作简短的广告及片头。20 世纪 80 年代末到 90 年代初，随着 JPEG 压缩标准的确立、实时压缩半导体芯片的出现、数字存储技术的发展和其他相关硬件与软件技术的进步，非线性编辑系统进入了快速发展时期。目前，非线性编辑系统不仅能够编辑视、音频节目，还可以处理文字、图形、图像和动画等多种形式的素材，极大地丰富了电视和多媒体制作的手段。

非线性编辑系统(Non-Linear Editing System)是使用数字磁盘存储媒体进行数字编辑与数字合成的影视后期制作计算机软硬件综合系统。通俗地说，非线性编辑系统是一种对媒体进行加工和处理的设备，主要用于电视节目的后期制作，也可以用于电影剪辑、多媒体光盘制作和电脑游戏制作等领域。非线性编辑系统结构如图 1-1 所示，基本组成包括信号输入接口单元、素材存储单元、中央处理单元、信号输出接口单元等。

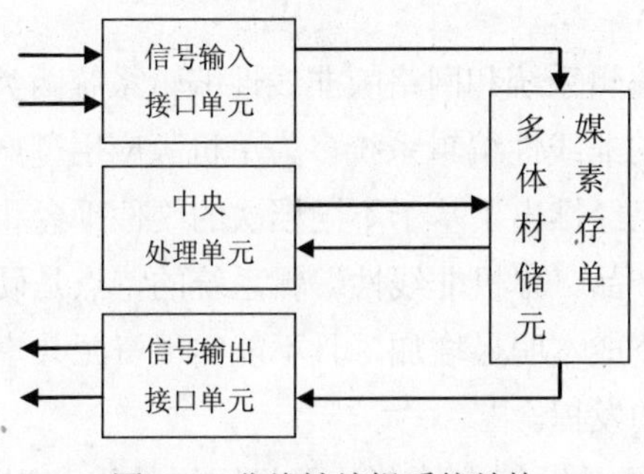

图 1-1　非线性编辑系统结构

从图 1-1 中不难看到，素材存储单元是非线性编辑系统的核心，该存储单元目前普遍采用磁盘存储媒体，磁盘存储媒体的读写机制保证了对所有素材的随机访问，也决定了非线性编辑系统的“非线性”本质。

2．非线性编辑系统的分类

由于非线性编辑系统的性能主要取决于硬件平台、压缩格式及应用类型，因而可从这 3 个方面对非线性编辑系统进行分类。

(1) 按照硬件平台划分

主要有基于 PC 平台的系统、基于 MAC 平台的系统和基于工作站平台的非线性编辑系统。

基于 PC 平台的系统以 Intel 及其兼容片为核心，型号丰富，性能价格比高，装机量大，发展速度非常快，是目前的主流系统。

基于 MAC 平台的系统在非线性编辑发展的早期应用得比较广泛，如今其技术先进程度已经与基于 PC 的系统相当，其未来的发展在一定程度上受到单一的苹果硬件平台的制约。

基于工作站平台的系统大多建立在 SGL 的图形工作站基础上，一般图形和动画功能较强，但价格昂贵，软硬件支持不充分。

(2) 按照压缩格式划分

主要有基于 Motion-JPEG、MPEG 和 DV 压缩格式的非线性编辑系统。

① Motion-JPEG 压缩：大多数基于 PC 和 MAC 平台的非线性编辑系统采用 Motion-JPEG 压缩，精确到帧的编辑是它的特点，但压缩比较低，且不同厂商的视频编辑卡一般互相不兼容。

② MPEG 压缩：主要使用 MPEG-2 标准的子集 4:2:2 MP@ML 压缩方法，在保证图像质量的基础上，可以获得较高的压缩比，可以实现不同视频编辑卡之间的统一标准，但编辑精度有待提高。

③ DV 及其改进格式的压缩：DV 格式是大众消费级标准，由于其使用方便，图像质量高，在专业制作领域也被广泛使用。改进后的 DV 格式有 DVCAM 和 DVCPRO 两类，都与 DV 标准兼容。

(3) 按照应用类型划分

主要有单机版非线性编辑系统和网络版非线性编辑系统两类。

最早出现并被实用化的非线性编辑系统多为单机版应用型产品，目前国内外的非线性编辑系统产品专业制造商已经推出了基于不同档次的硬件平台和不同非线性编辑板卡类型的单机版非线性编辑系统产品。单机非线性编辑系统的特点是硬件配置齐全，工作稳定可靠，但使用数量较大时投资成本明显增加，且不能实现资源共享，导致工作效率降低，不利于非线性编辑系统优势的发挥。

网络版非线性编辑系统是近年来随着计算机网络技术和视频信号压缩编码技术的进步而发展起来的。从网络结构来看，主要有千兆以太网非线性编辑系统和光纤通道(FC)——千兆以太网混合非线性编辑系统两种，其中光纤通道(FC)——千兆以太网双网混合非线性编辑系统已成为市场的主流。

3．非线性编辑系统的功能

从非线性编辑系统的结构可以看出，它是以高档多媒体计算机为平台构造的专用数字视音频后期制作设备。它不但能完成一台普通多媒体计算机的工作，还集成了视音频压缩编辑卡及输入/输出接口设备，从而实现了影视后期制作中多种传统设备的功能。一般来说，非线性编辑系统可以实现以下 6 个方面的功能。

(1) 视音频信号的捕获、存储和重放

非线性编辑系统可以通过信号输入/输出接口单元对各种类型的视音频信号进行捕获、存储和重放。对于捕获的视音频信号的压缩比，可以根据硬盘容量和对图像质量的不同要求而定。

(2) 视音频信号的编辑

非线性编辑系统采用了时间线和视频、音频轨道的概念，可以在非线性编辑系统的硬盘上快速实时地寻找编辑点，设定入点、出点及其他标记，对存储的视音频信号进行各种素材剪辑、多轨道切换等编辑操作。

(3) 视音频信号的合成

非线性编辑系统可以对视音频信号进行轨道、特效及字幕的合成。它可以使用内置软件或用硬件实现特效的叠加。

(4) 字幕、图形和动画制作

在非线性编辑系统中，一般有专门的软件用于制作字幕、图形和动画素材，生成的素材可以采用标准图像文件格式，可以包含透明、抠像信息，便于视频信号进行合成。

(5) 音频信号的制作

非线性编辑系统可以通过音频输入/输出接口单元及硬件或软件多路混音器，完成多路音频信号电平的调节，从而录制或播放高质量的音频素材。另外，还可以通过合成的方法为视频信号配音。

(6) 视音频信号的输出

在非线性编辑系统对视音频信号进行编辑与合成之后，可以通过系统软硬件及信号输出接口生成和输出视频与音频作品，完成最后的制作。

4. 非线性编辑系统的特点

与传统的影视节目制作系统相比，非线性编辑系统具有以下 6 个方面的特点。

(1) 多种特技及多层画面合成

在非线性编辑设备中，特技的制作和画面合成是它的最强大功能。在传统的电视制作系统中，一般一次只能做二路视频的特技合成，要做多层画面合成的话就要将第一次合成后的成品带作为素材带，再进行一次合成。而非线性编辑系统能够做到多层画面的合成。在非线性编辑系统中剪切、删除、连接、配音等编辑操作一般是不需要生成时间可以实时完成的，也不需要重新生成文件。但特技和多层画面的合成却很难实时完成。这是因为特技和合成特技种类繁多，变换复杂，需要对画面重新进行编码，计算量很大。在目前流行的双通道系统及多通道系统中，特技的实现和多层画面的合成有 3 种方法：硬件方法、软件方法和软硬件结合的方法。

硬件合成方法一般是利用双通道特技板一次实时合成两层画面，特技控制台本身就设有 A、B 两个通道，利用硬件来实时完成两通道视频的相互过渡、融合、转换、叠加等效果。这种做法最大的好处是时效性强，可以实时完成特技，无须等待就能看到最终结果。目前流行的非线性编辑系统一般可以做到两路视频实时合成。如果要进行多路合成的话，就先将第一次合成的画面存储在硬盘中，在第二次合成时调入到编辑线上与第三层画面做合成，然后再存储到硬盘上，依此类推，这很像传统的制作方式，用二对一系统制作一版工作版，再将它作为一段素材放到一台放像机中，与另一段素材合成，这样经过两次操作形成了三层画面的合成效果。这种方式对硬件的要求比较低，只需要一级混合器和 1-2 个 DVE 特技通道即可。但它的缺点也是明显的，中间结果都要暂时存储在硬盘中，既费时又浪费硬盘空间。现在也有一次能完成多路画面特技及合成的非线性编辑系统，但是价格很高。

软件合成是依靠计算机本身的运算能力实现特技和合成的方法，进行逐帧运算得到特技效果，即依靠软件在微机平台上完成。这种方法的好处是充分运用了硬件资源，省下了那些昂贵的硬件设备，且费用低、有良好的升级性和最大的灵活性，特技可以变化多样，还允许自己定义来创造某些效果，合成层次也不受限制。它的缺点是特技生成速度受到计算机的 CPU 速度、内存大小、画面复杂程度及软件本身速度等诸多因素的影响，因此特技生成需要一定的计算时间，也就是说，不能实时地看到特技结果。

软硬件结合的合成方法是折中方式，即利用硬件来加速软件，提高运算能力，缩短等待时间。这种系统的硬件是针对加速软件而设计的。对常用的特技和变换可直接由硬件处理，复杂的特技则用软件辅助完成，达到一种“准实时”的效果。

电视节目一般可分为新闻、专题、文艺和电视剧等类型，此类节目的后期编辑的主要工作是进行镜头的剪接和切换特技，一般两层实时特技即可满足要求，相当于线性编辑中的 A/B 卷特技。所以一般的非线性编辑系统的设计只设置两层活动视频，另外再加上一层图文字幕。如果要做复杂的片头、广告、MTV 等，需要多层的画面合成及特技，就可以由其他的软件来完成，然后再调入非线性编辑系统中输出。

(2) 一体化字幕图形环境

电视字幕、图形在后期制作中具有重要的作用，一套完善的非线性编辑系统必须具备完整的字幕、图形功能。早期的非线性编辑系统采用贴图的方式处理中文字幕，功能少，速度慢，难以满足字幕制作的需要。有时又采取在节目制作完成之后，在向录像机下载(录制)的过程中用另一台字幕机完成字幕的叠加功能，这样，作为背景的图像又经过了一级A/D、D/A 的转换过程，也降低了工作效率。

电视节目中常用的字幕有两种：一种是数量较少、但需要制作精良并且严格对位的如标题字幕等；一种是数量大而随机性强的字幕，如新闻字幕等。非线性编辑系统要有完善的字幕功能，即能在一种操作界面下完成所有的字幕、图形的制作工作。这需要有软件和硬件的支持。首先在视频卡上要有一个能够单独处理图文的 GFB，它的结构必须是具有 RG.B 和 Alpha 通道的 32 比特帧处理器，简称“图文帧存”。图文帧存能从总线的线性地址写入字幕代码。在硬盘中要装入完整的中文字库，这种字库已经从点阵、矢量、二次曲线发展到 Truetype 三次曲线轮廓描述。图文帧存的读出要与背景视频同步，板卡上还要有 X 形数字键控混合器。另外，由于字幕的水平边沿仅出现在帧内的单场中，会产生低于视觉暂留效应的频率闪烁，因此还要进行抗锯齿处理，处理常用的算法有三行内插滤波器、放大填充法和两场内插滤波器；其次，要有一套功能强大的字幕编播软件，能够对字幕的大小、颜色、过渡、透明度、时态、材质、形状、光照、运动等属性进行精确的描述。字幕功能要以模块方式提供给用户，如底行游动、体育项目、天气预报、卡拉 OK、唱词、新闻编播等。

高档的非线性编辑系统能够满足上述要求，而且可以用硬件 DVE 对字幕进行实时特技处理。用两个二维 DVE 分别对 R、G、B 和 Alpha 的帧存同步处理，因而字幕的运动、变焦、翻转、翻滚等特技运动是实时的。由于字幕也可以作为 AVI 文件铺在字幕轨上，调用卡上的三维 DVE 可以对字幕进行三维实时特技处理，如旋转、球变、卷页、水滴、扭曲、变型等。

在更为完善的非线性编辑系统中，针对标题字幕和唱词字幕的不同特点，对标题字幕可以使用节目时间线字幕轨道，可以对字幕的长度、位置、时间进行调整；而对唱词字幕则采用字幕流的概念，使用位于节目时间线下方的字幕索引表完成，字幕索引表只记录字幕的内容，与时间无关，在播出时间线节目时，采用敲击键盘的方式随机控制。在这种方式下，可把系统虚拟成一台录像机加一台传统字幕机，操作方式与字幕机完全相同。

在此值得指出的是，目前国内生产非线性编辑系统的公司其前身大多是生产字幕机的厂商，他们的字幕机产品非常优秀，因此将图文字幕集成在他们的非线性编辑系统中，使得许多国产非线性编辑系统与同类型的进口产品相比具有相当大的竞争力。

(3) 友好的操作界面

非线性编辑系统建立在像 Windows 这样的系统软件环境中，具有方便的人机操作接口，操作者依靠鼠标可以轻松完成节目的制作工作。一般的非线性编辑系统的界面都可以分为节目源窗口、节目窗口、素材/特技/背景库窗口，在以时间线为基础的编辑轨上构成了无限的创意空间。

非线性编辑的操作界面主要是下拉式菜单加弹出页面，称之为同屏页面，打开一个页面就像打开一本书一样，这种软件的好处是可以把各种功能集中在一起，可以循序渐进地掌握操作步骤。但也有一些不方便的地方，如比较复杂的操作软件要打开几百个页面，这种操作方式学习起来较不方便，另外也有可能由于对软件不熟悉，找不到有关的界面，而使一些功能发挥不出来。而近年来一些非线性编辑系统中采用的同屏页面操作方式，把所有的页面都集中在同一屏幕上，在主界面上，把页面从左翻到右，就可以把软件的功能全部操作一遍，一个也不会漏掉。为了显示更多的功能，有些非线性编辑系统采用双屏显示的形式，在一个屏幕上显示主操作界面，而在另一个屏幕上显示其他功能界面。还可以采用组合页面显示方式。用户可以随时按操作要求把不同的页面组合成一组，而一些重要的页面本身又是由多个子页面组成的，这样可以避免某些功能操作不到的缺点。

(4) 完善的视音频接口

在非线性编辑系统中，要具备完备的数据接口。一种是视频音频信号接口，另一种是控制信号接口。目前电视制作正处在从模拟技术向数字技术过渡的关键时期。国内的电视节目制作系统大部分还是以模拟方式为主，而近年来数字设备不断增加，这就需要非线性编辑系统具备从模拟到分量或从分量到模拟的转换功能，一般要具备完善的接口，包括模拟信号接口和数字信号接口。

① 模拟视频接口

模拟视频接口主要有复合信号，S-VIDEO 和 YUV 分量 3 种方式。

复合信号将亮度信号与色度信号调制成一路信号输出；S-VIDEO(又称 S 端子)将亮度信号与色度信号(两路合成一路的色度信号)分两路信号输出；YUV 分量接口将两路色度信号，再加上亮度信号共三路分开输出。因为在输出之前，视频信号本身就是由两路色度信号和一路亮度信号组成的，因此经调制形成一路复合信号过程后，亮色信号容易互相串扰。因此，相对来说，S-VIDEO 与 YUV 接口少了信号合成和分离的环节，因此它们的视频质量比复合信号更好。YUV 接口由于两路色度信号的分开输出，其质量比 S-VIDEO 接口更佳。因此，在专业的电视制作系统中，为了保持图像的质量，多采用 YUV 接口。

② 模拟音频接口

模拟音频接口主要有平衡和不平衡两种方式。

平衡接口的电缆有 3 根导线：正极、负极、地线，而不平衡电缆只有两根导线：一根用作正极，另一根兼作负极和地线。两者中，平衡接口的电缆因为有独立的地线，因此隔离性好，不易被干扰，所以在电视制作中较为常用。而不平衡电缆相对比较便宜一些，多用于家用设备。

③ 数字信号接口

在非线性编辑系统中使用模拟信号就要忍受多次 A/D、D/A 转换或反复压缩、解压缩带来的图像质量损失。为了提高图像质量，特别是考虑今后数字网络的发展，数字接口就显得很重要了。在非线性编辑系统中，数字接口有两部分组成：计算机内部存储体与系统总线的接口，以及系统与外部设备的接口。与外部设备的接口也包括两部分：与数字视音频设备连接的接口及与网络连接的接口。这些接口主要有以下几种。

- 串行数字接口 SDI

SDI 接口可以传送 4:2:2 串行的不压缩数字分量视频，传送速率为 270 Mb/s。SDI 接口可以使用户不用通过外部的格式转换而将模拟和数字格式素材集合在一起。目前的数字录像机大多已装有 SDI 接口，不仅在不同格式的录像机之间可以方便地传送视频信号，而且非线性编辑系统在上载信号时也不用再经过 A/D 变换。

- 压缩串行数字接口 CSDI

CSDI 接口又称四倍速接口，新推出的数字录像机采用 MPEG-II 或 DV CPRO/DV 格式后均支持四倍速传送压缩数据。非线性编辑系统要能高效、高速地传送信号必须要支持站点间的四倍速传送。

- 串行数字接口 IEEE1394

IEEE1394 原先为多媒体环境所设计，为普及型标准家庭网络规格。在由 50 多家企业构成的数字 DV 摄像机联盟把 IEEE1394 作为数字化视频和音频的标准接口规格后，欧洲数字化视频广播 DVB 也决定确立其为遥控器及其相关机器的标准总线。美国硬盘厂家 Seagate 等公司把它作为硬盘的接口，Intel 等公司甚至将它作为 PC 机主机的标准配置。

IEEE1394 接口的特点是将视音频信号和控制信号集中在一条线上，便于连接，并且不需要标识符 ID 设备和终端设定，可带电拔插。在传送视音频信号时还可以保证实时显示。

IEEE1394 还被选作 DV 和 DVCPRO 格式录像机的连接格式。数字视频和音频可在带 IEEE1394 接口的 DV/DVC PRO 摄像机、录像机与计算机硬盘之间直接转录。使用这种方式可避免在两机之间复制数字图像信号时多次进行压缩和解压缩所造成的带间信号损失，使最终编成的节目视频与第一代视频一样清晰。

- 数字音频接口 AES/EBU

AES 是指 AES 建议书 AES3-1992“双通道线性表示的数字音频数据串行传输格式”，EBU 是指 EBU 发表的数字音频接口标准 EBU3250。两者在内容实质上是一样的，只是后者输入和输出均采用变压器耦合，现在统称为 AES/EBU 数字音频接口。AES/EBU 信号在用于广播级时采用 48kHz 取样频率，具有每个样值 24b 的分辨率。

- 网络接口

网络接口主要包括数字光纤数据接口 FDDI。光纤通道是被许多计算机厂家推荐为广播和后期节目制作设备的连接标准，同时也得到了 AVID、松下和常用于 SGI 用户的硬盘制造厂家的认可。

以上所提供的这些接口可以与目前电视台的任何模拟和数字设备连接。另外还有专业的 REF 基准信号输入和键信号输出，完成与演播室切换台系统连接的复杂制作播出与多台录像机的联机混合编辑。

- 控制接口

进行非线性编辑所需要完成的首要工作是把素材从录像机上载到硬盘里，若要高效率地完成非线性编辑工作，需要在上载素材时就舍弃一些不需要的部分，这需要进行精确地输入。控制接口的作用就是通过控制录像机入、出点来完成素材的采集工作，因而完善的控制接口就显得非常重要。一般要求非线性编辑系统应带有或至少可选配 RS422 编辑控制器，控制器在非线性编辑软件的控制下可控制录像机的动作，一般采用批量采集的方式。即先将所需要的镜头的入出点找好，记好时间码，然后在采集界面下逐一敲入，非线性编辑系统会自动控制录像机的倒带、前进或预卷，一段段素材就会自动采集到硬盘中。为了照顾到电视从业人员的习惯，一些公司还专门开发了编辑控制器，与传统的线性编辑控制器相近，将采集素材和初编结合在一起。如同传统的对编系统，只不过直接编辑到硬盘中，体现在非线性编辑软件的界面上，可以编辑到视频轨上。这种系统与那些需要先采集然后才能编辑的非线性编辑系统相比，将上载和初编合二为一。编辑好的片子在回录到录像带时，控制接口可以精确地将成片插入到录像带中。

(5) 质量、容量与压缩比

在非线性编辑系统中第一个步骤就要进行素材的上载，这就涉及到压缩问题。由于数字视频的数据量太大，必须采用压缩技术，这对节目的画面质量就产生了直接的影响。评价一套非线性编辑系统，它所能达到的最小压缩比和它的可调性成为它的重要指标。对使用同一种压缩比的系统来说，压缩比越小图像信号质量越高，那么它占用的存储空间也就越大。压缩比主要取决于计算机的主板带宽、硬盘传输卡和视频处理卡的最小压缩比这几个因素。对于一套完善的非线性编辑系统，在采集视音频信号时，应当可以采用不同的压缩比，以适应不同的素材来源和不同的制作要求。另外由于非线性编辑系统的生产厂家不同，所采用的压缩方法不同，也可以在较高的压缩比的情况下得到较好的图像质量。

(6) 强大的网络功能

电视节目的信息量大，时效性强，因而在数字化系统中对处理信息的容量、制作效率、传输方式等方面的要求也高。采用计算机网络技术，可以把众多的非线性设备连接起来，以实现资源共享和实时传输。完善的非线性编辑系统应该有强大的网络功能。

网络的数据传输率决定系统的设备容量和工作的实时性，网络的结构灵活性和扩展性决定系统的投资效率和功能扩充。从目前的高速网络技术来看，能较大程度满足视频网络要求的有 ATM 和 Fibre Channel。ATM 和 Fibrc Channel 双网结合使用，使 Fibre Channel 网中的主设备以 ATM 与外部环境相连，是满足大型视频网络需求的最佳总体解决方案。非线性编辑系统作为网络系统的主要组成部分，承担着素材的上载、节目制作、节目下载或直接播出的任务。

1.2.2　非线性编辑系统软硬件平台

非线性编辑系统的架构包括多媒体计算机平台、视音频处理子系统、视音频存储子系统、周边设备和非线性编辑软件。多媒体计算机平台属于基础硬件平台，主要完成视音频数据存储管理、处理的工作控制和软件运行等任务；视音频处理子系统主要完成视音频信号的输入输出处理、压缩与解压缩处理、特效混合处理、图文字幕的产生与叠加等功能；非线性编辑软件则是一整套指令，指挥多媒体计算机平台和视频、音频信号处理子系统高效工作。

1．多媒体计算机平台

任何数据只要转换为比特流的形式，就能在计算机平台上进行处理。由于反映视觉图像的活动视频数据量非常大，计算机处理起来也是一件非常困难的事情。因此，需要高性能的计算机平台，才能更好地满足非线性编辑系统的要求。计算机的性能主要由以下 3 方面的参数来体现。

(1) CPU 的字长、主频和缓存

CPU 的字长越长，计算机的计算精度越高，功能越强，速度越快；主频越高，计算机的运算速度越快。此外，还可以用增加超高速缓冲存储器容量的方法来提高 CPU 访问内存的速度。

(2) 内存容量和速度

计算机的程序和数据都必须调入内存才能执行和处理，因此内存容量大小是提高计算机性能的另一个重要因素。内存容量大，就可以在计算机中运行大型复杂的程序；内存速度快，指令的执行和数据交换就快。

(3) 总线

总线是计算机内部及各种外设之间传输地址信号、数据信号和控制信号的公共信息通道。提高总线速度和相关外设的数据传输能力也就提高了计算机的性能。

2. 视音频素材处理子系统

非线性编辑系统的视音频处理子系统通常都是以视频编辑卡的形式存在。从硬件的角度看，视音频处理子系统可分为单通道、双通道和多通道 3 种形式。这里的通道是指在内部视频混合器之前的独立的视频回放通道。目前绝大多数的非线性视频编辑系统采用 M-JPEG 算法，因此，可分为只有一个 M-JPEG 解码器的单通道系统和具有两个 M-JPEG 解码器的双通道系统。单通道系统只能对一路视频信号进行压缩记录和解压缩回放，这就意味着系统肯定无法完成多层画面的实时处理。双通道系统由于可以完成两路视频信号的解压缩回放，再与系统内部其他处理单元相配合，就可以完成两路活动画面的实时混合处理。多通道系统则可以完成多路视频信号的解压缩回放，实现多路活动图像画面的实时混合处理。

3. 视音频素材存储子系统

在非线性编辑系统中，存储素材的硬盘是最薄弱的环节。虽然最近几年硬盘制造技术已达到很高的水平，但硬盘毕竟仍属于机械设备，用马达旋转加磁头移动方式读写数据，速度只能达到毫秒级。相比之下，内存和 CPU 的速度则可以达到纳秒级，两者相差数百万倍。当前，一般的非线性编辑系统均采用 IDE 接口或者增强型 IDE 接口的大容量磁盘，一般是 7200 转/分钟的 1TB 容量的磁盘，专业型的非线性编辑系统一般选用 SCSI 磁盘阵列。

4. 非线性编辑系统的周边设备与配接

非线性编辑系统的周边设备主要有摄像机、录像机、视频切换开关、字幕机和视频监视器等。根据前期使用的视频设备不同，非线性编辑系统的组成与配接有所不同。前期数字视频设备和非线性编辑系统的有机结合，辅助以高速数据传输、网络设备以及硬盘录像机、盘带式录像机等可以组成全数字的影视节目非线性编辑系统。一般工作原理：来自放像机或其他信号源的视频与音频信号，经视频编辑卡变换成数字视频与音频信号，并利用硬件设备进行实时压缩，然后将压缩后的视频与音频信号作为素材存储到 SCSI 磁盘阵列中，这样便可以利用非线性编辑软件进行视频与音频后期编辑。根据导演、编辑的创作意图，综合使用多个相关编辑软件对硬盘中的素材片段进行特效加工处理，最后形成一个完整的影视节目。输出时，视频与音频信号数据送至视频编辑卡进行数字解压缩，并还原成模拟信号，通过录像机记录下来。

5. 非线性编辑系统的软件平台

仅有功能强大的计算机硬件平台是不够的，还需要配以相应的软件，才能完成复杂的影视节目后期的非线性编辑工作。非线性编辑系统的软件平台是以硬件平台为基础的，参照硬件平台的分类方法，非线性编辑软件也可分为 3 类：运行于工作站上的非线性编辑软件、运行于 MAC 机上的非线性编辑软件和运行于 PC 机上的非线性编辑软件。常见的非线性编辑软件有 Premiere、Final Cut、Edius、大洋 Me、绘声绘影等。

1.2.3 非线性编辑系统的发展趋势

随着数字媒体技术和计算机硬件技术的不断发展，现代的影视媒体非线性编辑系统已经达到一个较为成熟的阶段，它在影视后期制作、广告及片头制作、现场直播、远程教学等方面都得到了广泛的应用。软、硬件性能不断提高，种类不断增加，从高端到低端产品一应俱全，能够满足多方面的要求。

但是非线性编辑系统受到一些技术上的制约，仍有许多问题需要解决，其硬件、软件以及网络应用等方面还存在着非常广阔的发展空间。

1. 硬件的发展趋势

(1) 特效硬件

特效的制作一直是困扰非线性编辑系统的一个问题。目前，这一状况已经发生了很大的改变，用于快速实现多种二维、三维特效算法的专用处理器芯片已经能够集成到视频编辑卡上。随着计算机硬件技术的发展，实时三维特效芯片会层出不穷，大大改变非线性编辑系统的特效叠加问题。

(2) 新型大容量高速存储设备

要进一步提高视频与音频信号的质量，先决条件是编辑过程中实现视音频信号的高保真和无压缩。由于视频与音频信号数据量过于庞大，迫切需要开发新型大容量高速存储设备。目前与盘式存储有关的新技术包括 RAID 技术、SATA 硬盘接口技术、SCSI 硬盘接口技术和磁盘材料技术等都取得了新的突破，以不压缩的方式在非线性编辑系统中记录和处理素材的新型存储设备即将实现。

(3) 新型数字接口

目前各种模拟、数字摄像及录像机与非线性编辑系统的接口有各种类型，但这些接口很多都自成体系，如模拟信号输出接口、SDI 接口、SDDI 接口和 IEEE1394 接口等。如果使用比较广泛的数字接口能够成为非线性编辑系统的标准配置接口，则减少了格式变换的环节，可以真正实现从前期拍摄到后期制作到播出，没有明显的信号损失，保持基本一致的高质量图像，非线性编辑也将真正进入一个统一的新阶段。

(4) 新型视频总线

PC 机内部标准的 PCI 总线是为传输多种类型数据而设计的，对于需要长时间控制总线传送大量视频数据的视频设备来说，这种传输机制会形成系统中的传输瓶颈。因此非线性编辑系统内部应该采用专门用于视频传输的新型总线。目前，新型的 Movie-2 桥接总线可以比较好地解决这一问题，这种总线独立于 PCI 总线，跨接在视频与音频、显示、网络和硬盘接口卡上，可以同步并行传输多路 Dl 级别的数字视频信号，其总的数据带宽达到 242MB/s 以上。如果这一专业视频总线成为普通支持的标准，非线性编辑技术将会有更好的发展前景。

2．软件的发展趋势

(1) 特效软件

由于计算机运行速度越来越快，特效软件功能将越来越强，种类将越来越丰富，并有可能取代硬件特效部分的基本功能。特效软件所特有的成本低廉、参数设置灵活方便和便于升级等优势，将会使非线性编辑系统特效制作的成本降低。

(2) 新型媒体文件格式

较早建立起来的多媒体文件格式有标准 AVI 和 WAV 等，其中包含一些固有的缺陷，例如，文件总长度受到 2GB 寻址范围的限制，不能跨平台使用，不支持多层对象，编辑素材中的部分内容需要重写整个文件等。Microsoft 提出的 AAF 规范建议了一个新的视频与音频数据存储格式，可以克服旧文件格式的主要问题，但仍存在一些信息传递上的问题。因此，更多的新型媒体形式的研究将是非线性编辑技术继续发展的重要方面。

(3) 网络化发展趋势

网络化同样也是非线性编辑技术发展的趋势。通过网络可以实现编辑素材及成果共享，可以实现多个非线性编辑系统的协作编辑，也可以实现基于多媒体笔记本电脑的“便携式非线性编辑设备”现场联网编辑，可以实现一种异地全新的远程编辑模式等。这样网络的传输速率就成为影响非线性编辑系统网络化的决定因素。现在普遍采用的高速以太网仍然不能满足大量视频数据传输的需要。近年发展起来的 ATM 高速宽带光纤传输网络由于其传输速率快而在某些非线性编辑系统上得到一定的应用。随着各种新型宽带网络技术的发展和完善，非线性编辑系统网络化将提升到一个新的高度。

1.3　本章小结

本章在总结影视编辑技术发展 4 个阶段的基础上，简要介绍了线性编辑的概念和特点，着重分析了非线性编辑的概念、分类、特点和实现非线性编辑过程的基本条件。同时，对非线性编辑系统进行了系统、深入、全面的介绍，讲授了非线性编辑系统的软硬件平台分类方式，特点及发展趋势。

1.4　思考与练习

1．简述影视编辑发展的 4 个主要阶段及其特点。
2．什么是线性编辑？简述线性编辑的优缺点。
3．什么是非线性编辑？简述非线性编辑的类型和特点。
4．简述实现非线性编辑过程的基本条件。
5．什么是非线性编辑系统？简述非线性编辑系统的分类标准及依据。
6．简述非线性编辑系统的功能和特点。
7．简述非线性编辑系统的构成要素及功能。
8．简述非线性编辑系统软件和硬件的发展趋势。
9．简述非线性编辑系统的网络化发展趋势。

第2章　非线性编辑的技术基础

非线性编辑技术是一门新的综合性技术，它涵盖了电视技术、数字媒体技术和计算机技术等主要技术领域，其关键技术主要包括数字图形与图像处理技术、电影与电视编辑技术、数字视频与音频处理技术、数据压缩与编码技术、数据存储技术、多媒体网络技术以及计算机硬件技术等。非线性编辑技术不但在电视台、电影厂和音像出版等领域得到了越来越广泛的应用，而且还在多媒体资源开发、网络流媒体制作等计算机传媒领域得到了广泛的应用。

本章学习目标：

1．掌握数字图形与图像技术的基本内容；
2．掌握数字视频与音频技术的基本内容；
3．掌握数字压缩与编码技术的基本内容；
4．掌握数字视音频存储技术的基本内容。

2.1　数字图形与图像技术

图形与图像是人类视觉所感受到的一种形象化的媒体，它可以形象、生动、直观地表现出大量的信息，是人类早期交流信息的重要形式之一，因而编辑处理数字图形与图像自然也成为非线性编辑工作的重要组成部分。数字媒体中的图形与图像主要是指静态的数字媒体形式，它不仅包含诸如形、色、明、暗等外在的信息显示属性，而且从产生、处理、传输、显示的过程来看，还包含诸如颜色模型、分辨率、像素深度、文件大小、真/伪彩色等计算机技术的内在属性。

2.1.1　数字图形与图像基础

1．图形与图像的比较

从本质上讲，数字图形和图像虽有区别，但并不是数字化图像性质上的区别，而是通过图像显示内容的类别加以区分的，与图像的内容形式有直接关系。一般来说，图像所表现的显示内容是自然界的真实景物，或利用计算机技术逼真地绘制出的带有光照、阴影等特性的自然界景物。而图形实际上是对图像的抽象，组成图形的画面元素主要是点、线、面或简单立体图形等，与自然界景物的真实感相差很大。

当数字技术进入图形与图像领域后，使图形与图像的内涵有了很大变化，人们对数字化图形与图像的区别与联系有了更深入的认识。有时为了更好地利用计算机数字化的特性，通过简化运算提高显示速度，或减少存储空间提高动态显示的灵活性，或转化显示模式提高精度和效果，则图形也可以用图像来表示，图像也可以抽象提取特征转化为图形来表示，这个抽象过程会使原型图像丢失一些显示信息，如图 2-1 所示。在非线性编辑过程中，就常因剧情的需要将图形与图像相互转换，或只取转换的中间效果。当然，这种编辑中的实时转换会使计算机承担更多的计算工作量。

真实原始图像

抽象化图形

图 2-1　图像与图形的区别与联系

2．图形与图像的像素

像素是数字图形与图像中能被单独处理的最小基本单元。

从像素的视觉属性看，它是一个最小可视单位。一幅彩色图像可以看成是由许多很小的可视点组成的，这些可视点就是像素。每个像素点都有确定的颜色和亮度，其颜色是由互相独立的红、绿、蓝 3 种基色以不同的比例混合而成的。

从像素的量值属性看，它的数据结构应同时包含有显示地址、色彩、亮度等数据信息，这些数据称为像素值。如果把每个像素值，按照图像中该像素所对应的位置排列，就可以构成一个像素矩阵，矩阵中的每一个元素对应图像中的一个点。数字图形与图像的非线性编辑正是对这个像素矩阵的数据采用一定的算法进行有目的的运算处理。

3．数字图像基本属性

一幅彩色图像可以看成是二维连续函数 f(x，y)，其颜色参数是位置(x，y)的函数。数字媒体技术从其图像的生成、显示、处理和存储的机制出发，需要对彩色图像数字化。数字化一幅彩色图像就是要把连续函数 f(x，y)在空间的坐标和颜色参数进行离散和量化。空间坐标 x 和 y 的离散化通常以分辨率来表征，而颜色参数的离散化则由像素的颜色深度来表征。

(1) 分辨率

分辨率是和图像相关的一个重要概念，它是衡量图像细节表现力的技术参数，用于度量图像单位长度上所包含的像素点的多少。通常表示成每英寸像素(pixel per inch，简称 ppi)和每英寸点(dot per inch，简称 dpi)。分辨率一般分为显示分辨率和图像分辨率。

显示分辨率是指在某一种显示方式下显示器屏幕上能够显示的像素数目，以水平和垂直的像素数表示。例如，显示分辨率为 1024×768 表示显示器屏幕分成 768 行，每行显示 1024 个像素，整个显示器屏幕就包含有 786432 个像素点。屏幕上的像素越多，分辨率就越高，显示的图像也就越细腻，显示的图像质量也就越高。屏幕能够显示的最大像素数目越多，说明显示设备的最大分辨率越高。显示屏上的每个彩色像素点由代表 R、G、B 三种模拟信号的相对强度决定，这些彩色像素点就构成一幅彩色图像。

图像分辨率是指构成数字图形与图像的像素数目，以水平和垂直的像素数表示。组成图像的像素数目越多，则说明图像的分辨率越高，看起来就越逼真。图像分辨率实际上决定了图像的显示质量，也就是说，即使提高了显示分辨率，也无法真正改善图像的质量。

图像分辨率与显示分辨率是两个不同的概念。图像分辨率是确定组成一幅图像的像素数目，而显示分辨率是确定显示图像的像素密度。

(2) 颜色深度

颜色深度是指图像中每个像素的颜色(或亮度)信息所占的二进制数位数，单位是位/像素(bits per pixel，bpp 简称)。屏幕上的每一个像素都占有一个或多个位，用于存放与它相关的颜色信息。颜色深度决定了构成图像的每个像素可能出现的最大颜色数，因而颜色深度值越高，显示的图像色彩越丰富；反之，颜色深度值太低，则会影响图像的显示质量。常见颜色深度种类有 4 位、8 位、16 位、24 位和 32 位。

① 4 位：这是 VGA 标准支持的颜色深度，共 2^4=16 种颜色。

② 8 位：这是数字媒体应用中的最低颜色深度，共 2^8=256 种颜色。

③ 16 位：在 16 位中，用其中的 15 位表示 RGB 三种颜色，每种颜色 5 位，用剩余的一位表示图像的其他属性，如透明度。所以，16 位的颜色深度实际可以表示 2^{15}=32×32×32 共 32 768 种颜色，称为 Hi-Color(高彩色)图像。

④ 24 位：用 3 个 8 位分别表示 RGB，称为 3 个颜色通道，可生成的颜色数为 2^{24}=16 777 216 种，约 16M 种颜色，称为真彩色。

⑤ 32 位：同 24 位颜色深度一样，也是用 3 个 8 位通道分别表示 RGB 三种颜色，剩余的 8 位用来表示图像的其他属性，如透明度等。

虽然像素的颜色深度值越大，图像色彩越丰富，但由于设备和人眼分辨率的限制，一般来说，32 位的颜色深度已足够。此外，像素颜色深度越深，所占用的存储空间越大。

(3) Alpha 通道

使用 32 位颜色深度时，用一个 8 位通道来表示图像的透明度信息，这个 8 位通道称为 Alpha 通道。Alpha 通道分为 Straight 和 Premultiplied 两种类型。

Straight Alpha 通道将像素的透明度信息保存在独立的 Alpha 通道中，也称为不带遮罩的 Alpha 通道。它可以适应需要较高标准和精度颜色要求的数字电影的非线性编辑。

Premultiplied Alpha 通道不但保存 Alpha 通道中的透明度信息，而且同时保存 RGB 通道中的相同信息，因而它也称为带有背景遮罩的 Alpha 通道。它具有广泛的兼容性，可以适应大多数非线性编辑软件。

4．图形与图像的类型

数字图形与图像从其生成、显示、处理和存储的数据运算机制角度看，一般分为两种类型：一种是位图，另一种是矢量图。

位图是由许许多多的像素组合而成的平面点阵图。其中每个像素的颜色、亮度和属性是用一组二进制像素数值来表示的。如果把其中的每个像素数值按照图像中该像素所对应的位置排列，就可以构成一个数学上的空间像素数值二维矩阵，矩阵中的每一个元素(像素)与显示器屏幕上的显示点一一对应。

矢量图是用一系列计算机指令集合的形式来描述或处理一幅图，描述的对象包括一幅图中所包含的各图形的位置、颜色、大小、形状、轮廓以及其他特性，也可以用更为复杂的形式表示图形中的曲面、光照、阴影、材质等效果。

一般来说，图形更多地由矢量图形式来描述，图像则更多地由位图形式来描述，这样它们就分别具有了矢量图和位图的许多特性。这样处理图形和图像可以更好地利用计算机数字化的特性。当然，有时为了某种需要，图形也可以用位图来表示，图像也可以抽象提取特征转化为矢量图。

5. 图形与图像的处理

(1) 图形处理

数字图形处理包括二维平面及三维空间的图形处理两种。现在的研究重点集中于对三维真实感图形技术的研究以及对三维图形对象赋予运动属性后生成连续画面(动画)效果的研究。现在图形处理的具体内容主要包括：几何变换、曲线和曲面拟合、建模和造型、阴暗处理、纹理产生以及配色等。另外，计算机动画处理还要求在此基础上附加横摇、竖摇、变焦、扭转、淡入、淡出、卷切等动态处理。实际上，为了显示的需要，计算机三维图形处理技术最终还要将用计算机数据描述的三维空间信息通过计算转换成二维图形并显示到输出设备上。在实现这一转换的过程中，显示卡中的图形加速端口(Accelerated Graphics Port，简称 AGP)起到了至关重要的作用，能加速处理三维图形，提供实时和动态的三维图形应用支持，加速处理 3D 效果，包括混合灯光纹理贴图、透视矫正、过滤、抗失真处理等。

(2) 图像处理

数字图像处理是指将客观世界中实际存在的物体映射成数字化图像，然后在计算机上用数学的方法对数字化图像进行处理。图像处理的内容极为广泛，如放大、缩小、平移、坐标轴旋转、透视图制作、位置重合、几何校正、灰度线制作、图像增强和复原、图像变换、图像编码压缩、图像重建、图像分割、图像识别、局部图像选出或去除，轮廓周长计算、面积计算以及各种正交变换等。

图形处理与图像处理的区别在于，图形处理着重研究怎样将数据和几何模型变成可视的图形，这种图形可能是自然界中根本不存在的，即人工创造的画面。图像处理侧重于将客观世界中原来存在的物体映像处理成新的数字化图像，所关心的问题是如何压缩数据、如何识别、提取特征、三维重建等内容。实际上，随着计算机技术的发展，二者的联系越来越紧密，利用真实感图形绘制技术可以将图形数据变成图像；利用模式识别技术也可以从图像数据中提取几何数据，把图像转换成图形，二者的区别也越来越模糊。

图形与图像在处理与存储时均按各自的特定格式和方法进行，但在屏幕上显示时，二者都是以一定的分辨率和颜色深度以点阵的形式显示出来。因此，通过非线性编辑系统软件对图形与图像进行编辑处理是没有什么区别的。

2.1.2　数字图像的文件格式

1. JPEG 格式

JPEG 格式的图像文件扩展名是 JPG，其全称为 Joint Photograhic Experts Group(联合图像专家组)，是一种有损压缩格式，压缩比率通常在 10:1~40:1 之间。此格式的图像通常用于图像预览和一些超文本文档中(HTML 文档)。JPEG 格式的最大特色就是文件比较小，可以进行高倍率的压缩，是目前所有格式中压缩率最高的格式之一。但是 JPEG 格式在压缩保存的过程中会以损失最小的方式丢掉一些肉眼不易察觉的数据。因而保存的图像与原图有所差别，没有原图的质量好，因此印刷品最好不要用此图像格式。

JPEG 格式支持 CMYK、RGB 和灰度 3 种颜色模式，但不支持 Alpha 通道。当将一个图像另存为 JPEG 的图像格式时，会打开 JPEG Options 对话框，从中可以选择图像的品质和压缩比例，通常大部分的情况下选择“最大”来压缩图像，所产生的品质与原来图像的质量差别不大，但文件大小会减少很多。

2. TIFF 格式

TIFF 格式的图像文件扩展名是 TIF，英文全名是 Tagged Image File Format(标记图像文件格式)。它是一种无损压缩格式，TIFF 格式便于应用程序之间和计算机平台之间图像数据交换。因此，TIFF 格式是应用非常广泛的一种图像格式，可以在许多图像软件和平台之间转换。TIFF 格式支持 RGB、CMYK 和灰度 3 种颜色模式，还支持使用通道、图层和裁切路径的功能，可以将图像中裁切路径以外的部分在置入到排版软件中时变为透明。

在 Photoshop 中另存为 Basic TIFF 的文件格式会出现对话框，从中可以选择 PC 机或 Macintosh 苹果机的格式，并且在保存时可以选择用 LZW 压缩保存的图像文件。而 Enhanced TIFF 格式不支持裁切路径，在“另存为”对话框中可以选择多种压缩方式，如在压缩下拉列表中选择 LZW、ZIP 和 JPEG 的压缩方式，以减少文件所占的磁盘空间。虽然可以减少文件大小，但会增加打开文件和存储文件的时间，也可以选择 PC 机或 MAC 苹果机的格式。

3. GIF 格式

GIF 格式的图像文件扩展名是 GIF，是 CompuServe 提供的一种图形格式，只能保存最多 256 色的 RGB 色阶的阶数，它使用 LZW 压缩方式将文件压缩而不会占磁盘空间。它在压缩过程中，图像的像素资料不会被丢失，然而丢失的却是图像的色彩。

GIF 格式广泛应用于因特网 HTML 网页文档中，或网络上的图片传输，但只能支持 8 位的图像文件。在保存 GIF 格式之前，必须将图片格式转换为位图，灰阶或索引色等颜色模式，GIF 格式采用两种保存格式，一种为 CompuServe GIF 格式，可以支持交错的保存格式，让图像在网络上显示时是由模糊逐渐转换为清晰的效果。另一种格式为 GIF 89a Export，除了支持交错的特性外，还可以支持透明背景及动画格式，它只支持一个 Alpha 通道的图像信息。

4. PSD格式

PSD格式图像文件的扩展名是PSD，它是Adobe Photoshop软件自身的格式，这种格式可以存储Photoshop中所有的图层、通道、参考线、注解和颜色模式等信息。在保存图像时，若图像中包含有层，则一般都用PSD格式保存。保存后的图像将不具有任何图层。PSD格式在保存时会将文件压缩，以减少占用磁盘空间，但PSD格式所包含图像数据信息较多，如图层、通道、剪辑路径、参考线等，因此比其他格式的图像文件还是要大得多。由于PSD文件保留所有原图像数据信息，因而修改起来较为方便，大多数排版软件不支持PSD格式的文件，必须等到图像处理完以后，再转换为其他占用空间小而且存储质量好的文件格式。

5. BMP格式

BMP图像文件格式是一种Windows或OS2标准的位图式图像文件格式，它支持RGB、索引颜色、灰度和位图样式模式，但不支持Alpha通道。该文件格式还可以支持1~24位的格式，其中对于4~8位的图像，使用Run Length Encoding(RLE运行长度编码)压缩方案，这种压缩方案不会损失数据，是一种非常稳定的格式。BMP格式不支持CMYK模式的图像。

6. PNG格式

PNG格式图像文件的扩展名是PNG，它是由Netscape公司开发出来的格式，可以用于网络图像，但它不同于GIF格式图像只能保存256色，PNG格式可以保存24位的真彩色图像，并且支持透明背景和消除锯齿边缘的功能，可以在不失真的情况下压缩保存图像。但由于PNG格式不完全支持所有浏览器，所以在网页中使用要比GIF和JPEG格式少的多。但相信随着网络的发展和因特网传输的改善，PNG格式将是未来网页中使用的一种标准图像格式。PNG格式文件在RGB的灰度模式下支持Alpha通道，但是索引颜色的位图模式下不支持Alpha通道。在保存PNG格式的图像时，会弹出对话框，如果在对话框中选中交错的按钮，那么在使用浏览器欣赏图片时就会以由模糊逐渐转为清晰的效果方式渐渐显示出来。

7. TGA格式

TGA格式图像文件的扩展名为TGA，是由Truevision公司为其显示卡开发的一种图像文件格式，并且通常受MS-DOS颜色应用程序的支持。Targa格式支持24位RGB图像(8位×3颜色通道)和32位RGB图像(8位×3颜色通道外加一个8位alpha通道)。Targa格式也支持无Alpha通道的索引颜色的灰度图像。以这种格式存储RGB图像时，可选取像素深度。

8. RAW格式

RAW格式图像文件的扩展名是RAW。RAW是一种无损压缩格式，它的数据是没有经过相机处理的原文件，因此它的大小要比TIFF格式略小。所以，当上传到计算机之后，要用图像软件的Twain界面直接导入成TIFF格式才能处理。

2.1.3　数字图像的颜色模型

要将现实世界中的对象在计算机中表现出来，必须依靠不同的定量颜色的方法来实现，这种定量颜色的方法就是色彩模型。

1. RGB 模型

RGB(Red Green Blue)模型，也称为加色法模型，它是以红、绿、蓝三基色相互叠加来实现混色的方法，因而适合于显示器等发光体的显示。当 3 种基本颜色等量相加时，就会得到白色。然而物体的颜色是丰富多彩的，任何一种颜色和这 3 种基色之间的关系均可用下面的配色方程来描述：

F(物体颜色)=R×(红色的百分比)+G×(绿色的百分比)+B×(蓝色的百分比)

三基色中的每一种颜色都有一个 0~255 的取值范围，可以通过对这 3 个颜色通道的数值进行调节，来改变图像的颜色。因此，在数字媒体非线性编辑技术中，RGB 颜色模型是最基本的模型，因为彩色显示器只有按 RGB 分量式输入，才能在显示屏幕上合成任意颜色，其他颜色模型最后的输出也要转换成 RGB 颜色模型。

2. CMY 模型

CMY(Cyan Magenta Yellow)模型是采用青、品红、黄色 3 种基本颜色按一定比例合成颜色的方法。CMY 模型又称为减色法混色模型，因为色彩的显示不是直接来自于光线的色彩，而是光线被物体吸收一部分之后反射回来的剩余光线所产生的，当全部光线都被吸收时显示黑色，全部光线都被反射时显示白色。这种模型适合于彩色打印机等用彩色墨水或颜料进行混合显示的情况。

3. YUV 与 YIQ 模型

在彩色电视系统中不采用 RGB 颜色模型，而采用 YUV 或 YIQ 颜色模型表示彩色图像。在 YUV 模型中，Y 是亮度信号，U 和 V 则是两个色差信号，分别传送红基色分量和蓝基色分量与亮度分量的差值信号。YUV 适用于 PAL 和 SECAM 彩色电视制式，而 YIQ 适用于 NTSC(National Television System Committee，即：国家电视系统委员会)彩色电视制式，其特性与 YUV 模型相近。

4. HSI 颜色模型

HSI(Hue Saturation Intensity)颜色模型用 H、S、I 三个参数描述颜色特性，其中，H 定义颜色的波长，称为色调；S 表示颜色的深浅程度，称为饱和度；I 表示强度或亮度，这些特性正是颜色的 3 要素。HSI 模型更接近人对颜色的认识，符合人眼对颜色的感知方式，是从事绘画艺术的画家们习惯使用的描述色彩的一种方法。它比 RGB 模型使用更方便，从而能降低彩色图像处理的复杂度，加快处理速度，因此一般的数字图像处理软件中，都提供了这种定量色彩的方式。

无论采用什么颜色模型来表示彩色图形与图像，由于所有的显示器都需要 RGB 值来驱动，所以在显示每个像素之前，必须要把彩色分量值转换成 RGB 值。

2.2　数字视频与音频技术

数字视频与音频是非线性编辑系统最主要的处理对象，是一种动态的时基媒体形式。由于数字视频和音频信号是从模拟信号转化而来的，其描述的标准、属性、参量和显示方式无不体现着模拟信号的特点，因而模拟视频与音频信号的基本原理也是数字视频与音频技术的重要基础。

2.2.1　视频与动画

1．视觉暂留原理

大量的实验证明，人眼具有"视觉暂留"的时间特性，就是说人眼对光像的主观亮度感觉与光像对人眼作用的时间并不同步。一个光像对人眼的作用消失后，视觉对这个光像亮度与颜色的主观感觉在△t(大约 1/20~1/10s)之内不会完全消失，主观感觉亮度是逐渐下降的。动态图形与图像正是利用人眼的这一视觉暂留特性制作的。照此推断，如果图形与图像的画面刷新频率为每秒 24 幅以上，则前、后两幅画面之间在视觉亮度上就有重叠时间，如图 2-2 所示，亦即前一幅画还没有完全消失前就出现下一幅画，这使得本来在时间上和空间上都不连续的画面会给人以连续的感觉。当然，动态图形与图像的画面之间如果在内容上没有任何相关性，在连续播放时便失去了其动作的连续性，因而不能形成真正意义上的视频与动画。

由此可见，动态图形与图像是由多幅连续的、内容相关而又彼此独立的画面序列构成的一种离散型时基媒体形式。非线性编辑系统也正是利用了动态图形与图像序列的这种离散时基特性，对序列进行剪切、抽取、插入等操作，但仍然保持新序列的图像之间在视觉亮度上的时间重叠特性，从而完成新的序列编排。

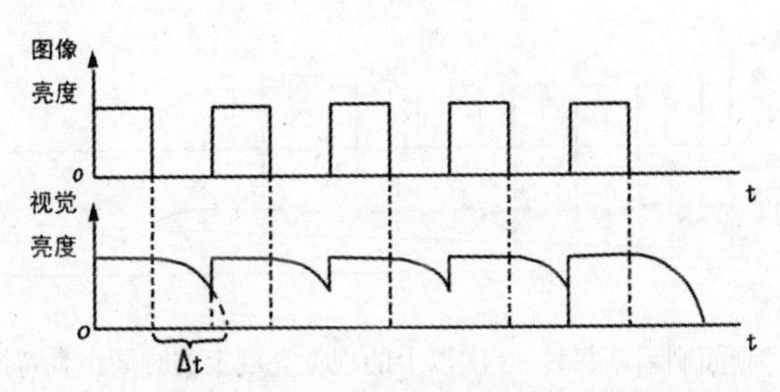

图 2-2　动态图像之间在视觉亮度上的时间重叠特性曲线

2．视频与动画

根据每一幅画面的产生形式，动态图形与图像序列又分为两种不同的类别。当每一幅画面是人工绘制或计算机生成的画面时，称为动画；当每一幅画面为由各种设备实时获取的自然界景物图时，称为动态影像视频，简称视频。也就是说动画与视频是通过画面产生的方式来区分的，动画着重研究怎样将数据和几何模型变成可视的动态图形，这种动态图形可能是自然界中根本不存在的，即人工创造的动态画面；视频处理侧重于研究如何将客观世界中原来存在的实物影像处理成传输媒介上的动态影像，研究如何压缩数据、还原播放。因此，可以在某种意义上说，动画是图形在时间线上的延伸，视频是图像在时间线上的延伸。

随着计算机技术的发展，利用真实感图形绘制技术也可以将一些三维动画图形数据直接转变成动态影像视频，从而可以以视频形式存储与播放。而视频技术也越来越多地利用数字编辑与合成技术，将一些三维特效文字和三维动画叠加在视频画面上以增强效果，拓宽视频表现手法，产生一种动画视频混合形式。从发展的趋势看，动画与视频的区别越来越模糊，非线性编辑系统软件在外部操作上对视频与动画的编辑处理也基本趋于一致。

2.2.2　视频信号的描述

视频信号的描述是基于电视信号标准而言的。由于在电视技术发展早期标准的不统一，造成目前世界上存在 3 种互不兼容的彩色电视信号制式，即 PAL 制式、NTSC 制式和 SECAM 制式，其中 PAL 和 SECAM 制式采用 YUV 颜色模型，NTSC 制式采用 YIQ 颜色模型。尽管制式和颜色模型有所不同，但它们所遵循的基本原理是一致的。数字视频是在模拟视频基础上发展起来的，因而它的描述也与模拟视频的描述接近。

1. 视频扫描特性

视频信号是采用了一种扫描技术来进行传输与显现的。实际上，每秒 24 幅图像的刷新率虽不会出现停顿现象，但仍会使人眼感到画面的闪烁，这是因为前、后两幅图像之间仍然有视觉亮度明显降低的一段时间，要消除闪烁感，就要使画面刷新率至少提高一倍，即每秒 48 次以上，如图 2-3 所示。在电影的放映过程中有一个不透明的遮挡板，每秒遮挡 24 次，这样，每秒 24 幅图像加上每秒 24 次遮挡，电影画面的刷新率实际上是每秒 48 次，就能有效地消除视觉闪烁感。

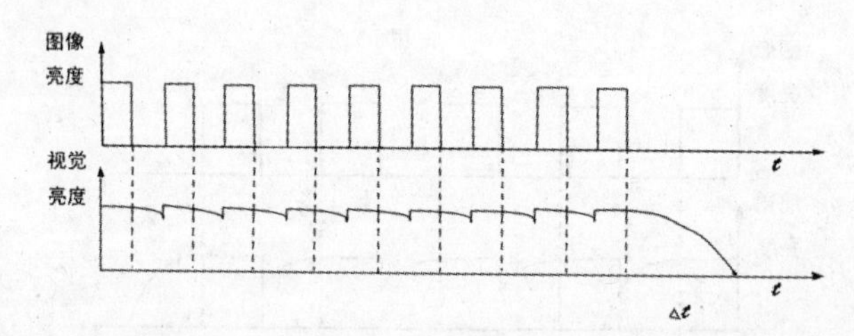

图 2-3　画面刷新率每秒 48 次以上的视觉亮度上的时间重叠特性曲线

电视视频信号采用了类似于电影放映活动图像的技术，PAL 制式视频在 1 秒内传送 25 幅(又称 25 帧)图像，以达到播放连贯活动图像的效果。与电影技术不同的是电视技术中不是把整幅的图像一次传输，而是把一帧图像的每一个像素按从左到右，从上到下的顺序逐点扫描传送的。在 PAL 制式中，1 帧图像分 625 个扫描行。为使活动图像的闪烁频率达到每秒 48 次以上，消除视觉闪烁感，又将原来一帧 625 个扫描行的图像按奇数、偶数扫描行分离为奇、偶两幅(又称为场)画面，这样，每场画面采用隔行扫描方式，共 312.5 行，画面像素密度降低了一半。信号发送时先发送奇数场，然后再发送偶数场，在接收端先接收到奇数场光栅，将整幅图像大致呈现，然后再接收偶数场，并将偶数场图像镶嵌在奇数场图像中，从而得到了精细的整幅图像，如图 2-4 所示。

(a)

(b)

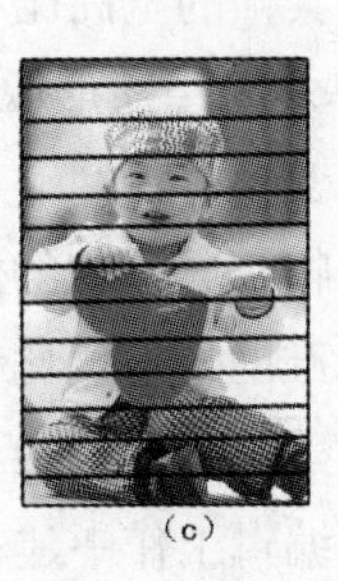
(c)

图 2-4　隔行扫描图像再现示意图

除了以上所述隔行扫描的方式之外，还有逐行扫描的方式，它是计算机屏幕画面显示的基础，具有更好的动态显示效果。但由于早期电视工业技术的限制，采用逐行扫描方式将大大提高电视接收机的技术难度和生产成本，因此一直以来各国选定隔行扫描作为电视显示格式的基础。这种方式在显示静止画面时存在明显的缺陷，有轻微的闪烁和爬行现象，但由于多数时候电视图像都是动态画面，隔行扫描的缺点并不明显。随着社会的进步和数字技术的发展，人们逐渐对高清晰的静止画面显示也提出了需求，直接导致了电视技术与计算机技术的融合，作为计算机显示技术的逐行扫描方式也被吸纳到数字高清晰度电视标准中来，电视第一次在大动态运动画面和高清晰静止画面两方面的显示都达到了较好的平衡。

2．帧与帧速率

帧是指影视动画中的一幅幅静止的画面，是影视媒体编辑的最小单位。当一系列连续的图像映入人眼时，由于视觉暂留的作用，人们会错误地认为图像中的静态元素动了起来。而当图像显示得足够快时，人眼便不能分辨每幅静态图像的具体内容，取而代之的是平滑的动画。

动画是电影和视频的基础，每秒钟显示图像数量的多少称为帧速率，单位是帧/秒，或者是 FPS。大约 10FPS 的帧速率，就可以产生平滑连贯的动画。低于这个速率，影视画面会产生明显的跳动而显得不连贯。

传统电影的帧速率为 24FPS，在美国、加拿大、日本等国家和地区，使用 NTSC 制式作为标准的电视中，视频的帧速率大约为 30FPS (29.97 FPS)。而在使用 PAL 制式的中国、德国、澳大利亚等国家和地区，或者使用 SECAM 制式的法国、俄罗斯以及部分非洲地区，电视的视频帧速率为 25FPS。

3．像素与帧的宽高比

像素与帧的宽高比是判别一种视频标准的重要参数，不同标准的视频使用不同的像素与帧的宽高比。

像素宽高比简称像素比，是指图像中的一个像素的宽度和高度之比。像素宽高比是判别一种视频标准的重要参量，不同标准的视频使用不同的像素宽高比。像素宽高比为 1 时是方形像素，其他类型是矩形像素，这主要取决于不同标准的视频图像的水平与垂直像素数目的比值，是否与其帧的宽高比相同。计算机一般使用正方形像素显示画面，其像素宽高比为 1.0，而电视基本使用矩形像素。如果在正方形像素的显示器上显示未经矫正的矩形像素的画面，会出现变形现象。

帧宽高比是指一帧视频图像的宽度和高度之比，帧宽高比的设置与人眼的视觉习惯有关。早期模拟视频标准的帧宽高比都为 4:3；计算机图像以及标清数字视频的帧宽高比也为 4:3；HDTV 的帧宽高比是 16:9，通过研究发现，这是更加符合人眼视野范围规律的画面宽高比。在非线性编辑工作中建立新项目时，根据最终作品的要求设置项目视频画面图像的帧宽高比，当导入的视频素材使用了与项目设置不同的帧宽高比时，就必须确定如何协调这两个不同的参数值，确保画面内容不变形、不丢失，如其中的圆形物体变为椭圆。

帧宽高比由像素宽高比和水平/垂直分辨率共同决定，它等于像素宽高比与水平/垂直分辨率比之积。常见的主要视频标准的相关参数，见表 2-1。

表 2-1　主要视频标准的相关参数

视频标准	帧尺寸	帧速率	像素宽高比	帧宽高比
NTSC DV	720×480	29.97	0.909	4:3
NTSC D1/DV 宽屏	720×480	29.97	1.212	16:9
PAL DV	720×576	25	1.094	4:3
PAL D1/DV 宽屏	720×576	25	1.459	16:9
HDTV	1280×720	29.97	1.000	16:9
HDTV	1920×1080	25	1.333	16:9

4. SMPTE 时间码

为了描述视频素材的时间长度及其开始、结束帧甚至是其中每一帧的时间位置，以便精确到帧的控制捕获、编辑和广播等过程，国际上采用一种被称为 SMPTE 时间码的单位和地址来量度。在非线性编辑中这种时间码以“H:M:S:T”也就是“小时：分钟：秒：帧”的形式来确定每一帧的地址，也可以说是给视频的每一个帧编号，从而可在编辑时方便精确地找到每一帧，进而完成各种帧编辑及其声音元素的同步设置，第一帧的 SMPTE 时间码对应为“00:00:00:00”。

针对视频标准中的几种不同的帧速率，SMPTE 时间码有几种不同的标准。PAL 制式采用的帧速率标准是 25 FPS，而 NTSC 制式由于广播电视的技术原因，目前采取 29.97FPS 的帧速率，但在进行非线性编辑时，为了便于操作使用，SMPTE 时间码仍采用了 30 FPS 的帧速率标准。例如，PAL 制式下，一个时间位置为“00:12:12:12”的视频片段的某一帧，其下一帧应该记为“00:12:12:13”，当时间码对应的帧数值增加到 24 帧时，即 SMPTE 时间码为“00:12:12:24”，系统会自动向高位进一，表示为“00:12:13:00”，帧数值则归零重新开始计数。以此类推，当秒、分钟的数值达到 59 时，同样向高位进一，而自身的数值则归零重新开始计数。

由于 NTSC 制式下 SMPTE 时间码仍采用了 30 FPS 的帧速率计时，其结果会造成实际播放(29.97 FPS 的帧速率)和测量的时间长度有 0.1%的差异。为了补偿这种差异，NTSC 制式下 SMPTE 时间码，使用一种丢帧(Drop Frame)的标准，即在每分钟的记数中自动忽略掉两帧的计算，而每 10 分钟有一分钟进行忽略计算，从而在较长时间范围内有效地弥补了差异。而采用了 30 FPS 帧速率计时的 SMPTE 时间码的标准就是非掉帧(No Drop Frame)标准，时间位置不够精确，随着时间的延长，这种差异会越来越大，因而不适宜较长时间视频片段的编辑。当然，后者的编辑质量要比前者更好一些。

一般视频编辑系统或非线性编辑系统既可以使用丢帧也可以使用不掉帧的时间码标准。但为记录与编辑计时的方便，无论使用哪种标准，都应当注意记录视频资料与编辑同一视频资料的时间码的标准要统一，以便知道二者时间码所对应的真实时间。

2.2.3　电视技术

1. 电视制式

目前，世界上通用的电视制式有美国和日本等国家使用的 NTSC 制式，中国和大部分欧洲国家使用的 PAL 制式，以及法国等国家使用的 SECAM 制式，见表 2-2。部分国家可能存在多种电视制式，本节只讨论 3 种主流制式。

表 2-2　电视制式

制式	国家或地区	垂直分辨率(扫描线数)	帧速率(隔行扫描)
NTSC 制	美国、加拿大、日本、韩国	525(480 可视)	29.97 FPS
PAL 制	澳大利亚、中国以及欧洲大部分国家	625(576 可视)	25 FPS
SECAM 制	法国、俄罗斯以及非洲部分国家	625(576 可视)	25 FPS

(1) NTSC 制式

NTSC 是美国在 1953 年 12 月研制出来的，并以美国国家电视系统委员会(National Television System Committee)的缩写命名，代表了一种目前世界上广为采用的电视系统标准。事实上，NTSC 是由 EIA(美国电子工业协会)发起及创办的。NTSC 也曾经制定了单色(黑白)电视标准，并且于 1941 年经 FCC(美国联邦通信委员会)通过并认可了这个标准。其实在 1949 年左右，彩色广播电视仍在实验阶段，那时候有两个强有力的竞争者 RCA 与 CBS 正在竞标美国彩色电视机的标准，最后，NTSC 采用了 RCA 的标准并予以修改，FCC 也认可了 NTSC 的标准，使得 NTSC 为包括美国、加拿大、日本、及许多西半球国家所共通的彩色电视标准。CBS 失败的主要原因是 CBS 彩色电视系统和原有的黑白单色电视系统并不兼容。

NTSC 电视标准，其供电频率为 60Hz，帧速率为 29.97 FPS，简化为 30 FPS，电视扫描线为 525 行，隔行扫描，偶数场在前，奇数场在后，偶数场优先。标准的 NTSC 制式电视标准，电视画面大小为 720×480 像素，画面宽高比为 4:3，色彩深度为 24 位。采用 NTSC 电视制式标准的国家和地区主要有美国、加拿大、墨西哥、日本和韩国等国家和地区。

(2) PAL 制式

PAL 制式是为了克服 NTSC 制对相位失真的敏感性，在 1962 年由前联邦德国在综合 NTSC 制的技术成就基础上研制出来的一种改进方案。PAL 是英文 Phase Alteration Line 的缩写，意思是“逐行倒相”，它对同时传送的两个色差信号中的一个色差信号采用逐行倒相，另一个色差信号进行正交调制方式。这样，如果在信号传输过程中发生相位失真，则会由于相邻两行信号的相位相反起到互相补偿的作用，从而有效地克服了因相位失真而引起的色彩变化。因此，PAL 制式对相位失真不敏感，图像彩色误差较小，与黑白电视的兼容也好，但 PAL 制的编码器和解码器都比 NTSC 制的复杂，信号处理也较麻烦，接收机的造价也高。

PAL 电视标准，其供电频率为 50Hz，帧速率为 25 FPS，扫描线为 625 行，奇数场在前，偶数场在后，奇数场优先。标准的 PAL 电视制式，电视画面大小为 720×576 像素，画面宽高比为 4:3，色彩深度为 24 位。采用 PAL 电视制式标准的国家和地区主要有澳大利亚、中国、德国等欧洲大部分国家和地区。

我国采用 PAL 制式，不仅克服了 NTSC 制式的一些不足，相对 SECAM 制式来说，又有着很好的兼容性，是标清中分辨率最高的制式。所以，对于我们来说，PAL 制式相当重要。

(3) SECAM 制式

SECAM 制式是 1966 年由法国研制出来的，与 PAL 制式有着同样的帧速率和扫描线数。采用 SECAM 制式的国家和地区有俄罗斯、法国、中东和大部分非洲同家等。

2. 数字电视

数字电视就是指从演播室到发射、传输、接收的所有环节都是使用数字电视信号或对该系统所有的信号传播都是通过由 0、1 数字串所构成的数字流来传播的电视类型。其信号损失小，接收效果好。

数字电视可以提供给我们更多的频道和更高质量的图像，无论是采用标准清晰度电视(SDTV)或者是高清晰度电视(HDTV)。高清晰度电视(HDTV)向家庭传送影院质量的图像和高保真的环绕声，这将把电视变成“家庭影院”，并且向我们的眼睛呈现 5 倍于 SDTV 的信息量。广播电视工作者可以选择播放 HDTV 节目或者是 SDTV 节目。我们今天所用的标准模拟电视频道，将供广播电视工作者进行选择：传送一路 HDTV 节目或者挨在一起的几路 SDTV 节目。在不久的将来，广播电视工作者将能够在极大地改进图像和声音质量，与极大地增加节目选择之间进行决策。

同时，数字技术和多种数字媒体的融合，将在人们所理解的现今“电视”的那种传统的一对多的通信模式之外提供更多的选择。先进的数字技术的运用将提供许多新的服务：多对一、多对多、一对一的通信。结合交互式的返回通道(如通过带接口的移动电话)，数字信息接收者将提供给用户多种增强服务，从简单的交互式问答显示到无线互联网连接，以及电视和互联网的混合资源服务。你能在电视上做的任何事情你将能够在你的个人计算机上做，反之亦然。模拟电视不能被移动电视接收机接收，而数字电视将可以使汽车、公共汽车、火车上安装的电视机、甚至手持电视接收机接收到水晶般清晰透亮的电视节目。不仅如此，新的增强的交互式的服务(包括高速互联网连接)也能够发送到移动接收机。例如，用随身携带的 GSM 车载电话，以及一台内插智能卡式的 DVB-T 地面 DTV 接收机，你将能够以 2~14 Mb/s 的速率浏览因特网，比 28.8 K 的调制解调器快一千倍。

目前数字电视主要有两种标准：一是欧洲 ETSI 的 DVB；二是美国先进电视委员会 ATSC 的 DTV。DVB 家族分为 3 个部分：用于卫星数字电视广播的 DVB-S；用于有线(同轴电缆)数字电视广播的 DVB-C；用于地面数字电视广播的 DVB-T。其中 DVB-S 标准已为全球所认同；DVB-C 为欧洲、澳大利亚、北美、南美等一些国家接受；而数字电视地面广播 DVB-T 已在欧洲、澳大利亚、新加坡进行了广泛的测试试验并得到了认可。ATSC 的 DTV 是一种地面数字电视广播标准，与 DVB-T 形成竞争，已在澳大利亚、新加坡等国家与 DVB-T 进行对比试验。目前接受该标准的国家和地区有美国、加拿大、墨西哥、阿根廷、韩国、中国台湾等。另外，北美地区在卫星数字电视广播方面接受 DVB-S、DSS；在有线数字电视广播方面接受 OpenCable[美国 CableLabs 制定的数字有线标准，该标准接受 ATSC 制式以及国际电讯联盟(ITU)的 ITU-T J.83 的用于电视、声音和数据服务的有线数字多节目制式]。

数字电视采用 MPEG-2 压缩方式，MPEG-2 编码压缩系统较之其他压缩工具，对于给定的质量可提供较大的压缩率，并且具有广泛的节目素材来源。在数据率达到一定程度时可以提供非常满意的图像质量以满足我们的需要。DVB 和 DTV 的视频都采用 MPEG-2 压缩，DVB 的音频采用 MPEG 第二层音频，DTV 采用杜比 AC-3 立体声。

3. 标清与高清

标清(SD)和高清(HD)是两个相对的概念，是尺寸上的差别，而不是文件格式上的差异。高清简单理解起来就是分辨率高于标清的一种标准。分辨率最高的标清格式是 PAL 制式，可视垂直分辨率为 576 线，高于这个标准的即为高清，尺寸通常为 1280×720 或者 1920×1080，帧宽高比为 16:9。相对标清，高清的画面质量有显著的提升，如图 2-5 所示。在声音方面，由于使用了更为先进的解码与环绕声技术，用户可以更为真实地感受现场气氛。

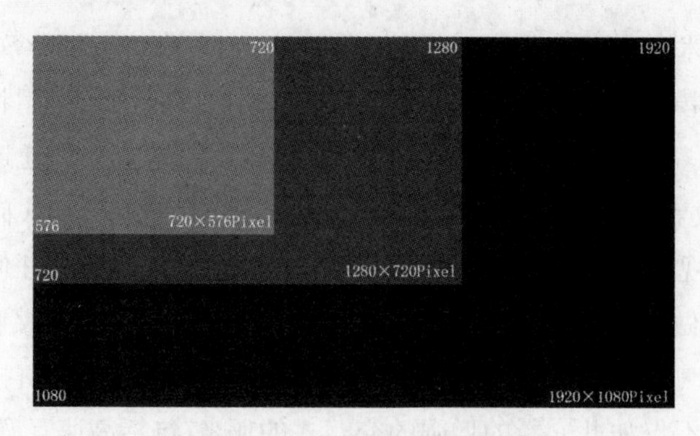

图 2-5　标清与高清视频尺寸比较

根据尺寸和帧速率的不同，高清分为不同格式，其中尺寸为 1280×720 的均为逐行扫描，而尺寸为 1920×1080 的在比较高的帧速率时不支持逐行扫描，见表 2-3。

表 2-3　高清视频帧尺寸和帧速率

格式	帧尺寸	帧速率
720 24P	1280×720	23.976 FPS 逐行扫描
720 25P	1280×720	25 FPS 逐行扫描
720 30P	1280×720	29.97 FPS 逐行扫描
720 50P	1280×720	50 FPS 逐行扫描
720 60P	1280×720	59.94 FPS 逐行扫描
1080 24P	1920×1080	23.976 FPS 逐行扫描
1080 25P	1920×1080	25 FPS 逐行扫描
1080 30P	1920×1080	29.97 FPS 逐行扫描
1080 50i	1920×1080	50 场/秒 25 FPS 隔行扫描
1080 60i	1920×1080	59.94 场/秒 29.97 FPS 隔行扫描

目前，很多视频软硬件都支持高清视频的摄制、编辑与输出，可以轻松地组建一套高清视频编辑系统。由于高清是一种标准，所以它不拘泥于媒介与传播方式。高清可以是广播电视和 DVD 的标准，也可以是流媒体的标准。当今，各种视频媒体形式都在向着高清的方向发展。

4．电影与电视转换

电影胶片类似于非交错视频，每次显示整个帧，帧速率为 24 FPS。通过设备和软件，可以使用 3-2 或 2-3 下拉法在 24 FPS 的电影和约为 30 FPS (29.97 FPS)的 NTSC 制式视频之间进行转换。这种方法是将电影的第 1 帧复制到视频第 1 帧的场 1 和场 2，将电影的第 2 帧复制到视频第 2 帧的场 1、场 2 和第 3 帧的场 1，将电影的第 3 帧复制到视频第 3 帧的场 2 和第 4 帧的场 1，将电影的第 4 帧复制到视频第 4 帧的场 2 和第 5 帧的场 1 和场 2。这种方法可以将 4 个电影帧转换为 5 个视频帧。并重复这一过程，完成 24 FPS 到 30 FPS 的转换。

使用这种方法还可以将 24p 的视频转换成 30p 或 60i 的格式。这里，p 是指逐行扫描的视频，i 是指隔行扫描的视频。

电影帧速率和 PAL 制式视频每秒只差 1 帧，一般来说以前就直接一帧对一帧进行制作，这样 PAL 每秒会比电影多放一帧，也就是速度提高了 1/24，而且声音的音调会相应升高。现在有些 PAL 制式视频采取了 24+1 的制作方法，就是把 24 帧中的一帧重复一次，从而获得跟电影一样的播放速度。

2.2.4　视音频文件格式

1. 视频文件常用格式

(1) AVI 格式

AVI 是 Audio Video Interleave 的简写，即音频视频交叉存取格式。1992 年初 Microsoft 公司推出了 AVI 技术及其应用软件 VFW(Video for Windows)。在 AVI 文件中，运动图像和伴音数据是以交织的方式存储，并独立于硬件设备。这种按交替方式组织音频和视像数据的方式可使得读取视频数据流时能更有效地从存储媒介得到连续的信息。构成一个 AVI 文件的主要参数包括视像参数、伴音参数和压缩参数等。AVI 文件用的是 AVI RIFF 形式，AVI RIFF 形式由字符串 AVI 标识。所有的 AVI 文件都包括两个必须的 LIST 块，这些块定义了流和数据流的格式，AVI 文件还包括一个索引块。只要遵循这个标准，任何视频编码方案都可以使用在 AVI 文件中。这意味着 AVI 有着非常好的扩充性。这个规范由于是由微软制定，因此微软全系列的软件包括编程工具 VB、VC 都提供了最直接的支持，因此更加奠定了 AVI 在 PC 上的视频霸主地位。由于 AVI 本身的开放性，获得了众多编码技术开发商的支持，不同的编码使得 AVI 不断被完善，现在几乎所有运行在 PC 上的通用视频编辑系统，都是以支持 AVI 为主的。AVI 的出现宣告了 PC 上默片时代的结束，不断完善的 AVI 格式代表了多媒体在 PC 上的兴起。说到 AVI 就不能不提起英特尔公司的 Indeo Video 系列编码，Indeo 编码技术是一款用于 PC 视频的高性能的、纯软件的视频压缩/解压解决方案。Indeo 音频软件能提供高质量的压缩音频，可用于互联网、企业内部网和多媒体应用方案等。它既能进行音乐压缩也能进行声音压缩，压缩比可达 8:1 而没有明显的质量损失。Indeo 技术能帮助您构建内容更丰富的多媒体网站。目前 AVI 格式已被广泛用于动态效果演示、游戏过场动画、非线性素材保存等，是目前使用最广泛的一种 AVI 编码技术。现在 Indeo 编码技术及其相关软件产品已经被 Ligos Technology 公司收购。随着 MPEG 的崛起，Indeo 面临着极大的挑战。

(2) MOV 格式

MOV 格式是美国 Apple 公司开发的一种视频格式。MOV 视频格式具有很高的压缩比率和较完美的视频清晰度，其最大的特点还是跨平台性，不仅能支持 Mac OS，同样也能支持 Windows 系列操作系统。在所有视频格式当中，也许 MOV 格式是最不知名的。也许你会听说过 QuickTime，MOV 格式的文件正是由它来播放的。在 Windows 一枝独秀的今天，从 Apple 移植过来的 MOV 格式自然会受到排挤。它具有跨平台、存储空间要求小的技术特点，而采用了有损压缩方式的 MOV 格式文件，画面效果较 AVI 格式要稍微好一些。目前为止，MOV 格式共有 4 个版本，其中以 4.0 版本的压缩率最好。这种编码支持 16 位图像深度的帧内压缩和帧间压缩，帧速率每秒 10 帧以上。现在有些非线性编辑软件可以对 MOV 格式进行处理，包括 Adobe 公司的专业级多媒体视频处理软件 After Effect 和 Premiere。

(3) MPEG 格式

和 AVI 相反，MPEG 不是简单的一种文件格式，而是编码方案。MPEG-1(标准代号 ISO/IEC11172)制定于 1991 年底，处理的是标准图像交换格式(Standard Interchange Format，简称 SIF)或者称为源输入格式(Source Input Format，简称 SIF)的多媒体流。是针对 1.5Mbps 以下数据传输率的数字存储媒质运动图像及其伴音编码(MPEG-1 Audio，即：标准代号 ISO/IEC 11172-3)的国际标准，伴音标准后来衍生为今天的 MP3 编码方案。

MPEG-1 规范了 PAL 制(352×288，即 25 FPS)和 NTSC 制(为 352×240，即：30 FPS)模式下的流量标准，提供了相当于家用录像系统(VHS)的影音质量，此时视频数据传输率被压缩至 1.15 Mbps，其视频压缩率为 26:1。使用 MPEG-1 的压缩算法，可以把一部 120 分钟长的多媒体流压缩到 1.2 GB 左右大小。常见的 VCD 视频就是 MPEG-1 编码创造的杰作。MPEG-1 编码也不一定要按 PAL/NTSC 规范的标准运行，用户可以自由设定影像尺寸和音视频的流量。随着激光头拾取精度的提高，有人把光盘的信息密度加大，并适度降低音频流流量，于是出现了只要一张光盘就存放一部电影的 DVCD。DVCD 光盘其实是一种没有行业标准，没有国家标准，更谈不上是国际标准的音像产品。当 VCD 开始向市场普及时，计算机正好进入了 486 时代，当年不少朋友都梦想拥有一块硬解压卡，来实现在 PC 上看 VCD 的夙愿，今天回过头来看看，觉得真有点不可思议，但当时的现状就是 486 的系统不借助硬解压是无法流畅播放 VCD 的，上万元的 486 系统都无法流畅播放的 MPEG-1 被打上了贵族的标志。随着奔腾的发布，PC 开始奔腾起来，直到后来 Windows Media Player 也直接提供了 MPEG-1 的支持，至此 MPEG-1 在 PC 上使用已经完全无障碍了。

MPEG-2(标准代号 IOS/IEC13818)于 1994 年发布国际标准草案(DIS)，在视频编码算法上基本和 MPEG-1 相同，只是有了一些小小的改良，如增加隔行扫描电视的编码。它追求的是大流量下的更高质量的运动图像及其伴音效果。MPEG-2 的视频质量看齐 PAL 或 NTSC 的广播级质量，事实上 MPEG-1 也可以做到相似效果，MPEG-2 更多的改进来自音频部分的编码。目前最常见的 MPEG-2 相关产品就是 DVD，SVCD 也是采用的 MPEG-2 的编码。MPEG-2 还有一个更重要的用处，就是让传统的电视机和电视广播系统往数码的方向发展。

MPEG-4 于 1998 年公布，和 MPEG-2 所针对的不同，MPEG-4 追求的不是高质量而是高压缩率以及适用于网络的交互能力。MPEG-4 提供了非常惊人的压缩率，如果以 VCD 画质为标准，MPEG-4 可以把 120 分钟的多媒体流压缩至 300 M。MPEG-4 标准主要应用于视像电话(Video Phone)、视频电子邮件(Video Email)和电子新闻(Electronic News)等，其传输速率要求较低，在 4 800-64 000 bit 之间，分辨率为 176×144 像素。MPEG-4 利用很窄的带宽，通过帧重建技术，压缩和传输数据，以求以最少的数据获得最佳的图像质量。

(4) 3GP 格式

3GP 是一种 3G 流媒体的视频编码格式，主要是为了配合 3G 网络的高传输速度而开发的，也是目前手机中最为常见的一种视频格式。目前，市面上一些安装有 RealPlayer 播放器的智能手机可直接播放后缀为 RM 的文件，这样一来，在智能手机中欣赏一些 RM 格式的短片自然不是什么难事。然而，大部分手机并不支持 RM 格式的短片，若要在这些手机上实现短片播放则必须采用一种名为 3GP 的视频格式。目前有许多具备摄像功能的手机，拍出来的短片文件其实都是以 3GP 为后缀的。

(5) ASF 格式

ASF 是 Advanced Streaming Format 的缩写，由字面(高级流格式)意思就应该看出这个格式的用处。ASF 就是 Microsoft 为了和现在的 Real Player 竞争而发展出来的一种可以直接在网上观看视频节目的文件压缩格式。由于它使用了 MPEG-4 压缩算法，所以压缩率和图像的质量都很不错。因为 ASF 是以一个可以在网上即时观赏的视频“流”格式存在的，所以它的图像质量比 VCD 差一点并不出奇，但比同是视频“流”格式的 RAM 格式要好。不过如果不考虑在网上传播，选最好的质量来压缩文件的话，其生成的视频文件比 VCD(MPEG1)好也是一点不奇怪的，但这样的话，就失去了 ASF 本来的发展初衷，还不如干脆用 NAVI 或者 DIVX。但微软的产品就是有它特有的优势，最明显的就是各类软件在它的支持方面无人能敌。

(6) FLV 格式

FLV 格式是 Flash Video 格式的简称，随着 Flash MX 的推出，Macromedia 公司开发了属于自己的流媒体视频格式——FLV 格式。FLV 流媒体格式是一种新的视频格式，由于它形成的文件极小、加载速度也极快，这就使得网络观看视频文件成为可能。FLV 视频格式的出现有效地解决了视频文件导入 Flash 后，导出的 SWF 格式文件体积庞大，不能在网络上很好的使用等缺点，FLV 是在 Sorenson 公司的压缩算法的基础上开发出来的。Sorenson 公司也为 MOV 格式提供算法。FLV 格式不仅可以轻松地导入 Flash 中，同时也可以通过 RTMP 协议从 Flashcom 服务器上流式播出。因此，目前国内外主流的视频网站都使用这种格式的视频在线观看。

(7) RMVB 格式

RMVB 格式是由 RM 视频格式升级而延伸出的新型视频格式，RMVB 视频格式的先进之处在于打破了原先 RM 格式使用的平均压缩采样的方式，在保证平均压缩比的基础上更加合理利用比特率资源，也就是说对于静止和动作场面少的画面场景采用较低编码速率，从而留出更多的带宽空间，这些带宽会在出现快速运动的画面场景时被利用掉。这就在保证了静止画面质量的前提下，大幅地提高了运动图像的画面质量，从而在图像质量和文件大小之间达到了平衡。同时，与 DVDrip 格式相比，RMVB 视频格式也有着较明显的优势，一部大小为 700MB 左右的 DVD 影片，如将其转录成同样品质的 RMVB 格式，最多也就 400MB 左右。不仅如此，RMVB 视频格式还具有内置字幕和无须外挂插件支持等优点。

(8) WMV 格式

WMV(Windows Media Video)格式，是微软推出的一种采用独立编码方式并且可以直接在网上实时观看视频节目的文件压缩格式。WMV 视频格式的主要优点有：本地或网络回放、可扩充的媒体类型、可伸缩的媒体类型、多语言支持、环境独立性以及扩展性等。

2. 音频文件常用格式

(1) MIDI 格式

MIDI 格式是 Musical Instrument Digital Interface 的缩写，又称作乐器数字接口，是数字音乐/电子合成乐器的统一国际标准。它定义了计算机音乐程序、数字合成器及其他电子设备交换音乐信号的方式，规定了不同厂家的电子乐器与计算机连接的电缆和硬件及设备之间的数据传输协议，可以模拟多种乐器的声音。MIDI 文件就是 MIDI 格式的文件，在 MIDI 文件中存储的是一些指令。把这些指令发送给声卡，由声卡按照指令将声音合成出来。

(2) WAVE 格式

WAVE 格式由 Microsoft 公司开发的一种 WAV 声音文件格式，是如今计算机上最为常见的声音文件，它符合 RIFF 文件规范，用于保存 Windows 平台的音频信息资源，被 Windows 平台的计算机应用程序所广泛支持。WAVE 格式支持多种压缩算法，也支持多种音频位数、采样频率和声道数，如采用 44.1kHz 的采样频率，16 位量化位数的立体声 WAV 文件，其音质与 CD 相差无几。但其缺点是文件体积较大，所以不适合长时间纪录，也不便于交流和传播。

(3) MP3 格式

MP3 格式全称是 MPEG-1 Audio Layer 3，它在 1992 年合并至 MPEG 规范中。MP3 能够以高音质、低采样率对数字音频文件进行压缩。换句话说，音频文件(主要是大型文件，如 WAV 文件)能够在音质丢失很小的情况下(人耳根本无法察觉这种音质损失)把文件压缩到更小的程度。MP3 的压缩率则高达 10:1~12:1。目前互联网上的音乐格式以 MP3 最为常见。

(4) WMA 格式

WMA(Windows Media Audio)格式是微软在互联网音频、视频领域的力作。WMA 格式是以减少数据流量但保持音质的方法来达到更高的压缩率目的，其压缩率一般可以达到 18:1。此外，WMA 还可以通过 DRM(Digital Rights Management)方案加入防止拷贝技术，或者加入限制播放时间和播放次数，甚至是播放机器的限制，可有力地防止盗版。

(5) AAC 格式

AAC 实际上是高级音频编码的缩写。AAC 是由 Fraunhofer IIS-A、杜比和 AT&T 共同开发的一种音频格式，它是 MPEG-2 规范的一部分。AAC 所采用的运算法则与 MP3 的运算法则有所不同，AAC 通过结合其他的功能来提高编码效率。AAC 的音频算法在压缩能力上远远超过了以前的一些压缩算法(如 MP3 等)。它还同时支持多达 48 个音轨、15 个低频音轨、更多种采样率和比特率、多种语言的兼容能力、更高的解码效率。总之，AAC 可以在比 MP3 文件缩小 30%的前提下提供更好的音质。

(6) DVD Audio 格式

DVD Audio 是新一代的数字音频格式，与 DVD Video 尺寸以及容量相同，为音乐格式的 DVD 光碟，取样频率为 48kHz/96kHz/192kHz 和 44.1kHz/88.2kHz/176.4kHz 可选择，量化位数可以为 16 bit、20 bit 或 24 bit，它们之间可自由地进行组合。

(7) RealAudio 格式

RealAudio 是由 Real Networks 公司推出的一种音频文件格式，最大的特点就是可以实时传输音频信息，尤其是在网速较慢的情况下，仍然可以较为流畅地传送数据，因此 RealAudio 主要适用于网络上的在线播放。现在的 RealAudio 文件格式主要 RA(RealAudio)、RM(RealMedia，RealAudio G2)和 RMX(RealAudio Secured) 3 种，这些文件的共同性在于随着网络带宽的不同而改变声音的质量，在保证大多数人听到流畅声音的前提下，令带宽较宽敞的听众获得较好的音质。

(8) MP4 格式

MP4 采用的是美国电话电报公司(AT&T)所研发的以“知觉编码”为关键技术的音乐压缩技术，由美国网络技术公司(GMO)及 RIAA 联合公布的一种新的音乐格式。MP4 在文件中采用了保护版权的编码技术，只有特定的用户才可以播放，有效地保证了音乐版权的合法性。另外 MP4 的压缩比达到了 15:1，体积较 MP3 更小，但音质却没有下降。不过因为只有特定的用户才能播放这种文件，因此其流传与 MP3 相比差距甚远。

2.3　视音频压缩编码技术

数字化后的视频与音频信号由于其还具有庞大的信息量，还难于直接应用在非线性编辑的实时处理工作中，因此，数字化后的视频与音频信号还必须要经过编码压缩。

2.3.1　视频压缩编码

1. 视频压缩编码的必要性

由 ITU-601 标准可知，数字视频的数据码率(每秒图像的数据量)是相当大的，如果每一帧按 720×576 的大小进行采样，以 4:2:2 的格式、8 bit 量化来计算，那么数据码率高达 216Mb/s，无论是对于网络的数据传输，还是对于存储介质的数据存储，都构成了巨大的压力。因此，只有在保持信号质量的前提下，设法降低码率及数据量，才能使标准得到应用。不同类型视频的码率存在非常大的差异，具体参数见表 2-4。

表 2-4　不同类型视频的码率

视频类型	视频大小	码率
未经压缩的高清视频	1920×1080	745750 Kbps
未经压缩的标清视频	720×576	167794 Kbps

(续表)

视频类型	视频大小	码率
DV25(miniDV/DVCAM/DVCPRO)	720×576	25000 Kbps
DVD 影碟	720×576	5000 Kbps
VCD 影碟	352×288	1167 Kbps

2. 视频压缩编码的可能性

从信息论观点来看，视频图像作为一个信源，描述信源的数据是信息量(信源熵)和信息冗余量之和。信息冗余量有许多种，如空间冗余、时间冗余、结构冗余、知识冗余、视觉冗余等，数据压缩实质上是减少这些冗余量。由此可见，通过减少冗余量，就可以减少数据量而不减少信源的信息量。从数学上讲，视频图像可以看作一个多维函数，压缩描述这个函数的数据量实质是减少其相关性。另外在一些情况下，允许视频图像有一定的失真，而并不妨碍视频图像的实际应用，那么数据量压缩的可能性就更大了。

3. 视频压缩编码方式

降低码率的过程，被称为压缩编码，也称为信源压缩编码。信源之所以可以压缩是因为视频图像信息内各样值之间存在着大量的规律性，也称为相关性。这种相关性可分为 3 种类型，即空间相关性、时间相关性和频率相关性。这些相关性决定了视频图像信息内存在大量的冗余信息，而正是由于这些冗余信息的存在使得压缩成为可能。例如，由于图像是以块和轮廓组成的，在同一帧内(帧内)或相邻帧之间(帧间)存在着大量的相同的块信息内容，即空间相关性；在传输的前一个样值或前一帧中也包含了后一个样值或后一帧中存在着的大量的相关性样值内容，即时间相关性。另外，图像的相关性不仅存在于时间域或空间域中，也存在于其他域，如频率域中，而且这种相关性与图像的复杂程度无关。因此人们总是设法利用这些不同的相关性，设计出各种不同的压缩算法，以求得从不同角度(域)中，获得较彻底的去除图像信号冗余代码的方法，使各个代码样值的独立，从而提高代码熵值，降低信息数据码流。另一方面，可以采用一些特殊的编码方法，使平均比特数降低，从而可进一步降低信息码率。也可以利用特殊方法进一步去除人眼对视频图像中不能辨别的多余信息，例如，将视频图像的亮度与色度分别处理，利用人眼对色度的不敏感，可以进一步压缩色度所占的数据量。

视频压缩方式大致分为两种：一种是利用数据之间的相关性，将相同或相似的数据特征归类，用较少的数据量描述原始数据，以减少数据量，这种压缩方式通常称为无损压缩；另一种利用人的视觉和听觉特性，针对性地简化不重要的信息，以减少数据，这种压缩方式通常称为有损压缩。

有损压缩又分为空间压缩和时间压缩两种方式。空间压缩针对每一帧图像，将其中相近区域的相似色彩信息进行归类，用描述其相关性的方式取代描述每一个像素的色彩属性，省去了对于人眼视觉不重要的色彩信息。时间压缩，又称为插帧压缩，是在相邻帧之间建立相关性，描述视频帧与帧之间变化的部分，并将相对不变的成分作为背景，从而大大减少了不必要的帧信息。相对于空间压缩，时间压缩更具有可研究性，并有着更加广阔的发展空间。

4．视频压缩编码技术

在非线性编辑系统中，数字视频信号的数据量非常庞大，必须对原始信号进行必要的压缩。常见的数字视频信号压缩编码技术标准有 M-JPEG、MPEG、DV 和 H.26X 等。

(1) M-JPEG 压缩编码技术

目前非线性编辑系统绝大多数采用 M-JPEG 图像数据压缩标准。1992 年，ISO (International Organization for Standardization，即：国际标准化组织)颁布了 JPEG 标准。这种算法用于压缩单帧静止图像，在非线性编辑系统中得到了充分的应用。JPEG 压缩综合了 DCT 编码、游程编码、霍夫曼编码等算法，既可以做到无损压缩，也可以做到质量完好的有损压缩。完成 JPEG 算法的信号处理器在 20 世纪 90 年代发展很快，可以做到以实时的速度完成运动视频图像的压缩。这种处理法称为 Motion-JPEG(M-JPEG)。在录入素材时，M-JPEG 编码器对活动图像的每一帧进行实时帧内编码压缩，在编辑过程中可以随机获取和重放压缩视频的任一帧，很好地满足了精确到帧的影视后期编辑要求。Motion-JPEG 虽然已大量应用于非线性编辑中，但 Motion-JPEG 与前期广泛应用的 DV 及其衍生格式(DVCPRO25、50 和 Digital-S 等)，以及后期在传输和存储领域广泛应用的 MPEG-2 都无法进行无缝连接。因此，在非线性编辑网络中应用的主要是 DV 体系和 MPEG 格式。

(2) DV 压缩编码技术

1993 年，包括索尼、松下、JVC 以及飞利浦等几十家公司组成的国际集团联合开发了具有较好质量、统一标准的家用数字录像机格式，称为 DV 格式。从 1996 年开始，各公司纷纷推出各自的产品。

DV 格式是日本索尼公司提出的，其视频信号采用 4:2:0 取样、8 bit 量化。对于 625/50 制式，一帧记录 576 行，每行的样点数分别是：Y 为 720，Cr、Cb 各为 360，且隔行传输。视频采用帧内约 5:1 数据压缩，视频数据率约 25 Mb/s。DV 格式可记录 2 路(每路 48 kHz 取样、16 bit 量化)或 4 路(32 kHz 取样、12 bit 量化)无数据压缩的数字声音信号。

DVCPRO 格式是日本松下公司在家用 DV 格式基础上开发的一种专业数字录像机格式，用于标准清晰度电视广播制式的模式有两种，称为 DVCPRO 25 模式和 DVCPRO 50 模式。在 DVCPRO 25 模式中，视频信号采用 4:1:1 取样、8 bit 量化，一帧记录 576 行，每行有效样点，Y 为 720，Cr、Cb 各为 180，数据压缩也为 5:1，视频数据码率亦为 25 Mb/s。在 DVCPRO 50 模式中，视频信号采用 4:2:2 取样、8b 量化，一帧记录 576 行，每行有效样点，Y 为 720，CR、CB 各为 360，采用帧内约 3:1 数据压缩，视频数据率约为 50 Mb/s。DVCPRO 25 模式可记录 2 路数字音频信号，DVCPRO 50 模式可记录 4 路数字音频信号，每路音频信号都为 48 kHz 取样、16 bit 量化。DVCPRO 格式带盒小、磁鼓小、机芯小，这种格式的一体化摄录机体积小、重量轻，在全国各地方电视台都用得非常多。因此，在建设电视台的非线性编辑网络时，DVCPRO 是非线性编辑系统硬件必须支持的数据输入和压缩格式。

(3) MPEG 压缩编码技术

MPEG(Moving Pictures Experts Group，即：动态图像专家组)标准是由 ISO (International Organization for Standardization，即：国际标准化组织)所制定并发布的视频、音频、数据压缩技术，目前共有 MPEG-1，MPEG-2，MPEG-4，MPEG-7 及 MPEG-21 等多个不同版本。MPEG-1 是 VCD 的压缩标准，MPEG-2 是 DVD 的压缩标准。现在，MPEG-2 系列已经发展成为 DVB(数字视频广播)和 HDTV(高清晰度电视)的压缩标准。其中，MPEG 标准的视频压缩编码技术利用了具有运动补偿的帧间压缩编码技术以减小时间冗余度，利用 DCT 技术以减小图像空间冗余度，并在数据表示上解决了统计冗余度的问题，因此极大地增强了视频数据的压缩性能，为存储高清晰度的视频数据奠定了坚实的基础。

① MPEG-1

MPEG-1 是专为 CD 光盘所定制的一种视频和音频压缩格式，采用了块方式的运动补偿、离散余弦变换(DCT)、量化等技术，其传输速率可达 1.5 Mbps。MPEG-1 的特点是随机访问，拥有灵活的帧率、运动补偿可跨越多个帧等；不足之处在于，压缩比还不够大，且图像质量较差，最大清晰度仅为 352×288。

② MPEG-2

MPEG-2 制定于 1994 年，其设计目的是为了提高视频数据传输率。MPEG-2 能够提供 3~10 Mbps 的数据传输率，在 PAL 制式下可流畅输出 720×576 分辨率的画面。在 MPEG-2 中，有 I 帧(独立帧)、B 帧(双向预测帧)和 P 帧(前向预测帧) 3 种形式。其中 B 帧和 P 帧都要通过计算才能获得完整的数据，这给精确到帧的非线性编辑带来了一定的难度。现在，基于 MPEG-2 的非线性编辑技术已经成熟，对于网络化的非线性编辑系统来说，采用 MPEG2-IBP 作为高码率的压缩格式，将会极大减少网络带宽和存储容量，对于需要高质量后期合成的片段可采用 MPEG2-1 格式。MPEG2-IBP 与 MPEG2-1 帧混编在技术上也已成熟。

③ MPEG-4

与 MPEG-1 和 MPEG-2 相比，MPEG-4 不再只是一种具体的数据压缩算法，而是一种为满足数字电视、交互式绘图应用、交互式多媒体等多方面内容整合及压缩需求而制定的国际标准。MPEG-4 标准将众多的多媒体应用集成于一个完整框架内，旨在为多媒体通信及应用环境提供标准的算法及工具，从而建立起一种能够被多媒体传输、存储、检索等应用领域普遍采用的统一数据格式。

(4) H.26X 压缩编码技术

H.26X 系列压缩技术是由 ITU(国际电传视讯联盟)所主导，旨在使用较少的带宽传输较多的视频数据，以便用户获得更为清晰的高质量视频画面。

① H.263

H.263 是国际电联 TTU-T 专为低码率通信而设计的视频压缩标准，其编码算法与之前版本的 H.261 相同，但在低码率下能够提供较 H.261 更好的图像质量，两者之间存在一定的差别。H.263 的运动补偿使用半像素精度，而 H.261 则用全像素精度和循环滤波。数据流层次结构的某些部分在 H.263 中是可选的，使得编解码可以拥有更低的数据率或更好的纠错能力。H.263 包含 4 个可协商的选项以改善性能，采用无限制的运动向量以及基于语法的算术编码，采用事先预测和与 MPEG 中的 P-B 帧的预测方法一样，支持更多的分辨率标准。

此后，ITU-T 又于 1998 年推出了 H.263+(即 H.263 第 2 版)，该版本进一步提高了压缩编码性能，并增强了视频信息在易误码、易丢包异构网络环境下的传输。由于这些特性，使得 H.263 压缩技术很快取代了 H.261，成为主流视频压缩技术之一。

② H.264

H.264 是目前 H.26X 系列标准中最新版本的压缩技术，其目的是为了解决高清数字视频体积过大的问题。H.264 由 MPEG 组织和 TTU-T 联合推出，因此它既是 TTU-T 的 H.264，又是 MPEG-4 的第 10 部分，因此无论是 MPEG-4 AVC、MPEG-4 Part 10，还是 ISO/IEC 14496-10，实质上与 H.264 都完全相同。

与 H.263 及以往的 MPEG-4 相比，H.264 最大的优势在于拥有很高的数据压缩比率。在同等图像质量条件下，H.264 的压缩比是 MPEG-2 的 2 倍以上，是原有 MPEG-4 的 1.5～2 倍。这样一来，观看 H.264 数字视频将大大节省用户的下载时间和数据流量费用。

2.3.2 音频压缩编码

1. 音频压缩编码思想

进行非线性编辑处理时，同样需要对数字音频采取压缩处理，以降低数据码率。音频数据压缩的方案可以有 3 方面的考虑：一是降低采样频率，二是降低量化位数，三是去除音频编码中的冗余信息。

根据前文所述数字信号采样定理的要求，根据音频信号的带宽等因素，人们一般将音频采样频率确定为最低 44.1kHz，其目的是确保声音的高质量还原。数字音频的压缩可以从量化方面入手，减少每位样本所需要的量化位数，这种量化位数的降低应建立在确保音频质量的基础上，过低的量化位数会导致信息的损失，降低音频质量。

更多的时候考虑去除音频编码中的冗余信息。数字音频的压缩可以参考两个心理声学模型：是绝对听阈和掩蔽效应，以此来确定哪些成分在音频信号内可能是冗余的。由于绝对听阈的存在，人耳对频域中绝对听阈曲线以下部分的声音无法察觉，这就是说大量的在绝对听阈曲线以下的音频信号对人耳来说是毫无意义的，因此不必记录或传输。又因为掩蔽效应的存在被强音掩蔽了的弱音，也无法被人耳察觉，因此同样不必记录或传输。另外可以将音频信号中那些对人耳不敏感的较大的量化步长进行量化，以便舍去一些次要信息，而对于人耳听觉较敏感的频段则设立较小的量化步长，使用较多的码位来传送，以确保必要的声音信息。这就是音频压缩的基本思想。

2. 音频压缩编码方式

和视频信号相比较而言，由于音频信号结构信息缺乏更多的相关性，数字音频的压缩较为困难，更多的是利用了人耳的音频掩盖特性进行数字音频压缩。例如，MPEG 音频压缩的基本方法是，将音频频域划分成 32 个子带，把音频信号样本变换到频域中的 32 个对应的子带内，由心理声学模型控制单元，根据阈值特性和掩蔽特性所形成的一个控制对照表，控制频域中各个子带内分量的量化步长，从而保留主要信号而舍去对听觉实际效果影响很小的成分，达到声音压缩的目的。

根据脉冲编码方式，数字音频的压缩编码可以采用线性脉冲编码调制(PCM)，差分脉冲编码调制(DPCM)和自适应差分脉冲编码调制(ADPCM)等方式。这些编码方式都有各自的优缺点，用于不同的情况。

实际应用中，音频压缩有许多格式。WAV 格式的音频文件是通常的声音存储方式，它可以在 Windows 的媒体播放机中播放，是一种通用的声音文件格式。MIDI 格式的音频文件存储的不是声音的波形信号，而是一系列演奏各种乐器合成音效的计算机指令，非常类似于乐谱，需要硬件中的 MIDI 处理电路转换为波形信号后，才能在音频设备中播出。MP3 格式的音频文件是利用 MPEG Audio Layer 3 的技术，将声音用 1:10 或 1:12 的压缩比率压缩为一个较小的音频文件。

另外，计算机处理音频信号，既可以是单声道，也可以是双声道立体声，还可以是 5.1 声道、7.1 声道的环绕声，这要根据最终的需要加以确定。

总之，数字压缩编码技术是实现非线性编辑的基石。当前的非线性编辑系统中核心的部分就是视频与音频的压缩与解压缩硬件和软件子系统，它们在非线性编辑的过程中，自始至终承担着对视频与音频信号的压缩与解压缩的任务，以达到令人满意的、实时处理的视频画面和听觉效果。

2.4　视音频存储技术

2.4.1　磁带存储技术

1. VHS 磁带

VHS 是 Video Home System 的缩写，意为家用录像系统。它是由日本 JVC 公司在 1976 年开发的一种家用录像机录制和播放标准，它采用了磁头、磁带垂直扫描的技术。20 世纪 80 年代，在经历了和索尼公司的 Betamax 格式以及飞利浦的 Video 2000 格式的竞争之后，VHS 成为家用录像机的标准格式。VHS 提供了比 Betamax 格式更长的播放时间，同时磁带传送机又没有 Betamax 那么复杂。VHS 比 Betamax 的快进和后退速度要快很多，因为在磁带高速卷动之前，播放磁头已经离开了磁带。另一方面，Betamax 格式的图像质量要更好一些。

VHS 盒式录像带里的磁带宽 12.65mm，磁带在播放时会经过录像磁头或者播放磁头。VHS 格式的带宽大约为 3 MHz，水平分辨率大约 240 线。VHS 的垂直分辨率由电视制式所决定，NTSC 制式下为 480 线，PAL 制式下为 576 线。VHS 在美国还有较多的市场，还有很多录像带租赁企业提供 VHS 录像带的租借，在亚洲，它已经被 VCD、DVD 等所淘汰，在摄像机格式方面，DV 数字视频也已取代了 VHS 格式。

2．DV 磁带

DV 是 Digital Video 的简称，为新一代的数字录像带的规格，体积更小、时间更长。使用 6.35mm 带宽的录像带，以数字信号来录制视音频，持续录制时间一般为 60 分钟，用 LP 模式可延长拍摄时间至带长的 1.5 倍。目前市面上的 DV 录像带有两种规格，一种是标准的 DV 带，另一种则是缩小的 miniDV 带，一般家用的摄影机所使用的录像带都是属于这种缩小的 miniDV 带。以 miniDV 带为存储介质的数码摄像机在数码摄像机市场上占有主要的地位。它是通过 1/4 英寸的金属蒸镀带来记录高质量的数字视频信号。它的最大特点是影像清晰，水平解析度高达 500 线，可产生无抖动的稳定画面。DV 视频的亮度取样频率为 13.5 MHZ，为了保证最好的画面质量，DV 使用了 4:2:0(PAL)数字分量记录系统。DV 录制的音频可以达到 48 kHz，16bit 的高保真立体声，质量等同于 VCD 的音频效果，还可以降低层次，以 12bit，采样频率为 32 kHz 的音频，质量好于 FM 广播。DV 磁带录制的数据，采集至计算机硬盘里面，占用的磁盘容量大的惊人，未经压缩的 10 分钟素材可以占去 2 GB 的空间，但是其画质也相当不错。另外，同为 6.35 mm 带宽的录像带，还有专业级的 DVCAM 和 DVCPRO，它们分别为 Sony 公司及 Panasonic 公司专业数字摄像机专用的录像带规格。

3．DVCAM 磁带

DVCAM 是由 Sony 公司开发的一种专业级数码摄录标准，其水平解析度达 800 线以上。Sony 公司于 1996 年在 DV 格式的成功基础上开发了基于 1/4 英寸磁带的 DVCAM 专业数字分量记录格式。DVCAM 格式是世界标准 DV 格式的专业扩展，该格式采用 5:1 的压缩比，4:2:0 (PAL)取样方式，8bit 数字分量记录，与家用 DV 格式双向兼容，同时更宽的磁迹宽度又可实现保证专业编辑精度。作为数字设备，DVCAM 系列产品可以保证专业视频制作所要求的图像质量、编辑性能及多代复制性能；而通过提供一系列模拟接口，它又可以方便地配置到现有的模拟编辑系统中。独一无二的压缩算法可以提供出色的图像质量和超级的多代复制性能。DVCAM 格式具有更宽的磁迹宽度，从而提供了专业编辑的高可靠性。它还提供优异的数字音频性能，具有很宽的动态范围和出色的信噪比，可与 CD 的质量媲美。

2.4.2　硬盘存储技术

由于非线性编辑系统要实时地完成视音频数据处理，因此，系统对数据存储容量和传输速率要求非常高。通常单机版非线性编辑系统需要应用大容量硬盘和 SCSI 接口技术；对于网络化非线性编辑系统，其在线存储系统还需使用 RAID 硬盘管理技术，以提高系统的数据传输速率。

1．大容量硬盘

硬盘容量大小决定了它能记录多长时间的视音频节目和其他多媒体数据信息。以广播级 PAL 制式电视信号为例，1 秒视音频信号压缩前的总数据量约为 32 MB，进行 3:1 压缩后，1 分钟视音频信号的数据量约为 600 MB，1 小时视音频节目需要约 36 GB 的硬盘容量。近年来，硬盘技术发展很快，当前主流 IDE 硬盘容量一般在 1 TB 左右，硬盘转速一般为 7200 转/分钟，完全能够满足非线性编辑的需要。

2．SCSI 磁盘阵列

数据传输率也称为“读写速率”或“传输速率”，一般以 MB/s 表示。它代表在单位时间内存储设备所能读写的数据量。在非线性编辑系统中，硬盘的数据传输率是最薄弱的环节。普通硬盘的转速还不能满足实时传输视音频节目的需要。为了提高数据传输率，计算机使用了 SCSI 接口技术。SCSI 是 Small Computer System Interface(小型计算机系统接口)的简称。目前 SCSI 总线支持 32bit 的数据传输，并具有多线程 I/O 功能，可以从多个 SCSI 设备中同时存取数据。这种方式明显加快了计算机的数据传输速率，如果使用两个硬盘驱动器并行读取数据，则所需文件的传输时间是原来的二分之一。目前 8 位的 SCSI 最大数据传输率为 20MB/s，16 位的 Ultra Wide SCSI(超级宽 SCSI)为 40MB/s，最快的 SCSI 接口 Ultra 320 最大数据传输率能达到 320MB/s。SCSI 接口加上与其相配合的高速硬盘，能满足非线性编辑系统的需要。对于非线性编辑系统来说，硬盘是目前最理想的存储介质，尤其是 SCSI 硬盘，其传输速率、存储容量和访问时间都优于 IDE 接口硬盘。SCSI 的扩充能力也比 IDE 接口强。增强型 IDE 接口最多可驱动 4 个硬盘，SCSI-1 规范支持 7 个外部设备，而 SCSI-2 一般可连接 15 个设备，Ultra 2 以上的 SCSI 可连接 31 个设备。

3．RAID 卡

RAID 是英文 Redundant Array of Independent Disks 的缩写，翻译成中文即为独立磁盘冗余阵列，或简称磁盘阵列。简单地说，RAID 是一种把多块独立的硬盘(物理硬盘)按不同方式组合起来形成一个硬盘组(逻辑硬盘)，从而提供比单个硬盘更高的存储性能和提供数据冗余的技术。组成磁盘阵列的不同方式成为 RAID 级别(RAID Levels)。RAID 技术经过不断的发展，现在已拥有了从 RAID 0 到 RAID 6，共 7 种基本的 RAID 级别。另外，还有一些基本 RAID 级别的组合形式，如 RAID 10(RAID 0 与 RAID 1 的组合)，RAID 50(RAID 0 与 RAID 5 的组合)等。不同 RAID 级别代表着不同的存储性能、数据安全性和存储成本。

RAID 卡就是用来实现 RAID 功能的板卡，通常是由 I/O 处理器、SCSI 控制器、SCSI 连接器和缓存等一系列零组件构成的。不同的 RAID 卡支持的 RAID 功能不同。RAID 卡可以让很多磁盘驱动器同时传输数据，而这些磁盘驱动器在逻辑上又是一个磁盘驱动器，所以使用 RAID 可以达到单个的磁盘驱动器几倍、几十倍甚至上百倍的速率。

在非线性编辑系统中，硬盘中的数据是从录像带上下载的，容错是不重要的，而传输速度才是最迫切需要解决的问题。目前非线性编辑系统中使用的 RAID 分为 3 种类型。

(1) 硬件 RAID

硬件 RAID 卡是独立于计算机的硬盘阵列，具有独立的机箱和供电系统。RAID 管理电路把每一个字节分配给几个硬盘同时读写，从而提高了速度。而整体上却等效于一个高速硬盘，在机箱的控制面板上，可以设置 RAID 的级别和速率，这种 RAID 不占用计算机的 CPU 资源，也与计算机的操作系统无关，传输速率高，但造价昂贵。

(2) 软件 RAID

软件 RAID 必须在操作系统建立后才能创建。它用程序把 2～32 块磁盘上同样大小的可用空间组合成一个大逻辑卷。在 GUI 的资源管理器中，看到的是一个盘符。软件 RAID 要占用 CPU 资源，成本很低，但效率没有上述硬盘阵列高，功能也远远不及硬件 RAID 齐全。另外，软件 RAID 必须在操作系统建立后才能存在，可靠性较差，更改磁盘管理器中的设置会丢失硬盘中的数据，因此必须为 RAID 设置备份，以免误操作或是在操作系统崩溃后还能还原硬盘中的数据。

(3) RAID 卡

这种方式介于独立硬盘阵列和软件 RAID 之间，它可分担一部分 CPU 的负担，但必须在操作系统建立后才能创建。其功能齐全，安全性比软件 RAID 高，在小型服务器中应用较多。

在非线性编辑设备中，3 种 RAID 都能工作得很好。独立的硬盘阵列是专业级高档非线性编辑系统的首选。在廉价的非线性编辑系统中可以使用软件 RAID，它不需要增加任何硬件开销，却成倍提高了硬盘的速度。RAID 卡则是介于两者之间的最佳选择，它的应用相当广泛。

2.4.3 光盘存储技术

1. CD 光盘

CD(Compact Disk)光盘即激光唱盘，也包括微机用只读存储器 CD-ROM，它们一般都称为 CD 盘，主要由保护层、反射激光的铝反射层、刻槽和聚碳酸脂衬垫组成。CD 光盘的容量一般为 700 MB。

2. VCD 光盘

VCD，英文全称为 Video Compact Disc，是一种在光碟上存储视频信息的标准。VCD 可以在个人计算机或 VCD 播放器以及大部分 DVD 播放器中播放。VCD 标准由索尼、飞利浦、JVC、松下等电器生产厂商联合于 1993 年制定，属于数字光盘的白皮书标准。

VCD 光盘又称数字激光视盘，它采用 CD 光盘的记录格式，记录的是音频信号和视频图像信号。它采用了帧编码结构，每帧 588 个通道位，帧内的同步信号控制码结构格式以及 EFM 调制、CIRC 编码均与 CD 技术相同，只是在 CD 格式中的音频数据记录区是按 MPEG-1 标准压缩处理的 VCD 音视频数据信号。VCD 光盘的容量一般为 700 MB。

3. DVD 光盘

DVD 是 Digital Video Disc 或 Digital Versatile Disk 的缩写，是一种类似于 CD 的光盘存储介质，但是与 CD 相比，由于其物理结构更加紧凑，可以存储更多的数据。按照最基本的层面结构分类，DVD 有单面单层(DVD-5)、单面双层(DVD-9)、双面单层(DVD-10)和双面双层(DVD-18)，其容量各不相同，层面越多，存储容量越大，详细参数见表 2-5。

表 2-5 不同类型光盘的存储能力

光盘类型	面数	每面层数	存储能力
CD	1	1	700 MB
DVD-5	1	1	4.7 GB
DVD-9	1	2	8.5 GB
DVD-10	2	1	9.4 GB
DVD-18	2	2	17 GB

按照应用角度分，DVD 可以分为多媒体数据光盘(DVD-ROM)、影碟(DVD-Video)和音频光盘(DVD-Audio)；而按照擦写能力分，DVD 可以分为只读型(Read-only DVD-ROM)、刻录型(Recordable，包括 DVD-R/DVD+R)和反复擦写型(Rewritable，包括 DVD-RAM/DVD-RW/DVD+RW)。

DVD 影碟采用 MPEG-2 视频编码和 Dolby Digital 或 Dolby Theater Systems(DTS)环绕声音频编码，可以提供优秀的广播级画面画质和高于 CD 音乐音质的影院环绕声音响。

4. Blue-ray 光盘

蓝光光盘，英文全称为 Blue-ray Disc，是 DVD 光碟的下一代光碟格式。在人类对于多媒体的品质要求日趋严格的情况下，用以存储高画质的影音以及高容量的资料储存。Blu-ray 的命名是因为其采用的镭射波长 405nm，刚好是光谱之中的蓝光，因而得名。DVD 光盘采用 650 nm 波长的红光读写技术，CD 则是采用 780 nm 波长的读写技术。

一个单层的蓝光光碟的容量为 25 GB 或是 27 GB，足够烧录一个长达 4 小时的高解析影片。双层可达到 46 GB 或 54 GB，足够烧录一个长达 8 小时的高解析影片。而容量为 100 GB 或 200 GB 的，分别是 4 层及 8 层。在目前的研究表示，TDK 已经宣布研发出 4 层、容量为 100 GB 的光碟。

2.5 本章小结

本章全面介绍了非线性编辑的技术基础，主要包括数字图形与图像技术、数字视频与音频技术、视音频压缩编码技术和视音频存储技术 4 方面的内容。数字图形与图形技术主要介绍了数字图形与图像的关系、数字图像的常见文件格式和颜色模型。数字视频与音频技术着重介绍了视频与动画的关系、视频信号的描述方式、电视技术基本知识和视音频文件常见格式。视音频压缩编码技术主要介绍了视频压缩编码的必要性和可能性、视音频压缩编码的基本方式和技术标准，介绍了音频压缩编码的思想和方式。视音频存储技术主要介绍了磁带存储技术、硬盘存储技术和光盘存储技术。通过本章内容的学习，能够增强学生对非线性编辑技术的理解，为后续章节的学习奠定坚实的技术基础。

2.6　思考与练习

1．数字图形与图像技术包括哪些主要内容？
2．简述数字图形与图像的基本属性。
3．简述数字图形与图像的基本类型及其特点。
4．简述数字图像的常见文件格式及其特点。
5．简述数字图像的常见颜色模型及其特点。
6．简述数字视频与动画的联系与区别。
7．图像的像素比是什么？主要有哪些标准？
8．帧宽高比是什么？主要有哪些标准？
9．SMPTE 时间码是如何定义的？其作用有哪些？
10．简述电视制式的常见标准及其特点。
11．简述数字电视的主要标准。
12．如何区别标清数字电视和高清数字电视？
13．简述视音频文件的常见格式及其特点。
14．视频信号是如何进行采样与量化的？
15．简述视音频压缩编码的常见方式及技术标准。
16．简述数字视音频存储技术的常见方式。

第3章　非线性编辑的艺术基础

19 世纪末，卢米埃尔兄弟公映了自己摄制的第一批纪实短片，这标志着电影的诞生。在其后 100 多年的发展历程中，其基本创作理论不断发展进步，为今天的影视创作奠定了坚实的艺术理论基础。要想成为一名优秀的影视作品编辑人员，除了要熟练掌握非线性编辑软件的使用方法和操作技巧外，还应当掌握坚实的影视创作的艺术理论基础，才能更好地进行影视节目的后期创作。

本章学习目标：

1．理解镜头的分类及其作用；

2．掌握蒙太奇艺术创作手法；

3．掌握镜头组接的基本原则；

4．掌握影视节目的声画关系；

5．掌握影视节目的节奏处理。

3.1　镜头

3.1.1　镜头与镜头组

1．镜头

从设备角度来看，镜头是指具体的光学镜头，如长焦镜头、广角镜头、微距镜头等。从拍摄角度来看，镜头是指摄像机从开始拍摄到停止拍摄这段时间中所拍摄的一段连续画面，在时间上受录像磁带长度的限制。从编辑角度来看，镜头是指两次切换之间的一段完整、连续的有效画面。

镜头是构成影视画面语言的最小单元，无论是几十秒的广告，还是几小时的巨片，它们都是由若干个镜头剪接而成的，且每个镜头的长度是不同的。导演和摄像师让镜头代替了观众的眼睛，让观众能按他们的意图，从不同的角度和距离，以不同的方式去观察世界。所以，镜头既反映了艺术创作人员的表现方法，又符合观众的观察方式。

2．镜头组

镜头组是指由两个或两个以上镜头组接而成的多镜头画面。单个镜头表达的是一个简单的意义，表现的是整体内容的一部分。镜头组将每个镜头都按照一定的艺术思想组接起来，构成了一个个镜头“句子”，若干个这样的“句子”组成一个镜头段落。也就是说，若干个意义关联的镜头组，可以构成一个个镜头段落，若干个镜头段落构成影视作品的情节发展。

镜头组的分组是由特定的时间、空间和特定属性来决定的。镜头组可以由同一时间或空间拍摄下来的若干个镜头组成，也可以由在不同的时间或空间拍摄下来的有着内在的联系的若干个镜头组成。

3.1.2　镜头类别与作用

1. 镜头分类

根据不同的划分依据，可将镜头作如下分类。

(1) 根据拍摄景物范围的不同，镜头可以分为远景、全景、中景、近景、特写等。

(2) 根据摄像机运动方式的不同，镜头可以分为推、拉、摇、移、跟、升降、摇晃等。

(3) 根据拍摄角度的不同，在垂直方向上有仰拍、平拍和俯拍镜头，在水平方向上有正拍、侧拍和反拍镜头。

(4) 根据时间长短不同，镜头可以分为长镜头和短镜头。

(5) 根据表现方法不同，镜头包括主观镜头和客观镜头。

(6) 画面内容没有主体的镜头——空镜头。

2. 不同景别镜头

在影视节目中，镜头发挥着“眼睛”的作用，它所记录下的景象正是创作者引导观众看到的景象。影视艺术正是为了适应不同的视觉需求，才产生了镜头的不同景别。摄像机同被摄对象之间的远近，以及摄像机所用光学镜头的焦距，都会影响不同景别镜头的产生。景别的划分，一般由摄像画面表现出来的景物范围来区分。通常是以人的活动为标准，一般分为以下 5 种景别。

(1) 远景

远景是各种景别中表现空间范围最大的一种景别，是摄像机摄取远距离景物和人物的一种画面。远景画面可细分为大远景和远景两类。大远景表现的是极开阔的空间，如茫茫的群山，浩瀚的海洋等。画面特点是开阔，壮观而有气势和较强的抒情性。远景一般表现比较宏大、开阔的场面，多用来交待环境，表现事件发生的地理特点和方位。

(2) 全景

全景的取景范围比远景小，表现事物的全貌，能展现人物周围的环境。全景的作用和远景差不多，用于介绍环境，表现气氛，展示大幅度的动作，刻画人物和环境的联系。不同的是，它有明显的视觉中心和结构主体，突出画面中的重点内容。

(3) 中景

中景的取景范围比全景小，一般表现人物膝部以上的活动。中景画面距离适中，使观众既可以清楚看到人物活动，又可以感受到人物所处的环境，既满足观众的视觉要求，又满足了心理要求。与全景相比，中景更注重具体动作和情节的表达，而不是整体形象和环境。

(4) 近景

近景的取景范围是由人物头部至腰或肩之间，它表现的内容范围进一步缩小，画面内容趋于单一。环境特征、背景已不明显，画面中大部分空间留给了人物形象或被摄主体物，以吸引观众注意力。

(5) 特写

特写又可分为特写和大特写。特写的取景范围由肩至头部，亦称为电视画面的特别写照，特写将观众的注意力全部集中到被摄对象最具表现力的一点上。大特写用画面的全部来表现人或物的某一生动或重要的局部细节，大特写能给观众留下深刻的印象，具有强烈的感染力，常在需要突出事物的局部或强调某些情绪时使用。

3. 不同运动镜头

电视画面的运动有两种形式：一种是画面内被摄对象的运动，摄像机表现的是运动着的事物；另一种是摄像机的机位、镜头光轴或镜头焦距发生了变化时所拍摄到的运动的画面。运动镜头在电视节目中所占的比重是相当大的。换句话说，运动镜头的质量，直接影响着整部电视节目的效果。运动镜头的重要性源于它自身的艺术特点。

运动镜头是摄像机从不同角度、不同背景记录下的被摄对象的连续运动，在电视屏幕上展现给观众的是一系列连续的画面。这些画面符合人们在生活中的观察习惯，使电视更加贴近生活。

运动镜头具有较强的主观性。在摄像机进行运动拍摄时，变化的画面构成了观众不同的视点，表现为一个连续的过程。这个过程实际上是拍摄人员创作意图的一种体现。它使观众沿着创作者的思路观看电视，并产生对后面画面的渴望和猜测。

运动镜头具有综合性。要真实、生动地记录一个连续的动作场面，使用单一的运动镜头是不够的，因此，在实际拍摄中，多种运动镜头往往得到综合运用。多角度、多背景、多视点的综合运用镜头，极大地丰富了单一镜头的表现力。同时，又保持了画面表现时空的连续和统一，突出了现场感和真实性。

下面将主要讲解的是第二种运动镜头，取决于摄像机和它的光学镜头的运动方式，通常有以下 6 种类型。

(1) 推镜头

推镜头是被摄主体不动，摄像机向被摄主体方向推进，或者变动镜头焦距使画框由远到近、向主体接近而拍摄到的连续画面。其画面具有以下 3 种特征。

① 在镜头向前推进的过程中造成画面框架向前运动，画面表现的视点前移，形成一种较大景别向较小景别递进的过程。这一过程可以是连续的，也可以是间歇变化的。

② 推镜头分为起幅、推进、落幅 3 个部分。推镜头有明确的推进方向和终止目标，即最终表现的是被摄主体，这就决定了镜头的推进方向和画面的最后落点。

③ 随着镜头的向前推进，被摄主体在画面中由小变大，由不清晰、所占比例较小到逐渐清晰、所占比例较大，甚至充满画面。

(2) 拉镜头

拉镜头是被摄主体不动，摄像机逐渐远离被摄主体方向，或变动镜头焦距使画框由近到远、远离主体拍摄到的连续画面。特点如下。

① 在镜头向后拉出的过程中，造成画面框架的向后运动，使画面从某一主体开始逐渐推向远方，具有小景别向大景别转换的各种特点。

② 拉镜头分为起幅、拉出、落幅 3 个部分，画面起幅为某个主体，随着镜头向后拉开，被摄主体在画面中由大变小，环境由小变大，画面表现空间逐渐展开，起幅中的主体形象逐渐远离，视觉信号变弱。

拉镜头与推镜头一样，在运用时应注意速度和画面构图比例的问题。起幅和落幅都应该有适当的停顿，给观众一定的欣赏时间。拉的速度过快，观众来不及看清楚画面的内容；而拉的过慢，画面就会显得过于拖沓。落幅时焦距变短，远近景物离摄像机的距离会影响最后画面的效果，因此在拍摄前应做适当调整。

(3) 摇镜头

摇镜头是摄像机的位置不动，而摄像机的镜头改变拍摄方向得到的连续画面，其画面有以下特点。

① 摇镜头的画面造型是在画面框架空间与镜头的运动时间的结合中共同完成的。

② 由于眼睛能看见运动的先决条件是视域内两种系统相互发生位移。摇镜头使画面框架摇过摄像空间时，人们常将画面框架作为参考系，画面框架倾向于静止，而框架内的物体倾向于运动。

③ 一个完整的摇镜头包括：起幅、摇动、落幅 3 个部分。由一个稳定的起幅画面开始，后面的摇动速度极快地使画面上的景物全部虚化，这种镜头被视为甩镜头。

(4) 移镜头

移动镜头是将摄影机架在活动物体上，并随之运动而进行拍摄的画面。其画面结构具有下列特征。

① 摄像机处在运动中，画面内所有的物体都呈现位置不断移动的姿态，画面背景的不断变化使镜头表现出一种流动感。

② 移动镜头表现的画面空间是完整而连贯的，摄像机不停地运动，在一个镜头中构成一种景别与多个物体构图的造型效果。

③ 摄像机的运动，直接调动了观众生活中运动的视觉感受，唤起了人们在各种交通工具上及行走时的视觉体验，使观众感觉身临其境。

需要说明的是：横移镜头与摇镜头不同。横移镜头的拍摄方向不变，只移动摄像机，并与被摄主体保持一定的距离；摇镜头的机位不变，拍摄方向变化。跟移镜头与推拉镜头也不同，跟移镜头是跟随被摄主体运动而移动摄像机，使其与拍摄对象基本保持不变的距离。

(5) 跟镜头

跟镜头常是摄像机跟随运动的被摄主体一起运动进行拍摄的镜头。一般具有以下特点。

① 画面始终跟随同一个运动的主体。

② 被摄对象在画框中的位置相对稳定，画面对主体表现的景别也相对稳定，使观众与被摄主体的视点距离相对稳定。

(6) 综合运动镜头

除了上述推、拉、摇、移、跟这几种镜头以外，还有升降镜头和变焦镜头。实际上，在拍摄的过程中，不能简单地运用一种运动镜头，而是根据实际情况，将两种或两种以上的运动镜头进行综合运用，从而发挥各种运动镜头的长处，达到最优效果。这样的镜头叫综合运动镜头，不论从时间长度上，还是运动变化上都比其他拍摄方式更有表现力。

4. 不同角度镜头

镜头角度也称拍摄角度，是指摄像机在一定位置的拍摄方向。在水平方向有正面、侧面和反面角度，因此镜头也可以分为正拍、侧拍和反拍。在垂直方向有仰角、平角和俯角，镜头则又可分为仰拍、平拍和俯拍。

(1) 水平方向

① 正拍。正拍是在正对拍摄对象正面的角度拍摄下的画面，给人一种郑重、稳重的感觉。因此，在拍摄有向上意义的画面时应使用正拍。同时正拍使观众产生与画面中人物面对面交流的感觉，拉近了人物与观众的距离。在各类节目中，主持人的镜头多为正拍镜头，以增加这种交流感。

② 侧拍。侧拍是在与拍摄对象正面成一定角度的方向拍摄的画面。这种画面有利于表现主体的侧面轮廓和姿态。此外，侧拍不仅能够展现二者的面部表情，还可以表现人物之间语言、感情和动作的交流。同时，斜侧角度体现两者的主次、位置关系。

③ 反拍。反拍是从拍摄对象的后面拍摄，所表现的视线与被摄对象的视线一致，可以产生一种参与感。因此在纪实性节目的拍摄中经常用到反拍。人们在生活中观察事物时往往比较注意其正面，而忽视了背面。在拍摄对象后面对其进行记录，一方面可以更加全面地展示事物，另一方面也可以丰富镜头内容。

(2) 垂直方向

① 平拍。平拍以拍摄者或表现对象的视线高度为基准，所展现的画面自然、平稳，符合观众视觉要求。电视节目的镜头大多数都是平拍的。

② 仰拍。仰拍主要体现一个“高”字，画面主体高大、有威严，带有伟大、庄严的气势，常用来表现崇拜、景仰的感情。

③ 俯拍。俯拍可以展示人们平时很难看到的宏观景象，如紫禁城的全貌，城市的布局。大景别的俯拍也可以表现一种气魄和气势。此外，俯拍与仰拍相反，它把事物矮小化，带有一种贬低、压抑的感情色彩。

5. 长镜头和短镜头

按照时间的长短可以把镜头分为长镜头和短镜头。长镜头是与传统的蒙太奇剪接相对应的概念，是指影视作品中时间长度在 30 秒以上的单镜头。而短镜头则是时间上小于 30

秒，需要进行剪接的镜头。镜头长短主要取决于画面内容的表现需要和观众的接受需要。

(1) 表现空间连续性

长镜头理论是电影再现派理论家安得烈•巴赞和齐格弗里德•克拉考尔所倡导的。他们的写实主义电影观念，强调电影“特别擅长是连续的”。观众所看到的每一秒的画面都是拍摄时对应那一秒的写照。画面的时间节奏与真实过程是同步的。在影视艺术中，时间与空间是相互依存的。长镜头时间上的连续性也确保了空间上的完整性。

(2) 表现客观真实性

长镜头由一个单一的镜头记录下完整的动作和事件，中间没有剪接的痕迹，使整个过程更加真实、可信。长镜头不仅被使用在一般的电视作品中，也成为电视新闻、电视纪录片等一系列报道性节目的重要拍摄方法。长镜头在教育电视节目中也同样能够体现它独特的表现作用。如《走近科学》的《怪水之谜》中，主持人演示地下水变色过程就用了一个长镜头，使观众清楚地看到，当地的地下水为什么会是红色，为什么过滤水后的沙子会变色等。这样一个长镜头，使本来微妙的化学现象真实、自然地展现在观众面前，提高了节目的可信度。

(3) 表现独特纪实性

美国电影理论家布瑞恩•汉德森在《场面调度评论》一书中提到，长镜头为场面调度空间提供了足够的时间长度，长镜头这一镜头样式的使用是服从于场面调度的需要。也就是说，长镜头的运用要综合考虑其各镜头要素的联系，包括人物、背景、机位的变化等。这样，长镜头的作用不仅是再现和纪录事件，也有对气氛、情绪、思想的艺术塑造作用。因此，长镜头也有表现情绪和主题思想的艺术表现作用。

6. 主观镜头和客观镜头

客观镜头，是不代表任何人的主观视线，而是从“旁观者”的角度出发，客观地对人物、事件进行描写和叙述的镜头。客观镜头依据生活中观察习惯而进行客观表现，力求科学、完整、清晰地展示拍摄对象。因此，客观镜头与各种拍摄技巧相结合，在教育电视节目中的使用非常普遍。

但是，主观镜头也发挥着不可替代的作用。将摄影机的镜头当作电影中某一角色的眼睛，去观看其他人物、事物活动的情景，使观众与演员的视点重合，我们把这样拍摄的镜头叫做主观镜头。主观镜头将观众与演员的视线融合，使观众感同身受，产生身临其境的感觉。与客观镜头相比，主观镜头一个更突出的作用就是可以表现主观内在的心理活动和思维活动。主观镜头将剧中演员的视野内容作为画面内容，反映演员此时所看所想。一个主观镜头往往是由两部分组成的：一是所要表现的人物的客观镜头，再一个就是人物所看所想的内容。前者稍做停顿后衔接后者能使观众很自然地接受这一视觉转换。主客观镜头的这一结合，使电视表现发生了由外向内的变化。主观镜头的运用体现着电视创作者丰富的想象力和节目的创作思想。在合适的情况运用主观镜头，可以使教育电视节目更加生动，提高节目的艺术性和表现力。

7. 空镜头

空镜头是一个特定的摄影词汇，在电影里是指没有人物的镜头。在电视教育片中主要是指没有具体的主体的镜头。空镜头的作用主要有以下几个方面。

(1) 介绍情节背景

空镜头可以用来表明主体活动所在的地点、环境、时间等因素。在“希望工程”的获奖纪录片《龙脊》中，有一个从山顶大全景俯拍故事发生地点那座深山小村寨的空镜头。这个镜头非常直观地反映出了村寨被四周环抱的莽莽群山所封闭阻隔、交通不便、远离都市的环境特点。

(2) 渲染气氛，烘托感情

在空镜头中虽然没有人物的出现，但是画面中的景象往往具有某种深刻的象征意义，耐人寻味。例如，《黄土地》中有二十多个黄土高原的空镜头，导演将这些空镜头运用叠化的手法展现在观众面前，一方面使观众被曲折的黄河、荒芜的高原所震撼，另一方面也不得不为黄土高原的贫穷落后感到忧虑。

(3) 切换作用

电视片中的内容也是由多个段落构成的，各段落之间需要衔接和转换。空镜头在此处的使用，给观众一段转换思维的时间，把对前段的思考渐渐停止，将注意力转移到下一段内容。这样的切换自然、流畅。

3.2 蒙太奇艺术

3.2.1 蒙太奇概述

蒙太奇是法语 Montage 的译音，原是法语建筑学上的一个术语。该词的原意是安装、组合、构成，即将各种个别的建筑材料，根据一个总的设计蓝图，分别加以处理，安装在一起，构成一个整体，使它们发挥出比原来个别存在时更大的作用。随着电影艺术的发展，外国的一些艺术家如普多夫金、爱森斯坦、格里菲斯等，将其创造性地引入到电影的创作领域中，发展成为一种理论。蒙太奇也随之成为电影艺术的一个术语。对蒙太奇的理解有狭义和广义之分。狭义的蒙太奇被认为是一种组接技巧，即将拍摄的镜头重新排列、组织和编辑。广义的蒙太奇则是一种美学概念，认为蒙太奇是作为影视思维方式，体现在影视作品的创作、构思、选材和制作的全过程之中。

对于蒙太奇的认识虽然众说纷纭，但是都保持着某种一致性，结合蒙太奇的实际运用，我们将蒙太奇的完整概念归纳为 3 层。

(1) 蒙太奇是电影电视反映现实的艺术手法，即独特的形象思维方法，我们将其称作蒙太奇思维。蒙太奇思维指导着导演、编辑及其他制作人员，将作品中各个因素通过艺术构思组接起来。导演的蒙太奇思维对整部作品的表现效果有相当大的影响。

(2) 蒙太奇是电影电视的基本结构手段、叙述方式，包括分镜头和镜头、场面、段落的安排与组合的全部艺术技巧。蒙太奇对作品的艺术处理，形成一种独特的影视语言。

(3) 蒙太奇是电影和电视的编辑的具体技巧和技法。这一层次上的蒙太奇是在作品的后期制作中，指导编辑人员对素材进行组接的具体原理。

蒙太奇产生于编剧的艺术构思，体现于导演的分镜头稿本，完成于后期编辑。蒙太奇作为影视作品的构成方式和独特的表现手段，贯穿于整个制作过程。与其说蒙太奇是一种组接技巧，不如承认它是一种艺术思想，指导着我们把握整个作品。蒙太奇将观众的思想、情绪与艺术创作结合在一起。正是蒙太奇这一独特艺术功能，使其在电影领域中得到极其广泛的运用，为影视领域注入了新的生命力。

3.2.2　蒙太奇的类别

由于蒙太奇的分类没有一个统一的标准，所以，对蒙太奇类型的划分也多种多样。在这里，我们根据内容的叙述方式和表现形式，把蒙太奇划分为叙事蒙太奇和表现蒙太奇两大基本类别。这也是国际上惯用的划分方式。以上两种蒙太奇可以统称为画面蒙太奇，我们还将对一直以来作为与蒙太奇相对立的概念——镜头内部蒙太奇做简要的介绍。

1. 叙事蒙太奇

叙事是画面组接的基础和主体，是电视节目的基本结构方式。叙事蒙太奇的特征是以交代情节、展示事件为主旨，按照情节发展的时间流程、因果关系来分切组合镜头、场面和段落，从而引导观众理解剧情。世界著名电影大师马赛尔马尔丹在他的《电影语言》一书中提到：叙事蒙太奇的作用就是从戏剧角度和心理角度(观众对剧情的理解)去推动剧情的发展。叙事蒙太奇重在动作、形态和造型的连贯性，因此，组接脉络清楚，逻辑连贯，明白易懂。

(1) 平行式蒙太奇

这种蒙太奇常以不同时空发生的两条或两条以上的情节线并列表现，分头叙述而统一在一个完整的故事之中，造成一种呼应。正所谓：花开两朵，各表一枝。平行蒙太奇把一个情节关系错综复杂的事件及其各个层面有机地组接在一起，使观众容易明白事件的整体面貌。与依次描述各事件发展相比，采用平行蒙太奇可以节省很多篇幅，扩大了节目的信息量。场面的变换、情节的推进，也对观众的情绪产生一种冲击，激发其观看的注意力，从而提高信息的传播效果。

平行蒙太奇还可用来展示同一时间的广泛影响和广阔的空间，表现一种相互关系，造成一种意境，强调戏剧性效果。电视片《月老的心愿》中，有这样一个例子：月老打电话；青年在镜子前穿衣服；姑娘在桌前梳妆打扮；月老拿起衣架上的衣服向外走去；月亮当空。把第一次约会前，3 个不同空间人物活动的情况并列组接在一起，表现了同一事件的不同侧面。

(2) 交叉式蒙太奇

简单地说，交叉蒙太奇将同一时间不同地域发生的两条或两条以上情节迅速、频繁地交替表现，强调二者具有严密的同时性和密切的联系，其中一条线索的发展往往决定或影响另外的线索，各条线索相互依存。这种方法常用于营造紧张激烈的气氛，加强矛盾冲突的尖锐性，容易引起悬念，抓住观众的注意力。表现惊险探索、战争等题材的电视，常用此法造成追逐和惊险的场面。

(3) 连续式蒙太奇

连续蒙太奇只有一条线索，按照故事情节和动作的连续性和逻辑上的因果关系进行镜头组接，有节奏地连续叙事。这种叙事情节清晰，脉络清楚，朴实平顺，符合观众思维方式和认知习惯。所以这种蒙太奇在叙述实验过程、操作过程、自然现象等有一定的顺序的情节时被广泛使用。但是，叙事蒙太奇由于其情节线索的单一，不能表现与其他故事的联系，不易概括。有时会造成平铺直叙的感觉，缺乏艺术表现力，因此，常与其他蒙太奇形式一起使用。

(4) 颠倒式蒙太奇

颠倒蒙太奇先展现事件的现状，再描述其始末，类似于文学中的倒述，常采用叠印、化变、画外音、旁白等手段。这样虽打乱了事件发展的时间顺序，但其间的联系非常严密，仍符合逻辑关系。颠倒蒙太奇先用现状吸引观众的注意力，使其产生观看的欲望，再将其引导到事件过程中，有利于提高节目的传播效果。在很多电视片中，事件的回顾和推理都采用这种表现手法。

2. 表现蒙太奇

表现蒙太奇以镜头对列为基础，通过相连镜头间相互对照，产生一种视觉效果，激发观众的联想。前后画面的内容，或是呼应，或是对比，都会形象地揭示事物间的关系，启迪观众的思考，使其逐渐认识事物的本质，发现事物间的联系和其间蕴涵的哲理，体会某种情感和思想。表现蒙太奇产生的画面组接关系不是以情节、事件的连贯性为目的，而是创造意境，促进观众的心理活动，使思想连贯。

(1) 积累式蒙太奇

积累蒙太奇在保证叙事和描写的连贯性的同时，把一些有内在联系的镜头组接在一起。这些镜头表面上看似独立，但是它们都被某种共性联系着。这种手法，往往用来渲染气氛，表达情感，突出主题。在纪录片《丰碑》中，导演用一组组半旗和群众参加追悼的画面，有力地表现了人们对小平同志沉痛的悼念。在叙述“五•四”运动时，导演把运动镜头拍摄的图片资料组接在一起，形象地体现了当时局势的动荡不安。

(2) 隐喻式蒙太奇

隐喻蒙太奇是通过画面进行类比，用某一事物比喻一种抽象的概念。这种手法往往用不同事物之间某种相似的特征，来解释某一事物或象征某种意义，从而引起观众的联想，领会某种寓意和情绪色彩。隐喻蒙太奇在揭示作品主题，刻画人物性格方面，发挥很大的作用，往往具有强烈的情绪感染力。大型文献纪录片《孙中山》中，有一组关门和开门的镜头给观众留下了深刻的印象。大门徐徐关闭，象征统治中国千年的封建制度彻底结束，配上寂寥的音乐、凄惨的音响，也生动地表现出帝制退位时内心的悲痛。而后，随着一道光线的射入，这扇大门再次打开，象征着新的社会制度的到来。两组镜头的组接都恰如其分地表达了深层含义。

(3) 对比式蒙太奇

鲁道夫•阿思海姆曾经这样写到："对立"会使某一特殊性质分离出来，使之得到突出、加强和纯化。对比蒙太奇类似于文学中的对比描写，通过画面内容，如真与假、美与丑、贫与富、苦与乐、生与死、高尚与卑下等的对比，或画面形式，如景别大小、角度俯仰、色彩冷暖、声音强弱、光线明暗等的对比，产生一种强烈的冲突，造成观众的视觉冲击，调动起情绪，以表达创作者的意图和主题。在很多战争纪录片中，我们经常看到旧中国劳苦大众被压榨的痛苦场面，与侵略者骄奢淫逸、横行霸道的卑劣行径交替出现，形成极其强烈的对比，激发观众的爱国热情。

(4) 重复式蒙太奇

重复蒙太奇是使一定寓意的镜头或场面，在关键时刻反复出现，以达到揭示事物内在本质，深化主题的目的。一定内容的镜头、场面或段落在一个完整而有机的叙事结构中反复出现，可以造成前后的对比、呼应，渲染艺术效果。如《战舰波将金号》中的夹鼻眼镜和那面象征革命的红旗，都曾在影片中重复出现，使影片结构更为完整。

重复蒙太奇也可以起到强调的作用。在教育电视节目中，为了强调节目的重点内容和重要结论，可使节目中有代表性的画面重复出现，以加深观众的理解，提高观众的注意力。

以上8种常见的蒙太奇手法，它们的共同特点是通过两个或两个以上的镜头的外部组接形成的。所以，也常把它们统称为外部蒙太奇。

3．镜头内部蒙太奇

镜头内部蒙太奇，又称作机内剪辑，在拍摄中根据内容、情节、情绪的变化改变角度和调整景别的距离，用一个长镜头完成一组镜头所担负的任务。在一个镜头内有景别、角度的变化，并能完整、明了地表现一段内容，从拍摄角度讲叫段落镜头。当它被完整地用在作品中，并发挥着相当于一个段落的作用时，从编辑角度讲，它叫镜头内部蒙太奇。镜头内部的运动起到了和蒙太奇相同的作用。

从镜头内部蒙太奇的含义，可以看出，镜头内部蒙太奇的基础是长镜头理论。关于长镜头，本书在前面的章节已经做了介绍。长镜头最显著的特点就是真实性。安德列•巴赞曾经说："摄像机镜头摆脱了陈旧偏见，清除了我们的感觉蒙在客体上的精神锈斑。唯有这种冷眼旁观的镜头能够还原世界纯真的原貌，吸引我的注意，从而激起我的眷恋。"

基于长镜头的这一特点，镜头内部蒙太奇与其他蒙太奇手法相比，有更强的现场感和真实感。它把现实情景真实、完整、自然、艺术地再现在屏幕上。这是对静态构图和分切镜头的一种革新，为创作编辑思维指出了一个新的方向。事实证明，并不是所有经过剪接的镜头，都可以达到预期的表现效果，在某些情况下，使用镜头内部蒙太奇是更好的选择。例如，在新闻报道节目中，要纪录警察逮捕罪犯的全过程。这对节目内容的真实性、现场感有很强的要求。如果我们只是将警察走下车，到罪犯聚集的窝点，冲进屋，罪犯被押上囚车，这几个单个的镜头进行组接，可以将事件的过程叙述清楚，但缺乏真实感，对观众的思想没有冲击力。这是新闻类、纪录类节目所要努力避免的。

长镜头不是固定不变的镜头，它要与景别、角度等相协调。这样的镜头看起来或许有晃动，但给观众的感觉是绝对真实的。因此，使用镜头内部蒙太奇也就意味着对拍摄者的拍摄技巧和应变能力提出了更高的要求。

同时，长镜头的艺术表现作用也充实了镜头内部蒙太奇功能。在很多对艺术水平要求较高的影片中，经常可以看到导演用一个镜头内部蒙太奇来表达某种思想感情或是传达某种隐含的寓意。例如，在《乡愁》那段著名的长镜头中安德烈举着蜡烛一次次走过温泉的镜头持续了 8 分 45 秒。他缓缓移动的孤寂身影，闪烁的烛火与潮湿的绿墙，寂静的风与水滴，安德列抵达终点时令人窒息的呼吸，都给人一种生命终极意义的人生思考。

4．蒙太奇的句型

由于叙事蒙太奇所叙述的内容不同，镜头的组接构成了不同的叙事蒙太奇句子。所谓蒙太奇句子，就是由两个或两个以上的镜头经过有机连接构成一个完整的意义段落，它的特征是对素材有节奏的组合。叙事蒙太奇句子可以分为以下 4 种类型。

(1) 前进式句型

前进式句型是由远视距景别向近视距景别过渡的一组镜头组成的，即“远景→全景→中景→近景→特写”的过渡，把观众视线由整体引向局部，给人的感觉是情绪和气氛越来越强。

(2) 后退式句型

后退式句型与前进式句型相反，是由近视距景别向远视距景别过渡的一组镜头组成的，即“特写→近景→中景→全景→远景”的过渡，把观众的视线由局部引向整体，给人的感觉是情绪和气氛越来越淡化。后退式句型从小景别的镜头开始，用有特色的局部吸引观众的注意力，可以产生先声夺人的效果。

(3) 循环式句型

循环式句型是前两种句式的结合，但不是简单地将两组镜头拼接起来。这里的前进和后退应作为整体趋势来理解。因此，循环式句型里的各个镜头是允许有跳跃、重复甚至颠倒的。

(4) 片断式句型

片断式句型在一个完整的过程中选取几个有代表性的片断进行组接，省略不必要的中间过程，使镜头组接更加简捷。

3.2.3　蒙太奇的作用

蒙太奇在电视制作中的广泛使用，与它独特的艺术表现作用密不可分。概括地说，蒙太奇有以下 4 个方面的作用。

1．叙述情节

蒙太奇对镜头、场面和段落进行分切，有取舍地、按照时间顺序、因果关系进行组接，以交代情节、展示事件。镜头经过蒙太奇组接以后，能表达一个完整的意思，并产生了比每个镜头单独存在时更丰富的意义。观众不会感到思维的跳跃，而是顺理成章地跟随故事情节向前推进。正如爱森斯坦所说，“两个镜头的并列，不是简单的一加一，而是一个新的创造。”匈牙利电影理论家贝拉·巴拉兹也同样指出：“上一个镜头一经连接，原来潜在于各个镜头里的异常丰富的含义像电火花似地发射出来。”这种所谓的“电火花”就是我们所说的蒙太奇联想，即经过镜头组接之后，使人们产生一种新的、特殊的想象。

2．构造时空

影视时空不同于人们现实生活中的时空。影视时间可以倒流，可以停止，影视空间可以压缩，可以扩张，可以虚构。影视时空的这些特点，都源于蒙太奇对时空的建构。

影视时空并非真实的，而是特殊的镜头手段及其组合给观众造成的一种感受。因此，电影、电视中的假定性的时间和空间，既有时间与空间的压缩，也有时间与空间的延伸。删除中间的过程是对时空的压缩，相反，则是对时空的扩张。例如，在电影《祝福》中，表现祥林嫂从中年到晚年，电影只用了短短的几个划变镜头，就把她变老的过程体现得很清楚，而且观众也不觉得短。有时，为了尽量详细的展示故事情节，或是突出某一短暂的过程，经常会用慢动作或帧定格等手段，实现时空的扩张。一般影视作品在表现危机时刻时，都会运用时空的扩张。如要描述子弹射出枪口的一刹那，其实际时间是非常短的，所以只有用一些特技手段来将时间延伸到几秒。又如在武侠片的武打场面中，经常可以看到甲持剑刺向乙时，这个过程会变长，大多数的结果是，在乙将被刺到的那瞬间，会有第三个人物丙的出现，这个被刺者最后不会被刺到。这时扩张时空，一来可以体现情况的危险，二来也可以给情节留下转机的余地。此外，运用蒙太奇方法，还能把时间和空间上不相关的片断有机地连接起来，实现时空的转换和虚构，推动情节有顺序、有逻辑地向前发展。这样一来，影视制作人员就不用千辛万苦地非要拍到真实场景不可了，电影、电视的制作也就相对变容易了。格里菲斯在《赖婚》中就用到这种方法。他把在不同的时间、地点拍摄的大风雪、冰河、大瀑布以及瀑布前的动作等镜头结合起来，成功地塑造了为营救一个孤女，不顾大瀑布万丈深渊的威胁，在冰河上奋力救人的男子的形象，也构建了一个看似真实的时空。值得注意的是：并不是把任意几个镜头组接起来，就可以创造出合理的时空。任何空间关系上的混乱，都会造成观众的困惑甚至误解，影响作品的质量。

3．表达情感

在有解说词的电视节目中，情感的抒发和思想的表达主要是通过解说词完成的。但是，不可否认的是，画面同样是抒发情感的重要途径。这一作用主要是由表现蒙太奇来实现的，特别是积累蒙太奇。例如，要表现祖国壮丽山河，表达对祖国的热爱，就可以将祖国各处美丽的风景组接在一起；要表达战争期间，人们流离失所的痛苦，就可以将难民痛苦的镜头组接起来。在《毛泽东和他的儿子》中，当毛泽东得知毛岸英牺牲的消息时，他一言不发，独自坐在房间里抽烟。影片运用积累蒙太奇，将从不同角度，不同侧面拍摄的近景特写组接在一起，恰当地表现了毛泽东失去爱子的悲痛心情和超常的克制力。

4．渲染气氛

不同的影视作品，由于表现的内容不同，需要不同的情节氛围。蒙太奇可以把视觉元素和听觉元素融合为运动的、连续的、统一的视听形象，为作品营造出欢快、悲伤、惊险、刺激等气氛。在表现惊险刺激的段落中，应该运用快节奏的积累蒙太奇，配合适当的音乐、声响，这样既可以对观众的视觉造成一种冲击，也可以达到视觉和听觉的共鸣。如《FBI档案》中，大量运用表现蒙太奇，使节目节奏紧凑，营造出紧张的气氛，锁住观众的注意力。

3.2.4　蒙太奇的使用原则

在电影、电视节目中，制作者通过运用蒙太奇的方法将镜头组接起来，不但能让观众理解和接受，而且使节目更具表现力。然而，蒙太奇的使用并非意味着随意地将一些不相关的镜头连接在一起，就可以产生预期的效果，相反蒙太奇的使用有其自身的使用原则。

1．符合事物客观规律

蒙太奇是提高节目表现力的一种重要方法。但是，蒙太奇的使用依然要遵从客观规律，不可以过于夸张。尤其是在科教、新闻这样的节目中，制作素材、资料应符合科学事实，即使是电子技术制作出来的动画、模拟实验也应该科学地反映客观事实。蒙太奇是基于事实的再创造，是对事实进行浓缩和渲染，而不是进行修改和歪曲。因此，蒙太奇的使用不能一味追求艺术效果，而使节目看来过于夸张。

2．符合观众思维规律

在电视节目中，摄像机代替了观众的眼睛，使荧屏成为其获得信息的唯一途径。镜头的组接使得镜头内容间的连接符合人们的认识和思维规律。这样，观众就可以按照导演的构思，对镜头画面内容进行理解，从而激发起相应的情感。例如，我们在屏幕上看到“紧急刹车”的镜头，马上会想到：“被撞到的是什么？”因为生活的经验使我们形成一种思维定式：事故发生了！这时我们一定会产生想看一看“车祸现场”的想法。于是，镜头马上被组接到“躺在地上的自行车和人”。对此，我们一定不会感到莫名其妙。相反，不这样处理，反而会使我们感到不满足。

3．符合人们生活规律

人们在实际生活中观察事物时，视线不是固定在一个角度、一个距离、一个物体上的，而是按照观察需要和思维规律，对事物的局部和整体进行观察、思考。也就是说，人们无时无刻不在进行着不自觉的“蒙太奇处理”。例如，叙事蒙太奇句型主要有以下 4 种：前进式、后退式、循环式、穿插式，其应用原则是根据人们的视觉习惯，先远后近直至细节局部或者因细节局部强烈吸引观众而形成先近后远由局部向全局发展。这与我们日常观察事物的习惯相类似，使观众在收看时，更容易接受。

4．符合节目节奏规律

电视节目中的蒙太奇节奏是由电视内容和观众的情绪、注意力决定的。此外，节目的主题思想、情节和表达主题的风格，也会对其有一定影响。一般来说，抒情的镜头内容节奏慢些，如描写祖国锦绣山河。描述一些抽象的、不易观察、不易理解的事物，节奏也应该慢些，例如，微生物的活动，宇宙星系的变化等。而表现紧张、激烈的气氛时，则需要加快节奏，如展现历史战争场面时，再加上其具有一定的教育意义，因此应使用快节奏，扣人心弦，突出主题。

5．符合艺术创作规律

导演对节目进行蒙太奇处理时，实际上就是在对节目内容进行艺术再创作。艺术创作要遵循形象化、典型化的原则，而蒙太奇处理同样要遵循这一原则。在电视节目中，蒙太奇的创作元素就是各个镜头，但不意味着节目处处都要用到蒙太奇。创作者应该统观整个节目，确定其中具有突出主体形象作用或具有典型意义的情节，选择合适的蒙太奇表现手法。这一创作过程既渗透着创作者本人的思想、感情、态度和创作意图，也遵守着艺术的创作原则。

3.3　镜头组接原则

影视节目是由镜头组接而成的，而这种组接并不是随心所欲的。当运用蒙太奇手法组接镜头时，在具体的组接技巧上，应该遵循一定的规律，即所谓的镜头组接原则。

3.3.1　符合观众逻辑

1．要符合观众的生活逻辑

事物的运动状态有必然的发展规律。人们在生活中也习惯按这一发展规律去认识问题、思考问题。所以在表现现实时空时，要符合人们的生活逻辑。

2．要符合观众的思维逻辑

观看电视是观众视听体验和心理体验的过程，镜头的组接必须从观众的角度出发。观众习惯于在相邻的事物间建立某种联系，如因果关系、对应关系、冲突关系、平行关系等。前后两镜头不同的景别、角度、画面内容，都会引起观众思维的变化。

3．要符合观众的视觉逻辑

电视画面是观众从电视节目中得到信息的重要途径。如今，观众对电视画面的审美水平有了很大的提高。画面的连贯、流畅，已成为观众对画面的最基本的要求。画面结构、色彩搭配、灯光效果、过渡形式等，都要考虑到观众的视觉要求。

3.3.2 遵循轴线规律

为了能使观众在观看电视节目时形成统一、完整的空间概念，在拍摄、编辑时必须合理安排画面空间的方向性，遵循场面调度的轴线规律。所谓轴线是在电视节目拍摄、编辑过程中参考的一条无形的线，并不显示在电视画面上。按照不同的需要，可以把轴线分为 3 类。

1．运动轴线

运动轴线是依据被摄对象的动作方向所形成的一条假想直线。这条轴线不是固定不变的，而是随着主体物的运动情况变化的。

2．方向轴线

方向轴线是依据被摄对象的视线方向所形成的一条假想直线。人物在所处位置的小范围运动，不会影响到轴线的相对稳定。

3．关系轴线

关系轴线是依据被摄对象之间的位置关系形成的一条假想直线。这条轴线的产生是源于两个人物之间的交流。无论两者是正对，还是背对彼此，我们根据其头部的位置确定轴线。换句话说，关系轴线与人物的视线无关，只与二者头部的相对位置有关。

在拍摄同一场面中的相同主体时，其组接的分切镜头除特殊情况外，机位应保持在拍摄轴线的同一侧，即 180° 内。这样，摄像机的角度无论怎样变换，所拍摄的不同视角的镜头连接起来后，都不会在画面上造成方向的混乱。遵守轴线规律来变换机位，可以保证人物行动和位置关系始终清楚、明确。如果不遵守轴线规律，就会产生越轴，又称离轴。越轴拍摄，就是在镜头拍摄转换时跨越到轴线另一侧，从而改变镜头所在的空间关系。

3.3.3 景别过渡自然

在一个叙事段落中，景别的变化应以观众视觉变化规律为依据。这就要求表现同一拍摄对象的两个相邻镜头的组接也要符合这一规律。要使画面的视觉效果看起来合理、顺畅、不跳动，须遵守以下 3 条规则。

1．机位相同时，景别必须要有明显的变化，否则将产生画面主体的跳动

机位相同时，景别必须要有明显的变化，否则将产生画面主体的跳动。但是，也会有一些特殊情况。如为了营造某种特定的情绪气氛，或表现某种特定含义时，也会将相同景别的镜头反复组接起来，这样可以造成一种积累的效果。

2．景别差别不大时，必须改变摄像机的机位

否则也会产生跳动，好像一个连续镜头从中间被截去了一段一样。而对于不同画面主体的镜头，无论是相同景别，还是不同景别，都可以组接在一起。

3. 同机位、同景别的画面是不能直接相接的

因为表现同一环境里的同一对象，景别又相同，其画面内容没有多少变化，这样连接没有多少意义。如果是在不同的环境里，则出现变把戏式的环境跳动感。

3.3.4 动静相接要过渡

1. 动接动

“动”指的是视觉上有明显动感的镜头，既包括画面内主体的运动，也包括画面外的运动。我们按照“动”的内容将所谓的“动接动”分为3类：一类是画面内主体的动接动，如运动汽车→运动火车→运动的自行车；另一个是画面外的动接动，如移镜头→推镜头；第三类是画面内主体的运动与画面外运动的组接。这种组接的前提是画面内主体的运动与镜头的运动之间有一定的逻辑关系。镜头的运动正代表着画面内主体运动的运动趋势，或是镜头的运动是画面内主体运动所造成的结果。

2. 静接静

“静”指的是视觉上没有明显动感的镜头。这里的“静”有3种含义：其一，是画面本身是固定的镜头；其二，是画面主体是静止的；其三，是运动镜头起幅和落幅的静止画面。这个“静”，并不只是镜头画面的绝对静止，只是要求在镜头切换的前后，画面没有太大的动感就可以了。静接静是指视觉上没有明显动感的两镜头组接。静接静和动接动一样，都是利用画面内在节奏的一致性衔接。静接静同样有两种形式：一是画面内主体的静接静。如停车场里静止的汽车接静止的轮胎。另一种形式是画面外的静接静，如固定镜头接固定镜头。

3. 动静相接要过渡

动静相接有以下两种形式：画面内主体的动静相接，运动镜头与固定镜头的连接。

主体运动的镜头在与主体静止的镜头相接时，要等运动的要素停下来才能与静止的主体画面连接。前一个镜头结尾停止的片刻叫“落幅”，后一镜头运动前静止的片刻叫做“起幅”，起幅与落幅时间大约为一二秒钟。静止的镜头与运动镜头连接时，运动镜头必须有一个静止一至二秒的起幅、落幅时间。所以总的来说，无论是静止连接运动，还是运动连接静止，二者之间都要有一定的起幅、落幅作为过渡。

3.3.5 影调过渡要自然

影调是指画面上有颜色的深浅和色彩的配置而形成的一种明暗反差。如果前后镜头的影调具有明暗反差，观众接收信息时就容易产生难以调和的视觉冲突，偏离应有的注意力，不利于知识的吸收。

当画面的色彩组织和配置以某一种颜色为主导时，画面就呈现出一定的色彩倾向，形成色调。利用色调可以表现情绪、创造意境。如果前后镜头脱离了一定的色调，会产生色

震荡，这时就需要设法缓和色调转换的急剧性。对影调和色调的处理不同，可以形成各种不同的画面，如亮调子、暗调子、冷调子、暖调子等。

实现影调和色调的统一应注意以下两点：第一，调子和内容、感情的一致。例如，在表现悲凉的气氛、阴沉的心情时，一般使用暗和冷调子。第二，相邻镜头画面色调的统一。当用一组镜头表现同一场景中的连续事件时，镜头组接点附近的画面一般不应出现影调和色调的强烈反差。

3.3.6　掌握好镜头的长度

镜头的长度影响着画面的表现力和整体效果。做好画面组接，首先要确定每个镜头的长度。影响镜头长度的因素有以下几点。

1．内容因素

镜头的长度，首先取决于它所表达的内容，取决于内容的情节节奏，以能充分表达内容，体现情节节奏为标准。当画面内容复杂、节奏舒缓时，应适当延长镜头长度；当画面内容单一、节奏紧凑时，应缩短镜头长度。这些延长和缩短的前提是，保证观众对画面内容完整、准确的吸收。

2．景别因素

画面景别不同，它所持续的时间也不尽相同。远景、全景等景别大的画面包含的景物多、内容复杂，观众要看清这些内容，需要的时间长。在组接时，镜头画面停留的时间可以长一些。而近景、特写等景别小的画面，包含的内容简单，所以停留的时间可以短一些。

3．亮度因素

一般来说，画面中亮的部分比暗的部分更容易引起观众的注意。人们的视线总是从亮的部分渐渐转到暗的部分的。所以当镜头主体位于亮的部分时，画面长度可以短一些；反之，画面则可以长一些。

4．动静因素

在同一镜头画面中，动的部分比静的部分更容易引起观众的注意。同时，运动快的景物又比运动慢的景物更吸引观众的视线。因此，要表现的重点是静止的部分，则镜头应长一些。如果要表现的重点是动的部分，镜头画面可以短一些，而且随着物体运动速度的加快，镜头时间适当减少。

5．情绪因素

情绪长度是画面内容表达的延伸，是对情感的抒发。这样的镜头一般都用近景和特写来表现人物的内心世界。一个恰当的镜头长度，不但可以使观众看清画面内容，还可以使其达到画面感情的熏陶。

3.4　声画关系

声音和画面是构成影视艺术的两大重要因素，从而使影视节目以视、听媒体共同发挥其功能。声音与画面既相辅相成、互相补充，又彼此分离，构成一种独特的艺术风格。因此，在电视制作中，不能只注重画面效果，而忽略了声音的作用。恰当地处理好声画关系，对影视节目的表现力有很大提高。

这里所说的声音包括 4 种元素，即语言、音乐、音响、音效，它们都有各自的特点。例如，语言是人类交流和传递信息的主要手段，逻辑性强，能系统而完整地表达人的思想感情。它包括对白、独白、旁白和解说。音响是人物表演环境中，各种动作和物体发出的，所以它和画面的关系是非常密切的。而音乐的游离性则非常强，善于抒情。经常以画外音的形式出现，帮助画面烘托气氛，感染观众。人们经常用到的音响有动作音响、自然音响、背景音响、机械音响、枪弹音响和特殊音响等。音响主要是从属于画面环境的。

电视画面与声音以一定的关系结合在一起，一般称为声画关系，包括声画统一、声画并行和声画对立。

3.4.1　声画统一

声画统一，也可称声画合一或声画同步，即声音与画面之间建立一种对应关系。画面内容与声音内容相一致。

对于音响和对白，声画统一的主要形式就是同期声。如同期声语言，同期声效果音响都是具有代表性的声画统一。同期声符合人们的生活习惯。在日常生活中，看到有人弹琴，就要听到琴声；看到有人唱歌，就要听到歌声。只有视觉信息和听觉信息同时出现，才能满足观众的需要。同期声效果音响使声音与声源同时出现同时消失，营造出现场气氛，可以提高电视画面的真实性。

同期声在新闻类、纪实类节目中得到广泛应用。新闻事件的现场报道中，记者对人物的采访、镜头对现场情况的纪录都属于同期声。在教育电视节目中，由于节目自身的特点，我们特别强调同期声的作用。像《百家讲坛》、《人物》这样以人物的语言为信息传播主要途径的教育电视节目，大都采用同期声语言。像《探索•发现》、《走近科学》这样以纪录事件过程为主要内容的教育电视节目，大都采用同期声效果音响。

对于音乐，要实现声画统一，就要使音乐的风格与画面情绪、节奏、气氛相匹配，也包括两者在长度和时间上严密精确地配合。音乐的选取首先要与整部电视内容相统一。动画片《米老鼠和唐老鸭》的音乐更是始终使用音画同步。音乐几乎灌满全片，每一个动作，每一个脚步都是同步的。其次，某一场戏或某一组镜头，也要求音乐和画面在情绪、气氛和内容上统一。欢乐的画面内容配上欢快活泼轻松的音乐，痛苦悲伤的表情则要用低沉哀怨的旋律。苏联著名电影导演爱森斯坦导演的《亚历山大•涅夫斯基》是以中世纪俄罗斯人反对条顿十字军入侵为题材的影片。影片高潮的冰湖大战爆发前，寂静但气氛异常的紧张，画面的 12 个镜头同 17 小节的音乐结合得严密精确，可以说它是音画同步的典型例子。

对于解说词，它的位置必须与画面内容相对应，才能真正发挥它补充、提示、概括和强化的作用。解说词与画面不是简单的一对一的关系，而是与镜头段落的对应。一方面，解说词随着画面的出现，同步进行解释、补充画面的具体内容。很多教学片中都是利用解说词的这一功能。另一方面，解说词可以引导观众去思考画面体现的更深刻的内容，体会更深层次的思想感情。如《话说长江》、《让历史告诉未来》中感情的升华，都是通过解说词来实现的。

3.4.2　声画并行

声画并行是介于声画统一和声画对立之间的一种声画组合的形式。声画并行是指声音和画面保持着内在的联系，但声音与画面并非一一对应。二者分别进行剪辑，从整体上对画面内容进行解释、表现。

音乐的叙述方式决定了它不可能和画面完全同步和统一。音乐可以以自己的特点去发挥它的能动性，不因画面进行切割，游离于画面，与画面“貌离神合”。在电影《小街》中，有这样一场戏：夏为俞“偷”辫子，被红卫兵、造反派追打后住院治眼睛，夏在缠着纱布的情况下走出医院，手持一根棍子来到大街上，正碰上川流不息的游行队伍。画面上出现了夏的脑海里闪现的主观镜头：骚动的人群，解放军发动进攻，被剪成阴阳头的俞，天真的幼儿，爆炸等等。画面节奏很快，有的不到一秒。徐景新同志设计了一段思潮起伏的音乐：在急促杂乱的节奏和大幅度渐强的颤音中，响起不安的定音鼓声，主题旋律在不和谐的和弦及固定低音伴奏下，由钢琴高音区断续奏出。这时的音乐不是具体画面的表面气氛，而是着力刻画夏的思潮翻腾的内心世界。音乐游离了画面，但它与画面却创造了一个较为完整的形象，给观众一种寓意比较深刻的启示，使观众能更深地理解影片的内容。

音画并行在纪录类电视中是经常使用的。音乐在纪录片中配用时，固然要服从画面。但这种服从不能机械地、图解式地、被动地平铺。因为纪录片并不像故事片和电视剧那样有完整的情节。如果遇到什么画面，配用什么音乐，随镜头更换、音乐就会支离破碎。所以纪录片的音乐常常是以音画并行进行的。一段相对应的音乐只能是与一段画面内容的情绪大致吻合。

音响和画面也可以构成声画并行。正如欧纳斯特•林格伦在《论电影艺术》一书中所说的，“音响与形象的自由联合在一起，不仅更逼真地表现了生活，而且能使音响和形象不是简单地互相重复，而是互相补充。”如很多描写抗日战争时期的电影中，镜头拍摄的是我军指挥员在召开军事会议的场景，但声音是隐约的炮火声。二者相互补充，表明当时紧张的局势。

解说词与画面构成声画并行时，往往会起到概括、提示的作用，也可以交代背景。解说词放在一组镜头的开始阶段，它就起到提示的作用，引导观众思考。如《未亡的恐龙》开头，画面是恐龙化石，解说词则不断提出疑问。解说词放在一组镜头的结束阶段，一般是对画面的总结。如《天赐：史前生命大爆发》中，在对两位科学家的观点进行分别描述后，镜头画面显示的是那只云南虫化石，而解说词概括性地说，“无论谁的对，人类生命真正的起源可能就源于这里”。当观众都还在思考：到底哪个科学家的观点是正确的？解说词又将观众拉了出来。

3.4.3　声画对立

声画对立是指声音和画面在内容、节奏、情绪等方面，形成一种相反的关系。声画对立的特点是音乐和画面在情绪上造成“反差”，通过“反差”造成对比，在对比中包含着潜台词，观众通过潜台词受到启迪，从而产生了强烈的艺术效果。由此看来，声画对立比声画统一深刻得多。声画对立是有严格要求的，必须是合情合理，顺理成章的。相反而不能相成，就不能解释为声画对立。在电影、电视中，成功运用声画对立的例子有很多。

电视连续剧《高山下的花环》靳小柱牺牲的那一段。画面是死，音乐却是靳小柱生前的号音。我军在中越自卫反击战中，一支部队打穿插急行军到了目的地，战士们就地而坐开始休息，有经验的老战士叫大家起来活动活动，不要马上休息。当人们发现靳小柱在一个不被人注意的地方一动不动时，大家急了，有人大声呼喊靳小柱，可爱的小号兵已经停止了呼吸。人们仔细看着靳小柱，他的身上带了超过他承受能力的各种器材，多背了枪支、弹药，还有干粮、水壶。当人们的视线落在他的军号上时，响起了靳小柱吹的起床号声。他天天都起得最早、睡得最晚，多么可爱的小战士，他永远活着。先听到的是圆号吹出的，仿佛是远远传来的、响在耳边的声音，接着出现小号清晰的号声，小提琴奏出战士们的痛苦心情，最后号声和乐队混合在一起，寄托了战士们的哀思。

声画对立中的音乐不是写观众已经看见的东西，而是画面气氛的强调和描绘。《天云山传奇》中吴遥和宋薇结婚一场戏的悲剧性音乐，《夜与雾》希特勒演说和乘敞篷车穿过街道的集中营歌曲主题音乐和《一江春水向东流》沦陷区村民被赶到水塘中的探戈舞曲，是作者的评论。

3.5　影视节奏

节奏最初是美学中的概念，本意是程度、程序和均匀流动的意思。节奏源于运动，它的表现形式是一种连续而有间歇的运动。影视节目具有时间和空间的二重性，因此，既要表现时间的流动形态，又要表现空间的运动形态，是视觉和听觉的统一体。因此，影视节奏主要体现在影视画面和声音上，以影视艺术构成因素的规律为动力而形成的一种合乎规律的运动变化，从而引起观众的心理活动。形成影视节奏的因素有很多，一般可以分为两种：一个是节目的类型和内容，另一个则是观众的视听感知。

3.5.1　内容情节节奏的处理

内容情节节奏，也叫叙述性节奏，是依据情节发展的内在矛盾冲突或人物内心情绪的起伏等因素而产生的。内部情节节奏与节目内容、结构有密切的关系，渗透在电视节目的各个内容环节中。每个镜头段落都是独立而又彼此联系的环节，有着各自的含义和特点，所以表现出不同的节奏。如果将每个镜头段落的节奏比喻为一个跳动的音符，那么内容情节节奏就是由这些音符组成的乐曲。内容情节节奏处理可以说是对整个节目的整体把握，使节目内容叙述环环相扣，情节进展跌宕起伏。这种内容情节节奏，需要观众从审美的角度来思考、感知。一般有以下几个依据。

1．节目的内容

影视节目的种类繁多，内容也是包罗万象。不同的内容有其自身的特点、结构等，这需要制作人员对节目内容做详细的分析。例如，表现战争题材的节目，节奏自然会快一些。而《百家讲坛》这样以知识传授为主要内容的节目，节奏就慢些。探索类节目，为体现探索过程，应制造出情节的起伏，节奏有张有弛。

2．节目的情绪

情绪长度是影响镜头长短的重要因素，也是制约节目内容情节节奏的重要因素。不同情绪的描写需要不同的节奏。愉快、兴奋的心情要用快节奏，忧伤、痛苦的心情要用慢节奏。画面是人物内心世界的表现，画面的长度影响人物情感表达的程度。要使观众充分体会到剧中人物的感受、思想，就必须给观众一段调整情绪的时间。如一段煽情的镜头，情节是非常具有感染力的，但是由于情节过快，人物的感情没有和观众产生共鸣。再如前面提到过的一个例子，《唐山孤儿离石返唐》中，一个孤儿靠在窗边默默流泪的面部特写持续了 5 秒，深刻揭示了孩子的内心情感，也感染了所有观众。

3．节目的目标

节目的节奏应配合节目的传播目标。如讲授型的教学片的目的是在认知领域，使学生学到新的知识，提高他们的认知水平，这样节目的节奏就应该舒缓一些。思想教育类的专题片中，情绪激昂的时候，就应该采用紧迫的节奏；抒发感情的时候，就应该使节奏慢下来，这样有利于激发观众的感情。

4．节目的类型

影视节目按形式分，可以分为专题纪录类节目、访谈类节目和新闻信息类节目。专题纪录类节目与一般的影视作品相似性较大，它的节奏根据剧情，有快有慢。访谈类节目主要以人物谈话为主，节奏比较舒缓。新闻信息类节目带有新闻性质，强调纪实，节奏会随情节变化而变化。

5．节目的受众

在决定节目节奏之前，应对节目的传播对象的特点做分析，如年龄层次、认知水平、接受能力等。孩子的注意力容易被丰富多彩的画面吸引，画面单一、节奏缓慢的节目会使他们很快失去兴趣。因此，对于面向儿童的节目，是不宜采用节奏舒缓的讲授型的。相反，老年人的接受能力已逐渐衰退，反应速度较慢，节目的节奏应该放慢。节目的知识深度应符合大多数人的知识水平，在观众不易理解的地方应适当放慢节奏。

3.5.2　表现形式节奏的处理

表现形式节奏是通过画面主体的运动、镜头的运动、镜头长短变化等一系列艺术表现手法构成的。与内容情节节奏相比，表现形式节奏更为直观，其处理也依附于作者的主观思想。在把握了影视节目的内容情节节奏后，就应进行表现形式节奏的处理了。处理好表现形式节奏，需要注意以下 6 点。

1. 画面主体的运动节奏

在影视节目的画面语言里，主体物的运动速度是节目节奏的基本表现。一般来说，主体物的动作快，节奏就快，主体物的动作慢，节奏就慢，而不是只有快速运动的物体才能体现快速节奏。有些画面内容尽管运动缓慢，同样也会包含着一种强烈的节奏。对于静止的主体，可以利用艺术表现手法，如叠加等，也会使它产生动感。主体的运动节奏受内部节奏的制约，应符合观众的思维规律和心理规律。

2. 摄像镜头的运动节奏

摄像机镜头的运动节奏，是摄像机运用推、拉、摇、移、跟等技巧时所产生的节奏。对于运动镜头，一般来讲，全景镜头变化不明显，运动的幅度可以加大加快；近景镜头则要减小放慢。采用不同的运动镜头进行组接，会产生不同的节奏，节目会更有表现力。

3. 镜头景别的变化节奏

镜头景别的大小，对影视节目的节奏也有影响。远景、全景这样的大景别，包含的范围广，信息量大，观众接收这些信息所需要的时间就长。因此，大景别镜头的节奏较慢。而由近景到特写这样的小景别镜头，更贴近主体，景别的变化对主体的表现更加明显。观众要看清镜头里的主体，所需要的时间相对短些。总的来说，大景别镜头的节奏慢；小景别镜头的节奏快。

4. 镜头长度的变化节奏

按镜头长度，可把镜头分为长镜头与短镜头。长镜头多用在讲授型的教育电视节目中，节奏缓慢；短镜头则多用在纪录类、新闻类教育电视节目中，节奏较快。在使用长镜头时，应注意适当地切换，否则，会使观众觉得单调、厌烦。短镜头不能过短，一般在 2 秒左右。由于长镜头的真实性，它被越来越多地运用在影视节目中。这里的长镜头，虽然画面变化缓慢，但是，给人一种紧迫感。如表现一只老虎正慢慢向一只小鹿逼近，虽然老虎的动作不快，镜头移动的也很慢，持续的时间很长，但是使观众不觉得拖沓，反而产生一种紧张的感觉。运用长镜头时，还应注意与运动镜头相结合。

5. 镜头画面的组接节奏

镜头组接就是将单个的镜头编辑在一起，构成镜头组，从而形成段落，有逻辑地表达完整的含义。镜头组接得快，节目的节奏就快；反之亦然。此外，利用电子特技手段进行镜头之间有技巧的组接，如前面介绍过的叠化、划变等，对节奏的变化也可以产生很大的影响。快节奏虽然容易吸引观众的注意力，但长时间的快节奏，也会使人疲劳。因此，一部节目的节奏应快慢适度、有张有弛。

6．声音节奏

影视节目包括画面和声音两部分，这就决定其节奏必然具有画面节奏和声音节奏的两重性。影视节目里面的声音由解说、音乐和音响3方面组成。声音节奏就是以解说为主，伴以音乐、音响所形成的节奏，应与影视节目画面的节奏配合、统一。

(1) 解说节奏

在影视节目的声音中，解说词发挥着重要的作用。电视画面通过解说阐述科学道理，表达思想，强化画面信息和补充说明画面。解说也是有节奏的，解说的节奏可以分为两类：一种是解说词内在节奏。这种节奏是在解说词的编写过程中形成的。它依据影视节目内容，编写精练、逻辑性强，可以创造节奏高潮，也可以制造舒缓的气氛。另一种是外部节奏。这种节奏是在解说配音过程中形成的。解说的语气、语调、强弱、快慢都可以产生明显的节奏。因此，解说要具有吸引力，语调应有所变化，应有必要的抑扬顿挫，不要大起大落。语速一般是每秒钟3个字，加快节奏时，可适当提高。要处理好画面段落和解说词之间的长度关系，避免解说与画面不协调。

解说与画面的不同位置关系，也会影响节目的节奏。解说位于画面前，有提示的作用；解说与画面同步，则又起到强化画面的作用，对介绍某些重要内容及时、准确；解说位于画面之后，就起到归纳总结的作用。利用这种关系的前提是不能影响画面的节奏。

(2) 音响节奏

音响是指除了人声和音乐之外的声音。音响有助于揭示事物的本质，增强画面的真实感和画面的表现力。恰当运用音响，还可以创造环境，营造气氛，形成节奏。运用效果声表现环境、事件过程，比单纯的解说词更有说服力。效果声可以触动人的听觉，激发想象。

(3) 音乐节奏

音乐是具有明显节奏感的，经常被用来渲染气氛，表达感情。教育电视节目恰当地运用音乐，能增强节目的节奏感，加强节目内容和思想感情的表现力。在选择音乐时，一定要恰当。音乐要与画面的内容、情绪、节奏、气氛相协调。

3.6 本章小结

本章系统讲授了影视媒体非线性编辑的艺术基础。首先，介绍了镜头和镜头组的概念，以及不同类型镜头的特点与作用。其次，对蒙太奇艺术手法进行了系统阐述，主要包括蒙太奇概念、类别、作用和使用原则。再次，介绍了影视节目镜头组接的基本原则。然后，介绍了影视节目中声音和画面构成的基本声画关系。最后，介绍了影视节目节奏的影响因素。

3.7　思考与练习

1．什么是镜头？如何对镜头进行分类？

2．举例说明不同类型镜头的特点和作用。

3．什么是蒙太奇？蒙太奇有哪些类型构成？

4．蒙太奇的作用表现在哪几个方面？

5．蒙太奇在使用时，应注意哪些基本原则？

6．请结合具体的影视节目，谈一谈对镜头组接基本原则的理解。

7．简述影视节目中声画关系的基本类型。

8．什么是影视节奏？影响影视节奏的因素有哪些？

第4章　Premiere Pro CS5概述

Premiere Pro CS5 是目前最流行的非线性编辑软件，是数码视频编辑的强大工具，它作为功能强大的多媒体视频、音频编辑软件，应用范围不胜枚举，制作效果美不胜收，足以协助用户更加高效地工作。Premiere Pro CS5 以其新的合理化界面和通用高端工具，兼顾了广大视频用户的不同需求，在一个并不昂贵的视频编辑工具箱中，提供了前所未有的生产能力、控制能力和灵活性。Premiere Pro CS5 是一个创新的非线性视频编辑应用程序，也是一个功能强大的实时视频和音频编辑工具，是视频爱好者们使用最多的视频编辑软件之一。

本章学习目标：

1．了解 Premiere Pro CS5 的发展历史及配置要求；

2．掌握 Premiere Pro CS5 菜单的基本功能和操作；

3．掌握 Premiere Pro CS5 工作窗口的功能和操作；

4．掌握 Premiere Pro CS5 中创建和设置项目的基本方法。

4.1　Premiere Pro CS5 简介

Premiere 最早是 Adobe 公司基于 Mac 平台开发的视频编辑软件，经历了十几年的发展，其功能不断扩展，被业界广泛认可，成为数字视频领域普及程度最高的编辑软件之一，被广泛应用于电视节目制作、广告制作及电影剪辑等领域。它可以在计算机上观看、编辑多种文件格式的视音频素材，还可以制作用于后期节目制作的编辑制定表(Edit Decision List，EDL)。通过其他的计算机外部设备，Premiere 还可以进行视音频素材的采集，可以将作品输出到录像带、CD-ROM 和网络上，或将 EDL 输出到录像带生产系统。

4.1.1　Premiere 的发展历史

在视频编辑的早期阶段，视频编辑只能在高级的非线性编辑工作站上进行。1993 年 Adobe 公司推出了一款基于个人计算机的非线性视频编辑软件——Premiere，从此视频编辑开始逐步的走进普通用户。在 Premiere 发展的早期，其功能十分简单，只有两个视频轨道和一个立体声音频轨道。

随着奔腾处理器的出现，PC 的性能有了长足的发展，对多媒体处理的性能也不断进步。1995 年 6 月，Adobe 公司推出了 Premiere for Windows 3.0，这个版本可以实现很多专业非线性编辑软件的功能。从此，PC 真正实现了专业的非线性编辑。在 Premiere 3.0 和 Premiere 4.0 获得成功后，Adobe 公司又于 1998 年推出了功能更为强大的 Premiere 5.0，并迅速的占领非线性编辑的 Mac 平台和 PC 平台的市场，成为这两个平台上使用范围最广泛的非线性视频编辑软件。非线性编辑软件 Premiere 的发展，大致经历了两个大的阶段，即 Premiere 系列和 Premiere Pro 系列，其中 Premiere Pro 系列是 Premiere 系列的高级发展阶段，在当前使用较多。

1. Premiere Pro 与 Premiere Pro 1.5

为了巩固 Premiere 的低端市场并力求占领高端市场，Adobe 公司于 2003 年 7 月发布了 Premiere 的第 7 个正式版本——Premiere Pro，并于 2004 年 6 月对其进行了部分升级，推出 Premiere Pro 1.5。这两个版本相对于以前的版本具有革命性的进步，它将之前的 A/B 轨编辑模式变为更加专业的单轨编辑模式，可以实现序列嵌套，还加入了新的色彩校正系统和强大的音频控制系统等高级功能。Premiere Pro 的诞生在 PC 平台和 Windows XP 系统上建立了数码视频编辑的新标准，将软件提升到了一个新的高度，为进一步开拓市场，赢得更多的用户奠定了基础。

2. Adobe Production Studio 与 Premiere Pro 2.0

2006 年 1 月，Adobe 公司正式发布了 Adobe Production Studio 软件套装，其中主要包括 After Effects 7.0、Premiere Pro 2.0、Audition 2.0 和 Encore DVD 2.0，还有 Adobe CS2 套装中的 Photoshop CS2 和 Illustrator CS2。

Production Studio 套装中的软件组成了一条完美的工作流程：After Effects 7．0 可以高效、精确地创建各种动态图形和视觉效果；Premiere Pro 2.0 可以获取和编辑几乎各种格式的视频，并按需进行输出；Audition 2.0 集音频录制、混合、编辑和控制于一身，可轻松创建各种声音，并完成影片的配音和配乐；而 Encore DVD 2.0 可以将视频内容创建并刻录为带有环绕声音频解码和动态菜单的专业级 DVD。Premiere Pro 2.0 是 Production Studio 套装中重要的组成部分，与套装中其他 Adobe 应用程序集成在一起，为高效数字视频的制作设立了新的标准。

3. Adobe Creative Suite 3 与 Premiere Pro CS3

2007 年 3 月 27 日，Adobe 公司再次对其产品进行整合，正式发布 Creative Suite 3 软件套装，简称 CS3。将原 Macromedia 公司的网络三剑客 Flash、Dreamweaver 和 Fireworks 以及 Production Studio 中的 After effects、Premiere Pro、Audition(单轨编辑版本为 Sound booth)和 Encore DVD(现更名为 Encore)进行升级，统一版本号为 CS3。Creative Suite 3 的发布在 Adobe 的发展历史上具有十分重要的意义，它第一次将平面出版、网络开发设计以及影视和音频制作流程统一整合在一起，进一步统一并完善了创意工具体系，这必将提升整个创意行业的生产力发展水平。CS3 套装软件分别为平面、网络和视频媒体特别组合了 Design、Web 和 Production 版本套装，而且还为整个的创意流程推出了 Master Collection 总套装软件，其中包含了所有 CS3 软件和相并组件。Design 和 Web 版本套装还分为 Premium 和 Standard 版，以应对高级或基础应用。Production 版本套装只有 Premium 版，针对高端影视或音频创作的需要，这实际上是上一代 Production Studio 软件套装的升级版本。

4．Adobe Creative Suite 4 与 Premiere Pro CS4

2008 年 9 月 23 日，Adobe 公司在 Creative Suite 3 的基础上对其产品又进行了升级，发布了 Creative Suite 4 软件套装，简称 CS4，完善了软件的功能和跨媒体工作流程。CS4 延续了 CS3 的设计思路和结构，其新增功能可以应对更高端的制作需要。

Adobe Premiere Pro CS4 同样继续包含在 Master Collection 和 Production Premium 中。单独购买的 Premiere Pro CS4 共包含 Adobe Premiere Pro CS4、Adobe Encore CS4、Adobe On Location CS4、Adobe Device Central CS4、Adobe Bridge CS4 和一些专业设计的模板等。

5．Adobe Creative Suite 5 与 Premiere Pro CS5

2010 年 4 月 12 日，Adobe 公司隆重发布了最新一代 Creative Suite 5 软件套装，大大增强了软件的性能，并整合了实用的线上应用。CS5 有超过 250 种新增特性，支持新的操作系统，并对处理器和 Premiere Pro CS5 继续包含在 Master Collection 和 Production Premium 中，单独购买的 Premiere Pro CS5 依然包含 Adobe Encore CS5 和 Adobe On Location CS5 等软件。不过，新的 Premiere Pro CS5 只支持 64 位系统。GPU 做出了优化，能够很好地支持多核心处理器和 GPU 加速。

Premiere Pro CS5 提供了更加强大、高效的增强功能和先进的专业工具，包括尖端的色彩修正、强大的新音频控制和多个嵌套的时间轴，并专门针对多处理器和超线程进行了优化，利用新一代处理器运行在 Windows XP 系统下的速度方面的优势，提供了能够自由渲染的编辑功能。

Premiere Pro CS5 既是一个独立的产品，也是新推出的 Adobe Video Collection 中的关键组件。Premiere Pro CS5 把广泛的硬件支持和坚持独立性结合在一起，能够支持高清晰度和标准清晰度的电影胶片，剪辑人员能够输入和输出各种视频和音频模式。另外，Premiere Pro CS5 能够以工业开放的交换模式 AAF(Advanced Althorn Format，即：高级制作格式)输出，用于进行其他专业产品的工作。

4.1.2　Premiere Pro CS5 的配置要求

1．Windows 操作系统

要在 Windows 操作系统的个人计算机上安装并使用 Premiere Pro CS5 进行视音频内容的编辑，首先需要计算机具有以下的系统要求。

(1) Intel® Core™ 2 Duo 或 AMD Phenom® II 处理器；需要 64 位支持。

(2) 需要 64 位的操作系统：Microsoft® Windows Vista® Home Premium、Business、Ultimate 或 Enterprise(带有 Service Pack 1)或者 Windows® 7。

(3) 2 GB 内存(推荐 4 GB 或更大内存)。

(4) 10 GB 可用硬盘空间用于安装；安装过程中需要额外的可用空间(无法安装在基于闪存的可移动存储设备上)。

(5) 编辑压缩视频格式需要 7200 转/分钟硬盘驱动器；编辑未压缩视频格式则需要 RAID 磁盘阵列。

(6) 1280×900 屏幕，OpenGL 2.0 兼容图形卡。

(7) GPU 加速性能需要经 Adobe 认证的 GPU 卡。

(8) 为 SD/HD 工作流程捕获并导出到磁带需要经 Adobe 认证的卡。

(9) 需要 OHCI 兼容型 IEEE 1394 端口进行 DV 和 HDV 捕获、导出到磁带并传输到 DV 设备。

(10) ASIO 协议或 Microsoft Windows Driver Model 兼容声卡。

(11) 双层 DVD(DVD+R 刻录机用于刻录 DVD；Blu-Ray 刻录机用于创建 Blu-Ray Disc 媒体)兼容 DVD-ROM 驱动器。

(12) 需要 QuickTime 7.6.2 软件实现 QuickTime 功能。

(13) 在线服务需要宽带 Internet 连接。

2. Mac 操作系统

(1) Intel 多核处理器，含 64 位支持。

(2) Mac OS X 10.5.7 或 V10.6.3 版；GPU 加速性能需要 Mac OS X 10.6.3 版。

(3) 2 GB 内存(推荐 4GB 或更大内存)。

(4) 10 GB 可用硬盘空间用于安装；安装过程中需要额外的可用空间(无法安装在使用区分大小写的文件系统的卷或基于闪存的可移动存储设备上)。

(5) 编辑压缩视频格式需要 7200 转/分钟的硬盘驱动器；编辑未压缩视频格式需要 RAID 0 磁盘阵列。

(6) 1280×900 屏幕，OpenGL 2.0 兼容图形卡。

(7) GPU 加速性能需要经 Adobe 认证的 GPU 卡。

(8) Core Audio 兼容声卡。

(9) 双层 DVD(SuperDrive 用于刻录 DVD；外接 Blu-ray 刻录机用于创建 Blu-ray Disc 媒体)兼容 DVD-ROM 驱动器。

(10) 需要 QuickTime 7.6.2 软件实现 QuickTime 功能。

(11) 在线服务需要宽带 Internet 连接。

4.1.3　Premiere Pro CS5 的安装

在满足了 Premiere Pro CS5 的运行环境后，就可以安装 Premiere Pro CS5 和相关的辅助程序。

1. Premiere Pro CS5 的安装

(1) 将 Premiere Pro CS5 的 DVD-ROM 安装光盘放置到 DVD 光驱中自动运行，或者进入光盘目录并双击 setup.exe 进行安装，出现初始化安装程序界面。

(2) 初始化完成后，进入软件许可协议界面，在显示“语言”下拉列表中为协议内容设置语言，阅读完毕，单击“接受”按钮，开始安装，如图 4-1 所示，显示“欢迎使用”窗口。

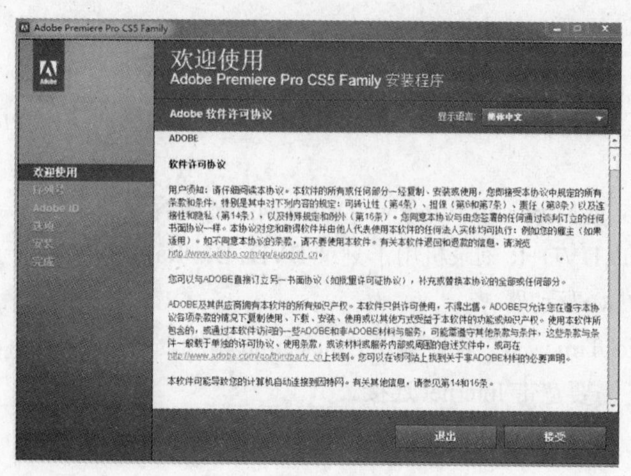

图 4-1 “欢迎使用”窗口

(3) 弹出“请输入序列号”窗口，如图 4-2 所示，在序列号一栏中输入光盘包装盒上或光盘中相关文件中所列出的序列号。在有些情况下，需要安装人员通过运行序列号产生程序进行序列号的获取。

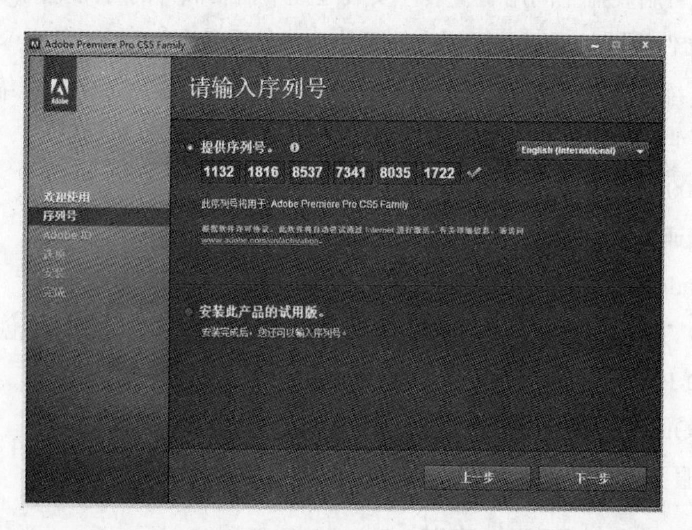

图 4-2 “请输入序列号”窗口

(4) 如果没有序列号，可以先不输入序列号，可以先选择“安装此产品的试用版”，然后单击“下一步”按钮。

(5) 弹出“安装选项”窗口，如图 4-3 所示，选择要安装的程序和组件，将在要安装的组件前面的复选框中进行选中，接着就开始对选中的程序或组件进行安装。

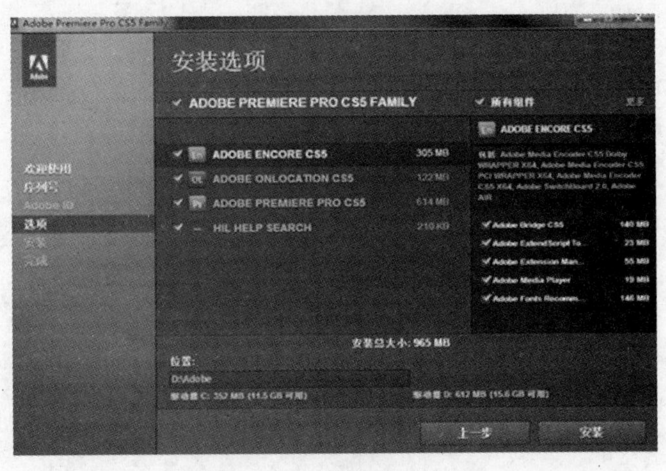

图 4-3　“安装选项”窗口

(6) 在“安装选项”对话框中选择需要安装的 Premiere Pro CS5 相关组件，单击“位置”后面的“浏览”按钮，在弹出的对话框中选择并设置程序的安装位置。

(7) 单击“安装”按钮，开始安装选中的组件，在安装界面中可以看到安装进度，如图 4-4 所示。

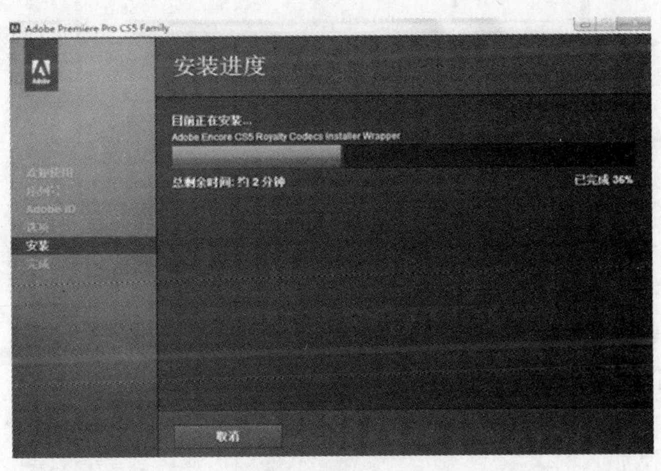

图 4-4　安装进度条

(8) 完成所有的组件安装后，在出现的“谢谢”界面中，单击“完成”按钮，即可完成非线性编辑软件 Premiere Pro CS5 的安装。

2．Premiere Pro CS5 的启动

在 Windows 操作系统中成功的安装了 Premiere Pro CS5 后，就可以使用它来进行影视媒体的后期编辑了，下面介绍 Premiere Pro CS5 的启动。

(1) Premiere Pro CS5 安装完成后，可以单击“开始”按钮，执行“所有程序”| Adobe |“Adobe Premiere Pro CS5 中文版”| Adobe Premiere Pro CS5 命令，或在桌面上双击 Adobe Premiere Pro CS5 快捷图标，启动软件。在启动过程中，弹出“软件初始化”窗口，如图 4-5 所示。

图 4-5　软件初始化

(2) 接下来，进入“欢迎界面”，如图 4-6 所示。

图 4-6　欢迎界面

在欢迎界面中除“新建项目”按钮外，还包括以下几个按钮或选项。

① 打开项目：用于打开一个已有的项目文件。

② 最近使用项目：在它下面会列出最近编辑或打开过的项目文件名，系统默认最多保持 5 个最近使用过的项目。

③ 帮助：用于打开软件本身所带的帮助文件。

在默认状态下，Premiere Pro CS5 可以自动显示用户最近使用过的 5 个项目文件的路径，以名称列表的形式显示在“最近使用项目”一栏中，用户只需单击所要打开的项目文件名，就可以快速打开该项目文件并进行编辑。

(3) 当用户要开始一项新的编辑工作时，需要先单击“新建项目”按钮，建立一个新的项目，弹出“新建项目”对话框，该对话框包括“常规”和“暂存盘”两个选项。

“常规”选项对话框，一般用来设置项目文件的活动与字幕安全区域、视频显示格式、音频显示格式、采集格式、视频渲染与回放、存储位置和名称等内容，如图 4-7 所示。

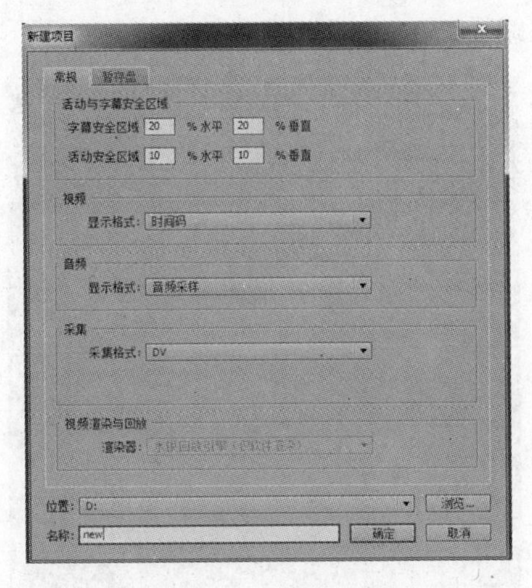

图 4-7　“常规”选项

① 字幕安全区域：用来设置项目字幕显示的安全区域，系统默认为 20%。

② 活动安全区域：用来设置项目活动图像的安全区域，系统默认为 10%。

③ 视频显示格式：用来设置项目视频的显示方式，如图 4-8 所示，共有“时间码”、“英尺+帧 16 毫米”、“英尺+帧 35 毫米”和“帧”4 种方式，系统默认以“时间码”显示。

④ 音频显示格式：用来设置项目的音频显示方式，如图 4-9 所示，共有“音频采样”和“毫秒”两种方式，系统默认以“音频采样”方式显示。

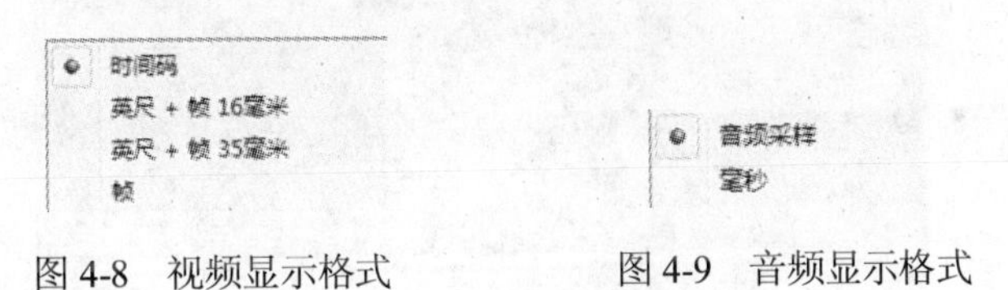

图 4-8　视频显示格式　　　　　　图 4-9　音频显示格式

⑤ 采集格式：用来设置项目采集视频素材的格式，如图 4-10 所示，共有 DV 和 HDV 两种采集方式，系统默认以 DV 格式采集。

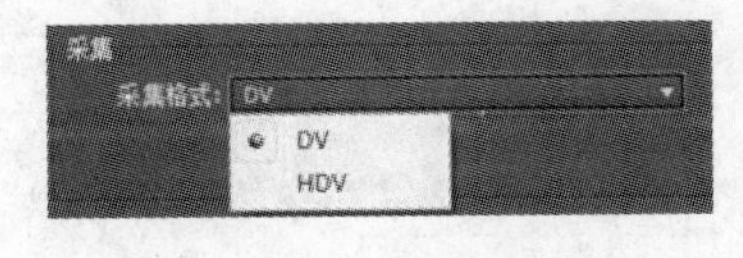

图 4-10　采集格式

⑥ 视频渲染与回放：主要用来设置渲染器参数。如果没有安装非线性编辑板卡，系统默认渲染器为“水银回放引擎(仅软件渲染)”。如果安装有非线性编辑板卡，系统可以选择基于板卡的硬件渲染。

“暂存盘”选项对话框，一般用来设置所采集视频、所采集音频、视频预览和音频预览的存储位置，如图 4-11 所示。系统默认为“与项目相同”，用户也可以依据自己的喜好和非线性编辑的环境差异进行个性化设置，可以选择“文档”或“自定义”，通过单击“浏览”按钮修改自定义存储路径。

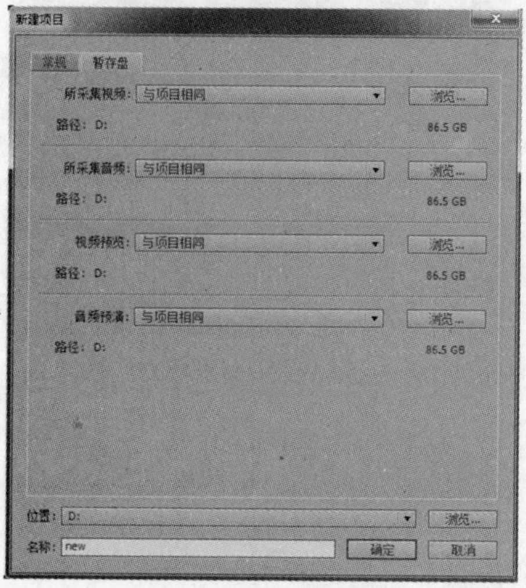

图 4-11 “暂存盘”选项

(4) 单击“位置”栏后面的“浏览”按钮，为项目文件指定储存路径，在“名称”文本框中输入项目文件名称。单击“新建项目”对话框中的“确定”按钮，即可打开“新建序列”对话框，该对话框包括“序列预设”、“常规”和“轨道”3 个选项，系统默认显示“序列预设”选项对话框，如图 4-12 所示。

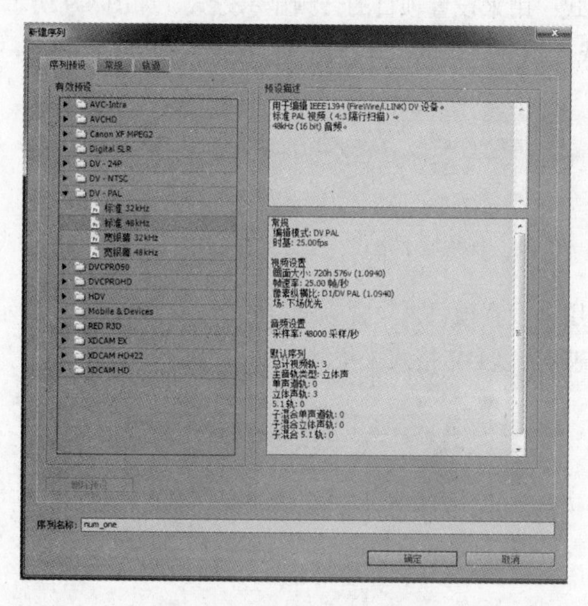

图 4-12 “序列预设”选项

在默认的“序列预设”选项对话框中，Premiere Pro CS5 分门别类地列出了多种序列预设方案。用户在选择某种预设方案后，可在右侧文本框内查看相应的预设方案信息及部分参数的内容。如果 Premiere Pro CS5 提供的预设方案还无法满足用户的需求，用户可以调整“常规”与“轨道”选项对话框内的各种参数，自定义序列配置信息。编辑标清视频时，一般选择“DV-PAL 标准 48kHz”或者“DV-PAL 宽银幕 48kHz”序列预设选项；编辑高清视频时，则依据高清视频的具体参数选择相应的序列预设选项。

在“常规”选项卡中，用户可以对序列所采用的编辑模式、时间基准以及视音频所采用的标准进行调整，如图 4-13 所示。具体参数如下。

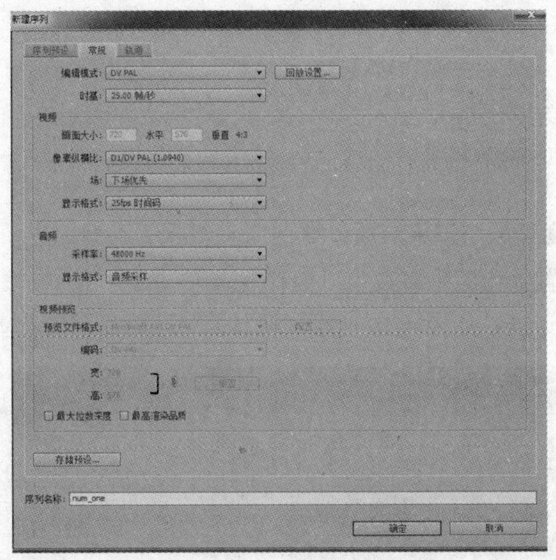

图 4-13　“常规”选项

① 编辑模式：在序列预设方案的基础上设置新的序列配置方案，下拉列表有多种编辑模式可供选择。

② 时基：序列所使用的帧速率标准，一般由编辑模式和目标播出设备规则决定。通常电影使用的帧速率为 24 FPS，NTSC 制式视频的使用帧速率为 29.97 FPS，PAL 制式和 SECAM 制式视频使用的帧速率均为 25 FPS。

③ 视频画面大小：该参数以像素为单位，用来设置视频内容播放窗口的尺寸，即视频画面的分辨率。

④ 视频像素纵横比：该参数用来控制视频输出到监视器上的图像宽高比，下拉列表中根据不同的编辑模式预设显示相应的像素纵横比。

⑤ 视频场：该参数用来设置视频的扫描方式，下拉列表框包括“无场(逐行扫描)”、“上场优先”和“下场优先”共 3 个选项，如图 4-14 所示。“逐行扫描”一般用于在计算机上预演的视频，“下场优先”一般用于在电视机上播放的 PAL 制式视频，“上场优先”一般用于在电视机上播放的 NTSL 制式视频。

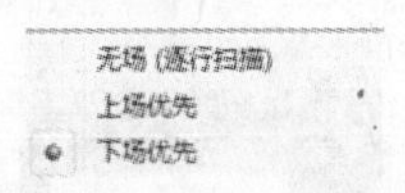

图 4-14　场优先设置

⑥ 视频显示格式：该参数用来设置视频素材在项目编辑时的显示方式，有“时间码”、“英尺+帧 16 毫米”、“英尺+帧 35 毫米”和“帧”4 种方式可供选择。

⑦ 音频采样率：该参数用来设置项目文件中音频的采样频率，下拉列表预置有、32 000Hz、44 100Hz、48 000Hz、88 200Hz 和 96 000Hz 5 种采样频率，如图 4-15 所示。数值越大则音质越好，系统处理时间也越长，需要更大的存储空间。为了追求较好的音质，建议用户将音频采样率设置为 48 000Hz，这样音频可以达到 CD 的立体声效果。

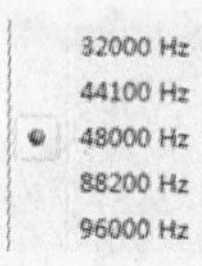

图 4-15　音频采样率

⑧ 最大位数深度和最高渲染品质：这两个参数视为高性能系统设计的，如果要选定使用该参数，需要设置优化渲染参数为“内存”。

“轨道”选项对话框，如图 4-16 所示，具体有以下参数可以调整。

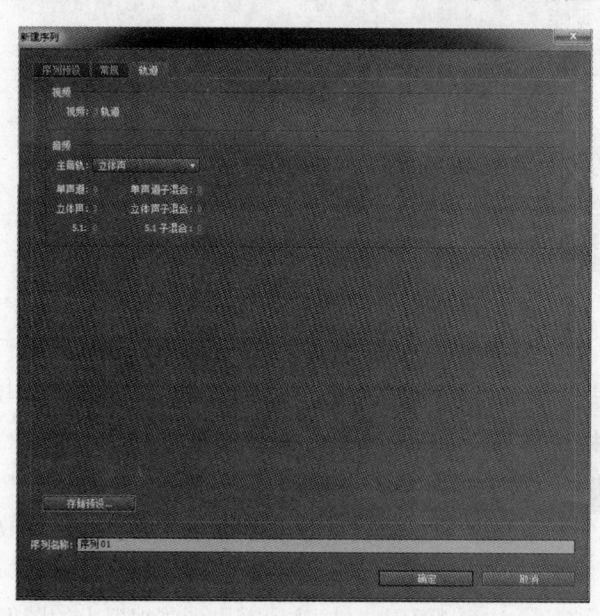

图 4-16　“轨道”选项

① 视频轨道：用户可以依据影视作品的图像复杂程度调整视频轨道的数量，系统默认为 3 个视频轨道。

② 音频轨道：用户可以依据影视作品的音频复杂程度调整音频轨道的数量，如图 4-17 所示。系统默认为 3 个立体声音频轨道，还可以设置为“单声道”、“5.1”和“16 声道”3 种类型。

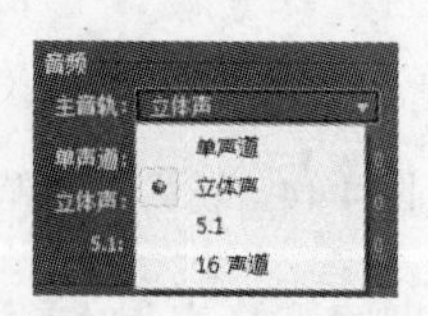

图 4-17　音频轨道

(5) 当用户设置好各项参数后，可以对自己的特殊设置方案进行保存。单击窗口下方的“存储预设”按钮，在弹出的“存储设置”对话框中设置项目预设序列的名称，还可以为项目方案添加描述说明。完成以上操作后，单击“确定”按钮，即可进入 Premiere Pro CS5 的工作界面，如图 4-18 所示。

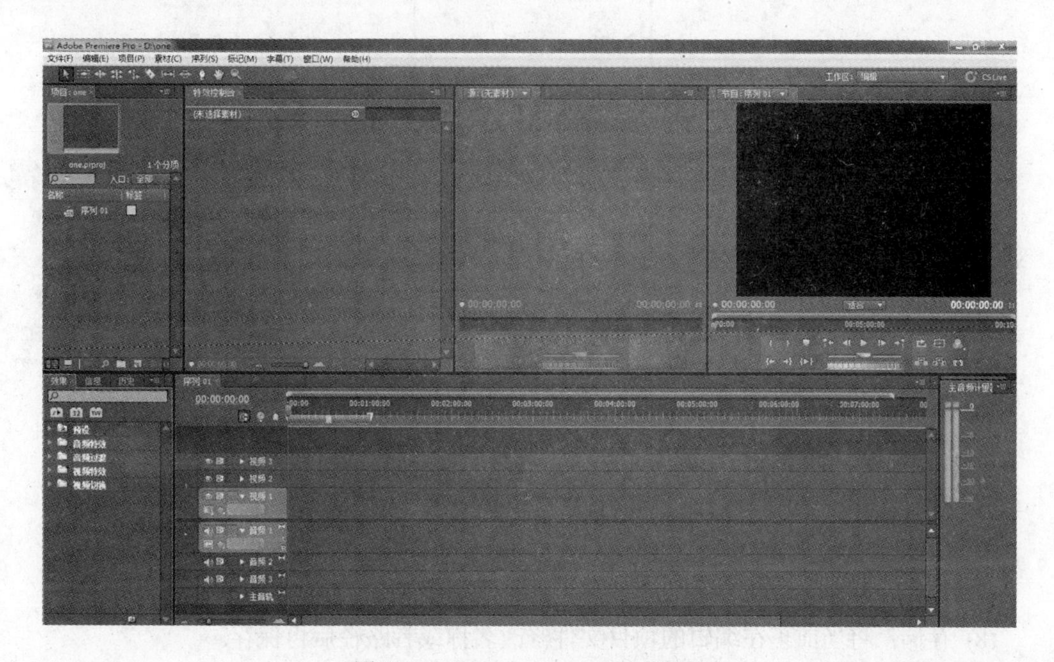

图 4-18　Premiere Pro CS5 工作界面

为了满足不同的工作需要，Premiere Pro CS5 提供了选择元数据记录模式、效果模式、编辑模式、色彩修正模式和音频模式等 5 种工作区布局模式。

4.2　Premiere Pro CS5 菜单结构

要想深入掌握 Premiere Pro CS5 的使用，熟悉该软件的菜单功能十分重要。Premiere Pro CS5 的主菜单共有 9 个，它们分别是文件菜单、编辑菜单、项目菜单、素材菜单、序列菜单、标记菜单、字幕菜单、窗口菜单和帮助菜单。

4.2.1　文件菜单

文件菜单主要包括新建、打开、保持、采集、导入、导出等操作，各子菜单如图 4-19 所示。

(1) 新建：用来创建项目文件或者其他素材文件，其级联菜单包含创建项目、序列、文件夹、脱机文件、字幕、Photoshop 文件、彩条、黑场、彩色蒙版、通用倒计时片头和透明视频 11 个选项。

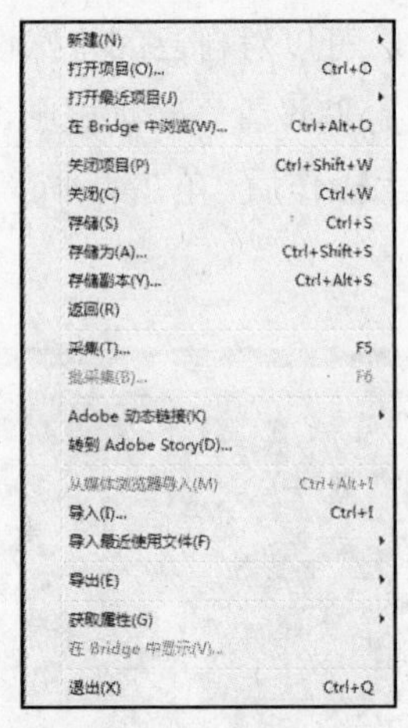

图 4-19　文件菜单

(2) 打开项目：打开已经存在的项目和素材文件。

(3) 打开最近项目：打开最近编辑过的项目文件，系统默认显示 5 个项目文件列表。

(4) 在 Bridge 中浏览：在 Bridge 软件中浏览素材、视频特效、切换特效等。

(5) 关闭项目：关闭当前正在编辑的项目文件，返回软件的新建项目界面。

(6) 关闭：关闭当前操作的项目窗口。

(7) 存储：以原先的文件名保存当前正在编辑的项目或字幕文件。

(8) 存储：将当前正在编辑的项目文件修改名称或者路径后再保存。

(9) 存储副本：将当前正在编辑的项目修改名称后保存一个备份，但不改变当前编辑项目的文件名。

(10) 返回：取消对当前项目所做的修改并恢复到最近保存时的状态。

(11) 采集：利用附加的外部设备来采集视音频素材。

(12) 批采集：同时采集多个视音频素材。

(13) Adobe 动态链接：将当前正在编辑的项目文件、素材导入到其他软件，或者从外部导入、新建 Adobe 其他软件的文档。

(14) 转到 Adobe Story：执行该命令后，软件启动浏览器进入应对 STORY 界面。

(15) 从媒体浏览器导入：从浏览器中导入源素材或项目文件。

(16) 导入：为当前项目导入所需的各种素材文件或整个项目。

(17) 导入最近使用文件：导入最近使用过的各种媒体素材。

(18) 导出：将编辑好的节目进行输出，级联子菜单包含导出媒体、字幕、磁带、EDL、OMF、AAF 和 Final Cut Pro XML 共 7 个选项。

(19) 获取属性：用来获取项目窗口被选中的素材文件或者硬盘上其他素材文件的详细信息，包括文件路径、类型、大小、分辨率、像素深度和纵横比等信息。

(20) 在 Bridge 中显示：使用 Adobe Bridge 预览素材，并查看素材的元数据、关键字等相关信息。

(21) 退出：退出非线性编辑软件 Premiere Pro CS5。

4.2.2　编辑菜单

编辑菜单主要包括撤销、重做、剪切、复制、粘贴、查找、参数设置等基本操作，各子菜单如图 4-20 所示。

图 4-20　编辑菜单

(1) 撤销、重做：用于撤销或者重复执行上一步操作。

(2) 剪切、复制、粘贴：用来对选中的素材进行剪切和复制、对剪贴板中的素材进行粘贴。

(3) 粘贴插入：将复制的素材粘贴到一段整体素材的内容，入点位置为当前编辑点。

(4) 粘贴属性：将素材或素材的属性设定粘贴到时间线窗口指定的编辑位置。

(5) 清除、波纹删除：两者均可以将时间线窗口中选中的素材删除，区别在于删除后前者保留素材原先所占用的位置，而后者不保留素材原先占用的位置。

(6) 副本：复制素材，但复制的素材不占用剪贴板空间。

(7) 全选、取消全选：是一组相互对应的命令，用来选择或者取消选择时间线窗口中的所有素材。

(8) 查找：依据素材的名称、卷标、备注、标记或者出入点信息在项目窗口中查找符合条件的素材文件。

(9) 标签：给指定的标签更换颜色。

(10) 编辑原始资源：用默认的编辑软件编辑选中的素材。

(11) 键盘自定义：对快捷键进行定义，满足用户的个性化需求。

(12) 首选项：设置常规、界面、音频、自动存储、采集、字幕、修整等参数的属性值，后续章节还要详细介绍。

4.2.3　项目菜单

项目菜单命令主要用来操作和管理当前编辑的项目窗口文件，各子菜单如图 4-21 所示。

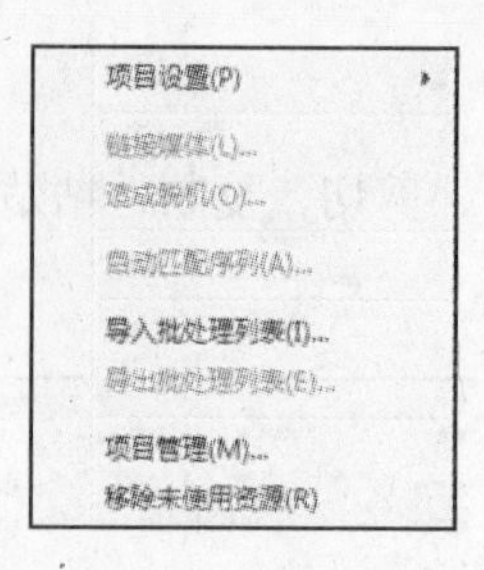

图 4-21　项目菜单

(1) 项目设置：重新设置当前项目的参数，级联子菜单有“常规”和“暂存盘”两个命令选项，具体的参数设置和前面介绍的内容一样。

(2) 链接媒体：将项目窗口中的脱机素材文件与外部的视音频文件进行链接。

(3) 造成脱机：将项目窗口中的文件变成脱机文件，在弹出的“造成脱机”对话框中可以选择“在磁盘上保留媒体文件”或“删除媒体文件”选项。

(4) 自动匹配序列：将项目窗口中选中的文件按照一定的顺序添加到时间线窗口，并在素材与素材之间添加默认的视音频切换特效，实现自动化操作。

(5) 导入批处理列表：同时导入多个项目文件。

(6) 导出批处理列表：同时导出多个项目文件。

(7) 项目管理：通过“项目管理”对话框对素材源、生成项目和项目目标进行参数设置，如图 4-22 所示。

(8) 移除未使用资源：将项目窗口中没有使用过的媒体素材移除。

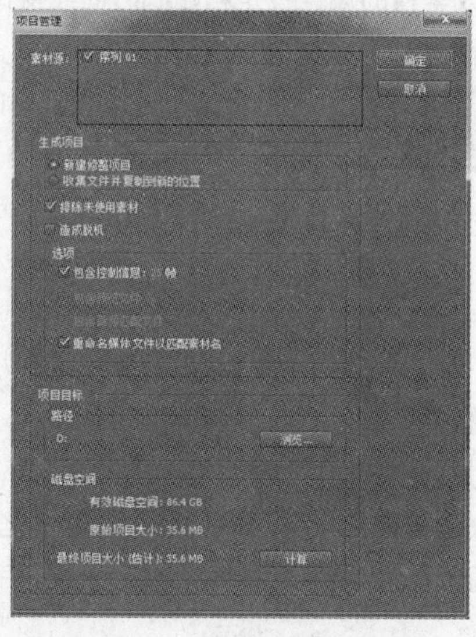

图 4-22　“项目管理”对话框

4.2.4　素材菜单

素材菜单命令用于对素材进行相关的编辑操作，各子菜单如图 4-23 所示。

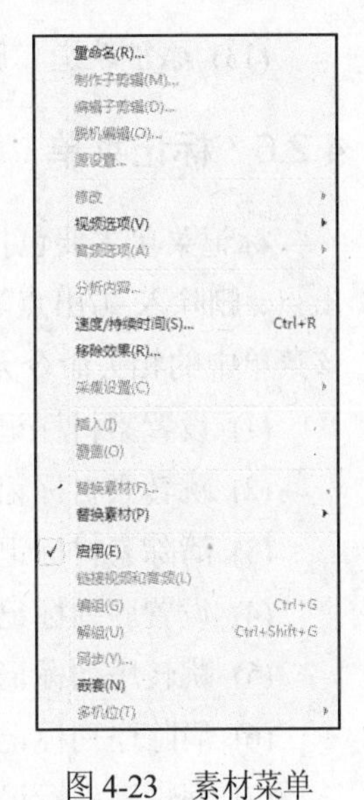

图 4-23　素材菜单

(1) 重命名：对选中的素材进行重命名。

(2) 修改：对素材的音频声道、解释素材和时间码属性进行修改。

(3) 视频选项：设置视频素材相关参数的属性值。

(4) 音频选项：设置音频素材相关参数的属性值。

(5) 速度/持续时间：设置素材的播放速度和持续时间，还有相关的选项可以选择。

(6) 移除效果：移除选中的素材上添加的所有效果。

(7) 采集设置：对外部采集的设备及素材进行设置。

(8) 插入：将源素材窗口中选定的素材以插入方式添加到时间线窗口。

(9) 覆盖：将源素材窗口中选定的素材以覆盖方式添加到时间线窗口。

(10) 链接视频和音频：将选定的视频素材和音频素材进行链接。

(11) 编组、解组：将选定的多个素材组成一个完整的素材组，不需要的时候再把它们分成各自独立素材。

4.2.5　序列菜单

序列菜单命令主要用于对时间线窗口中序列进行编辑，各子菜单如图 4-24 所示。

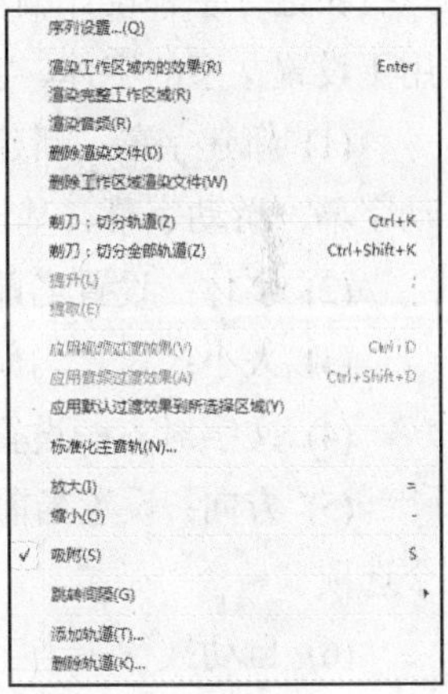

图 4-24　序列菜单

(1) 序列设置：重新设置当前序列的参数。

(2) 渲染工作区域内的效果：渲染和生成工作区域内的视音频效果。

(3) 渲染完整工作区域：渲染和生成整个工作区域内的所有素材及效果。

(4) 删除渲染文件：删除刚渲染过的临时文件，以节省内存和磁盘空间。

(5) 删除工作区域渲染文件：删除所有渲染过的文件，以节省内存和磁盘空间。

(6) 剃刀：包括“切分轨道”和“切分全部轨道”两个菜单选项，在操作位置分割时间线窗口中的素材。

(7) 提升：删除时间线窗口轨道中选定的素材片段，但保留片段原先占用的位置。

(8) 提取：删除时间线窗口轨道中选定的素材片段，不保留片段原先占用的位置。

(9) 应用视频过渡效果：对选定的视频素材添加默认的视频切换特效。

(10) 应用音频过渡效果：对选定的音频素材添加默认的音频切换特效。

(11) 放大和缩小：增加或减小时间线窗口的时间间隔，以缩小或增大素材的显示范围。

(12) 吸附：鼠标或新素材自动对齐到素材边缘。

(13) 添加轨道、删除轨道：增加或删除时间线窗口中的视音频轨道。

4.2.6　标记菜单

标记菜单主要包括设置素材标记、设置片段标记、移动到入点/出点、删除入点/出点等编辑标记的命令。在没有编辑时间线内容时，该菜单中的相关命令无法可用，如图 4-25 所示。

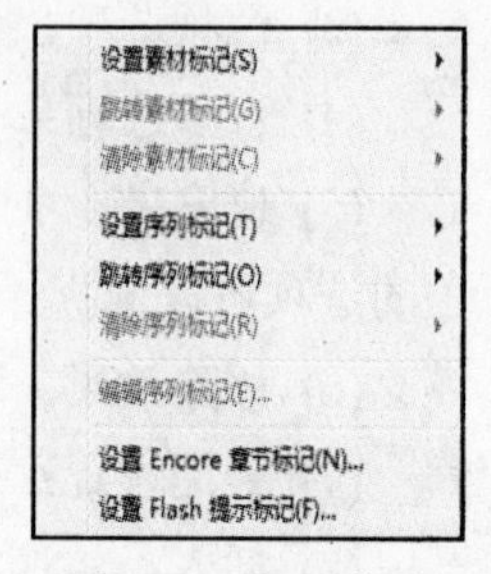

图 4-25　标记菜单

(1) 设置素材标记：在素材上设定标记。

(2) 跳转素材标记：定位到素材上的标记点。

(3) 清除素材标记：清除素材上的标记点。

(4) 设置序列标记：在时间线上设定时间标记。

(5) 跳转序列标记：定位到时间线上的标记点。

(6) 清除序列标记：清除时间线上的标记点。

(7) 编辑序列标记：对时间线上的标记点进行编辑。

(8) 设置 Encore 章节标记：用于设置 DVD 编码时的章节提示。

(9) 设置 Flash 提示标记：用于设置 Flash 交互式事件或导航的提示标志。

4.2.7　字幕菜单

在未开启字幕设计的编辑窗口时，字幕菜单为不可用状态；只有在进行字幕设计编辑时，该菜单中的命令才可用。该菜单主要用于设置文字的字体、字号、位置等属性，子菜单如图 4-26 所示。

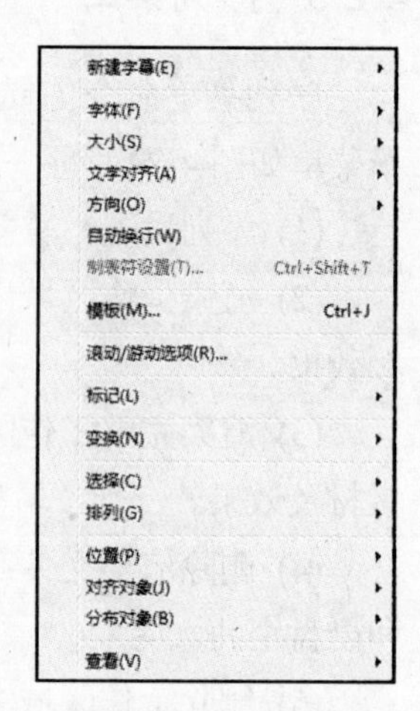

图 4-26　字幕菜单

(1) 新建字幕：新建字幕文件，级联菜单有新建静态字幕、滚动字幕、游动字幕、基于当前字幕和基于模板字幕等选项。

(2) 字体：设置当前编辑文字的字体。

(3) 大小：设置当前编辑文字的字号。

(4) 文字对齐：设置当前编辑文字的对齐方式。

(5) 方向：设置当前编辑文字的排列方向，包括水平和垂直两个选项。

(6) 自动换行：当字幕设置的宽度容纳不了所包含的文字时，文字自动换行。

(7) 制表符设置：用来控制文本的定位与对齐。

(8) 模板：预先设定的模板。

(9) 滚动/游动选项：设定标题移动方式。

(10) 标记：插入图像并进行编辑。

(11) 变换：设置标题的位置、比例、旋转和透明等属性变化。

(12) 选择：设置标题处于时间线窗口选择的对象上面还是下面。

(13) 排列：对多个对象进行排列。

(14) 对齐对象：设置对象相对于画面的左方、中间、还是右方。

(15) 分布对象：设置多个对象的分布方式。

(16) 查看：设定标题窗口中安全区域的对应选项。

4.2.8　窗口菜单

窗口菜单的各子菜单如图 4-27 所示，用来管理工作区域的各个窗口和面板。它主要包括工作区窗口、项目窗口、时间线窗口和信息面板、历史面板、监视器面板、特效控制台面板、调音台面板。选定某一菜单选项，对应的窗口或面板会在 Premiere Pro CS5 的工作界面中显示出来。依据用户编辑工作的需要，用户可以灵活地使用窗口菜单命令调整界面布局。

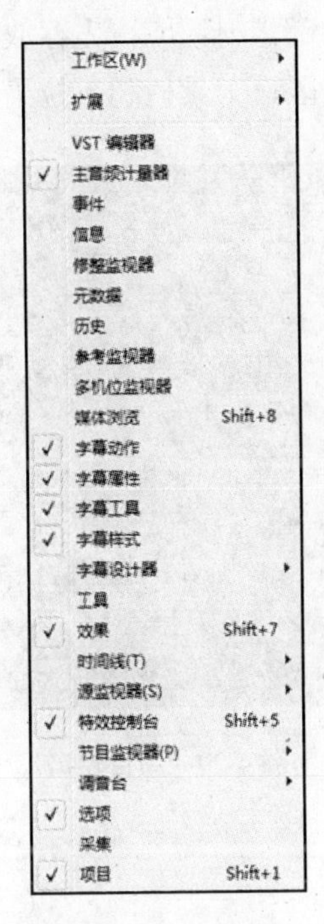

图 4-27　窗口菜单

4.2.9　帮助菜单

通过帮助菜单，用户可以打开软件的帮助系统，获得需要的帮助信息，如图 4-28 所示。

图 4-28　帮助菜单

4.3　Premiere Pro CS5 工作窗口

通过前面的学习，用户对 Premiere Pro CS5 的菜单有了初步的认识。下面将对 Premiere Pro CS5 的工作窗口做进一步的介绍。Premiere Pro CS5 的工作窗口主要有 3 个，即项目窗口、监视器窗口和时间线窗口。

4.3.1　项目窗口

项目窗口，又称为素材窗口，如图 4-29 所示，主要用于导入、存放、新建和管理源素材片段。编辑影视作品所用到的全部素材，应事先存放到项目窗口里，然后再调出使用。项目窗口主要由素材预览区、素材区、工具栏和下拉菜单 4 部分组成。

图 4-29　项目窗口

1. 预览区

项目窗口的上部分是预览区，如图 4-30 所示。预览区用来显示素材区选中的素材片段，的详细信息，如缩略图、名称、视频格式、持续时间、音频采样和使用次数等。通过素材预览区左侧的“播放/停止切换”(▶)按钮，可以预览该素材的内容。当播放到该素材有代表性的画面时，按下播放按钮上方的“标识帧”按钮，便可将该画面作为该素材缩略图，便于用户识别和查找。此外，还有“查找”和“入口”两个用于查找素材区中某一素材的工具。

图 4-30　预览区

2. 素材区

素材区位于项目窗口中间部分，主要用于排列当前编辑的项目文件中的所有素材，可以显示包括素材类别图标、素材名称、格式在内的相关信息。默认显示方式是列表方式，如图 4-31 所示。如果单击项目窗口下部的工具条中的“图标视图”按钮，素材将以缩略图方式显示，如图 4-32 所示。再单击工具栏中的“列表视图”按钮，就可以切换到列表方式显示。

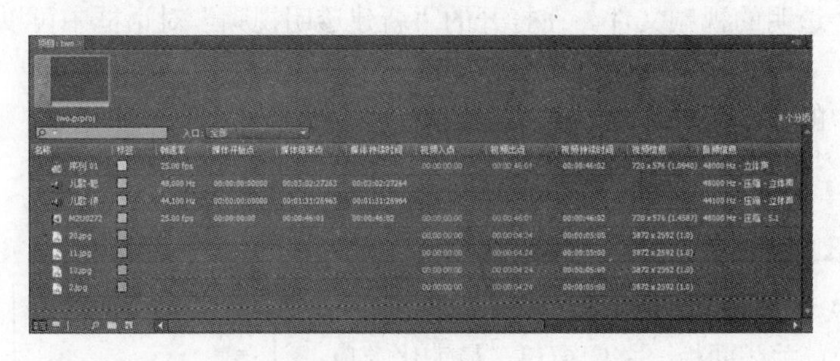

图 4-31 列表视图

图 4-32 图标视图

3. 工具栏

工具栏是项目窗口中快速实现相关命令的地方，处在项目窗口的最下方。它由 7 个功能按钮组成，如图 4-33 所示。这些按钮的作用与扩展菜单中的命令操作相同，但工具栏的存在为实际的编辑操作提供了方便。

图 4-33 工具栏面板

它们依次如下。

(1) 列表：以列表样式显示素材列表。

(2) 图标：以图标样式显示素材列表。

(3) 自动适配时间线：将加入素材放置到时间线窗口的编辑片段中。

(4) 查找：用于查找指定素材。

(5) 文件夹：用于新建素材文件夹。

(6) 新建分项：用于新建素材。单击“新建分项”按钮，弹出如图 4-34 所示的“新建分项”菜单，选择其中的命令可以建立多种类型的内部素材，将这些素材与导入的视频/音频素材综合编辑在一起，能表现出丰富多彩的画面效果。

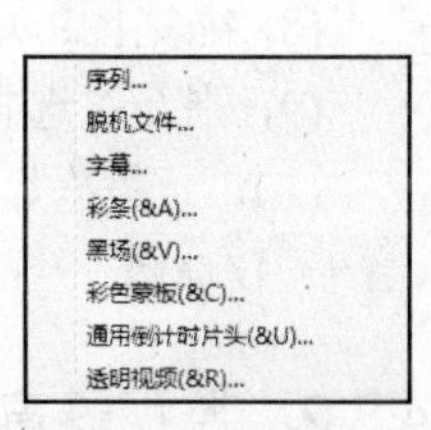

图 4-34 新建分项

① 序列：用于建立新的编辑片段。可以实现时间线窗口中与原有片段间的切换编辑，极大地提高编辑效率。单击序列命令后弹出“新建序列”对话框。新建的序列以标签的形式显示在时间线窗口，单击对应的标签，即可切换到该序列进行编辑。

② 脱机文件：用于建立一个链接性质的文件。使用该命令，可以找回或代替项目中丢失的素材文件。此命令与“项目”|“链接媒体”命令的作用相同，可以使影片项目与一个新的素材文件建立链接，从而导入该素材。

③ 字幕：选择该命令可以打开“字幕设计”窗口，建立新的标题字幕文件。

④ 彩条：用于创建一段伴有一定音调的彩色素材。

⑤ 黑场：用于创建一段黑屏画面素材。

⑥ 彩色蒙板：选择该命令可以建立一个新的色彩背景素材，通常用于制作透明叠加效果。可以在打开的“选取颜色”的色彩拾取器中，选取需要的颜色。

⑦ 通用倒计时片头：新建一个倒计时的视频素材。

⑧ 透明视频：新建一个透明的视频文件。在打开的“新建透明视频”对话框中可以设置视频的相关参数。

(7) 清除：用于删除选中的项目素材片段。

4．下拉菜单

单击窗口右上方的按钮，可以打开项目窗口的扩展菜单，如图4-35所示。

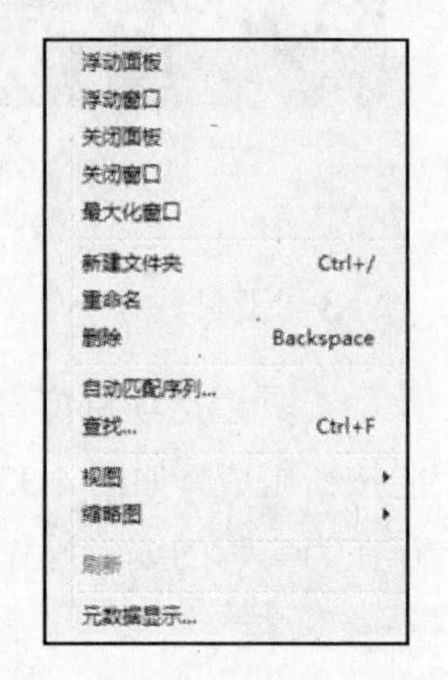

图 4-35　下拉菜单

(1) 浮动面板、浮动窗口、关闭面板、关闭窗口、最大化窗口：这5个菜单命令主要作用是控制以何种方式显示项目窗口，或关闭项目窗口显示。

(2) 新建文件夹：建立一个新的文件夹，可以存放项目文件、时间线序列、素材等。

(3) 重命名：可对导入的素材片段进行重命名，便于在项目中快速、准确地查看需要的内容，但不会改变素材在计算机中实际的名称。

(4) 删除：在项目窗口中删除导入的素材，不会影响到素材在计算机中的实际存储状况。

(5) 自动匹配序列：将选中的素材自动加入到时间线窗口的编辑片段中。在弹出的“自动匹配到序列”对话框中，可以对素材加入的相关项进行设置，如排列方式、插入位置、插入方式等。

(6) 查找：按照文件名、注解或入点/出点在项目窗口中寻找素材。

(7) 视图：改变素材列表框的显示样式，控制预览区的显示/隐藏。

(8) 缩略图：用于改变素材缩略图图标的显示大小或关闭显示。

(9) 刷新：选择该命令，可以在列表样式下，更新要显示的素材属性。

(10) 元数据显示：选择该命令，可以在打开的“元数据显示”对话框中添加和排列显示的素材属性。

4.3.2　监视器窗口

监视器窗口分左右两个视窗(监视器)，如图4-36所示。左边是“素材源”监视器，主要用来预览或裁剪项目窗口中选中的某一原始素材。右边是“节目”监视器，主要用来预览时间线窗口序列中已经编辑的素材，也是最终输出视频效果的预览窗口。

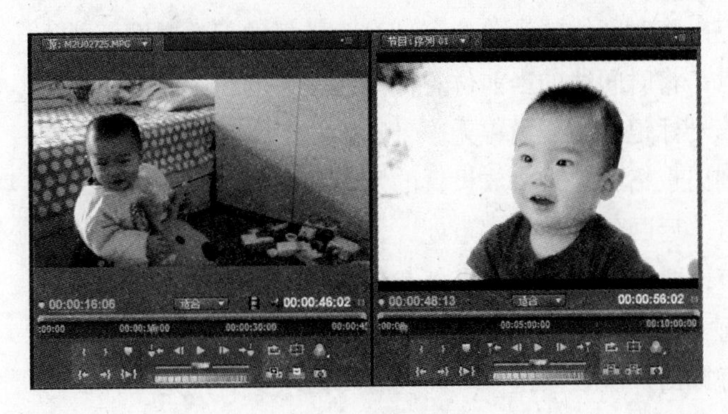

图 4-36 监视器窗口

1. 素材源窗口

素材源窗口，如图 4-37 所示，主要用来播放和预览源素材，并可以对源素材进行初步的编辑操作。素材源窗口在初始状态下是不显示画面的，如果想在该窗口中显示画面，可以直接将项目窗口中的素材片段拖拽到素材源窗口中，也可以双击项目窗口中选定的素材片段，或者双击已加入到时间线窗口中的素材，3 种操作方法均可在素材源窗口中显示该素材。但是，素材源窗口每次只能显示一个单独的素材，可以通过该窗口左上方的下拉菜单来选择并切换要显示的素材片段。

图 4-37 素材源窗口

素材源窗口的上部分用来显示素材片段的名称。单击右上角的“下三角”按钮，会弹出快捷菜单，包括关于素材窗口的所有设置，用户可以根据项目的不同要求以及编辑的需求对素材源窗口进行模式切换。

素材源窗口中间部分是监视器，主要用来显示素材片段的内容，既可以是视频图像，也可以是音频波形。

素材源窗口的下方分别是素材时间编辑滑块位置时间码、窗口比例选择、素材总长度时间码显示，下边是时间标尺、时间标尺缩放器及时间编辑滑块。

素材源窗口的底部是控制功能面板，如图 4-38 所示。具体的功能如下。

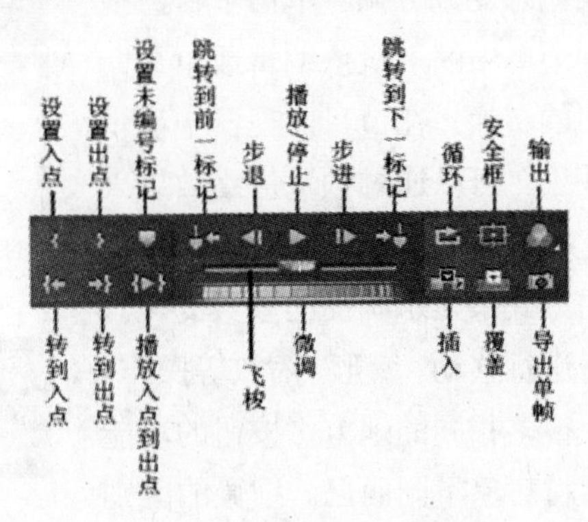

图 4-38 控制功能面板

(1) 设置入点：将时间线的当前位置标注为素材的起始时间。

(2) 设置出点：将时间线的当前位置标注为素材的结束时间。

(3) 设置未编号标记：用于设置无序号的标记点。

(4) 从入点到出点播放：只播放设置的入点和出点之间的内容。

(5) 转到入点：返回到素材的入点处。

(6) 转到出点：跳转到素材的出点处。

(7) 跳转到前一标记：将时间线编辑滑块位置跳转到上一个标记点。

(8) 步退：每单击一次该按钮，时间线编辑滑块位置倒退一帧。

(9) 播放/停止：用于控制素材片段的播放/停止。

(10) 步进：每单击一次该按钮，时间线编辑滑块位置前进一帧。

(11) 跳转到下一标记：将时间线编辑滑块位置跳转到下一个标记点。

(12) 飞梭：用来快速控制素材片段向前或向后移动。

(13) 微调：用来以逐帧方式控制素材片段向前或向后移动。

(14) 循环：用于循环播放素材。

(15) 安全框：显示屏幕的安全区域。

(16) 输出：设置素材片段的显示模式。

(17) 插入：将素材来源窗口中的素材插入到时间线所指的位置，插入点右边的素材都会向后推移。如果插入位置在一个完整的素材上，则插入的新素材会把原有的素材分为两段。

(18) 覆盖：将素材来源窗口中的素材插入到时间线所指的位置，插入点右边的素材会被部分或全部覆盖掉。如果插入位置在一个完整的素材上，则插入的新素材会将插入点右边的原有素材覆盖。

(19) 导出单帧：单击此按钮弹出“导出单帧”对话框，将时间线编辑滑块位置的当前画面输出为单帧图像文件。

2. 节目窗口

节目窗口，如图 4-39 所示，用来预览时间线窗口的序列素材片段，为其设置标记或指定入点和出点以确定添加或删除的部分帧。单击节目监视器窗口右上角的按钮，通过菜单中的多机位编辑或单显命令选项可以实现显示模式间的转换。在节目监视器中显示的是视音频编辑合成后的效果，可以通过预览最终效果来估计编辑的质量，以便于进行必要的调整和修改，节目监视器还可以用多种波形图的方式来显示画面的参数变化。在节目监视器窗口中对素材进行移动、变形、缩放等操作。节目窗口与素材源窗口存在很多相同的地方，按钮的功能都一样，只不过是显示的素材对象不同而已。细微的区别在于，素材源窗口中的“插入”和“覆盖”两个功能按钮，

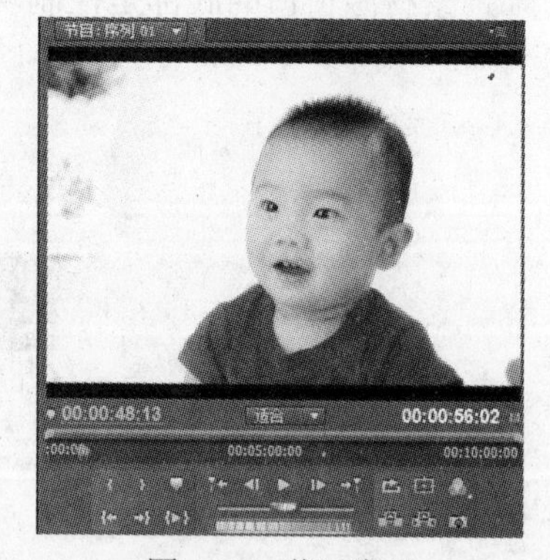

图 4-39　节目窗口

在节目窗口中为“提升”和“提取”两个功能按钮。

(1) 提升：将在节目预览窗口中标注的素材从时间线窗口中清除，其他素材位置不变。

(2) 提取：将在节目预览窗口中标注的素材从时间线窗口中清除，后面素材依次前移。

4.3.3　时间线窗口

时间线窗口是 Premiere Pro CS5 的编辑窗口，如图 4-40 所示。大部分的视音频编辑工作都在时间线窗口进行的，该窗口以轨道的方式组合素材片段，是按时间序列排列和编辑素材片段的阵地。用户将素材片段按照播放时间的先后顺序及合成的先后层顺序在时间线上从左至右、由上及下排列在各自的轨道上，可以使用各种编辑工具对这些素材进行剪辑、叠加、设置动画关键帧和合成效果等编辑操作。在时间线窗口中还可以使用多重嵌套，这对于制作影视长片或者复杂特效是非常有用的。时间线窗口分为上下两个区域，上方为时间显示区，下方为轨道区。

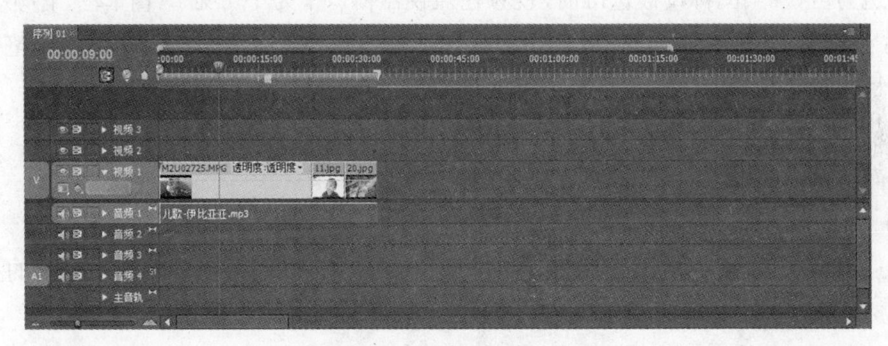

图 4-40　时间线窗口

1. 时间显示区

时间显示区域是时间线窗口工作的基准，如图 4-41 所示，承担着指示时间的任务。它包括时间标尺、时间编辑线滑块及工作区域。左上方的时间码显示的是时间编辑线滑块所处的位置。单击时间码，可以输入时间，使时间编辑线滑块自动停到指定的时间位置。也可以在时间栏中按住鼠标左键并水平拖动鼠标来改变时间，确定时间编辑线滑块的位置。

时间码下方有“吸附”图标按钮(默认被激活)，在时间线窗口轨道中移动素材片段的时候，可使素材片段边缘自动吸引对齐。此外，还有“设置 Encore 章节标记”和“设置未编号标记”图标按钮。

时间标尺用于显示序列的时间，其时间单位以项目设置中的时基设置(一般为时间码)为准。时间标尺上的编辑线用于定义序列的时间，拖动时间线滑块可以在节目监视器窗口中浏览影片内容。时间标尺上方的标尺缩放条工具和窗口下方的缩放滑块工具效果相同，都可以控制标尺精度，改变时间单位。标尺下是工作区控制条，它确定了序列的工作区域，在预演和渲染影片的时候，一般都要指定工作区域，控制影片输出范围。

图 4-41　时间显示区

2. 轨道区

轨道是用来放置和编辑视频、音频素材的地方。用户可以对现有的轨道进行添加和删除操作，还可以将它们任意的锁定、隐藏、扩展和收缩。轨道区左侧是轨道控制面板，里面的按钮可以对轨道进行相关的控制设置。它们分别是："切换轨道输出"按钮、"切换同步锁定"按钮、"设置显示样式(及下拉菜单)"和"显示关键帧(及下拉菜单)" 选择按钮，还有"到前一关键帧"和"到后一关键帧"按钮。轨道区右侧上半部分是3条视频轨道，下半部分是3条音频轨。在轨道上可以放置视频、音频等素材片段。在轨道的空白处右击，在弹出的菜单中可以执行"添加轨道"、"删除轨道"命令来实现轨道的增减。

(1) 视频轨道按钮

视频轨道按钮，如图4-42所示，主要有以下功能按钮。

图4-42　视频轨道按钮

① 切换轨道输出：设置视频轨道的可视性，当图标为选中时，视频轨道为可视；当图标没被选准时，视频在监视器窗口中为不可见。

② 同步锁定开关：该按钮允许用户在处理相关联的视音频素材时，单独调整视频或音频素材在时间线上的位置，而无须解除两者之间的关联属性。

③ 轨道锁定开关：该按钮的功能是锁定相应轨道上的素材及其他各项设置，以免因误操作而破坏已编辑好的素材。

④ 折叠/展开轨道：可以隐藏或展开视频轨道工具栏。

⑤ 设置显示样式：单击该按钮，弹出下拉列表，可以根据需要对轨道素材的显示方式进行选择，共有以下4种显示方式。

- 显示头和尾：在时间线窗口中只显示素材的头帧和尾帧图像。
- 仅显示头部：在时间线窗口中只显示素材的第一帧图像，这是默认的显示方式。
- 显示帧：在时间线窗口中显示素材的每一帧图像。
- 仅显示名称：在时间线窗口中只显示素材名称。

⑥ 设置关键帧显示样式：单击该按钮，弹出下拉列表，可以根据需要对轨道素材关键帧的显示方式进行选择，共有以下3种显示方式。

- 隐藏关键帧：隐藏轨道中对素材设置的关键帧。
- 显示透明度控制：选择该选项，在轨道中的素材上只显示透明度的关键帧，并可以对关键帧进行设置。
- 显示关键帧：在关键帧上右击，在弹出的快捷菜单中提供了多种关键帧的设置方式，用来控制关键帧之间的联系和变化。

⑦ 转到下一关键帧：将编辑标识线定位在被选素材轨道上的下一个关键帧上。

⑧ 添加一移除关键帧：对轨道上的素材进行添加或删除关键帧的设置。

⑨ 转到前一关键帧：将编辑标识线定位在被选素材轨道上的上一个关键帧上。

(2) 音频轨道按钮

音频轨道按钮，如图4-43所示，主要有以下功能。

图 4-43　音频轨道按钮

① 切换轨道输出：设置音频轨道的可视性，当图标为选中时，音频轨道的声音为可听的；当图标没被选准时，音频在为不可听的。

② 同步锁定开关：该按钮允许用户在处理相关联的视音频素材时，单独调整视频或音频素材在时间线上的位置，而无须解除两者之间的关联属性。

③ 轨道锁定开关：该按钮的功能是锁定相应轨道上的素材及其他各项设置，以免因误操作而破坏已编辑好的素材。

④ 折叠/展开轨道：可以隐藏或展开音频轨道工具栏。

⑤ 设置显示样式：单击该按钮，弹出下拉列表，可以根据需要对音频轨道素材的显示方式进行以下选择。

- 显示波形：音频轨道的声音呈波形显示，是默认的显示方式。
- 仅显示名称：在音频轨道上只显示音频素材的名称。

⑥ 显示关键帧：单击该按钮，弹出下拉列表，可以对声音的关键帧和音量显示进行设置。

- 显示素材关键帧：在音频轨道中显示素材的关键帧，并可以设置关键帧。
- 显示素材音量：在音频轨道中只显示素材的音量，并可以调节关键帧。
- 显示轨道关键帧：可以对音频轨道设置关键帧。
- 显示轨道音量：可以对音频轨道的音量进行调节。
- 隐藏关键帧：将音频轨道中的关键帧进行隐藏。

⑦ 转到下一关键帧：将编辑标识线定位在被选音频素材轨道上的下一个关键帧上。

⑧ 添加一移除关键帧：在编辑标识线的位置。对音频素材进行添加或删除关键帧的设置。

⑨ 转到前一关键帧：将编辑标识线定位在被选音频素材轨道上的上一个关键帧上。

4.4　Premiere Pro CS5 功能面板

Premiere Pro CS5 的工作面板主要有工具面板、特效面板、特效控制面板、调音台面板、历史面板和信息面板等。

4.4.1　工具面板

Premiere Pro CS5 的工具面板包含了一些进行视频编辑操作时常用的工具，它是一个独立的活动窗口，单独显示在工作界面上，如图 4-44 所示。工具栏中各个工具按钮从左至右，功能对应如下。

图 4-44　工具面板

(1) 选择工具：该工具用于对素材进行选择、移动，并可以调节素材关键帧、为素材设置入点和出点。

(2) 轨道选择工具：使用该工具可以选择某一轨道上的所有素材。

(3) 波纹编辑工具：使用该工具可以拖动素材的出点以改变素材的长度，而相邻素材的长度不变，项目片段的总长度改变。

(4) 滚动编辑工具：使用该工具在需要剪辑的素材边缘拖动，可以将增加到该素材的帧数从相邻的素材中减去，也就是说项目片段的总长度不发生改变。

(5) 比例伸展工具：使用该工具可以调整素材的速度，以改变素材长度。

(6) 剃刀工具：该工具用于分割素材。选择剃刀工具后单击素材，会将素材分为两段，产生新的入点和出点。

(7) 错落工具：该工具用于改变一段素材的入点和出点，保持其总长度不变，并且不影响相邻的其他素材。

(8) 滑动工具：使用该工具可以保持要剪辑素材的入点与出点不变，通过相邻素材入点和出点的变化，改变其在时间线窗口中的位置，项目片段时间长度不变。

(9) 钢笔工具：该工具主要用来设置素材的关键帧。

(10) 抓取工具：该工具用于改变时间线窗口的可视区域，有助于编辑一些较长的素材。

(11) 缩放工具：该工具用来调整时间轴窗口显示的单位比例。按下 Alt 键，可以在放大和缩小模式间进行切换。

4.4.2　效果面板

效果面板，如图 4-45 所示，该面板集合了 Premiere Pro CS5 的音频特效、音频过渡、视频特效和视频切换效果，以及预置的效果。用户可以很方便地为时间线窗口中的各种素材添加特效。单击面板下方的“新建自定义文件夹”按钮，可以新建文件夹，用户可将常用的特效放置在新建的文件夹中，便于在制作中使用。当用户想使用某一特效时，直接在“效果”窗口上方的文本框中输入特效名称，即可找到所需的特效。如果用户安装了第三方特效插件，也会出现在该面板相应类别的文件夹下。

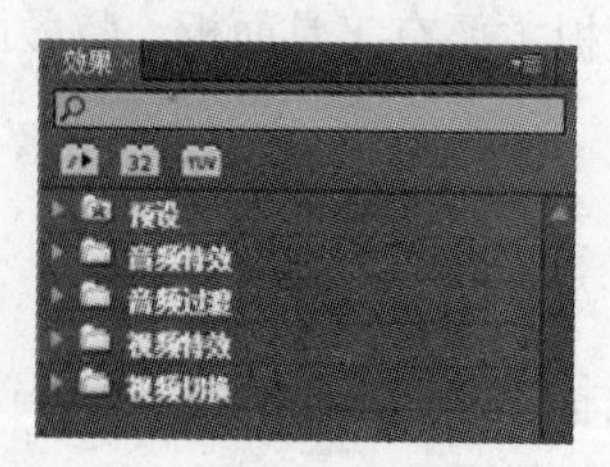

图 4-45　效果面板

4.4.3　特效控制台面板

特效控制台面板，如图 4-46 所示，用于设置添加到素材片段上的特效。默认状态下，特效控制台显示运动、透明度和时间重置 3 个基本属性。在添加了视音频切换特效、视音频特效后，该面板会显示对应的特效名称，用户可以对特效参数进行优化设置。

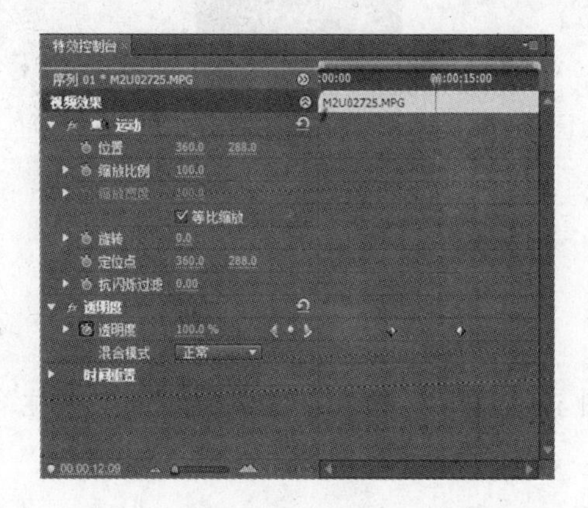

图 4-46　特效控制台面板

4.4.4　调音台面板

调音台面板，如图 4-47 所示，主要用于完成对音频素材各种加工和处理工作，如混合音频轨道、调整各声道音量平衡或录音等，还可以实现混合多个音频、调整增益等多种针对音频的编辑操作。

图 4-47　调音台面板

4.4.5　信息面板

信息面板，如图 4-48 所示，用于显示在项目窗口中所选中素材的相关信息，包括素材名称、类型、大小、开始及结束点等信息。

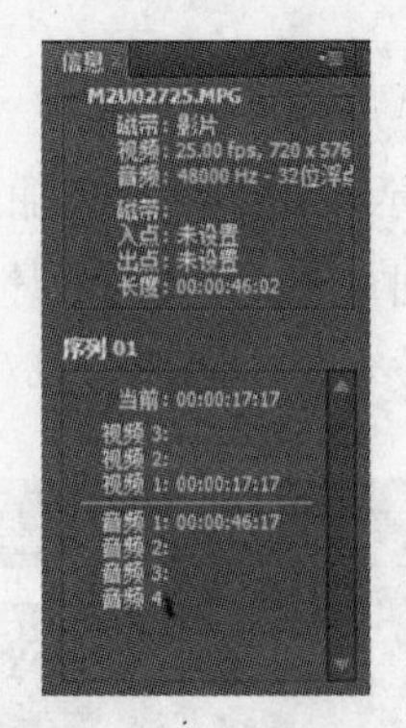

图 4-48　信息面板

4.4.6　媒体浏览面板

媒体浏览面板，如图 4-49 所示，用来查找或浏览用户非线性编辑系统中各个磁盘分区上存储的文件。

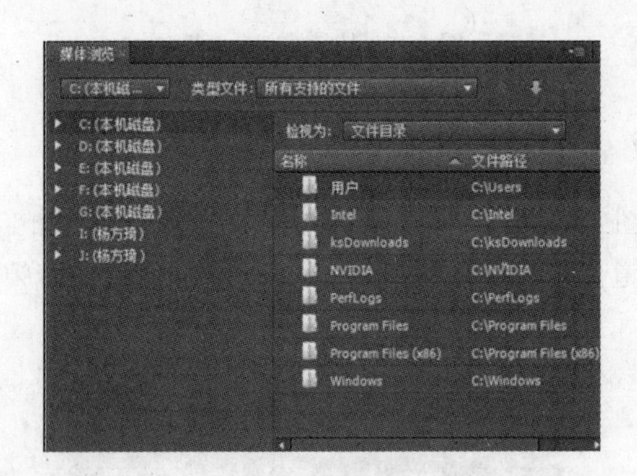

图 4-49　媒体浏览面板

4.4.7　主音频计量器面板

主音频计量器面板，如图 4-50 所示，用来显示混合声道输出音量大小。当音量超出了安全范围时，在柱状顶端会显示红色警告，用户可以及时调整音频的增益，以免损伤音频设备。

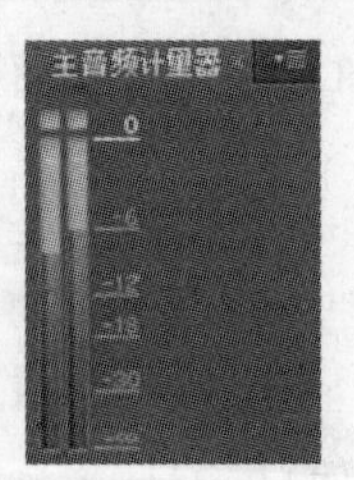

图 4-50　主音频计量器面板

4.5　影视媒体编辑制作流程

用非线性编辑软件 Premiere Pro CS5 制作影视媒体作品，一般需要这样几个步骤：首先创建一个“项目文件”，再对拍摄的素材进行采集，存入非线性编辑计算机，然后再将素材导入到项目窗口中，通过剪辑并在时间线窗口中进行装配、组接素材，还要为素材添加特技、字幕，再配好解说、添加音乐、音效，最后把所有编辑(装配)好的素材合成影片，导出文件(输出)。这个过程就是影视媒体作品的制作流程。

4.5.1　创建项目

创建项目是编辑制作影视媒体作品的第一步，用户应该按照影视媒体作品的制作需求，配置好项目设置，以保证后期编辑工作顺利进行。

(1) 启动非线性编辑软件 Premiere Pro CS5。打开机箱电源，进入 Windows 7 操作系统。单击“所有程序”｜Adobe｜“Adobe Premiere Pro CS5 中文版”｜Adobe Premiere Pro CS5 图标，在弹出的“欢迎”对话框中单击“新建项目”，弹出“新建项目”对话框。

(2) 项目参数设置。在“常规”窗口中的“视频”栏里的“显示格式”设置为“时间码”，“音频”栏里的“显示格式”设置为“音频采样”，“采集”栏里的“采集格式”设置为 DV。在“位置”栏里，设置项目保存的盘符(如 D：\)和文件夹名，在“名称”栏里输入制作的影视媒体作品的片名。在“暂存盘”界面中，保持默认状态。单击“确定”按钮后，弹出“新建序列”对话框。

(3) 序列参数设置。在“序列预设”窗口的“有效预设”项目组里，单击 DV-PAL 文件夹前的小三角辗转按钮，选择“标准 48kHz”(如果制作宽屏影视媒体作品，则选择“宽银幕 48kHz”)，在“常规”窗口和“轨道”窗口里为默认状态，最后在“序列名称”输入序列名称。单击“确定”按钮后，就进入到非线性编辑软件 Premiere Pro CS5 的工作界面。

4.5.2　采集素材

用非线性编辑软件 Premiere Pro CS5 制作影视媒体作品时，首先需要把磁带里的视频素材转化为非线性编辑计算机能够识别的数字信号并存放在硬盘中，这一过程称为素材采集。素材采集前，要确定采集的素材源、素材采集的路径以及压缩比，然后在非线性编辑系统中进行相应的设置。并将录像机的视频、音频输出与非线性编辑计算机的采集卡上相应的视频、音频输入专用线连接好，保证信号畅通。有条件时，还要接好视频监视器和监听音箱，便于对编辑过程的监视和监听。

对于 DV 摄像机拍摄的 DV 素材采集，可以通过 DV 摄像机(或 DV 录像机)的 DV 接口与计算机配有视频采集卡上的 IEEE 1394(DV)接口连接好，直接采集到计算机中。

4.5.3　导入素材

Premiere Pro CS5 不仅可以通过采集的方式获取拍摄的素材，还可以通过导入的方式获取计算机硬盘里的素材文件。这些素材文件包括图片、音频、视频、动画序列等多种格式。

执行“文件” | “导入”菜单命令，在弹出的“导入”对话框中，选择计算机硬盘中编辑所需要的素材文件，单击“打开”按钮后，就可以在 Premiere Pro CS5 的项目窗口中看到你选择的素材文件。

4.5.4　编辑素材

编辑素材是按照影片播放的内容，将项目窗口中的素材，选择好画面后，一个个素材片段组接起来。

1．打开素材源监视器窗口

双击项目窗口下面的某个素材图标，同时该素材第一帧图像出现在监视器窗口左侧的素材源监视器窗口中，并表明该素材的长度(时:分:秒:帧)。或者在项目窗口双击某个素材图标，同样可以打开素材源监视器窗口。

2．选择画面，给素材设置入点和出点

(1) 单击素材源监视器下的“播放/停止”切换按钮，播放该素材，对影片需要用到的画面，按“设置入点”按钮(或按 Ctrl+I 键)，给素材设置入点；再按“播放/停止”切换按钮，继续播放素材，到影片需要用到的画面结束时，再按“设置出点”按钮(或按 Ctrl+O 键)，给素材设置出点。素材入点、出点之间的内容就是影片所需要的画面。

(2) 或者直接单击素材源监视器的时间标尺(将鼠标直接放在时间标尺上可以显示素材的时：分：秒：帧时间)，再单击“设置入点”按钮，来确定素材的入点；用同样的方法，再单击“设置出点”按钮，来确定素材的出点。

(3) 也可以用鼠标直接拖动时间标尺上的编辑线滑块后，单击“设置入点”按钮，来确定素材的入点；用同样的方法，再单击“设置出点”按钮，来确定素材的出点。

3．修改入点和出点

如果要精确确定画面的入点和出点，可以通过单击素材源监视器窗口右下侧的播放控制栏里“步退”、“步进”和单击“设置入点”、“设置出点”按钮，来进一步修改素材的入点、出点。

4.5.5　添加素材至时间线窗口

在素材源监视器窗口中选择好的素材片段，最终要放入时间线窗口序列的轨道上。在时间线窗口序列中，确定“视频 1”和“音频 1”轨道被选中(默认为选中状态)，再将时间编辑线移动至需要安排素材的起始位置(默认为“00:00:00:00”时位置)，单击素材源监视器窗口右下方的“覆盖”按钮，所选的入、出点之间的素材片段会自动添加到时间线窗口序列编辑线的右侧轨道里，同时时间编辑线会自动停靠在这段素材的最后一帧的位置。组接另一段素材。再按照上述步骤，重新选择好新的素材入、出点，再单击素材源监视器窗口

右下方的“覆盖”按钮，新选取的素材片段就会在时间线窗口中接在原先素材的后边，完成了两个镜头间的组接。以后可以按照此方法在时间线窗口中组接更多的素材片段。

4.5.6　使用视频切换

视频切换泛指影片镜头间的衔接方式(有的称视频过渡、视频切换)，分为硬切和软切两种。硬切是指影片各片段之间首尾直接相接；软切是指在相邻片段间设置丰富多彩的过渡方式。硬切和软切的使用要根据节目的需要来决定，使用视频切换必须在相邻的两个片段间进行。

视频切换有很多特技效果，在 Premiere Pro CS5 中的“效果”面板“视频切换”文件夹中，存放了系统自带的多种视频切换效果。用户可以选择某个视频切换效果，将其拖放到时间线窗口相邻的两个片段间释放，给他们添加一个过渡效果。

单击“效果”面板选项卡，切换到“效果”面板，展开“视频切换”文件夹，再展开“叠化”子文件夹，显示该文件夹下的所有切换项目。在“叠化”子文件夹中选择“交叉叠化(标准)”效果，然后按住鼠标左键，将其拖动到时间线窗口上的两素材片段的相邻处释放，在节目视窗中可以预览效果。按照上面方法，可以在需要添加切换效果的片段间加入视频切换某种效果。

4.5.7　添加视频特效

在 Premiere Pro CS5 中，可以使用视频特效对素材片段进行特效处理。例如，调整影片色调、进行抠像以及设置艺术化效果等。在“效果”面板中展开“视频特效”文件夹，再展开“生成”子文件夹，选择“镜头光晕”效果，并按住鼠标左键，将其拖放到时间线窗口中某段素材片段上释放。点击特效控制台面板，在“镜头光晕”栏里，可以设置“光晕中心”的位置(画面 X、Y 轴坐标)和“光晕亮度”比例。选择“镜头类型”，默认为“50-300(毫米变焦)”，还可以设置“与原始图像混合”的比例。在节目监视器窗口中可以预览效果。

4.5.8　音频调整

轨道上音频素材的调整主要是为了调整音量大小及输出通道。

1．音频特效调整

在时间线窗口中，右击音频轨道上的音频素材，再单击“效果”面板中的“音频特效”文件夹、“立体声”子文件夹，选择 EQ 特效。按住鼠标左键，将其拖放到音频素材上；在素材源监视器窗口上方打开“特效控制台”面板，展开音频特效 EQ，展开“自定义设置”项，为音频素材编辑特效。

2．调音台

调音台主要是对各轨道音频素材进行美化和调节音量大小。执行菜单栏中的“窗口”|“调音台”命令。同时弹出“调音台”面板，在该对话框中对素材进行高低音以及音量的调整。

4.5.9　添加字幕

给影片添加字幕需要事先在字幕窗口设计好字幕内容，然后在项目窗口将字幕素材拖入到时间线窗口需要添加字幕视频轨道中。

执行“文件”|“新建”|“字幕”命令，在弹出的“新建字幕”对话框中，“视频设置”项目组里为默认状态：即宽为720、高为576；时间基准为25FPS；像素纵横比为D1/DV PAL(1.0940)。在“名称”栏里给字幕文件取名，单击“确定”按钮，“字幕”设计面板被打开。默认“文字工具”图标按钮被选中，在字幕编辑区中单击，选择好“字体”，输入“我的故事”文字，然后用“选择工具”将文字拖放到字幕编辑区中央，在“字幕样式”区单击想要的某个文字样式风格方块，单击“关闭”按钮，退出“字幕”设计面板。最后，在项目窗口中把刚才制作的字幕文件拖放到时间线窗口的“视频2”轨道上。至此就为作品添加了一个字幕。

4.5.10　节目的输出

在时间线上制作完成影片后，还需要将它整体合成输出，以视频文件格式保存在计算机硬盘里。影片的输出可以包括“输出到磁带”、“输出到EDL”和“输出到OMF”。另外还可以导出“媒体”等数据文件，还可以刻录成CD、VCD、DVD光盘。

如果将影片输出到磁带上，以供播出或保存。用户只需要将计算机采集卡上的视频、音频信号(或者DV信号)送入录像机，在节目监视器中播放影片的同时，用录像机直接录制到DV磁带上就可以了。执行菜单栏“文件”|“导出”|“输出到磁带”命令，弹出“输出到磁带”对话框。若要输出视频文件，则在序列中拖动工作区域，使其覆盖输出影片。执行菜单命令“文件”|“导出”|“媒体”，弹出“导出设置”对话框。在“导出设置”项目组里，单击“格式”下拉菜单按钮。设置影片输出格式为MPEG-2或其他影片格式；选择“预置”下拉菜单中的PAL DV项目。单击“输出名称”栏里，弹出“另存为”对话框，设置输出影片文件保存的路径，为输出影片文件取名，单击“保存”按钮，关闭对话框。在“视频”窗口里，进一步设置“视频编码器”、“基本设置”和“高级设置”项目参数；在“音频”标签里，进一步设置“音频编码”、“基本音频设置”项目参数。单击“确定”按钮，弹出“正在导出数据”系统开始渲染合成影片。等待“预演”框自动消失后，文件保存成功。

4.6　本章小结

本章简要介绍了非线性编辑软件Premiere的发展历史和系统配置要求，系统介绍了Premiere Pro CS5软件的安装过程及启动时的参数设置。同时，对Premiere Pro CS5软件的菜单功能、工作窗口和功能面板进行了详细的讲解。希望通过本章的学习，学生能够对

Premiere Pro CS5 软件的运行环境和工作平台有一个全面的认识，并能够熟练地操作和使用菜单命令、工作窗口和功能面板。

4.7　思考与练习

1．简述非线性编辑软件 Premiere 的发展阶段。

2．简述安装 Premiere Pro CS5 软件的配置要求。

3．如何进行 Premiere Pro CS5 软件的安装？

4．如何创建项目？简述项目设置的基本参数。

5．简述利用 Premiere Pro CS5 软件进行影视媒体编辑的基本步骤。

6．Premiere Pro CS5 中存放素材的窗口是____________。

A．项目窗口　　B．监视器窗口　　C．时间线窗口　　D．混音器窗口

7．Premiere Pro CS5 中预览素材的窗口是____________。

A．项目窗口　　B．监视器窗口　　C．时间线窗口　　D．混音器窗口

8．Premiere Pro CS5 中进行素材编辑的窗口是____________。

A．项目窗口　　B．监视器窗口　　C．时间线窗口　　D．混音器窗口

9．下列说法错误的是____________。

A．Premiere Pro CS5 可以运行在 Mac 平台上

B．Premiere Pro CS5 可以运行在 PC 平台上

C．Premiere Pro CS5 具有自定义工作窗口的功能

D．Premiere Pro CS5 支持无限步的撤销功能

10．下列说法正确的是____________。

A．视频编辑的最小单位是帧

B．视频编辑最高的颜色深度为 24 位色

C．在计算机中播放的视频使用交错场

D．在 Premiere Pro CS5 中可以读出矢量文件格式的 3D 信息

11．Premiere Pro CS5 编辑的最小时间单位是____________。

A．帧　　B．秒　　C．毫秒　　D．分钟

第5章　项目配置与素材管理

项目是指具有一定目标、规模和规定形式的工作任务总体，最终影视作品的输出是项目完成的标志。项目创建只是影视作品创作工作的第一步，是为后续编辑工作搭建一个符合既定目标的软件操作环境和平台。素材通常被认为是尚未进行编辑加工的数字媒体，是项目的编辑对象。项目平台和编辑对象是整体与部分的关系，两者构成一个不可分割的有机整体。本章主要介绍项目首选项配置，以及素材采集、导入和管理的方法与技巧。

本章学习目标：

1．掌握首选项参数设置方法；

2．掌握素材采集的基本方法；

3．掌握素材导入的基本方法；

4．掌握素材管理的基本方法。

5.1　首选项

利用 Premiere Pro CS5 软件进行视音频后期编辑，首要步骤是创建项目。用户可以通过双击桌面上的 Premiere Pro CS5 快捷图标或执行“开始”|“所有程序”| Adobe |“Adobe Premiere Pro CS5 中文版”| Adobe Premiere Pro CS5 命令启动程序。程序启动后，在弹出的欢迎界面中就可以进行项目创建，具体操作过程在 4.1.3 节已经做过详细的介绍，这里不再重复。项目创建好后，需要对相关参数做进一步的设置，如切换的默认长度、软件界面的显示方式、音频输出、采集设置、字幕样式等。通过更改首选项参数，可以对软件的诸多参数属性进行个性化设置，且在更改完成后，软件系统会进行自动保存，下次使用时会自动调用上一次设置好的参数信息，免除了重复设置的繁琐工作。

5.1.1　首选项概述

首选项中保存了 Premiere Pro CS5 软件的外观、功能等复杂效果的设置，用户可以根据自己的习惯及项目编制的需要，在开始编辑影视媒体作品之前进行相关的首选项参数设置。首选项中按照非线性编辑的需要对各个环节和工作的属性进行专门的分类，一般分为常规、界面、音频、音频硬件、音频输出映射、自动存储、采集、设备控制器、标签色、默认标签、媒体、内存、播放设置、字幕和修整等 15 类参数。用户可以根据实际需要，对相应的参数进行设置即可。

5.1.2　首选项设置

执行菜单命令“编辑”｜“首选项”，用户可以打开“首选项”菜单的下拉列表，如图 5-1 所示。

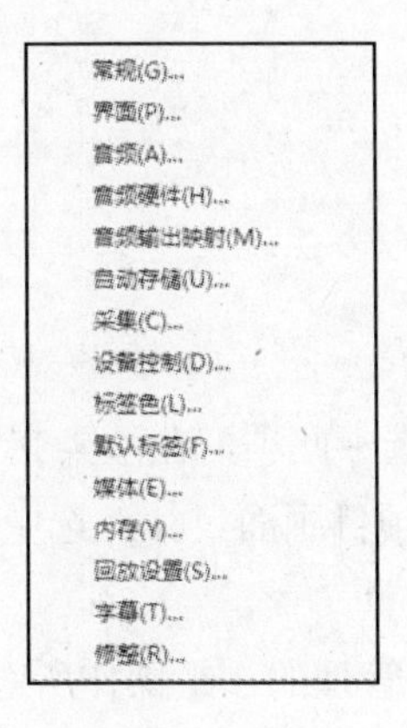

图 5-1　首选项

1．常规设置

“常规”选项对话框，如图 5-2 所示，用来设置一些通用的项目选项，具体参数设置如下。

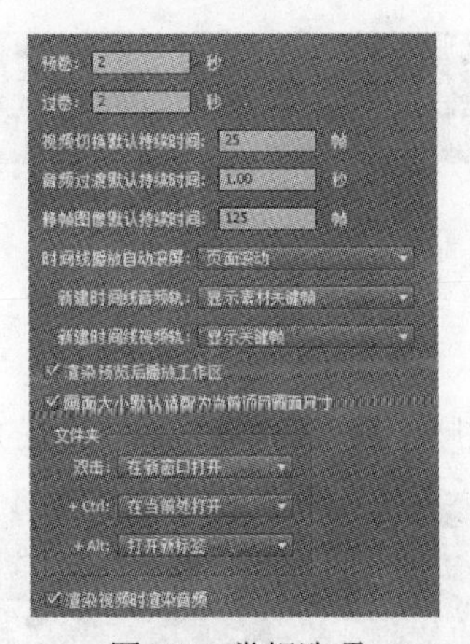

图 5-2　常规选项

(1) 预卷和过卷：设置入点前和出点后的预卷时间，系统默认为 2 秒。

(2) 视频切换默认持续时间：设置视频切换默认持续时间，系统默认时间为 25 帧。

(3) 音频过渡默认持续时间：设置音频过渡默认持续时间，系统默认时间为 1 秒。

(4) 静帧图像默认持续时间：设置静帧图像默认持续时间，系统默认时间为 125 帧。

(5) 时间线播放自动滚屏：设置时间线回放自动卷轴的方式，如图 5-3 所示，有“页面滚动”、“不滚动”、“平滑滚动”3 种方式。

不滚动
页面滚动
平滑滚动

图 5-3　时间线滚屏方式

(6) 新建时间线音频轨：设置轨道音频的显示方式及音量，如图 5-4 所示，共有“显示素材关键帧”、“显示素材音量”、“显示轨道关键帧”、“显示轨道音量”和“隐藏关键帧”5 个选项可供选择。

(7) 新建时间线视频轨：视频轨道素材的显示方式，如图 5-5 所示，共有“显示关键帧”、“显示透明关键帧”和“隐藏关键帧”3 个选项可供选择。

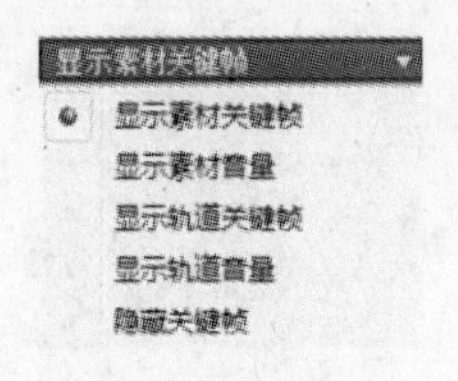

图 5-4　音频轨显示方式

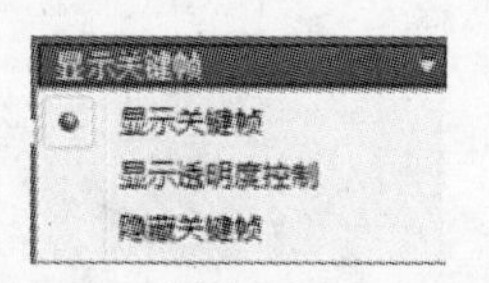

图 5-5　视频轨显示方式

(8) 渲染预览后播放工作区：选中此项，在渲染完预览之后播放工作区域。

(9) 画面大小默认适配为当前项目画面尺寸：选中此项，将导入的素材自动缩放至项目的帧尺寸大小。

(10) 文件夹：设置关于文件夹管理的 3 组操作所对应的结果。

(11) 渲染视频时渲染音频：视频渲染的同时渲染音频。

2．界面设置

“界面”选项对话框，如图 5-6 所示，用来设置软件操作界面的亮度，将鼠标放在滑块上面拖动，就可以调整界面的整体亮度。

图 5-6　界面选项

3．音频设置

“音频”选项对话框，如图 5-7 所示，用来设置音频的播放方式，具体参数设置如下。

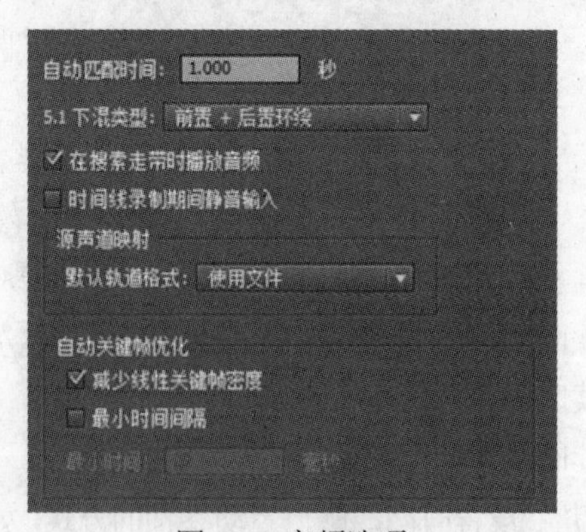

图 5-7　音频选项

(1) 自动匹配时间：设置声音文件的与软件的匹配时长。

(2) 5.1 下混类型：使用 5.1 音频播放声音时音频的混合方式，有 4 种类型，如图 5-8 所示。

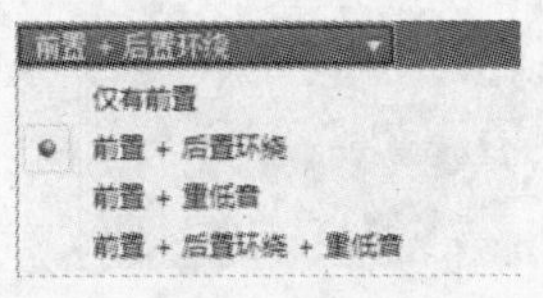

图 5-8　5.1 声道混合方式

(3) 在搜索走带时播放音频：选中此项，可以边走带边播放声音。

(4) 时间线录制期间静音输入：选中此项，在时间线录制期间声音不外放。

(5) 源声道映射：可以选择默认声道的格式。

(6) 自动关键帧优化：包括“减少线性关键帧密度”和“最小时间间隔”。

4．音频硬件设置

“音频硬件”选项对话框，如图 5-9 所示，用来设置默认的音频设备。

图 5-9　音频硬件选项

单击“ASIO 设置”，可以设置声音的启用设备以及采样时的缓冲大小，如图 5-10 所示。

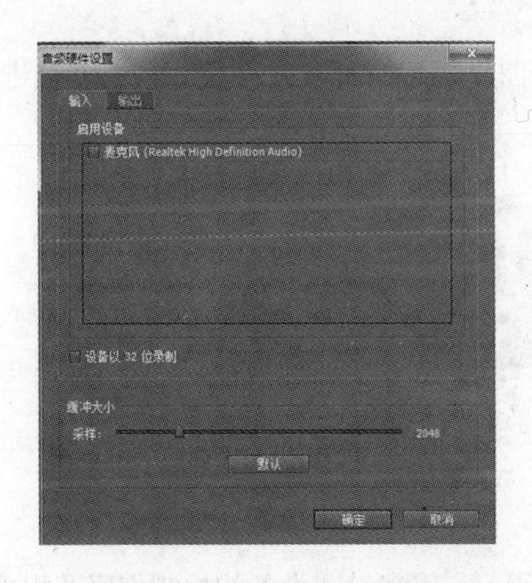

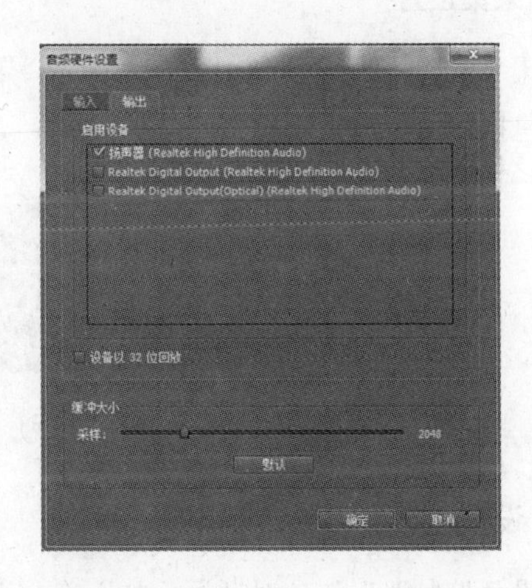

图 5-10　ASIO 设置

5．音频输出映射设置

“音频输出映射”选项对话框，如图 5-11 所示，用来设置音频输出时的映射方式。

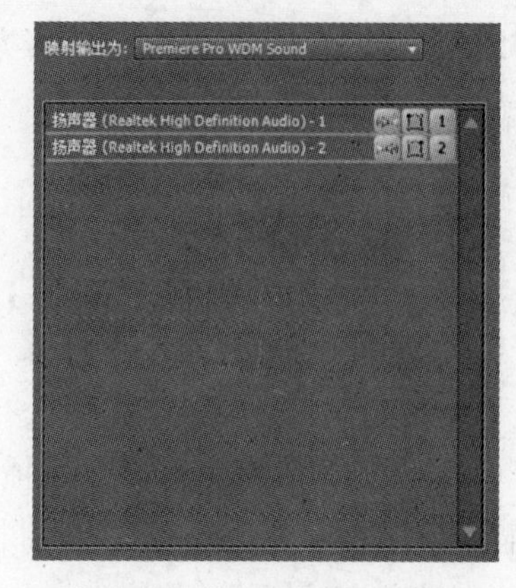

图 5-11　音频输出映射选项

6．自动存储设置

“自动存储”选项对话框，如图 5-12 所示，用来设置自动保存的频率和最多项目存储数量。

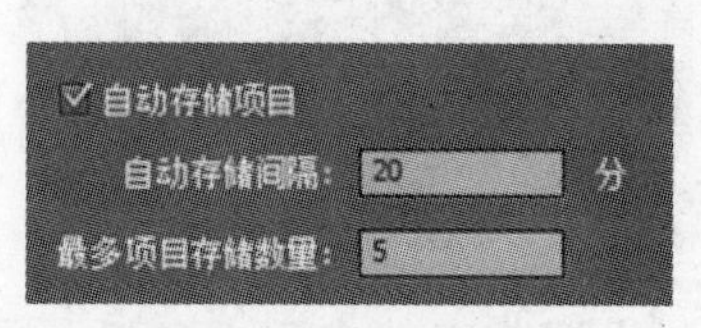

图 5-12　自动存储选项

7．采集设置

“采集”选项对话框，如图 5-13 所示，用来对视音频采集中可能出现的问题进行提前处理，包括了 4 个与采集相关的选项。

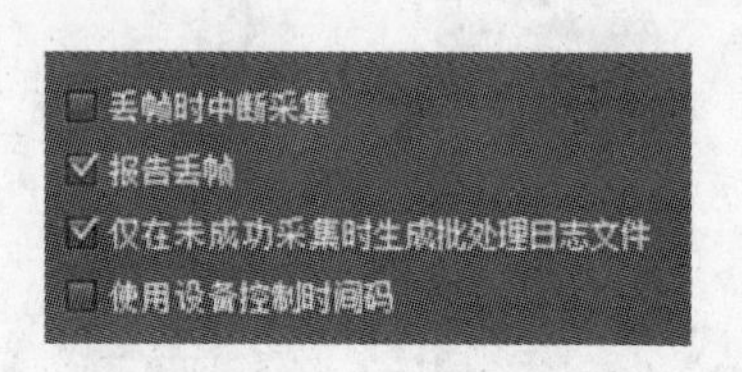

图 5-13　采集选项

8．设备控制器设置

“设备控制器”选项对话框，如图 5-14 所示，用来设置设备的控制程序及相关选项。

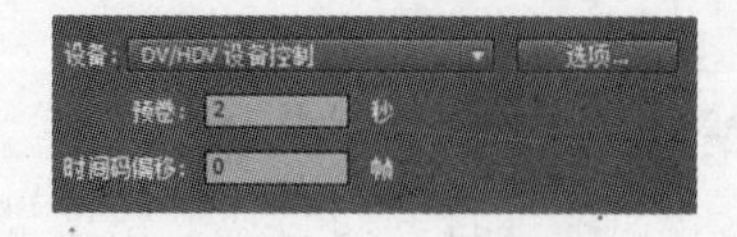

图 5-14　设备控制器

单击“设备”下拉列表框，选中相关的设备。单击后面的“选项”按钮弹出对话框，如图 5-15 所示，用来设置视频制式、设备品牌、类型及时间码格式等。

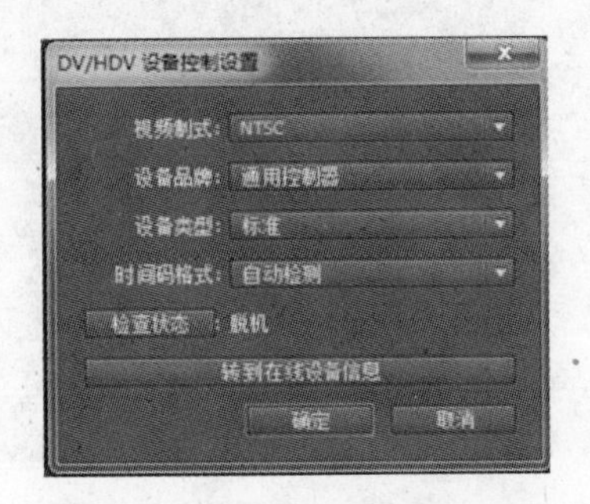

图 5-15　设备控制设置

9．标签色设置

“标签色”选项对话框，如图 5-16 所示，用来设置各种标签的具体色彩。

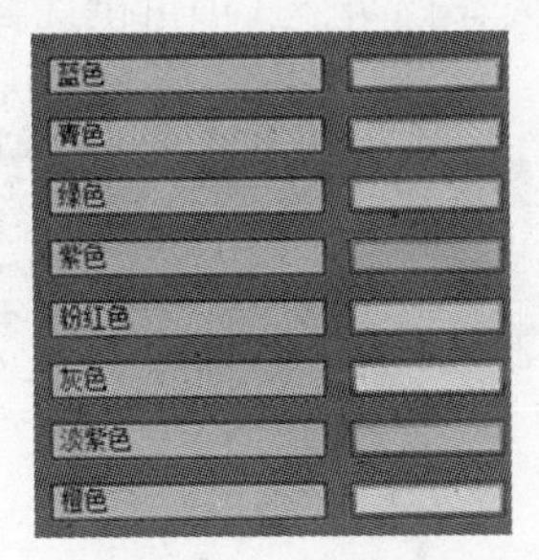

图 5-16　标签色

10．默认标签设置

“默认标签”选项对话框，如图 5-17 所示，用来设置文件夹、序列以及项目窗口中视频、音频、视音频和静帧图像素材片段显示时所对应标签的颜色。

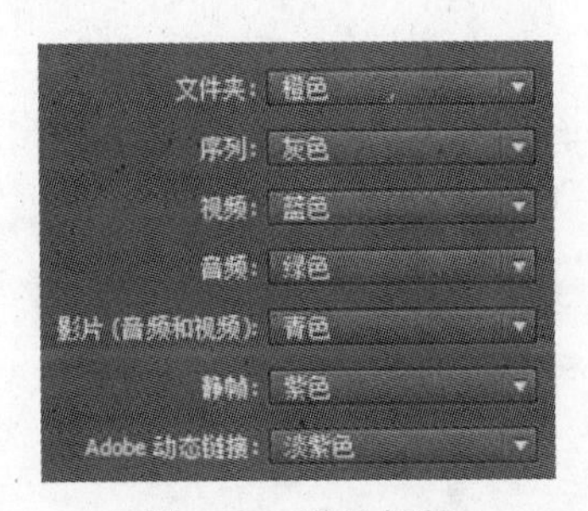

图 5-17　默认标签

11．媒体设置

“媒体”选项对话框，如图 5-18 所示，用来设置媒体的缓存空间及其他媒体文件的相关选项。

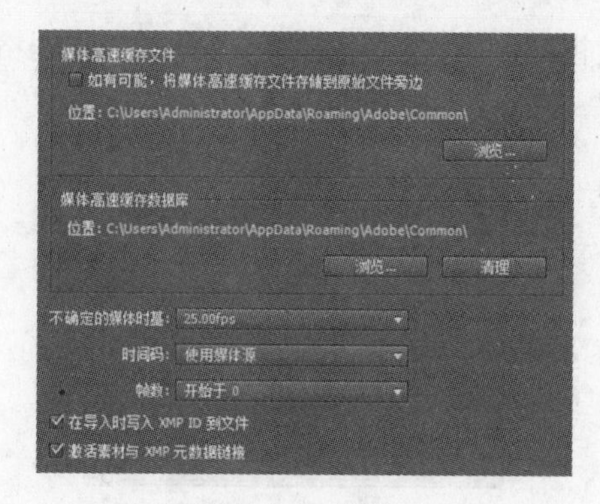

图 5-18　媒体

12．内存设置

“内存”选项对话框，用来设置分配 Adobe 相关软件产品所使用的内存，如图 5-19 所示。优化渲染有“性能”和“内存”两个选项可供选择。

图 5-19　内存

13．播放设置

“播放设置”选项对话框，如图 5-20 所示，用来设置默认的媒体播放器。

图 5-20　播放设置

14．字幕设置

“字幕”选项对话框，如图 5-21 所示，用来设置字幕设计器显示的字体样式。

图 5-21　字幕

15．修整设置

“修整”选项对话框，如图 5-22 所示，用来设置修整剪辑时的偏移量。

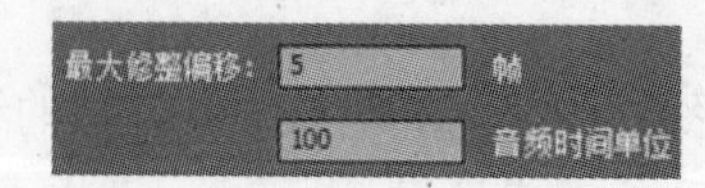

图 5-22　修整

5.2　素材采集

5.2.1　素材采集概述

“素材”是指没有经过剪辑的视频和音频片段，录像带中的视音频素材必须经过采集，才能存储到计算机中，之后再经过加工和处理才能成为影片。添加了特技、字幕和特效处理的完整影片文件，要先保存在计算机硬盘中，然后再通过视频采集卡和外接的录像机才能录制到录像带上。因此，素材采集是剪辑影片过程中很重要的准备工作。

在实际的编辑工作中，素材大多数存储在录像磁带上，既有模拟格式的素材，也有数字格式的素材，而非线性编辑计算机无法直接复制。因此，要想把外部磁带上的视音频信号存储到计算机硬盘上，只能通过安装在计算机中的视频编辑卡或视频捕获卡。

视频编辑卡一般都具有多个视音频输入/输出接口，用户在采集素材时要尽量选择使用高端的输入/输出接口，以保证采集的视音频素材质量。在采集过程中，要充分考虑视音频压缩比例、视频尺寸、视频帧速率，应根据实际需要合理的选择，这对采集后的视音频素材质量和数据量有着重要的影响。

视频采集有硬件压缩和软件压缩两种方式。对数字视频的压缩由视频编辑卡上的硬件实现时，称为硬件压缩。硬件压缩速度快，质量好，高质量的视频编辑应该采用硬件压缩方式，它的缺点是不同的视频编辑卡由于采用不同的硬件压缩标准，导致采集的视音频文件不能通用。软件压缩是指视音频采集和量化由视频编辑卡完成，而压缩由软件实现。采用软件压缩的好处是视音频素材格式与硬件无关，能够广泛使用。为了获得高质量的视音频素材，应该尽可能采用好的视频编辑卡，视频编辑卡的好坏决定了视音频质量的优劣。

5.2.2　素材采集设置

Premiere Pro CS5 是以项目的形式对素材片段进行归类管理。因此，在进行视音频素材采集前，要先创建好一个项目文件。创建项目的具体过程及参数设置要求，用户可以参考前面章节的内容。

1. 素材采集步骤

视音频素材采集的具体步骤如下。

(1) 将外部的 DV 设备，如数字录像机、数字摄像机或其他磁带播放设备，正确连接到非线性编辑计算机的视频编辑卡上。

(2) 执行菜单命令“编辑”|“首选项”|“采集”，打开“采集”选项对话框，设置其参数。选中“报告丢帧”和“仅在未成功采集时生成批处理日志文件”两个选项，其他两个参数不要选择。如果选中“丢帧时中断采集”选项，系统会在采集过程中一碰到磁带的时间码不连续，就会中断采集，弹出素材保存对话框，这样就严重影响视音频素材采集工作的效率。

(3) 执行菜单命令“编辑”|“首选项”|“设备控制器”，在弹出对话框中为外部

设备指定为“DV/HDV 设备控制”，可以进一步设置视频制式、设备品牌和型号、预卷时间和时间码偏移帧。如果检测状态显示“在线”，表明该设备连接正常可以使用。

(4) 执行“文件” | “采集”菜单命令或按 F5 键，系统将弹出如图 5-23 所示的“采集”窗口。

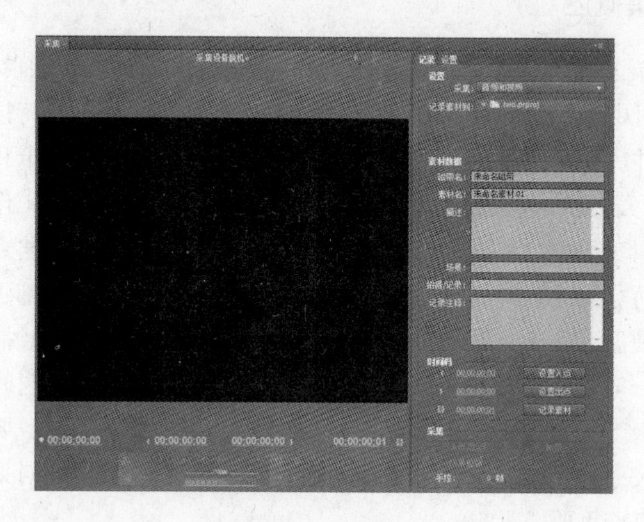

图 5-23　采集窗口

采集窗口是进行视音频素材采集的主要窗口，参数设置和采集工作都在此窗口中完成。该窗口可分为 3 个部分，左边分为上下两个区域，上面区域为视音频素材采集的预览区，下面区域为视音频素材采集的控制区；右边部分为视音频素材采集的参数设置区。

(5) 对视音频素材采集的参数进行具体的设置。在确定设置准确无误后，可以打开外部视频源，单击视音频素材采集控制区域的“采集”按钮，开始采集，如图 5-24 所示。

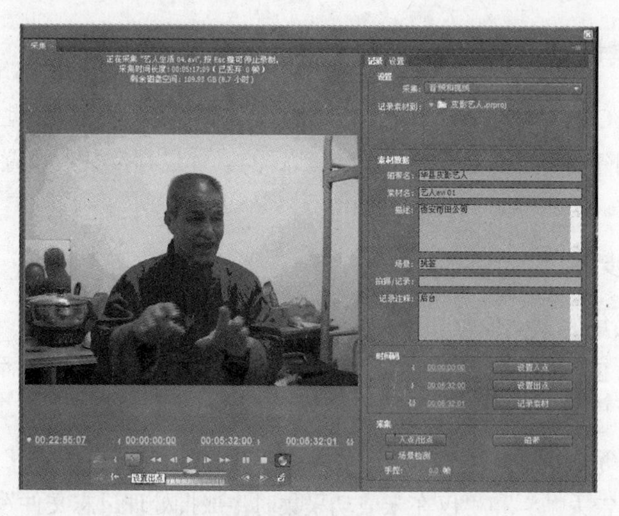

图 5-24　素材采集

(6) 素材采集停止后，系统会自动弹出素材保存对话框，如图 5-25 所示。输入相关信息后就可以保存，保存后系统会把素材片段自动添加到项目窗口进行管理。

图 5-25　采集素材保存

(7) 关闭“采集”窗口，返回到软件操作的主界面。

2. 采集控制区

视音频素材采集控制区主要用于对视音频素材采集预览窗口的控制，它又分为左、中和右 3 个区域，每个按钮代表不同的功能。

(1) 左边区域

左边区域共有 6 个按钮，如图 5-26 所示。具体功能如下：

图 5-26　左边区域按钮

① 向后一屏；
② 设定素材采集的入点；
③ 设定素材采集的出点；
④ 向前一屏；
⑤ 快速定位到素材采集的入点位置；
⑥ 快速定位到素材采集的出点位置。

(2) 中间区域

中间区域又分为上下两个部分，如图 5-27 所示。上半部分的 5 个按钮，用于控制采集视频的播放，下半部分的两个时间线滑动按钮，用于浏览和定位素材。具体功能如下：

图 5-27　中间区域按钮

① 快退当前采集视频的预览；
② 当前采集视频向后退一帧；
③ 播放当前的采集视频；
④ 前采集视频向前进一帧；
⑤ 快进当前采集视频的预览；
⑥ 飞梭、微调：用于定位素材采集的时间位置。

(3) 右边区域

右边区域共有 6 个按钮，如图 5-28 所示。具体功能如下：

图 5-28　右边区域按钮

① 暂停视音频素材的采集与播放；

② 停止视音频素材的采集与播放；

③ 开始视音频素材的采集；

④ 慢速倒放外部视音频素材；

⑤ 慢速播放外部视音频素材；

⑥ 检测屏幕。

3. 采集记录区

“记录”选项主要用于设置视音频素材采集时的常用信息，由设置、素材数据、时间码和采集 4 个窗格构成。

(1) 设置窗格

设置窗格，如图 5-29 所示，由“采集”和“记录素材到”2 个选项组成。“采集”用来设置采集素材的类型，有“音频和视频”、“视频”和“音频”3 个选项。“记录素材到”用来设置采集素材的保存位置，默认位置与项目文件保存位置相同。

图 5-29　设置窗格

(2) 素材数据窗格

素材数据窗格，如图 5-30 所示，用来设置包括采集到的视音频素材的磁带名、素材名、描述、场景、拍摄/记录、记录注释等信息。

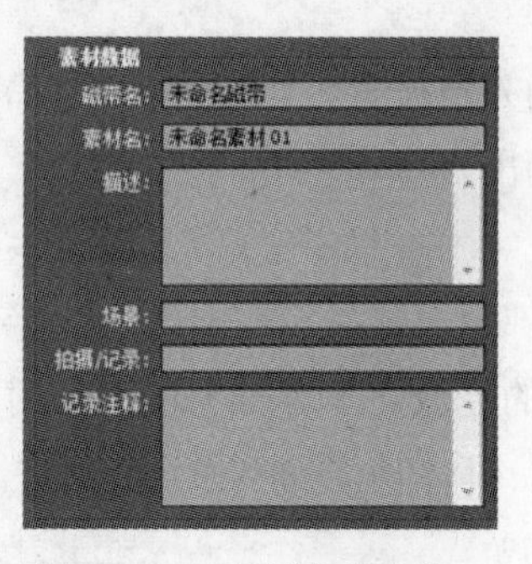

图 5-30　素材数据窗格

(3) 时间码窗格

时间码窗格，如图 5-31 所示，用来设置视音频素材采集的入点、出点以及出入点之间的素材持续时间。

图 5-31　时间码窗格

(4) 采集窗格

采集窗格，如图 5-32 所示，用来采集入点与出点间、磁带的视音频素材，以及设置场景检测和受控时间帧。

图 5-32　采集窗格

4．采集设置区

“设置”主要用来设置视频编辑卡以及采集时所用的参数，共有“采集设置”、“采集位置”和“设备控制器”3 个窗格。

(1) 采集设置窗格

采集设置窗格，如图 5-33 所示，显示当前项目采集格式为 DV 格式。点击“编辑”按钮，弹出“采集设置”对话框，如图 5-34 所示，采集格式有 DV 和 HDV 2 种。

图 5-33　采集设置窗格

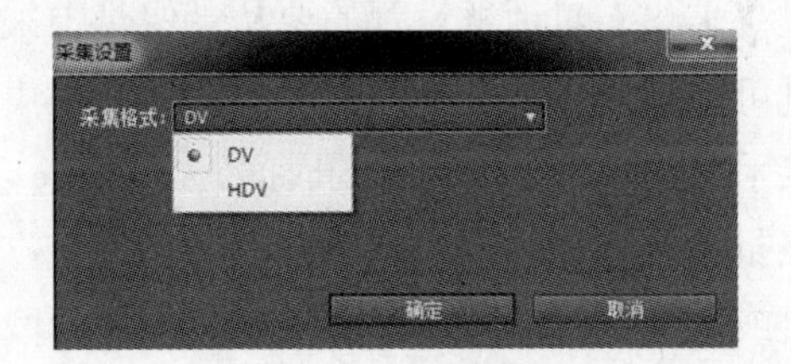

图 5-34　采集设置

(2) 采集位置窗格

采集位置窗格，如图 5-35 所示，用来设置采集视音频素材的存储位置，包括“视频”和“音频”两个参数。存储位置主要有“我的文档”、“与项目相同”和“自定义”3 个选项。

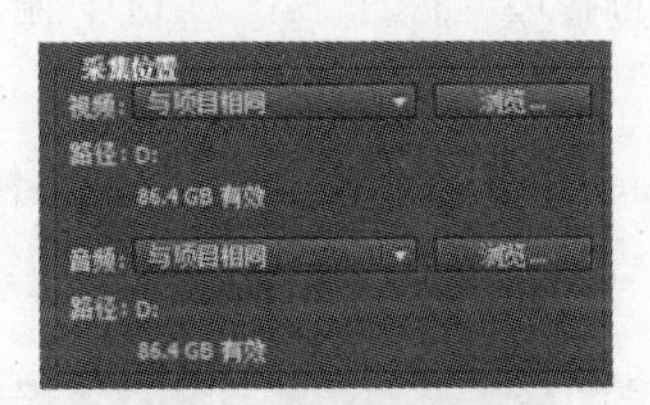

图 5-35　采集位置

(3) 设备控制器窗格

设备控制器窗格，如图 5-36 所示，主要用于控制视频编辑卡，包括“设备”、“预卷时间”、“时间码偏移”和“因丢帧而中断采集”共 4 个参数。单击“选项”按钮后，弹出“DV/HDV 设备控制设置”对话框，如图 5-37 所示，主要用来设置视频制式、设备品牌、设备类型、时间码格式和设备检测状态。

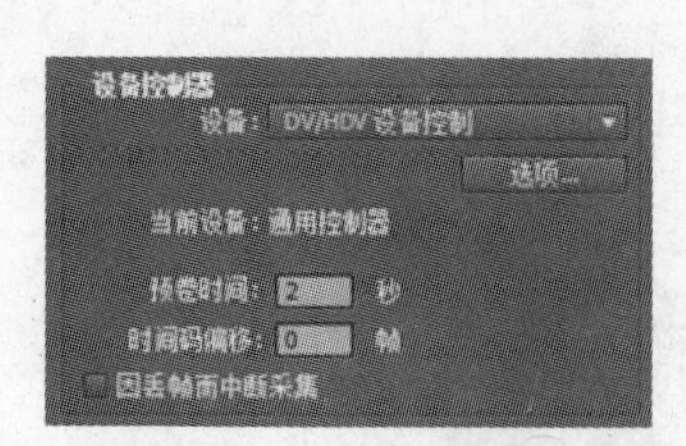

图 5-36　设备控制器

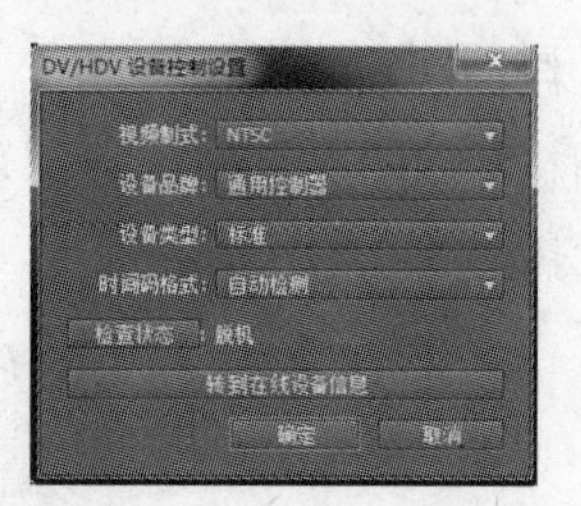

图 5-37　DV/HDV 设备控制设置

5.2.3　素材批采集

除了上面介绍的采集方法外，Premiere Pro CS5 软件还提供了素材批采集的方式。用户可以为需要采集的几个视音频素材片段设置好入点和出点的时间码信息，然后自动采集即可。批采集的最大优点就是可以先批量采集低精度的素材进行编辑，在输出时用高精度的素材来替换原来的素材片段，最终可以输出高质量的影片。不仅提高了工作效率，也提高了影视作品的画面质量，还可以节省大量的磁盘空间。

批采集之前首先要标记或创建一个批采集列表，列表中包含有通过“采集”对话框设置的要从录像带中采集的素材片段。该列表既可以使用设备控制，直观的编辑要采集的素材片段，也可以直接手动输入入点和出点的时间码。

当批采集列表被创建之后，单击“确定”按钮就可以从数码摄像机或其他数码录像设备中批采集素材片段。在采集录像带中前 30 秒或后 30 秒中的素材片段时，因为在这一时间段中的时间码信息可能存在问题，或者录像带中的素材时间码不连续有中断的情况，都最好不要使用批采集功能，尽量采用手动采集的方式。

素材批采集的具体操作步骤如下。

(1) 确定创建的项目文件处于开启状态，执行“文件”|“采集”菜单命令，在采集对话框的右边“磁带名”项目中输入录像带的名称，如图 5-38 所示。

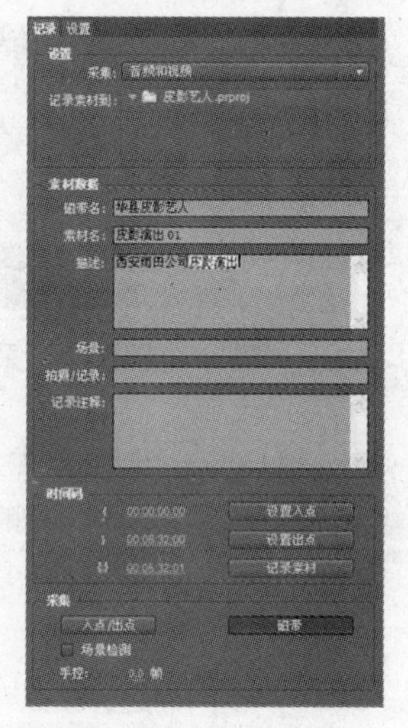

图 5-38　磁带设置

(2) 使用“采集”对话窗口中的控制按钮，移动到摄像带中想要开始和结束采集素材片段的位置，对应单击“设置入点”和“设置出点”按钮，如图 5-39 所示。

图 5-39　设置入点和出点

(3) 单击“记录素材”按钮，弹出对话窗，如图 5-40 所示，为素材片段指定名称。

(4) 依据相同的操作步骤，将多段要采集的素材片段进行标记处理，这些素材以脱机文件的模式显示在项目命令面板中，如图 5-41 所示。

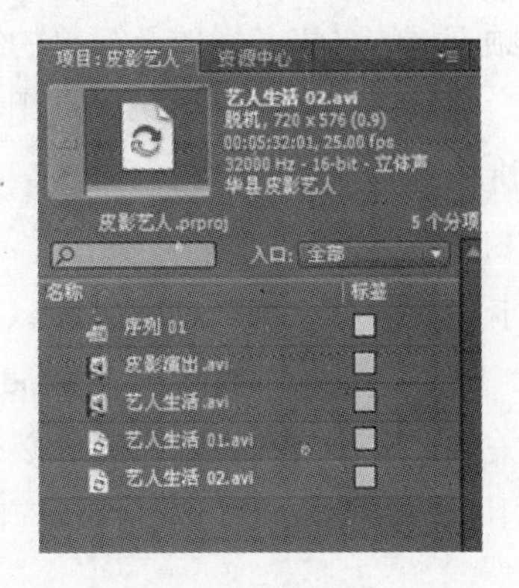

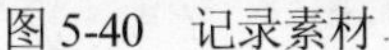

图 5-40　记录素材　　　　　　　　　　　　　　图 5-41　脱机文件

(5) 选择项目窗口中的所有离线素材，执行“文件”|“批采集”菜单命令，如图 5-42 所示，在弹出的对话窗口中设置批采集选项。

(6) 单击“确定”按钮，弹出“插入磁带”对话框，如图 5-43 所示，单击“确定”按钮开始进行批采集。

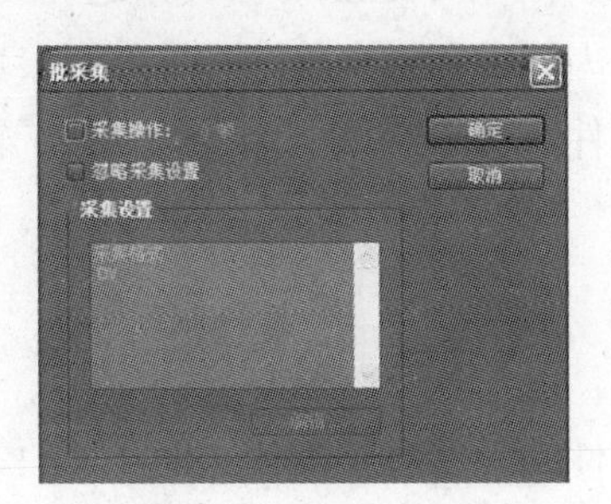

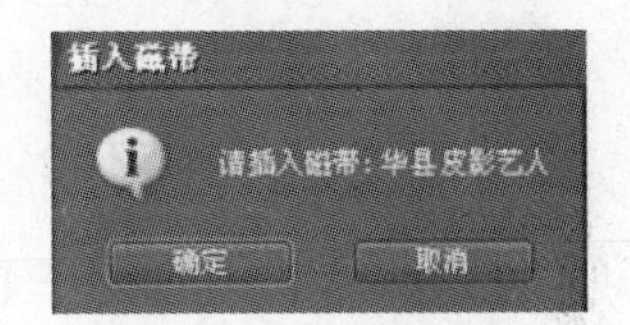

图 5-42　批采集设置　　　　　　　　　　　　　　图 5-43　插入磁带提示

(7) 采集结束后，弹出如图 5-44 所示的提示对话窗口，单击“确定”按钮，在项目窗口中可以观察到所有离线素材片段都变为实际的素材片段，如图 5-45 所示。

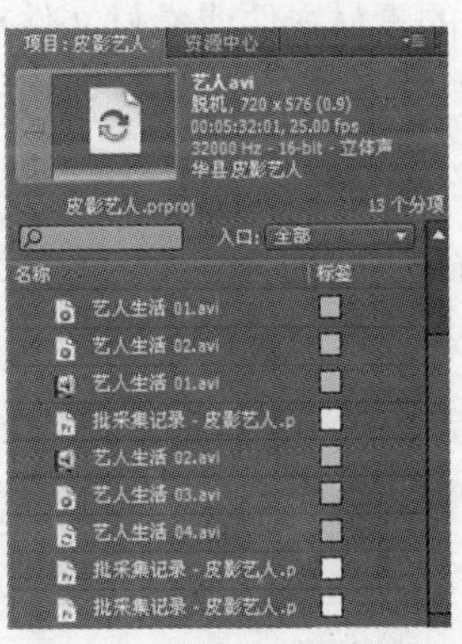

图 5-44　批采集完成　　　　　　　　　　　　　　图 5-45　脱机文件被替换

5.2.4　音频素材采集

一般情况下，中、高档的视频编辑卡本身都带有专门的视频处理软件，可以进行视频、音频素材的采集、播放及简单的编辑处理。

单独采集音频素材可以利用计算机中的音频编辑软件，多数的多轨音频编辑软件都可以进行多轨录音，还支持录成多种数字格式，最常见的是 wave 格式，既可以采用 44.1 kHz、16 bit 的音频参数，也可以用更高的 96 kHz、24 bit 的音频参数，只要当前计算机中安装的声卡支持即可。在 Premiere Pro CS5 中，还可以利用其他软件采集音频素材。

音频线直接插进声卡的 Line In 接口，麦克风直接插进声卡的 Mic In 接口，即可打开相关软件进行录音。当然声卡必须足够好，才能获得高质量的录音结果，录音结果也可以利用很多音频编辑软件进行相应的修整。

5.3　素材导入

Premiere Pro CS5 通过组合素材的方法来编辑影视媒体作品，在 Premiere 中素材的使用，仅仅是一个指针的使用，它指向硬盘中存储的源文件。在 Premiere 中使用这些文件时，实际上只是对视频文件在硬盘上的地址码进行操作。因此，素材文件一旦导入到项目窗口后，就不允许修改文件的名称或路径，否则导入的文件将变为脱机文件，Premiere 软件无法识别。

5.3.1　一般类型素材的导入

一般类型的素材是指适用于 Premiere Pro CS5 软件的常用数字媒体文件格式的素材，另外还包括文件夹、故事板文件和字幕文件等。在 Premiere Pro CS5 中导入一般类型素材文件的方式，主要有 5 种方法。

(1) 执行“文件” | “导入”菜单命令，弹出“导入”对话框，如图 5-46 所示，选择需要导入的素材文件或素材文件夹，单击“打开”或“导入文件夹”按钮，即可把素材文件或素材文件夹导入到项目窗口中。

(2) 在项目窗口的空白位置双击，弹出“导入”对话框，导入方法一样。

(3) 在项目窗口的空白位置右击，弹出右键菜单，选择“导入”选项，弹出“导入”对话框，导入方法一样。

(4) 按 Ctrl + I 组合快捷键，弹出“导入”对话框，导入方法一样。

(5) 将非线性编辑计算机硬盘中选中的素材文件或文件夹直接拖动到项目窗口。

选择文件时，按住 Ctrl 键可以选定不连续的素材片段，按住 Shift 键则可以选定连续的素材片段。

图 5-46　“导入”对话框

5.3.2　静帧序列素材的导入

静帧序列图片是指按照名称顺序排列的一组格式统一的静态图片，每帧图像内容之间有着时间延续上的关系。执行“文件”｜“导入”菜单命令，弹出“导入”对话框，找到静帧序列素材，如图 5-47 所示。选中序列中的第一帧图像或某一帧图像，然后选择“序列图像”，单击“打开”按钮，序列中的所有静帧图像或选中的某一静帧图像之后的所有静帧图像就会被作为一个视频片段导入到项目窗口中。静帧序列素材的持续时间是软件系统的默认持续时间，可以执行“编辑”｜“首选项”｜“常规”菜单命令，在弹出的“常规”对话框中设置静帧序列素材的默认持续时间。

图 5-47　静帧序列素材“导入”对话框

5.3.3　特殊格式素材的导入

Premiere Pro CS5 可以支持多种形式的文件格式，但有些文件格式需要第三方软件提供支持才能使用。例如，需要安装 Quick Time 插件来支持一些素材文件格式。导入 Adobe Illustrator 文件时，虽然可以直接导入到项目窗口，但其矢量图形会转化为点阵位图，自动防锯齿功能会平滑图形的边缘，图形中没有内容的空白区域会转化为透明区域，所有的图层也都被合并。

这里重点介绍 Adobe Photoshop 软件产生的 PSD 格式文件，因为在后期编辑时，Premiere Pro CS5 会经常使用到该格式的文件。执行“文件”｜“导入”菜单命令，在“输入”对话框中选择一个含有图层的 PSD 格式文件，单击“打开”按钮后弹出“导入分层文件”对话框，如图 5-48 所示。

“导入为”下拉列表框有“合并所有图层”、“合并图层”、“单层”和“序列”4 个选项，如图 5-49 所示。若选择“合并所有图层”选项，则所有图层将被合并，导入一个合成的图片；若选择“合并图层”选项，用户可以选择某几个图层，合并成一个合成的图片导入；若选择“单层”选项，用户选择的图层导入后将成为一个个独立的图层；若选择“序列”选项，项目窗口中将会出现一个同名文件夹，其中包括由图片的每一个图层各自形成的静帧，还包括一个同名序列，这个序列将各图层静帧排布在时间线的不同轨道上，形成一个多轨道合成的剪辑片段，其长度为静帧图像默认时间长度，显示效果与源素材合成效果相同。

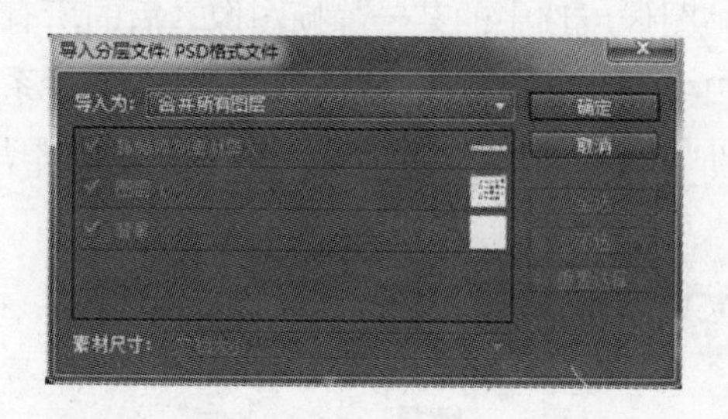

图 5-48　“导入分层文件”对话框

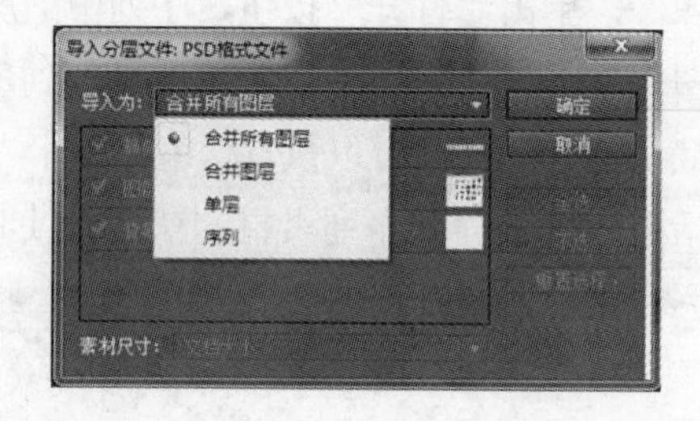

图 5-49　导入分层文件的方式

在“素材尺寸”下拉列表框中有“文档大小”和“图层大小”两个选项，“文档大小”会自动改变图层尺寸以适应项目初始设置的尺寸；“图层大小”则保留文件各图层原始尺寸。

5.3.4　项目文件的嵌套导入

Premiere Pro CS5 除了能够导入各种媒体素材外，还支持在一个项目文件中以素材的形式导入另一个项目文件，这种方式称为嵌套导入。执行“文件”｜“导入”菜单命令，在“导入”对话框中选择一个项目文件，单击“打开”按钮导入项目文件。导入的子项目的所有素材以及序列文件被放置在项目窗口的一个同名文件夹中，它包含了所有子项目的特效、时间线窗口开始位置和与结束位置等项目信息。导入的子项目不但可以作为总项目的素材使用，同时还可以独立进行修改。

5.3.5　项目自建素材的导入

Premiere Pro CS5 自身可以创建一些特殊用途的素材，并直接导入到项目窗口中。执行“文件”|“新建”命令，或在项目窗口空白区域右击，在弹出的菜单中选择“新建分项”选项，或在项目窗口面板底部点击“新建分项”图标，可以为项目创建序列、脱机文件、字幕、彩条、黑场、彩色蒙版、通用倒计时片头和透明视频等 8 种类型的素材，这些素材在影视作品后期编辑过程中同样发挥了不可替代的作用。

5.4　素材管理

项目素材的管理是影视媒体后期编辑过程中的一个重要环节，素材管理设置得当可以为编辑工作带来事半功倍的效果。

5.4.1　素材文件夹

项目窗口中的素材文件夹类似于 Windows 操作系统中的文件夹，它包含各种 Premiere Pro CS5 所支持的媒体文件、编辑序列和其他素材文件夹。它的主要用途在于对项目窗口中的各种文件进行分类、分层管理、组织等，特别是当导入了大量的素材片段时，更需要素材文件夹进行管理。

1．素材文件夹的创建

素材文件夹的创建方法很多，在项目窗口的空白区域右击，在弹出的快捷菜单中选择“新建文件夹”选项，或执行“文件”|“新建”|“文件夹”菜单命令，或单击项目窗口底部的功能按钮“新建文件夹”，均可在项目窗口中新建一个素材文件夹，如图 5-50 所示，用户可以在名称栏中输入素材文件夹的名称。

图 5-50　素材文件夹

素材文件夹可以采用分级嵌套式的方式进行管理，即在素材文件夹的内部还可以创建素材文件夹。这种情况下，为了方便起见，用户最好以“列表视图”方式显示项目窗口中的素材。选中素材文件夹后右击，在弹出的快捷菜单中选择“新建文件夹”，可以在当前素材文件夹中创建一个子素材文件夹。用户还可以通过鼠标拖拽的方式，改变任意素材文件夹在其他素材文件夹中的位置。

2．素材文件夹的使用

将素材放置在不同的素材文件夹中，便于编辑过程中对素材的查找、管理和使用。

(1) 分类管理素材

依据影视媒体作品编辑所使用素材的类型和特点，可以将素材分为视频、音频、静帧图像、动画和字幕等类型，建立相应的素材文件夹实现素材的分类管理。用户可以将素材分门别类地直接导入到相应的素材文件夹，也可以直接从 Windows 资源管理器中将各类素材直接拖拽到相应的素材文件夹。分类管理素材的文件夹，如图 5-51 所示。

(2) 分层管理素材

依据影视媒体作品情节的需要导入各种不同类型的素材，建立素材文件夹进行分层管理，如图 5-52 所示。素材文件夹的分层管理也可以嵌套分类管理，使得项目窗口中的所有素材及各类文件的管理形成一个分层分类的系统结构。

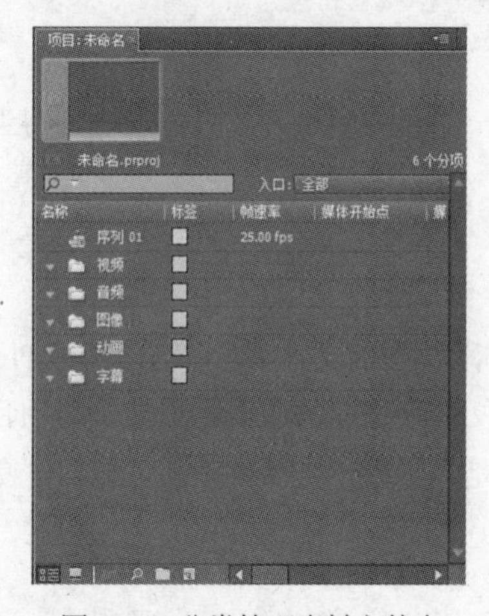

图 5-51　分类管理素材文件夹

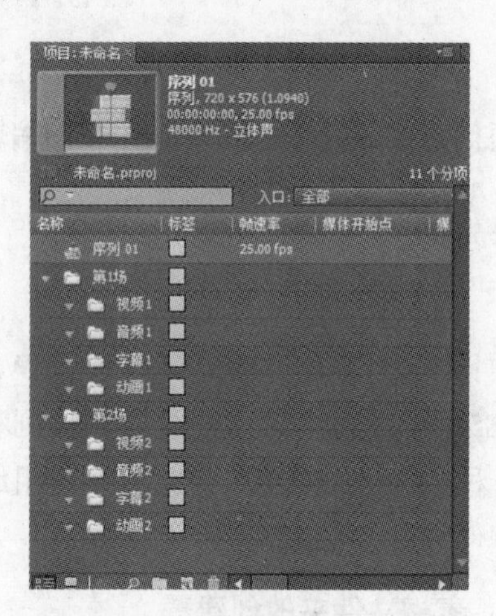

图 5-52　分层管理素材文件夹

5.4.2　素材属性调整

素材导入到项目窗口中，只是在项目窗口中产生了一个指向文件的对应链接，后续的操作工作都是对素材链接的操作，并不会对素材源文件产生任何的影响。因此，为了保证作品编辑的效果，用户可以随时对导入素材的属性以及创建初始的默认设置进行必要的调整和修改，以满足影视媒体作品编辑的需要，而不必考虑调整对素材源文件的影响。

1. 调整静帧图像持续时间

改变静帧图像的默认持续时间长度。执行“编辑” | “首选项” | “常规”菜单命令，在弹出的对话框中调整静帧图像的默认持续时间，系统默认持续时间为 125 帧。

2. 调整视频播放持续时间

改变视频素材的播放速度或播放持续时间。先在项目窗口或时间线窗口中选择需要修改播放持续时间的视频素材，执行“素材” | “速度/持续时间”菜单命令，或右击在弹出的快捷菜单中选择“速度/持续时间”选项，系统会弹出“素材速度/持续时间”设置对话框，如图 5-53 所示。

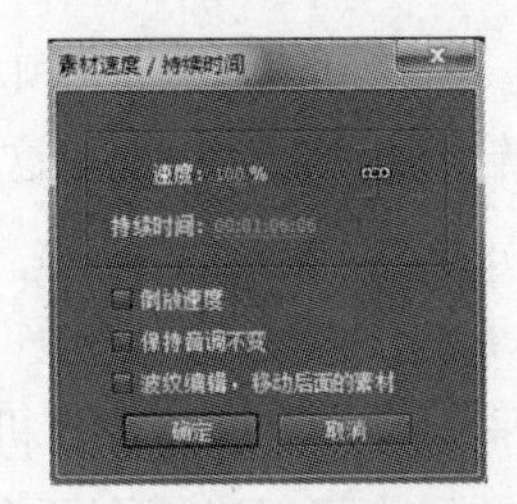

图 5-53　素材速度/持续时间

(1) “速度”选项，用来改变视频素材的速度，系统默认100%为正常速度。

(2) “持续时间”选项，用来改变视频素材的时间长度。“链接”按钮表示视频素材速度与持续时间联动调整，即调整视频素材速度会影响持续时间，反之亦然。再单击“链接”按钮，取消联动调整。

(3) “倒放速度”选项，用来设置反向播放视频素材。

(4) “保持音调不变”选项，用来设置保持与音频的匹配。

(5) “波纹编辑，移动后面的素材”选项，用来设置素材速度或持续时间改变后，该素材后面素材的移动情况。

3．调整视频素材的场设置

由于视频编辑卡或视频采集卡具有优先采集上场或下场的功能，因而导入的经过视频编辑卡采集的视频素材就存在场优先设置的问题。导入视频素材的场优先设置如果出现错误，视频画面就会不连续，或画面出现抖动。一般来说，如果在采集素材时，编辑卡的场设置与源素材带的场优先相反，或在输出渲染时编辑模式的场设置与源素材带的场优先相反，或在回放时设置了交互模式，都会造成场优先的错误。

因此，对于导入到 Premiere Pro CS5 中的视频素材要对其场设置进行必要的调整。在项目窗口或时间线窗口中选择需要调整的视频素材，执行“素材”｜“视频选项”｜“场选项”菜单命令，弹出“场选项”对话框，如图 5-54 所示。

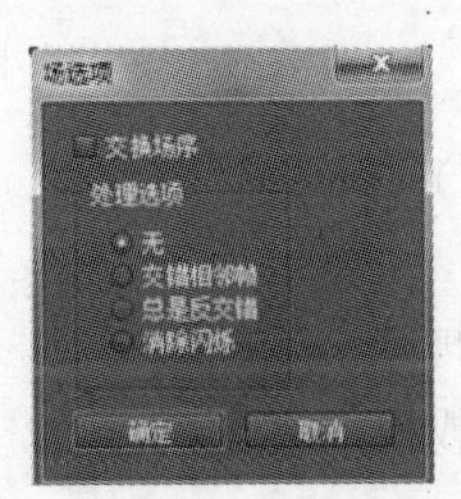

图 5-54　场选项

(1) 交换场序：改变视频素材的场优先顺序，使其能够匹配所使用的视频编辑卡以及得到正确的回放。

(2) 处理选项，有以下 4 种：

① 无：设置视频素材为逐行扫描，不存在场优先设置。

② 交错相邻帧：将连续的非交错帧转换为交错的场。由于很多动画生成软件不能生成交错帧动画，这样与其他视频编辑卡采集的视频素材规格可能不统一，使用这个选项可

以将 60FPS 的非交错帧动画转换为 30FPS 的交错帧视频。

③ 总是反交错：将交错的场转换成非交错的帧。这样，Premiere Pro CS5 会丢弃一个场而保留在项目初始设置选项中指定的场(上场或下场)。如果指定的是无场，Premiere Pro CS5 会自动保留上场，但是若选择了“交换场序”选项也会保留下场。

④ 消除闪烁：消除图像中水平细线的闪烁。内部机制是对上、下两个场作轻微的模糊，使一个如同一条扫描线一样细的元素可以出现在两个场，这样就不会出现闪烁。

5.4.3 使用脱机文件

脱机文件是当前并不存在的素材文件的占位符，可以看做是一种特殊的素材，可以记忆丢失的源素材的信息，也可以记忆已经编辑过的素材的信息，还可以与其他真实素材一样进行编辑操作。在实际工作中当遇到素材文件丢失时，不会毁坏已经编辑好的项目文件。当脱机文件在项目窗口的列表视图中显示的媒体类型信息为 Offline，如图 5-55 所示。时间线窗口视频轨道上的脱机文件在节目监视器窗口中会显示“媒体脱机”信息，如图 5-56 所示。脱机文件只是起到占位符的作用，在节目的合成中没有实际内容。如果最后要在 Premiere 中输出的话，要将脱机文件用采集的素材文件替换或定位链接硬盘上的素材。

图 5-55　脱机文件

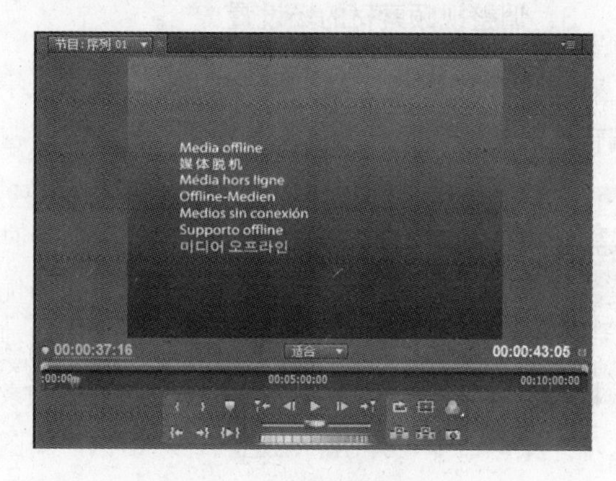

图 5-56　媒体离线脱机

1. 脱机文件的使用

脱机文件的使用并不完全是一种被动的补偿手段，而是在很多情况下成为一种主动的工作方法。例如，当使用设备控制或批量采集素材时，可以使用记录了日志的一组脱机文件作为规划模板。

重新采集项目中正在使用的某些素材时，要先将在线的素材文件变成脱机文件后再采集。执行“项目”|“造成脱机”菜单命令，弹出“造成脱机”对话框，如图 5-57 所示，选择适当的选项，单击“确定”按钮，该素材文件就变成了脱机文件，原来的在线素材文件既可以保留在原来的硬盘中，也可以被删除。

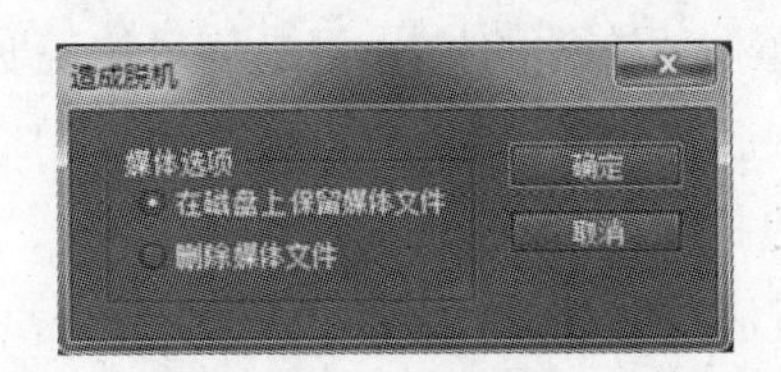

图 5-57　造成脱机

当素材已经被记录了日志但还没有进行采集时，可以在项目窗口或在项目序列的时间线窗口进行管理和编辑操作脱机文件。当这些脱机文件被实际采集时，在项目窗口和时间线中能够被相应地替换。

当源素材文件被删除或移动位置后，可以使用脱机文件作为占位符，以备后来用其他素材重新定位或替换。脱机文件只起到占位符的作用，虽然可以被管理和编辑，但在作品的编辑合成中没有实际的内容。最后要生成影视媒体作品输出，就必须要将脱机文件用采集的素材或其他素材文件替换或定位。

2. 脱机文件的设置

在编辑过程中，应该根据编辑工作的需要来创建和设置脱机文件，执行“文件”|“新建”|“脱机文件”菜单命令，弹出“新建脱机文件”对话框，如图 5-58 所示。单击“确定”按钮后，弹出“脱机文件”设置对话框，如图 5-59 所示。

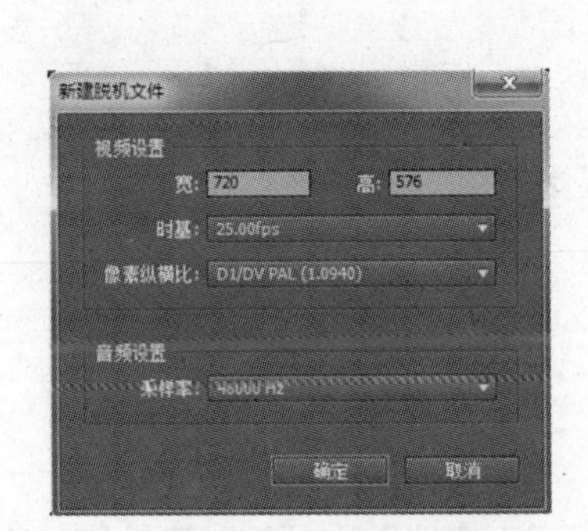

图 5-58　新建脱机文件

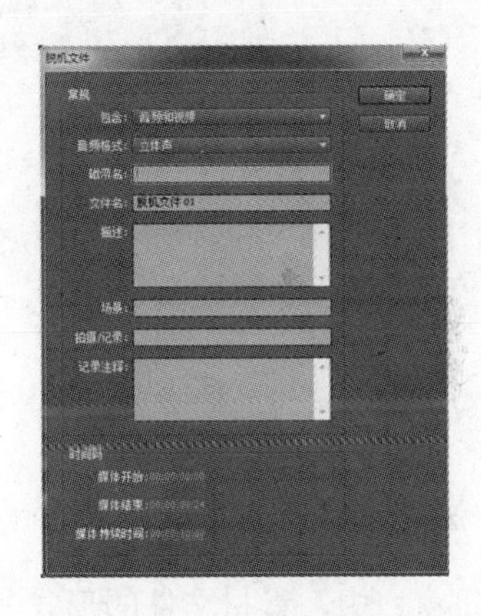

图 5-59　脱机文件

(1) “常规”设置，包括 8 个选项。

① 包含：用来设置脱机文件的类型，有“音频和视频”、“视频”和“音频”3 个选项。

② 音频格式：用来设置脱机文件音频的格式，有“单声道”、“立体声”和“5.1 声道”3 个选项。

③ 磁带名：用来确定脱机文件的源素材磁带的名称。

④ 文件名：用来指定脱机文件的名称。

⑤ 描述：用来对脱机文件进行的备忘描述。

⑥ 场景：用来设置脱机文件的场景信息的说明。

⑦ 拍摄/记录：用来设置脱机文件的拍摄/记录信息的说明。

⑧ 记录注释：用来设置脱机文件的存储信息的说明。

(2) “时间码”设置，包括 3 个选项。

① 媒体开始：用来设置脱机文件开始位置的时间码。

② 媒体结束：用来设置脱机文件结束位置的时间码。

③ 媒体持续时间：用来显示脱机文件的持续时间。

3. 脱机文件的替换

在最后的影视作品生成和输出时，必须要用真实的素材文件替换脱机文件。在项目窗口中选中脱机文件，执行“项目”|“链接媒体”菜单命令，弹出“链接媒体”对话框，如图 5-60 所示，定位并选择要替换的真实文件，单击“选择”按钮即可。如果选择的脱机文件是采集时记录日志而产生的脱机文件，则需要执行“文件”|“批采集”菜单命令，脱机文件则被采集的素材替换。

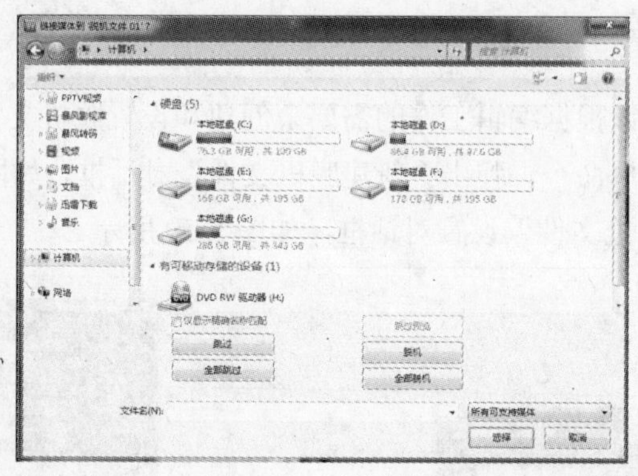

图 5-60　链接媒体

5.4.4　浏览与查找素材

1. 浏览素材

项目窗口中，素材文件的形式分为列表视图和图标视图两种，所有素材的名称和细节信息都会显示出来，并且可以进行查看、排序和调整等。

(1) 列表视图显示形式

执行项目窗口弹出菜单中的“视图”|“列表”命令，或单击窗口底部的“列表视图”按钮，项目窗口中的所有素材及其他文件都会按文字目录列表的形式排列，如图 5-61 所示。

为了便于根据特定属性快速评估、定位和管理素材，常对目录列表浏览栏选项进行设置。单击项目窗口右上角的弹出菜单，选择“元数据显示”选项，在弹出的“元数据显示”对话框中展开“Premiere Pro 项目元数据”参数，在选项卡中进行选择，如图 5-62 所示。被选择的属性信息在项目窗口中全部显示出来，用户可以一目了然地浏览。

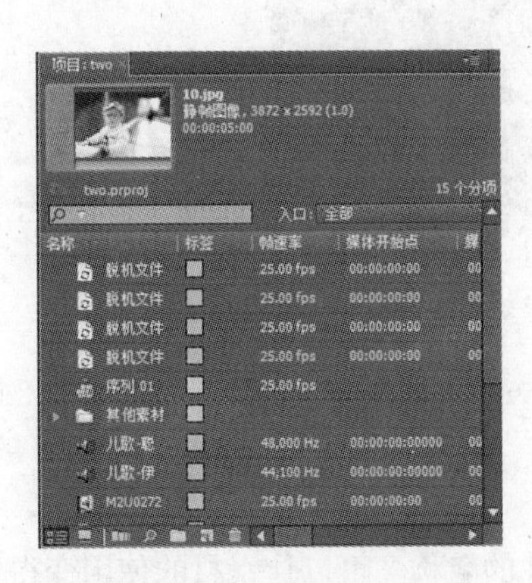

图 5-61　列表视图

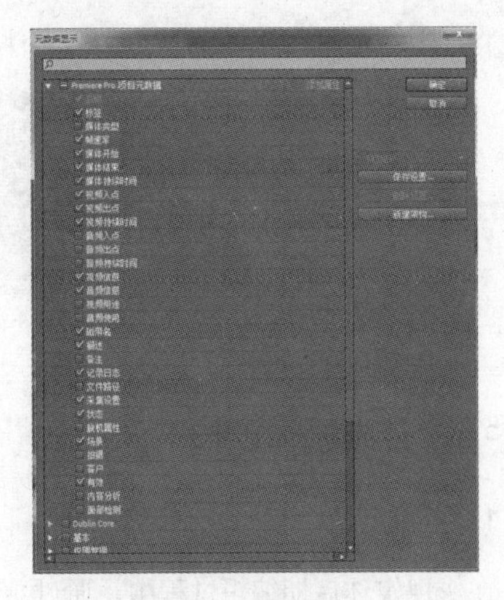

图 5-62　元数据显示

单击每个列表主题，都可使素材文件的上下排列顺序按照一定的规则改变。素材文件的这种显示形式便于编辑人员全面地掌握素材的有效信息，便于查看素材的分类和嵌套管理情况。

(2) 图标视图显示形式

执行项目窗口弹出菜单中的“视图”|“图标”命令，或单击查看底部的“图标视图”按钮，项目窗口中的所有素材及其他文件都会按图标视图的形式排列，如图 5-63 所示。同样可以通过选择弹出菜单中的“缩略图”|“关”选项，即取消“关”选项的选择，在图标列表的左端出现素材缩略图，还可以通过弹出菜单的“缩略图”选项中的“小”、“中”和“大”选项设置缩略图的大小。

图 5-63　图标视图显示

图标视图显示方式只标示了素材文件的名称，信息量比较少，但占用项目窗口空间较少，标识画面更清晰，因而可以同时显示更多的素材文件，更便于识别素材、了解素材信息，便于编辑人员的使用和取舍。

2. 查找素材

在项目使用素材不多的情况下，用户可以在项目窗口中轻松地浏览并定位素材。但如果在素材文件数量大、文件文件夹多的情况下，再通过拖拽滚动条的方式来查找素材会变得既费时又费力。使用项目窗口中的“查找”命令，可以快速查找所需要的素材，从而极大地方便了用户操作。执行项目窗口弹出菜单“查找”命令，或在项目窗口空白区域右击选择“查找”命令选项，或单击项目窗口底部的“查找”功能按钮，均可打开素材“查找”对话框，如图 5-64 所示。先在“列”选项设置查找范围和“操作选项”设置好查找方式后，在“查找目标”输入框中输入关键字，单击“查找”按钮就可以开始素材的查找，项目窗口中将出现包含了对应关键字的素材文件。

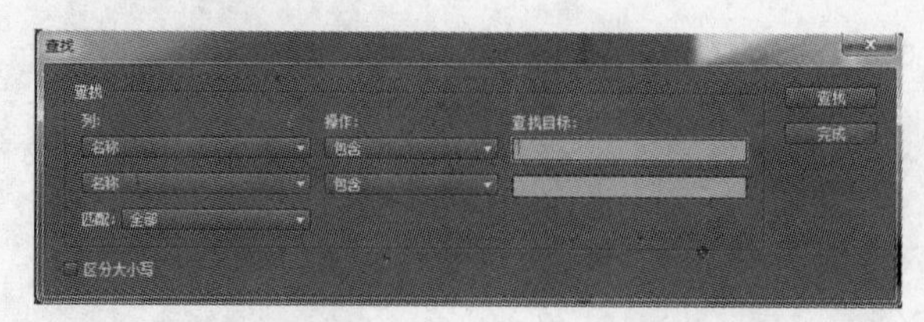

图 5-64　查找素材

5.4.5　重命名与清除素材

1. 重命名素材

在影视媒体后期编辑过程中，通过更改素材文件的名称，可以让素材的使用变得更加方便、准确。在项目窗口中，单击素材名称后，该素材名称将处于可编辑状态。此时，只需输入新的素材文件名称，即可完成重命名素材的操作。

2. 清除素材

在影视媒体后期编辑过程中，清除多余的素材文件，能够减少管理素材的复杂程度。清除素材的操作非常简单。Premiere 提供了多种操作方法，一是可以通过项目窗口的弹出菜单清除素材文件，二是可以通过右击清除素材文件，三是可以通过“清除”按钮清除素材文件，四是可以通过“项目”｜“移除未使用的资源”。需要指出的是，当所清除的素材已经被应用于时间线窗口的序列中时，Premiere 将会弹出警告对话框，提升序列中的相应素材会随着清除操作而变成脱机文件，如图 5-65 所示。

图 5-65　清除素材提示

5.5　本章小结

本章介绍项目创建的初始设置以及优先项设置的基本操作方法，讲授了素材采集、导入和管理的基本方法与策略。项目创建与素材管理是影视媒体非线性编辑工作的起点，是项目的基础性工作，直接决定了作品质量和制作效率，也是优化编辑工作的有效措施。因此，学习者要深入体会项目创建和优先项设置的真正意义，熟练掌握素材采集、导入和管理的基本思路和方法，为顺利完成影视作品的后期编辑工作提供一个良好的工作环境。

5.6　思考与练习

1．启动 Premiere Pro CS5 后，直接单击欢迎界面中的__________按钮，即可创建新的项目文件。

2．在使用 Premiere 制作影片的过程中，所有操作都是围绕__________进行的，因此对其进行的各项管理、配置工作便显得尤为重要。

3．__________是将模拟摄像机、录像机、电视机输出的视频信号，通过专门的模拟或者数字转换设备，转换为二进制数字信号后存储于计算机的过程。

4．在__________窗口中，Premiere 共提供了图标视图和__________两种不同的视图模式。

5．在“新建项目”对话框的“常规”选项卡中，用户可直接对项目文件的名称和保存位置，以及__________和视音频素材显示格式等内容进行调整。

A．轨道数量　　B．序列参数　　C．视频画面安全区域　　D．暂存盘设置

6．保存项目副本和项目另存为的区别在于__________。

A．当前项目会随着项目另存为操作的结束而发生改变，保存项目副本则不会

B．多数情况下，两种操作的结果是一样的

C．当前项目会随着保存项目副本操作的结束而发生改变，另存为项目则不会

D．无任何差别

7．在采集视频的过程中，能够辅助用户进行采集工作的硬件设备叫做__________。

A．视频卡　　B．电视卡　　C．显卡　　D．视频采集卡

8．将素材导入 Premiere 后，素材文件会出现在__________窗口中。

A．素材源　　B．项目　　C．时间线　　D．媒体浏览

9．__________是用来描述数据的数据，它在 Premiere 中的作用是描述素材的镜头名称、拍摄地点、编辑点和切换等。

A．元标签　　B．元数据　　C．源数据　　D．初始数据

10．如何理解项目？

11．如何保存项目副本？

12．什么是素材采集？素材采集的方式有哪些？

13．简述素材导入的方法。

14．简述素材管理的方法。

15．如何查找素材？

第6章　创建与编辑序列

非线性编辑的主要操作就是创建与编辑序列，也就是如何将一个个的片段组接起来。在编辑序列的过程中，监视器窗口是必不可少的工具，使用监视器窗口是编辑序列是众多编辑手法中的一种，而时间线窗口是实现片段组接最主要的操作窗口，通过时间线窗口的操作，几乎可以完成短片所有的编辑。本章将全面来研究如何创建与编辑序列。

本章学习目标：

1．熟练掌握各个编辑工具的作用及基本编辑方法；

2．熟练掌握向序列中添加素材的操作方法与技巧；

3．熟练掌握监视器窗口及其功能选项的操作方法；

4．熟练掌握时间线窗口及其功能选项的操作方法。

6.1　使用监视器窗口进行编辑

在一般状态下，非线性编辑软件有两个监视器窗口，Premiere Pro CS5 软件也一样，用户可以利用监视器窗口底部的控制面板，对素材进行预览或者是一些简单的编辑操作。

6.1.1　监视器窗口

在非线性编辑软件界面中，监视器窗口一般都占据非常显眼的位置，十分引人注目，如图 6-1 所示。监视器窗口通常包括两部分：左侧为素材源监视器，用来显示素材片段。在需要预览项目窗口或者时间线窗口的素材片段时，可以双击需要预览的素材片段，也可以用鼠标将其拖放到素材源监视器中，可以在素材源监视器中预览该素材；右侧为节目监视器窗口，用来显示当前的时间线或序列。左右监视器的底部都有控制面板，用于控制播放预览和进行一些简单的编辑操作。监视器底部的控制面板包括：标记入点、标记出点、播放、飞梭、微调等等，可以对素材进行控制和简单编辑。

图 6-1　监视器窗口

6.1.2　监视器中的时间控制装置

两个监视器的控制面板中都包含有用于时间控制的装置，其中有时间标尺、当前时间指针、当前时间显示、持续时间显示和显示区域条等，如图 6-2 所示。

图 6-2　时间控制装置

1. 时间标尺

Premiere Pro CS5 中时间标尺有两个，一个位于时间线窗口上部，此处所指的时间标尺是指监视器下方的时间标尺，属于监视器窗口。在素材源监视器和节目监视器的时间标尺中，也是用刻度的形式显示素材片段或序列的持续时间长度，其单位为“帧”，即素材片段的画面数。时间标尺上的时间指针精确的指示出了素材播放的每一帧。时间度量、显示与项目设置保持一致。每个时间标尺会在其相对应的监视器中显示标记，以及设置好调整入点和出点的位置。用户也可以通过拖拽当前监视器的时间指针，在时间标尺上调整当前的指针位置，快速的浏览素材。

2. 当前时间指针

在监视器的时间标尺上有一个蓝色的倒三角指针，精确指示当前帧的位置，用户也可以用鼠标单击随意拖动浏览不同时间点的视频素材。

3. 显示当前时间码

在每个监视器窗口的左下方，黄色的时间码显示当前帧的时间。所不同的是，在素材源监视器窗口，显示的是预览素材或者打开素材的当前时间，而在节目监视器中则显示的是时间线或序列中的当前时间。单击当前时间码，即可输入新的时间，单击回车键可以直接从新的输入时间进行预览素材，将鼠标指针放在上方进行拖动，也可以进行时间的更改。

4. 持续时间显示

每个监视器窗口的右下方，白色时间码显示打开素材片段或序列的持续时间。持续时间与素材片段或序列中入点到出点之间的时间不同，如果没有设置入点和出点，持续时间指的就是整段素材的时间长度，而当设置了入点和出点之后，持续时间指的是入点到出点之间的时间长度。

5. 显示区域条

每个监视器窗口中均有时间标尺上的可视区域。它是两个端点都带有柄的细条，在时间标尺和两个时间码之间。如果时间标尺不是最大尺寸时，可以用鼠标拖拽显示区域条以查看不同的时间区域，如果显示区域条为最大尺寸，则可以显示时间标尺的全部。用户可以通过拖拽显示区域条两端的柄改变显示区域条的长度，从而改变下方时间标尺的显示比例。

在监视器窗口或时间线窗口中，按住 Ctrl 键的同时单击时间显示，可以在完整的时间码和帧数统计显示时间进行切换。虽然节目监视器和时间线窗口中的素材是相关联的，指针位置也是同步的，但是，更改节目监视器窗口中的时间标尺和显示区域条不会影响到时间线窗口中的时间标尺和显示区域条。

6.1.3　监视器窗口的安全区域

在素材源监视器或节目监视器窗口下方的控制面板中有安全区域的按钮，如图 6-3 所示，单击可以打开动作安全区域参考线和字幕安全区域参考线，再次单击则安全区域指示线消失。安全区域仅仅是在编辑的时候提供参考，而不会在预览或者输出的时候显示。

图 6-3　安全区域

6.1.4　监视器窗口的场显示

在素材源监视器和节目监视器中可以通过不同的设置来显示交错视频素材的上场、下场或两场。对于逐行扫描的素材，此项设置在素材源监视器中无效。如果当前序列使用逐行序列的预设，此项设置在节目监视器中也是无效。在素材源监视器和节目监视器窗口右上角的弹出式菜单中选择“显示第一场”、“显示第二场”或“显示双场”，可以分别显示上场、显示下场或显示双场。

6.1.5　监视器窗口的显示模式

用户可以根据工作性质的不同，在两个监视器的视频显示区域选择以各种方式显示视频。在源监视器和节目监视器调板下方控制面板中，单击第一行最右侧的按钮，或者在两个监视器右上角的弹出菜单中也可以选择所需要的显示模式，如图 6-4 所示。它们分别为：合成视频、视频 Alpha 通道、矢量示波器、YC 波形、各种检测工具、播放/暂停分辨率、回放设置等。

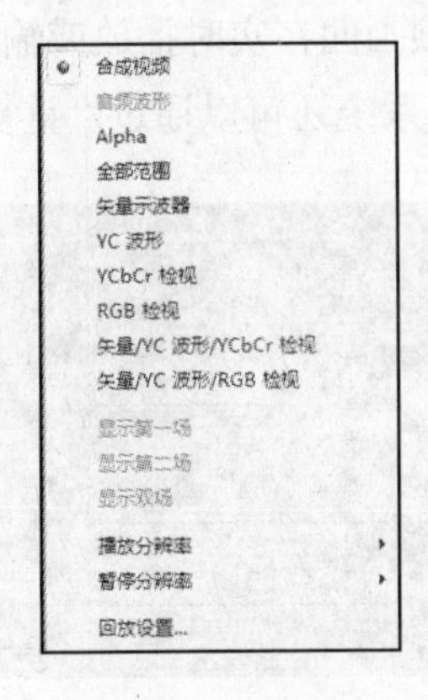

图 6-4　显示模式

(1) 合成视频：显示普通的视频素材画面，素材源监视器显示预览素材的画面，节目监视器中显示时间线窗口的素材画面，如图 6-5 所示。

(2) 视频 Alpha 通道：用灰度图的方式显示画面的不透明度。

(3) 全部范围：显示波形监视器、矢量范围、YCbCr 和 RGB 信号，如图 6-6 所示。

图 6-5　合成视频显示

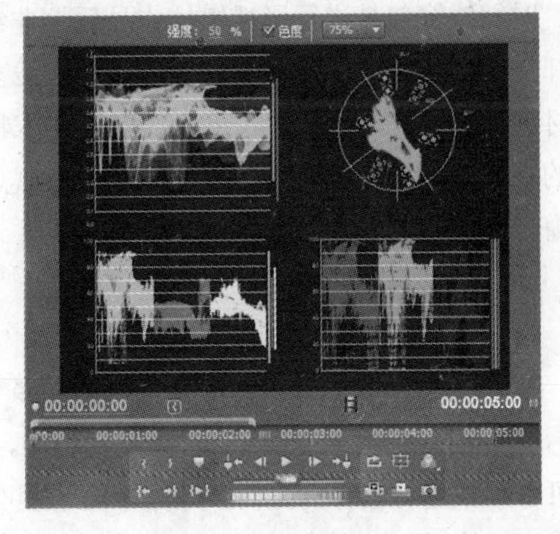

图 6-6　全部范围显示

(4) 矢量示波器：显示素材视频画面的矢量范围，用以测量视频的色差，包括色相和饱和度。

(5) YC 波形：显示视频素材基本波形，用以测量视频的亮度范围。

(6) YCbCr 检视：显示一个波形监视器，用以测量 Y、Cb 和 Cr 分量。

(7) RGB 检视：显示一个波形监视器，用以测量 R、G、B 分量信号。

(8) 矢量/YC 波形/YCbCr 检视：显示波形监视器、矢量范围和 YCbCr 信号。

(9) 矢量/YC 波形/RGB 检视：显示波形监视器、矢量范围和 RGB 信号。

(10) 播放/暂停分辨率：用来设置视频素材在播放或暂停时的画面效果，如图 6-7 所示，共有 5 个选项。

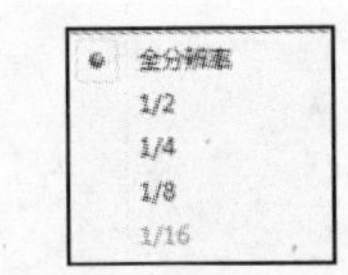

图 6-7　播放/暂停分辨率

(11) 回放设置：用来设置视频画面在实时播放或输出时的外部显示设备，如图 6-8 所示。如果编辑的 24P 格式的视频，系统还可以通过“重复帧”或“交错帧”方式加以转换。

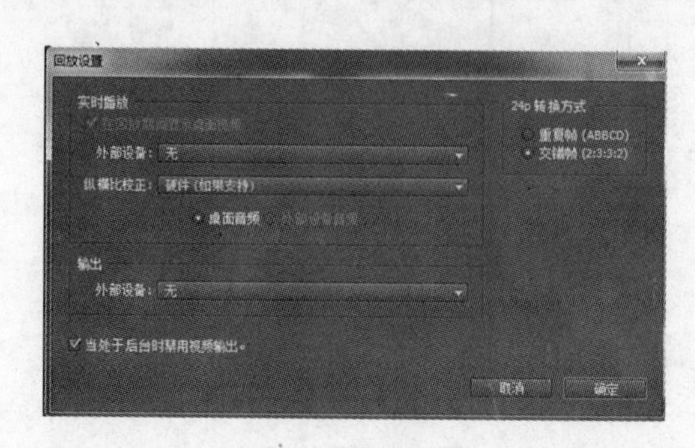

图 6-8　回放设置

6.2　使用时间线窗口进行编辑

时间线窗口是进行影视媒体作品后期非线性编辑的最主要的场所，几乎所有的编辑动作都是要在时间线窗口中完成的。在时间线窗口中可以将素材添加到时间线序列，可以对素材进行编辑、调整顺序，可以对素材加入特效、切换等等，也可以对多个视频或音频轨道的视频素材或音频素材进行整合编辑。总之，时间线窗口是非线性编辑极其重要的操作窗口。

6.2.1　时间线窗口

在时间线窗口中，一个序列可以包含多个上下平行的视频轨道和音频轨道，如图 6-9 所示。每个序列都可以出现在时间线窗口中，并且可以对时间线窗口命名，可以互相嵌套，也可以单独进行编辑、操作，序列中应该至少包含一条视频轨道和音频轨道，多个视频轨道和音频轨道可以用来对视频素材进行合成，同样，多轨音频轨道也可以对音频素材进行合成。如果预设的视频轨道和音频轨道不能满足编辑需要，可以进行增加。

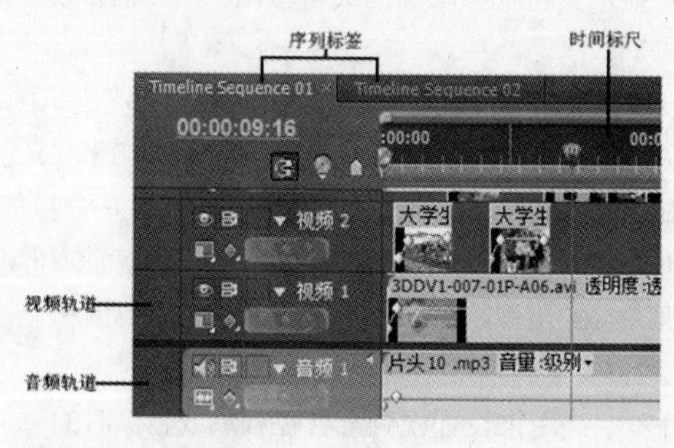

图 6-9　时间线窗口

6.2.2　时间线窗口控制

时间线窗口中包含很多的可控制装置，可以在编辑时方便操作，如图 6-10 所示。

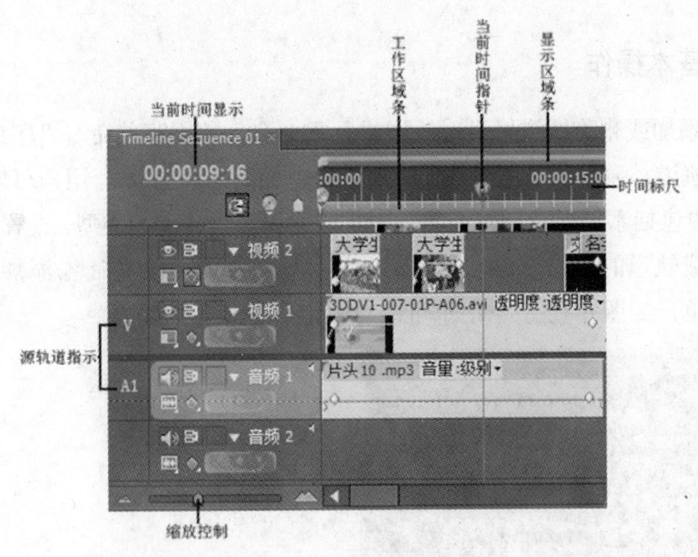

图 6-10　时间线窗口控制

(1) 当前时间显示：在时间线调板中显示的是当前的帧的时间码，单击当前时间显示以激活，可以输入新的时间，直接观看新的时间点的素材，也可以将鼠标指针放在当前时间显示上面进行拖拽以更改时间。

(2) 显示区域条：显示区域条位于时间标尺的上面，时间线调板中序列的可视区域。可以通过拖拽工作区域条的方式来改变显示区域条的长度和位置，以显示区域的不同部分，可以对素材进行放大或缩小，编辑素材更微小的细节。

(3) 工作区域条：对要进行浏览或输出的部分进行设置，尤其是输出的时候，工作区域条的长短决定着输出影片的长短。

(4) 当前时间指针：在时间线序列中当前帧指针显示的位置，当前帧会在节目监视器中进行显示。当前时间指针在时间标尺上显示为一个蓝色倒三角指针。向下延伸出来的是一条红色时间指示直线纵向贯穿整个时间线调板。可以通过拖拽当前时间指针改变当前的显示时间，查看不同时间的素材，在节目监视器上显示。

(5) 时间标尺：使用与项目设置保持一致的时间度量方式，横向测量序列的时间。刻度和相应的数字沿标尺进行显示，以指示序列时间。时间标尺上也会显示在节目监视器调板中设置的标记、序列的入点和出点等图标。

(6) 缩放控制：位于时间线面板的左下方，用于改变时间标尺的显示比例，可以增加或减少显示细节。

(7) 源轨道指示：标识在源监视器中进行显示的视频或音频素材。

6.3 轨道的控制与操作

6.3.1 轨道基本操作

用户可以添加或删除轨道以及对轨道进行重命名。使用菜单命令“序列” | “添加轨道”可以添加轨道，弹出“添加视音轨”对话框，如图 6-11 所示。用户可以对添加的轨道进行选择，其中包括添加视音频轨道的数量、位置和音频轨道的类型，设置完毕，单击“确定”按钮，完成轨道的添加，也可以在轨道名称处右击，弹出重命名/添加轨道/删除轨道/指派源视频菜单，如图 6-12 所示，也可以对轨道进行相关的操作。

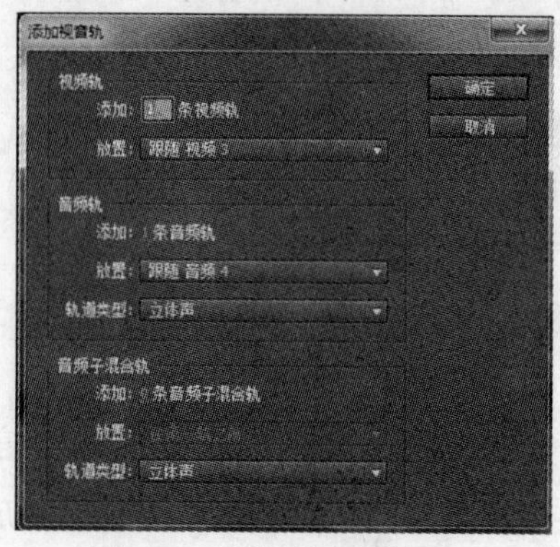

图 6-11　添加视音频轨道

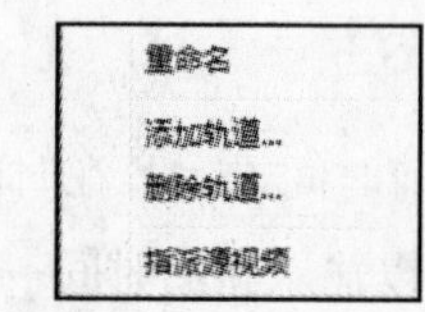

图 6-12　轨道右键菜单

6.3.2 设置轨道显示

编辑人员可以根据自己的需求对轨道显示进行不同的设置，以不同的方式显示每条轨道以及其中的每一个素材片段。

1. 视频轨道显示

单击视频轨道名称左边的三角形按钮，可以将轨道展开。在轨道的控制区域中单击“设置显示样式”按钮，在弹出的下拉列表中可以选择不同的显示方式，如图 6-13 所示。

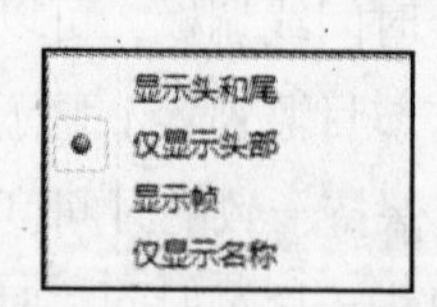

图 6-13　视频轨道显示样式

(1) 显示头和尾：在每一个素材片段的开始和结束位置显示入点帧和出点帧的缩略图。

(2) 仅显示头部：仅在每一个素材片段的开始位置显示入点帧的缩略图。

(3) 显示帧：在每一个素材的全部范围连续显示每一帧的缩略图。

(4) 仅显示名称：只显示素材的名称。

视频轨道的 4 种显示样式效果的比较，如图 6-14 所示。

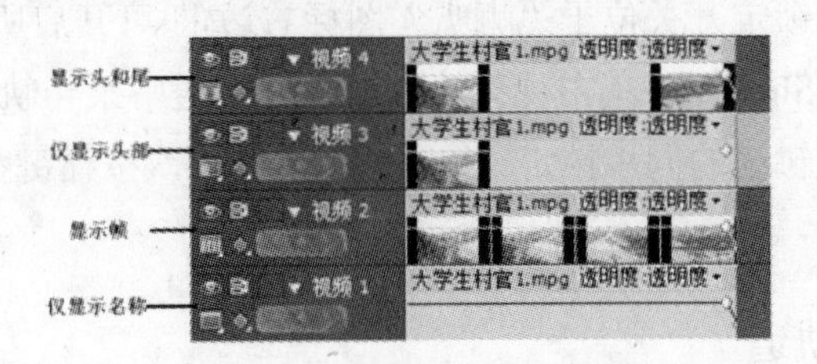

图 6-14　视频轨道显示样式对比

2. 音频轨道显示

单击音频轨道名称左边的三角形按钮，可以展开音频轨道。在轨道的控制区域中单击“设置显示样式”按钮，在弹出的下拉列表中可以选择不同的显示方式，如图 6-15 所示。

(1) 显示波形：在整个音频素材上按照音频的高低显示波形。

(2) 仅显示名称：在整个音频素材上只显示素材的名称。

音频轨道的两种显示样式效果的比较，如图 6-16 所示。

图 6-15　音频轨道显示样式

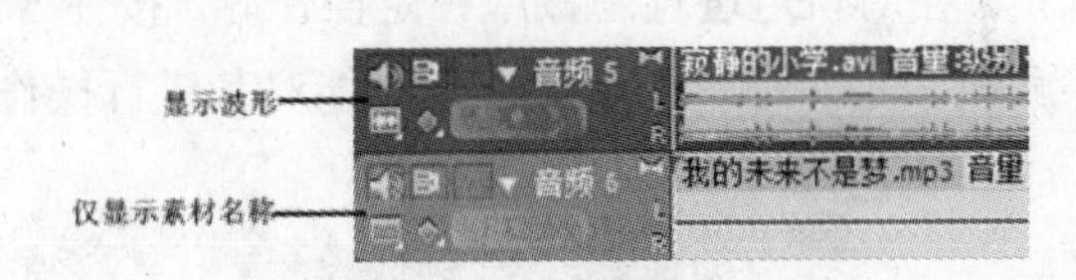

图 6-16　音频轨道显示样式比较

在音频和视频轨道中均可利用设置关键帧来改变素材。单击视频轨道控制区域中的显示关键帧按钮，可以在弹出的菜单中选择显示素材片段关键帧、显示素材音量、显示轨道关键帧、显示轨道音量或隐藏关键帧。在时间线调板可以设置并且调节关键帧，单击视频轨道控制区域中的显示关键帧按钮，可以在弹出的菜单中选择显示关键帧、显示透明控制度(或隐藏关键帧)。

非线性编辑人员可以根据自己的使用习惯或需要来设置时间线轨道的显示风格，用不同的显示方式来显示轨道及其中素材片段的信息。显示的资源越多则占用的资源越多，因此，对计算机硬件的要求很高，所以，在使用时需注意。

6.3.3　轨道同步锁定

如果编辑者需要进行插入、波纹删除或波纹编辑的操作项目时，启动轨道的同步锁定，可以对需要锁定的轨道进行设定。当包含素材片段的轨道处于同步锁定的状态时，将会随着操作二队轨道中的内容进行调整；反之，则不会受到任何影响。例如，想要移动视频 1 轨道和音频 1 轨道的所有素材，但是保留其他轨道的素材不动，则可开启视频 1 轨道和音频 1 轨道的同步锁定，如图 6-17 所示。

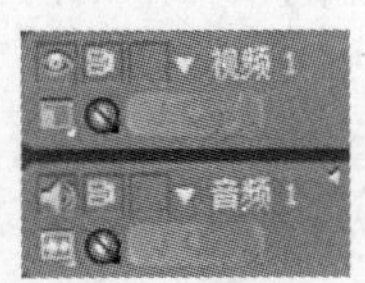

图 6-17　同步锁定

设定轨道同步锁定步骤如下。

(1) 单击视频或音频轨道的同步锁定开关(视频轨道中同步锁定开关位于“眼睛”图标右边，音频轨道中同步锁定开关位于“喇叭”图标右边)即可开启所选轨道的同步锁定。

(2) 按住键盘上的 Shift 键，单击视频轨道或音频轨道中某一轨道的同步锁定开关，可以开启所有视频或音频轨道的同步锁定。如要关闭，可再次按住键盘上的 Shift 键，单击同步锁定开关即可。

6.3.4　隐藏与锁定轨道

如果暂时不需要预览轨道上的素材，可以对其进行隐藏，在比较复杂的序列里往往有多条轨道，当需要对其中的几条轨道进行编辑而不想受其他轨道的影响，则可以对其他轨道进行隐藏。单击轨道控制区域的眼睛图标或喇叭图标。

在编辑的时候，为了防止操作不当而对一些素材进行错误的操作，可以对一些素材进行锁定。为了保持素材片段的视频与音频同步，需要将视频轨道和与之对应的音频轨道分别进行锁定。单击轨道控制面方框，会出现锁的图标，将轨道锁定后，轨道上的素材会显示斜线如图 6-18 所示。再次单击锁的图标，图标与轨道素材上的斜线会消失，轨道连同被解除锁定。在对轨道进行隐藏或锁定操作时，按住 Shift 键，可以同时将所有同类型的轨道进行隐藏或锁定。锁定的轨道只是不能对其进行操作，但是可以对其进行预览和输出。

图 6-18　轨道锁定

6.4　序列控制

将所采集的素材按照顺序分配到时间线上就是装配序列。这是进行非线性编辑的首要步骤。采集素材并将素材导入素材库，如果不将素材添加到时间线序列里面则不能对其进行编辑。可以使用鼠标将所要编辑的素材拖入到时间线上，也可以使用监视器窗口底部的控制面板中的按钮或快捷键将素材按要求添加到时间线上。一般使用前者，操作简单，直观。还可以使用项目面板底部的自动匹配序列将素材片段添加到时间线序列中，选中要添加的素材，单击自动匹配序列图标，对添加方式进行设置，即可将素材添加到时间线序列当中。

6.4.1　在素材源监视器窗口剪辑素材

在素材源监视器窗口中编辑素材，首要确定的是需要素材的哪一部分，可以利用设置入点和出点对素材进行截取。选取要添加素材的第一帧为入点，最后一帧为出点，设置好之后，可以将所选取的素材直接拖拽到时间线序列中进行再次剪辑。

双击时间线窗口或项目窗口中即将进行编辑的素材片段，可以将素材在素材源监视器窗口中打开，将当前指针放在想要设置入点的位置，可以在源监视器控制面板中单击“设置入点”，将当前编辑点设置为入点，将当前指针放在想要设置出点的位置，可以在素材源监视器控制面板中单击“设置出点”，将当前编辑点设置为出点。如图 6-19 所示，再将这一段设置好入点、出点的素材拖拽到时间线窗口中，就可以进行剪辑了。插入编辑会影响到其他视频素材片段，有可能会覆盖其他素材，如果不想其他素材受到影响，可以将这些轨道进行锁定。

图 6-19　设置入点和出点

在素材源监视器窗口的时间标尺上，设置的入点和出点之间深色部分中心带条纹的柄，将鼠标放在这条柄中间，鼠标会变成一只手的形状，可以同步移动入点和出点的位置，如果是序列中的素材，则还可以在源监视器中同时并排显示入点和出点的帧画面。

对于音频素材，则需要按住 Alt 键，然后将鼠标放在波形上方或者时间标尺上入点和出点之间的深色区域，鼠标会变成手的形状，同时也可以向左或向右拖拽，移动入点和出点之间的位置，但此操作方式也适用于节目监视器中。在素材源监视器和节目监视器窗口的控制面板中单击跳转到入点，将当前时间指针移动到入点的位置，单击跳转到出点，将当前时间指针移动到出点的位置。按住 Alt 键的同时，单击设置入点和出点按钮，也可以将对应的入点和出点删除。

6.4.2　插入和覆盖编辑

对于视频素材进行插入和覆盖的编辑是经常需要，无论采用哪种方法添加素材片段，都可以选择插入编辑或覆盖编辑的方式将素材添加到序列中。覆盖素材是将素材添加到指定轨道上的某一位置，覆盖掉原来的部分素材片段。插入编辑就是将素材插入到序列当中指定轨道的指定位置，序列从此位置被分开，后面的素材被移动到素材的出点之后。插入编辑和覆盖编辑都会影响到未锁定轨道上的素材片段，如果不想对这些轨道上的素材进行改变，最好将其锁定。

6.4.3　设置添加素材的目标轨道

一个时间线序列中会包含多个视频和音频轨道，因此，在添加素材片段之前，应该设定此素材要占用的轨道，具体的设置方式可以根据编辑人员的需要选择。

如果使用拖拽素材的方式向时间线窗口序列添加素材，那么，最后拖放到的轨道即为目标轨道。在拖放素材的同时按住键盘上的 Ctrl 键，采用的是插入素材的添加方式，在添加的同时，会显示一条排列多个三角形的竖线，这条竖线显示要添加素材的位置，放开鼠标则素材添加到指定的位置。三角形竖线的标记将指示其中的内容要受到影响的轨道。

如果使用素材源监视器向轨道中添加素材片段时，必须预先设置目标轨道。利用素材源监视器添加素材，可以一次性设置不止一个目标视频轨道和目标音频轨道，也可以仅设置一个目标视频轨道和目标音频轨道。在时间线调板中，单击轨道控制区域，则其色彩由暗变亮并且显示圆角边缘，如图 6-20 所示，表明目标轨道被选中。

通过拖拽素材源轨道指示，可以将素材源监视器窗口中的素材片段的轨道映射到序列中一个或多个轨道中。源轨道指示标识源素材片段的轨道被分配到序列中的一个或多个所选轨道中。只有当音频轨道匹配源素材片段声道结构时才能被设置为音频源轨道。

图 6-20　被选中的目标轨道

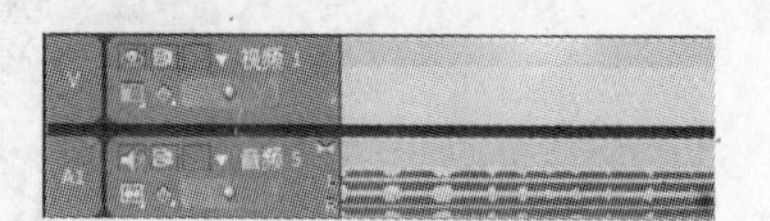

图 6-21　拖拽源素材至目标轨道

不管使用哪一种方式来添加素材片段，无论是直接进行拖拽还是使用素材源监视器窗口上的叠加按钮(将源监视器中设置好入点和出点的素材添加到时间线轨道上，但是有可能会覆盖轨道上的素材)或插入按钮(将源监视器中设置好入点和出点的素材添加到时间线轨道上，但是只是插入在时间线当前指针所在的位置)，只要使用叠加编辑，就会对目标轨道的素材有所影响。如果使用插入编辑，不但素材片段会被添加到目标轨道上，而且其他未锁定并且在同一轨道上的素材也会相应的做出调整。

6.4.4　拖放添加素材

将素材添加到时间线轨道上，最直接、最简便的方法就是将素材直接从项目窗口或素材源监视器窗口中拖拽到相应的时间线轨道上。如果拖动的素材是包含音频的视频文件，可以用下列方法将其区分开。

(1) 直接从项目调板或源监视器拖动，可以同时使用素材的视频和音频部分。

(2) 仅仅拖拽视频标记：只会拖拽素材的视频部分。

(3) 仅仅拖拽音频标记：只会拖拽素材的音频部分。

在默认的状态下拖拽素材到相应轨道，将会以叠加编辑的方式将素材添加到时间线序列轨道中；按住 Ctrl 键进行拖拽，则会以插入编辑的方式将素材添加到时间线序列轨道中；在按住 Ctrl 键的同时按住 Alt 键拖拽素材，将会在仅仅更改目标轨道的情况下，以插入编辑的方式将素材添加到时间线序列轨道中。

运用节目监视器调板，可以确认插入素材的具体位置。当进行覆盖编辑时，在节目监视器中显示素材片段新位置前后两个剪辑点的帧画面，如图 6-22 所示；当进行插入编辑时，其中显示插入点的前后两个剪辑点的帧画面，如图 6-23 所示。

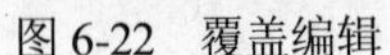

图 6-22　覆盖编辑

图 6-23　插入编辑

用户也可以向节目监视器窗口中直接拖拽或按住 Ctrl 键的同时进行拖拽，以覆盖或插入的方式向时间线序列轨道中添加素材。从项目调板和源监视器窗口中将素材拖放到顶端视频轨道的上方或底端音频轨道的下方空白处，都可以在添加素材片段的同时添加相应的轨道，以承载素材。

6.4.5　三点和四点编辑

使用鼠标添加素材是最简单最直接的方式，除了这种方式，还可以使用监视器窗口底部控制面板中的按钮进行三点或四点编辑，将素材添加到时间线序列轨道中。所谓三点和四点编辑，指的是传统视频编辑的最基本技巧，“三点”和“四点”指的是入点和出点的个数。

1. 三点编辑

三点编辑，通过设置两个入点和一个出点或一个入点和两个出点对素材在序列中进行定位，第四个点则会被自动计算出来。例如，典型的三点编辑方式是设置素材的入点和出点以及素材的入点在序列中的位置(即序列的入点)，素材的出点在序列中的位置(即序列的出点)会通过其他三个点被自动计算出来。任意三个点的组合都可以完成三点编辑操作。

使用在监视器窗口控制面板底部的设置入点按钮和出点按钮，或者键盘上的快捷键 I 和 O，为监视器窗口中的素材设置所需的三个入点和出点；再使用插入编辑按钮或覆盖编辑按钮或快捷键“，”或“.”，将素材以插入编辑或叠加编辑的方式添加到序列中的指定轨道上，就可以完成三点编辑。

2. 四点编辑

四点编辑需要设置素材的入点和出点以及序列的入点和出点，通过匹配对齐将素材添加到序列中，方法与三点编辑类似。如果标记的素材和序列的持续时间不同，在添加素材时会弹出对话框，在其中可以选择改变素材速率以匹配标记的序列。当标记的素材长于序列时，可以选择自动修剪素材的开头或结尾；当标记的素材短于序列时，可以选择忽略序列的入点或出点，相当于三点编辑。设置结束，单击“确定”按钮，完成编辑操作。

6.4.6　自动添加素材

利用自动添加素材功能可以迅速地整合以进行粗剪，亦可以自动添加素材片段到序列中去，而且自动生成序列可以包含默认的切换效果。

给每个视频素材设置入点和出点。用拖拽的方式，在项目窗口中对视频素材进行排序或使用图表来设置故事板。选择将要进行自动添加的多个素材，在项目窗口的下方单击自动添加到时间线序列按钮，在弹出的“自动匹配到序列”对话框中设置素材片段的排列顺序、添加方式和切换等其他选项，如图 6-24 所示。设置结束，单击“确定”按钮，所选素材自动按顺序添加到序列中。

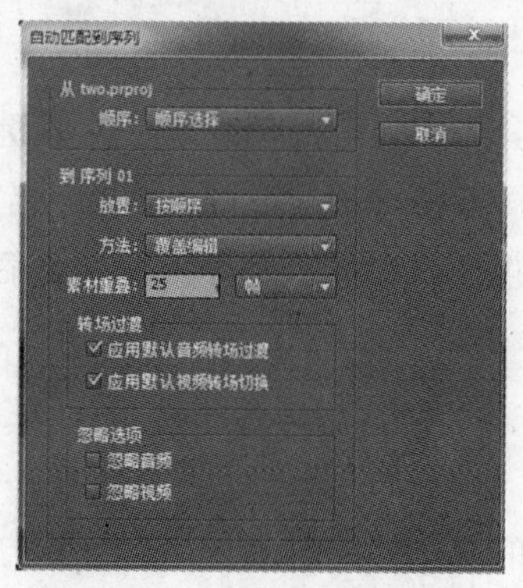

图 6-24　自动匹配到序列

6.4.7　素材的替换

如果时间线序列上的某个素材因为不适而需要替换掉时，可以使用素材替换功能从项目窗口中选择新的素材进行替换。这种替换方式可以保持素材片段的各属性及效果设置。

双击用来替换的素材，使其在源监视器中显示，并且设置入点和出点。素材的替换一般有以下几种方式：按住 Alt 键，从项目窗口或监视器窗口中将用来替换的素材拖放到时间线窗口中被替换的素材上，使用新素材的入点，替换结束；按住 Shift+Alt 键，从项目窗口或监视器窗口中将用来替换的素材拖放到时间线窗口中被替换的素材上，使用原素材的入点，替换结束；也可以在需要替换的素材片段上右击，弹出“替换素材”下拉菜单，如图 6-25 所示，用户再根据自己的需要从 3 种替换方式中选择。

图 6-25　素材替换方式

(1) 从源监视器：从素材源监视器中显示的素材进行替换，按照入点进行匹配。

(2) 从源监视器、匹配帧：从素材源监视器中显示的素材进行替换，按照帧进行匹配。

(3) 从文件夹：从素材库或者项目面板中选择素材进行替换。

6.5　编辑序列的素材

将素材添加到时间线序列中后，就需要在时间线中对素材进行编辑，已达到自己的最终目的。在时间线中有强大的编辑工具，可以在时间线调板中对素材完成较复杂的编辑。

6.5.1　选择素材的方法

切换到选择工具，单击要选择的素材片段；按住 Alt 键，单击链接片段的视频或音频部分，可以单独选中视频或音频素材。

如果要选取多个素材片段，按住 Shift 键，使用选择工具逐个单击需要选择的素材片段，或使用选择工具拖拽区域，可以将所拖拽区域的所有素材片段全部选中。

可以使用轨道选择工具单击轨道上需要选择的素材片段，也可以选择此素材以及同一轨道上其后的所有素材片段。按住 Alt 键，使用轨道选择工具单击轨道中链接的素材片段，可以单独选择素材片段中的视频或音频部分。按住 Shift 键，使用轨道选择工具单击不同轨道上的素材片段，可以选择多个轨道上所需的素材片段。总之，选择素材的方法很多，用户可以根据自己的习惯和需要使用最快捷的方法。

6.5.2　编辑素材的方法

在时间线调板中，素材片段是按时间顺序在轨道上从左至右排列的，并且按照合成的顺序从上至下分布在不同的时间轨道上。使用选择工具，拖拽素材片段到时间线轨道上，可以将其移动到相应轨道的任何位置。如果时间线窗口的“自动吸附”按钮是处在开启状态，那么，在时间线上移动素材片段的时候，会将其与一些特殊点自动对齐。

在使用选择工具的时候，当鼠标移动到素材片段的入点和出点的衔接处，会出现入点和出点图标，可以通过拖拽素材片段的入点和出点设置素材的长度。

在菜单栏中，使用菜单命令“剪切”|“复制”|“粘贴”|“清除”，可以对素材进行剪切、复制、粘贴和清除操作，其对应的快捷键分别为 Ctrl+X、Ctrl+C、Ctrl+V、Delete。复制过的素材会保留原素材各个属性的值和入点出点位置，并保持原有的排列顺序。

6.5.3　分割与伸展素材片段

对一段素材进行不同的操作或施加不同的效果，需要先将素材片段进行分割。使用剃刀工具，单击素材片段上想要分割的地方，可以从此点将素材片段一分为二。按住 Alt 键，使用剃刀工具，单击链接的素材片段上某一点，则仅对单击的视频或音频素材部分进行分割。按住 Shift 键，单击素材片段上某一点，可以以此点将所有未锁定的轨道上的素材片段进行分割。使用菜单命令“序列”|“剃刀：切分轨道”或快捷键 Ctrl+K，可以以时间指针所在的位置为分割点，将未锁定轨道上穿过此位置的所有素材片段进行分割。

对素材片段进行快放或慢放的操作，可以更改素材片段的播放速率和持续时间。对于同一个素材片段就，其播放速率越快，持续的时间就会越短，反之，速率越慢，持续的时间就会越长。使用速率伸展工具对素材片段的入点或出点进行拖拽，可以更改素材片段的播放时间和播放速率。可以使用菜单命令“素材”|“速度/持续时间”或快捷键 Ctrl+R，弹出“素材速度/持续时间”对话框，如图 6-26 所示。对素材片段的播放

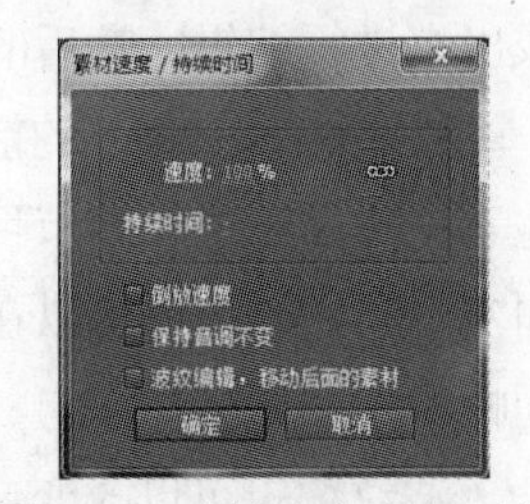

图 6-26　素材速度/持续时间

速率和持续时间进行精确地调节，还可以通过选中“倒放速度”复选框，将素材片段的帧顺序进行反转。

素材片段的速率被改变以后，部分画面可能会出现抖动或者闪烁的现象，可以为视频素材创建新的插补帧以平滑动作。使用菜单命令“素材” | “视频选项” | “帧混合”，可以开启或者关闭帧混合选项。在默认状态下，帧混合是开启的。

6.5.4 链接素材与群组素材

在默认状态下，含有音频的视频素材被添加到轨道上以后，视频部分和音频部分是链接的，对视频和音频任何一部分进行操作，都会影响到另一部分(如在切割视频素材的同时，音频也被分割开)。如果需要对其中一部分进行单独操作，可以右击素材，在弹出的菜单中，执行“解除视音频链接”命令，可以对视频和音频进行分开，解除链接关系。也可以，使用菜单命令“素材” | “解除视音频链接”，也可以解除链接关系，使一个具有视频和音频两部分的影片素材变为以个独立的视频部分和音频部分，从而可以对其进行单独操作。如果需要将剪辑好地单独的视频和音频重新链接，使用链接命令即可。链接素材只能针对一个视频素材和一个音频素材，不能对同类型的素材片段进行链接。

可以将多个素材片段进行结组，使其成为一个整体，可以对这个整体进行操作。选择需要结组的视频和音频素材，必须将要编组的素材全部选择，右击选择“编组”选项即可。也可以使用菜单命令“素材” | “编组”或快捷键 Ctrl+G，将选中的所有素材结为一组。按住 Alt 键，可以对组中的单个素材片段进行单独操作。必要时，还可以使用菜单命令“素材” | “解组”或快捷键 Ctrl+Shift+G 将结组的素材片段解除编组。

6.5.5 波纹编辑与滚动编辑

除了使用选择工具拖拽的方法编辑素材片段入点和出点外，还可以根据实际情况使用其他专业化的编辑工具对相邻素材片段的入点和出点进行更改，以便完成更为复杂点的编辑。对于相邻的两个素材片段，可以使用波纹编辑和滚动编辑的方法对其进行编辑操作。在进行这两种编辑时，监视器窗口的节目监视器会显示前一个素材片段的出点帧和后一个素材片段的入点帧，以方便用户观察操作。

波纹编辑在更改当前素材入点或出点的同时，会根据素材片段收缩或扩张的时间将随后的素材向前或向后推移，使节目总长度发生变化。如使用波纹编辑工具，当移动到素材片段的入点或出点位置出现波纹入点图标或波纹出点图标时，可以通过拖拽对素材的入点或出点进行编辑，随后的素材片段将根据编辑的幅度自动移动，以保持相邻。

滚动编辑对相邻的前一个素材片段的出点和后一个素材片段的入点进行同步移动，其他素材片段的位置和节目总长度保持不变。使用滚动编辑工具在素材片段之间的编辑点上向左或向右拖拽，可以在移动前一个素材片段出点的同时对后一个素材片段的入点进行相同幅度的同向移动。

波纹编辑可以改变节目的总长度，而滚动编辑则不能。

6.5.6　滑动编辑与滑行编辑

相邻的 3 个素材片段，可以使用滑动编辑或滑行编辑的方法对其进行编辑操作。在进行这两种编辑时，监视器窗口的节目监视器会显示中间素材片段的入点帧和出点帧以及前一个素材片段的出点帧和后一个素材片段的入点帧，以方便用户观察操作。

滑动编辑对素材片段的入点和出点进行同步移动，并不影响相邻的素材片段，节目总长度保持不变。滑行编辑通过同步移动前一个素材片段的出点和后一个素材片段的入点，在不更改当前素材片段入点和出点位置的情况下对其进行相应的移动，节目总长度保持不变。滑动编辑改变当前素材片段的入点和出点，而滑行编辑改变前一个素材片段的出点和后一个素材片段的入点，两者都不改变节目的总长度。

6.5.7　修整监视器的使用

使用菜单命令“窗口”｜“修整监视器”，或使用快捷键 T，打开修整监视器。修整监视器显示一个编辑点上的素材片段的入点和出点，使用户精确地观察编辑点上的帧。左侧的监视器窗口显示编辑点左侧的素材片段的最后一帧，右侧的监视器窗口显示编辑点右侧的素材片段的第一帧，如图 6-27 所示。在其中可以对序列中目标轨道上的任意一个编辑点进行波纹编辑和滚动编辑。

图 6-27　修整监视器

在时间线窗口中选中目标轨道，并在修整监视器窗口中通过单击“转到上一个编辑点”按钮或“转到下一个编辑点”按钮，选择欲进行编辑的编辑点，在修整监视器中进行显示。将鼠标指针放在修整监视器窗口左侧或右侧的画面上，鼠标指针会自动变为波纹出点图标或波纹入点图标，向左或向右拖拽可以进行相应的波纹编辑。将鼠标指针放置在修整监视器两个画面的中间，鼠标指针会自动变为编辑图标，向左或向右拖拽可以进行相应的滚动编辑。

6.5.8　交错视频素材设置

按场序排列，视频素材可以分为两种：交错和非交错。交错视频是指每一帧都包含两个场，每一场都包含半数的水平帧扫描线。上场包含所有的奇数线，下场包含所有的偶数线。交错视频监视器在显示视频帧时，先通过扫描显示其中的一个场，再显示另外一个场，从而合为一帧画面。场顺序用以描述显示上下两场的先后顺序。而非交错视频素材采用逐行扫描的方式，顺序显示每一帧。大多数广播级视频素材属于交错视频素材，而目前的高清视频标准包含交错和非交错两种。

一般情况下，交错视频在显示器中进行播放是不明显的，而只有放慢播放速度或冻结某一帧时才可以清晰辨别两个场的扫描线。所以，经常需要将交错视频素材转换为非交错视频。通常使用的方法是除去其中的某一场，并使用复制或插值运算的方式对另一个场画面进行修补。对序列中交错视频素材中的场进行处理，以使得素材片段的帧画面和运动的质量在改变帧速率、回放和冻结帧时得到保护。

在时间线窗口中选中一个素材片段，使用菜单命令“素材”|“视频选项”|“场选项”，调出“场选项”对话框，如图 6-28 所示。选中“交换场序”复选框，可以改变素材片段的场顺序。

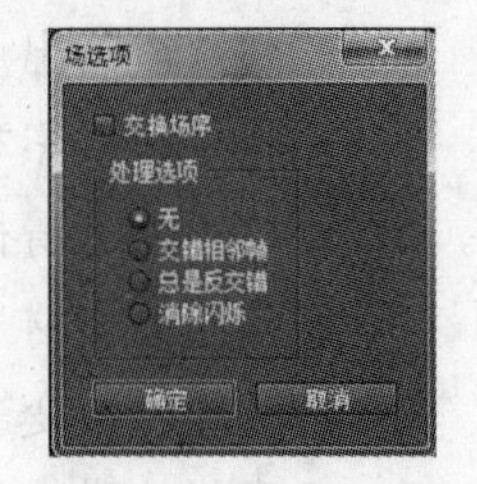

图 6-28　场选项

在“处理选项”复选框中，用户可以自己的需求选择一种合适的场处理方式。

(1) 无：不处理。

(2) 交错相邻帧：将一对连续的逐行扫描帧转换为交错场。

(3) 总是反交错：将交错视频场转换为完整的逐行扫描帧。

(4) 消除闪烁：消除交错场的闪烁。

设置完毕后，单击“确定”按钮，场选项设置将应用于所选择的素材。

6.5.9　生成静止素材片段

将素材片段中的某一帧进行静止，将动态的素材转化为静止的素材片段。相当于输出某一帧，并将此帧作为素材导入到时间线上。将素材在源监视器中打开，并设置好入点、出点或标记 0 点。执行菜单命令“素材”|“视频选项”|“帧定格”，弹出“帧定格选项”对话框，如图 6-29 所示，选中“定格在”复选框，并在其后的下拉列表中选择欲进行静止的帧，用户可以选择定格“入点”帧、“出点”帧或“标记 0”帧；选中“定格滤镜”，可以在为效果设置动画的素材片段中仅使用静止帧的效果参数而忽略效果动画；选中“反交错”复选框，可以消除静止帧的视频场。使用入点或出点作为静止帧，则改变编辑点不改变静止帧。如果设置标记 0 点为静止帧，则改变标记的位置，会相应地改变静止帧。

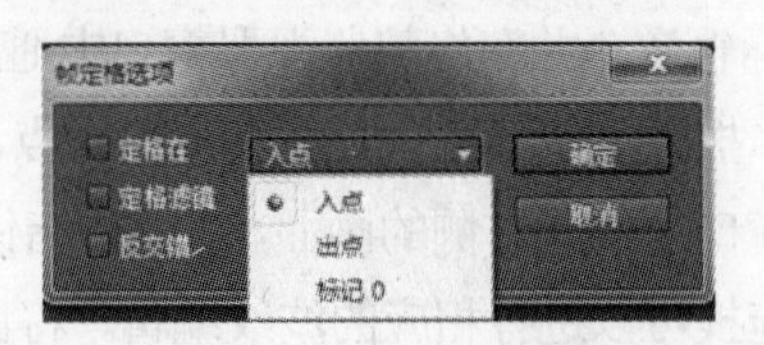

图 6-29　帧定格

6.6　本章小结

影视媒体后期编辑的主要工作场所是时间线窗口的序列，因此，创建和编辑序列是学习者必备的基本技能。通过本章的学习，学习者应该掌握监视器窗口的功能及功能面板中各个按钮的作用，并能够通过监视器窗口进行简单的素材编辑。掌握时间线窗口对轨道的基本操作，理解插入编辑和覆盖编辑、三点编辑和四点编辑的特点与区别，掌握交错视频素材的处理方法。

6.7　思考与练习

1．掌握监视器窗口工具面板的功能。
2．简述时间线窗口工具面板的功能。
3．简述时间线窗口的结构和功能。
4．简述安全框的重要作用。
5．简述插入编辑和覆盖编辑的特点。
6．简述三点编辑与四点编辑的特点。
7．如何给时间线窗口序列中自动添加素材？
8．如何处理交错视频？

第7章　高级编辑技巧

在非线性编辑软件 Premiere Pro CS5 中，除了使用监视器窗口和时间线窗口对素材片段和序列进行基本的编辑操作外，还有一些更为高级的编辑技巧，如使用标记、序列嵌套、多机位编辑等。使用这些编辑技巧，大大丰富了编辑人员的创作手段，提高了编辑效率，还能为编辑人员提供创作灵感。在编辑的过程中将灵感与技巧有机结合，可以创作出意想不到的效果。通过多机位编辑，可以将素材剪辑得更为紧密，前后衔接得更为流畅。总之，高级编辑技巧可以进一步满足应用领域的需要，为编辑人员的剪辑之路开启另一扇门。

本章学习目标：

1．熟练使用标记进行视音频剪辑；

2．熟练掌握嵌套序列的编辑技巧；

3．熟练掌握子素材的编辑方法与技巧；

4．掌握多机位序列的编辑方法与技巧；

5．掌握时间重置效果的特点与编辑技巧；

6．掌握语言分析功能的使用方法与技巧。

7.1　标记的使用

标记是通常被编辑人员忽略的一个有效工具。在编辑过程中，标记可以起到提示重要时间点、帮助定位素材片段和定义重要动作或声音的作用。编辑人员还可以使用序列标记设置 DVD 或 QuickTime 影片的章节，以及在流媒体影片中插入 URL 链接。Premiere Pro CS5 中还提供了 Encore 章节标记，在和 Encore 进行整合时设置场景和菜单结构。

编辑人员可以向序列或素材片段添加标记，每个序列和素材片段可以单独包含 100 个带有序号的标记(序号从 0-99 排列)，或包含尽可能多的无序号标记。在监视器窗口中，标记以小图标的形式出现在时间标尺上。在时间线窗口中，素材标记在素材上显示，序列标记在序列的时间标尺上显示，如图 7-1 所示。项目窗口或者源素材窗口中的素材片段，如果已经设置好了标记，则将其添加到时间线窗口中视音频轨道后，标记依然保持。改变源素材的标记，不影响已经添加到序列中的素材标记，反之亦然。

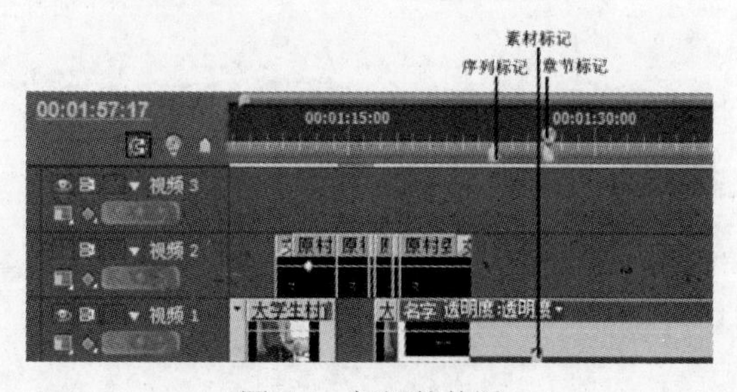

图 7-1　标记的使用

设置标记的各种具体操作方法如下。

1．未编号的素材标记

将素材在素材源监视器窗口中打开，把当前时间指针移动到想要设置标记的位置，单击设置“未编号标记”按钮，即可在这个位置为素材添加一个未编号的素材标记。

2．未编号的序列标记

在时间线窗口中，将当前时间指针移动到想要设置标记的位置，在节目监视器调板中单击设置“未编号标记”按钮，或在时间线窗口中单击“未编号标记”按钮，即可在此位置为序列添加一个未编号的序列标记。

3．编号的素材标记

在素材源监视器窗口中打开视频素材，或者在时间线窗口中选择好素材，将当前时间指针移动到需要设置标记的位置，使用菜单命令“标记”|“设置素材标记”弹出级联菜单，如图 7-2 所示，用户可以分别以顺序或自定义的方式在当前位置为素材添加一个带有序号的素材标记。

4．编号的序列标记

选择节目监视器或时间线调板，将当前时间指针移动到需要设置标记的位置，使用菜单命令“标记”|“设置序列标记”，弹出级联菜单，如图 7-3 所示，用户可以分别以顺序或自定义的方式在当前位置为序列添加一个带有序号的序列标记。在序列嵌套时，子序列的序列标记在母序列中会显示为嵌套序列素材的素材标记。

执行菜单命令“标记”|“清除素材标记”，可以分别删除当前素材标记、所有素材标记或带有序号的素材标记。执行菜单命令“标记”|“清除序列标记”，可以分别删除当前序列标记、所有序列标记或带有序号的序列标记。两者弹出的级联菜单是一样的，如图 7-4 所示。

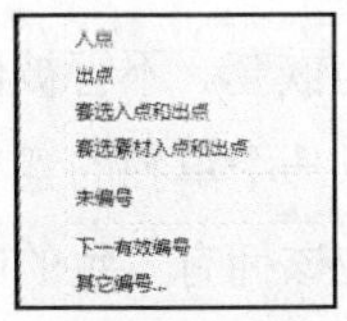

图 7-2　带编号的素材标记

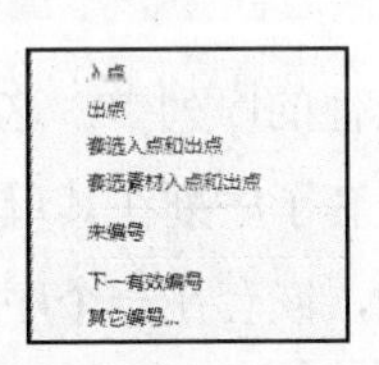

图 7-3　带编号的序列标记

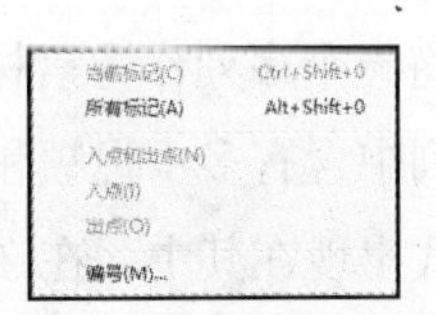

图 7-4　清除标记

双击时间线窗口中的序列标记，弹出“标记”对话框，如图 7-5 所示。在“注释”中为标记添加注释；如果是用于制作 DVD 光盘，选中“Encore 章节标记”复选框，输出为 AVI 或 MOV 等标准格式后，其标记可以被 Encore 辨认并作为影片的章节点；如果是用于 Internet 上发布的流媒体，在 URL 中输入链接地址，可以在播放到该位置时在浏览器中打开链接网页；而在“帧目标”中输入帧数，可以按照帧数进行跳跃式播放。设置完毕，单击“确定”按钮，设置的标记即会生效。

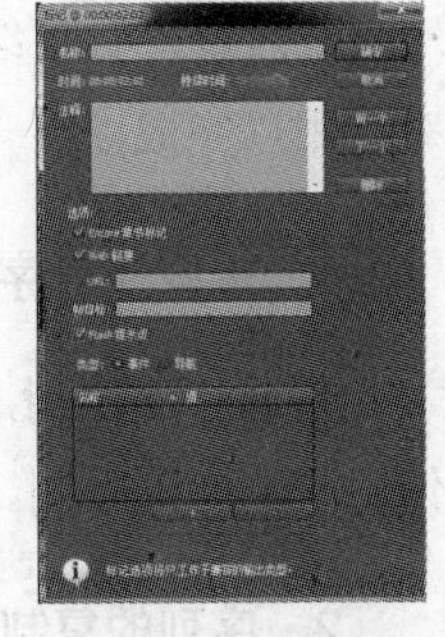

图 7-5　标记设置

7.2　序列的嵌套

在一个项目中，可以包含很多个序列，并且所有的序列共享相同的时间线基础。打开菜单，使用菜单命令“文件”｜“新建”｜“序列”，也可以使用项目面板的底端单击“新建序列”按钮，或在弹出式菜单中选择“序列”选项，弹出“新建序列”对话框，如图 7-6 所示。在对话框中输入序列的名称，并设置序列的相属性。完成设置后单击“确定”按钮，即可按照设置创建新的序列。

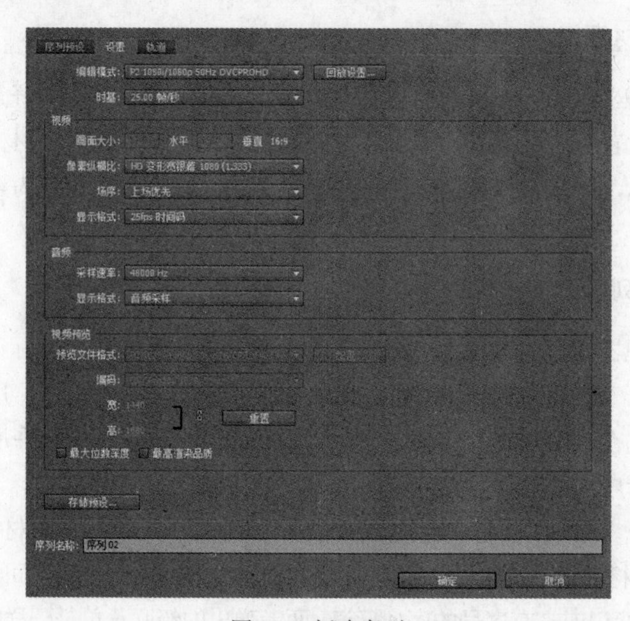

图 7-6　新建序列

将一个序列作为素材片段插入到其他的序列中，这种方式被称为嵌套。不管被嵌套的子序列中含有多少视频和音频轨道，嵌套子序列在其母序列中都会以一个单独的素材片段的形式出现在其中。在嵌套序列的时候，嵌套在一个序列中的素材应该拥有一致的制式和规格。可以像对其他素材的操作一样，对序列中的嵌套素材片段可以进行选择、移动、剪辑并施加效果。对于源序列作出的任何操作和改动，在嵌套素材片段上都会实时地反映。用户还可以进行多级嵌套，用来创建更为复杂的序列。使用嵌套序列可以大大提高工作效率，用以完成以下一些比较复杂的工作任务。

1．重复使用序列

创建一次序列，就可以像使用普通序列一样，没有限制次数的添加到序列中去，对于使用次数不受限制。

2．序列的复制

对于序列的复制，可以施加不同的设置如果想要重复播放一个序列，但是每次想要看到不同的效果，那么就可以为每个嵌套序列素材片段分辨添加不同的效果，每次出来效果都是不同的。

3．减少编辑空间

这可使编辑空间更为紧凑，制作流程更为流畅。分别创建比较复杂的、不同的多层序列，并将它们作为单独的素材片段添加到项目的主序列中。这样可以免去同时编辑多个轨道的主序列，并且还有可能减少不经意误操作的可能性。

4．创建更为复杂的编组和嵌套效果

可以在一个编辑点上施加一个切换效果，通过嵌套序列，并对嵌套的素材片段施加新的切换效果可以创建多重切换。

创建嵌套序列应遵循的原则如下。

(1) 不能进行自身嵌套，已有序列不能嵌套自己本身的序列。

(2) 当动作中包含嵌套序列素材片段时，则需要更多的处理时间，因为嵌套序列素材片段中包含了许多相同的素材片段，Premiere Pro CS5会将动作施加给所有的素材片段。

(3) 嵌套了的序列总是显示其源序列的当前状态。对源序列中内容的更改就会实时地反映到嵌套序列素材的片段中。

(4) 嵌套序列素材片段开始的持续时间由它的源序列所决定，包含源序列中开始的位置空间，但不包含结束的位置空间。

(5) 可以像其他素材片段一样，设置嵌套序列素材片段的入点和出点。设置以后会改变源序列的持续时间，但是不会影响到当前现存的嵌套序列素材片段的持续时间。想要加长嵌套序列素材片段的长度，并且显示添加到源序列中的素材，最好使用最基本的剪辑方式，用鼠标向右拖拽其出点位置。反之，如果源序列变短，那么嵌套序列素材片段中就会出现黑场和静音状况。另外，也可以通过设置出点的位置，将其消除。

将序列从项目调板中或源监视器调板中拖拽到时间线调板中当前序列适当的轨道位置上，或使用其他添加素材的编辑方式进行嵌套，如图7-7所示。双击嵌套序列的素材片段，可以将其源序列打开并作为当前序列进行显示。

图7-7　序列嵌套

7.3　子素材编辑

子素材其实就是源素材的一个片段，用户可以在项目中对它进行单独的编辑和管理。子素材管理可以方便管理比较长的媒体文件。在时间线窗口中处理子素材的方式与处理其他素材片段的方式基本相同。编辑操作会被限制在开始点和结束点之间。源素材和子素材之间存在一定的联系，相互之间有着链接关系。如果在 Premiere Pro CS5 中删除源素材视频片段，而在磁盘空间中保留着源文件，但是并不会影响到子素材。假如在磁盘空间中删除源文件，子素材就会变为离线文件。如果为其源素材片段重新建立链接，那么子素材仍然会保持与源文件的链接关系。如果对子素材进行重新采集或重新链接，则与原来的源素材文件之间的链接就会全部消失，取而代之的是新采集或者重新链接的文件。重新采集的媒体文件仅仅包含子素材相关的区段。

创作者也可以从源素材或其他的子素材片段中创建子素材。虽然不能从嵌套序列素材片中创建子素材，但是可以从字幕或静止的图片中创建。在素材源监视器窗口中打开一个项目窗口中的源素材片段，为子素材设置入点和出点。使用菜单命令“素材”|“制作子剪辑”，或直接将设置好的素材拖拽到项目窗口，弹出“制作子剪辑”对话框，如图 7-8 所示。在对话框中输入子素材的名称，单击“确定”按钮即可生成子剪辑，生成的子剪辑会自动添加到项目窗口中。

在项目窗口中选择一个子素材，使用菜单命令“素材”|“编辑子剪辑”，弹出“编辑子剪辑”对话框，如图 7-9 所示。通过输入开始时间和结束时间的编码而重新定义子素材的区段，选中“转换为主剪辑”复选框，可以将子素材转换为普通的素材片段。

图 7-8　制作子剪辑

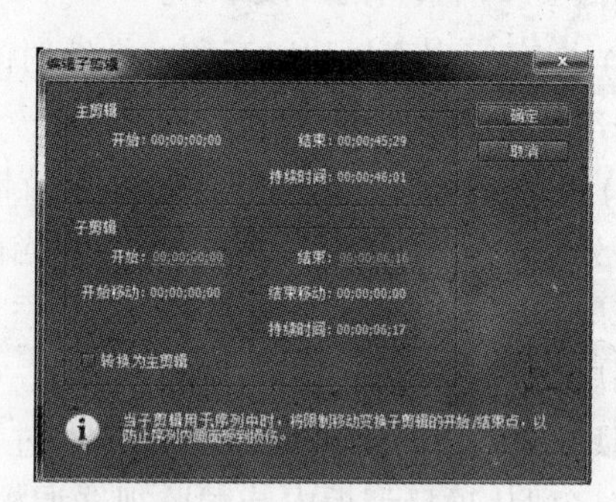

图 7-9　编辑子剪辑

7.4　多机位序列

多机位监视器可以从多个摄像机中编辑视频素材，类似于视频切换台的操作，以便模拟摄像机的切换。Premiere 软件中提供的多机位序列编辑，可以最多同时编辑 4 部摄像机所拍摄的内容。多机位监视器可以从每个摄像机中播放素材，并且对最终编辑好的序列素材进行预览。当记录最终序列的时候，单击并激活一个摄像机预览，此摄像机便进行录入模式。当前摄像机内容在播放模式时，显示黄色的边框，在记录模式下显示红色边框。

在时间线调板中选择多机位目标编辑序列，使用菜单命令“窗口”|“多机位监视器”，弹出目标序列的“多机位监视器”窗口，如图 7-10 所示。多机位监视器窗口的控制面板中包含了基本的播放和传送控制，而且也支持相应的快捷键控制。在多机位监视器窗口的控

制面板的弹出式菜单中取消选中“显示预览监视器”复选框，就会隐藏记录序列预览，只显示镜头画面。

在进行多机位编辑时，可以使用任何形式的素材，包括各种摄像机中录制的素材和静止的图片等。最多可以组合 4 个视频轨道和 4 个音频轨道，也可以在每个轨道中添加源于不同磁带的不止一个素材片段。全部整合完毕后，需要将素材进行同步化，并且创建目标序列。将素材片段添加到至多 4 个视频轨道和音频轨道上，如图 7-11 所示。

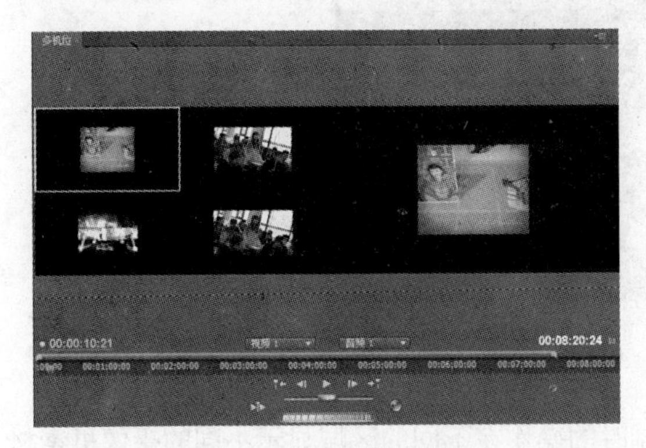

图 7-10　多机位监视器

图 7-11　多机位编辑素材

在进行素材的同步化之前，必须为每个机位的素材标记同步点。通过设置相同序号的标记或通过每个素材片段的时间码可以为每个素材片段设置同步点。选中将要进行同步的素材片段，使用菜单命令“素材”|“同步”，在弹出的“同步素材”对话框中选择一种同步的方式，如图 7-12 所示。

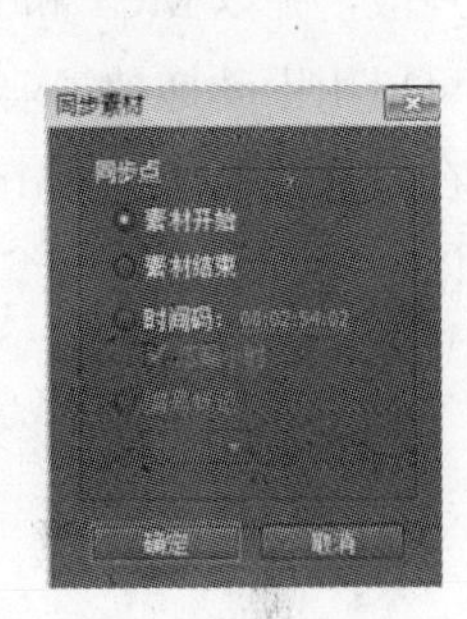

图 7-12　同步素材

(1) 素材开始：用素材片段的入点为基准进行同步。

(2) 素材结束：用素材片段的出点为基准进行同步。

(3) 时间码：用设定的时间码为基准进行同步。

(4) 编号标记：用选中的带有序号的标记进行同步。

设置结束，单击“确定”按钮，就会执行设置的内容对素材进行同步。

新建一个目标序列，将前面设置完全同步的包含多机位的素材的序列作为嵌套序列素材添加到此序列中，如图 7-13 所示。选中嵌套序列素材片段，使用菜单命令“素材”|“多机位”|“激活”，激活多机位编辑功能，并且使用菜单命令“窗口”|“多机位监视器”，调出多机位监视器窗口。

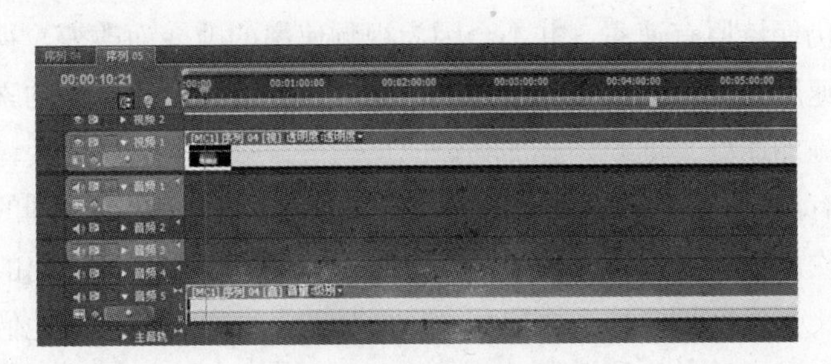

图 7-13　多机位素材嵌套

在进行录制之前，可以在多机位监视器中单击“播放”按钮，进行多机位的预览。单击“记录”按钮后再单击“播放”按钮，开始进行录制。在录制的过程中，通过单击各个摄像机视频缩略图，以便在各个摄像机之间进行切换，其对应快捷键分别为 1、2、3、4 数字键，如图 7-14 所示。录制完毕，单击“停止”按钮结束录制。

图 7-14　多机位录制

继续播放预览序列，序列就会按照录制时的操作在不同的区域显示不同的摄像机素材片段，并以 MC1 和 MC2 的方式标记素材的摄像机来源。除了使用录制这种方式以外，还可以用手动拖拽当前时间指针来切换镜头，这样可以进行比较精确的定位。录制结束后，在时间线窗口中双击多机位素材片段，就可以在素材源监视器窗口中重新设置镜头。还可以使用一些基本的编辑方式对录制的序列结果进行修改和编辑。

7.5　时间重置效果

时间重置效果是在 Adobe Premiere Pro CS3 中增加的效果，这也是借鉴 After Effects 的一种相当实用而且非常方便的功能。使用此效果，用户可以对素材片段的部分内容进行加速、减速、回放或冻结视频等操作。使用速度关键帧可以多次改变一段素材的速率。如：一段“步行”的视频素材，可以加快人物走路的速度，也可以是人物突然慢下来或停止，甚至可以使人物倒退。不像使用“速度/持续时间”那样对整个素材片段进行伸展，施加一个统一速率。时间重置效果可以允许修改素材片段不同区域的速率，并且可以使速率平滑变化。

在使用时间重置效果对包含视频和音频的素材更改速率以后，音频仍然保持和视频的链接关系，但是仍保持原有速率，并不会因为视频速率的改变而改变，视频和音频不再是同步的。在使用速度关键帧时，可以在效果控制面板或者时间线窗口的素材片段上直观地改变素材速率。施加速度关键帧和施加其他的运动关键帧、不透明度关键帧和效果关键帧非常类似，但是有点不同：一个速度关键帧可以被分开，以在两个不同的回放速率之间的创建过渡。当首次施加给一个轨道项目时，对速度关键的任何一边做出的对于回放速率的更改都是突发的。当速度关键帧被拖拽分开，而且跨过一段时间，则他们之间会生成一个速度变化的过渡。可以施加线性或平滑曲线以在不同的速率间创建平滑过渡。

7.5.1　更改素材的速率

在时间线窗口中，首先需要显示素材关键帧。单击素材片段上的效果菜单，并且选择“时间重置-速度”按钮，弹出如图 7-15 所示的界面。在素材片段的中间出现一条横向的控制线，用以控制素材片段的速率。素材片段按照高于或者低于原速率这两种方式，被深浅两种色彩分开。一条白色的速率控制轨道贯穿在素材片段的上部。在素材片段的效果下拉菜单中(位于视频轨道中间的每个素材文件名称的旁边)，可以通过放大视图，在足够的空间中进行显示。

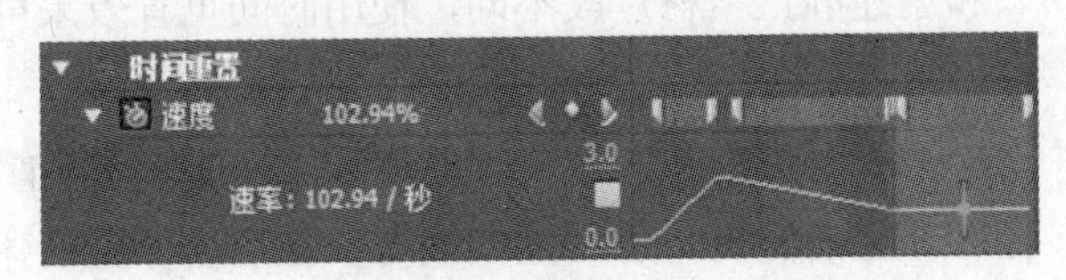

图 7-15　时间重置

按住 Ctrl 键的同时，单击控制线可以在当前位置设置关键帧。速度关键帧出现在素材片段的顶端，在控制线上方白色的速度控制轨道中。速度关键帧可以被一分为二，作为一对关键帧，以标记速度转换区域的开始和结束位置。在速度转换区域的中心位置，控制线上同时出现暗调节手柄。

往上或者往下拖拽速度关键帧左右两边的控制线，用以增加或者降低此部分的回放速率。按住 Shift 键的同时进行拖拽，就会以 5%的增量进行改变。在进行上述操作时，片段的速率和持续时间都会变化。片段的加速会使得片段长度变短，而片段减速则会使片段的长度变长。往右边拖拽速度关键帧的右半部分或往左拖拽速度关键帧的左半部分，都会创建速率的过渡转换。在速度关键帧的左右两个半部分之间会出现一个灰色的区域，指示出速率转换的长度，并且其间的控制线会表现为一条斜线，表述速率的逐渐变化。一个蓝色的曲线控制手柄会出现在灰色区域的中心部分。拖拽控制曲线上的控制柄，可以增加或减少速率的变化。速度控制线的曲率决定着速率变化的改变情况。在时间线窗口中，按住 Alt 键的同时单击拖拽速度关键帧的任意半部分，将次关键帧拖拽到新的位置。对于分开的速度关键帧，还可以在其白色控制轨道中，通过单击拖拽速度关键帧的左右两半部分之间灰色区域，移动其位置。选择速度关键帧中不需要的部分，单击 Delete 键，将会删除此关键帧。

需要注意的是，时间重置效果的速率和速率值在效果控制调板中显示，但却不可以直接对数据进行编辑。

7.5.2　素材倒放

在时间线窗口中，单击素材片段上的效果菜单，并执行“时间重置”｜“速度”命令，调出速度控制线。按住 Ctrl 键的同时，单击控制线可以在当前位置创建速度关键帧。按住 Ctrl 键的同时，往右拖拽速度关键帧，到需要设置动态倒放的结束位置。此时，会出现一个提示条，以负值的形式显示单方速率相对于原速率的百分比。节目监视器中显示帧两个画面：拖拽的开始的位置帧与倒放的和正放之间的中转帧。放开鼠标左键，会出现两个新的速度关键帧，标记出两个相当于之前拖拽长度的片段。其中，在速度控制轨道上出现左箭头标记的前一部分片段为倒向回放片段。之后还可以为 3 个关键帧创建速度转换，并通过拖拽控制曲线上的柄增加或减缓速率的变化。

7.5.3　帧冻结

可以将素材片段中的某一帧冻结，好像导入静帧一样。一旦冻结某一帧，还可以为其创建速率变化的转换。和创建静止素材片段不同，使用时间重置效果可以仅冻结素材片段的一部分。

在时间线调板中，单击素材片段上的效果菜单，并执行“时间重置”｜“速度”命令，调出速度控制线。按住 Ctrl 键的同时，单击控制线可以在当前位置创建速度关键帧。按住 Ctrl 键和 Alt 键的同时，往右拖拽速度关键帧，到想要冻结帧的结束位置。释放鼠标左键则在此位置会出现一个新的关键帧。两个内存半部分为矩形的静止关键帧。此时，无法移动静止关键帧的位置，除非为其创建速率转换。在速度控制轨道中会出现竖条纹标记，以指示冻结帧部分的片段区域。往左拖拽冻结帧区域左侧的速度关键帧的左半部分或往右拖拽冻结区域右侧速度关键帧的右半部分，可以为冻结帧创建速率的过渡转换。创建好速率转换以后，就可以拖拽移动静止关键帧的位置了。拖拽第一个静止关键帧的位置，可以改变想要冻结的素材帧；而移动后面的静止关键帧，则可以改变冻结帧的持续时间。也可以通过拖拽控制曲线上的控制柄来增加或减缓速率的变化。

7.5.4　消除时间重置效果

时间重置效果的开与关和其他效果不一样，会直接影响到它自身素材片段在时间线上的持续时间。应该使用特效控制台面板中的“开关”动画按钮来开启或关闭此效果。在效果控制面板中，展开“时间重置”效果，单击“速度”属性名称左边的开关动画按钮，将其设置为关闭的状态。这样将删除所有的速度关键帧，并关闭所选素材片段的时间重置属性。想要重新设置速度重置效果，应再次单击“速度”属性名称左边的开关动画按钮，将其设置为开启状态。因为在关闭状态下，无法使用时间重置效果。

7.6　语言分析功能

Premiere Pro CS5 软件或 Soundbooth 软件中，通过分析就可以将素材中说的词语转换为语言记录，并可以像其他元数据属性一样对它进行编辑和检索。这一项强大的功能可以基于素材中说的词语，对时间位置进行导航，有助于对编辑、广告和字幕等进行精确对齐定位。不过，比较精确的语言记录需要较高的音频质量，在 Soundbooth 中可以剔除素材中的背景噪声信号。

选择一个素材片段或包含语言的文件，执行菜单命令“素材”｜“分析内容”，或在素材上右击，在弹出的菜单上选择“分析内容”命令，弹出“分析内容”对话框，如图 7-16 所示。

在对话框的“语音”选项区中选中“语言”和“品质”选项，如果想为每个人分别创建单独的语言记录，选中“发言人”复选框。设置完毕后，单击“确定”按钮，自动弹出 Adobe Media Encoder 对话框，如图 7-17 所示，加载任务并开始分析。进程结束后，记录的语言文字，自动出现在元数据面板的“语言分析”栏中。在“语言分析”栏中，单击选择单词，素材源监视器中会显示素材的相应入点帧，元数据面板底端显示的“时间码入点”和“持续时间”两个数值可以精确定位所选单词在素材中的位置和长度。单击“播放”按钮或“循环播放”按钮，可以对选区进行播放或循环播放。想要修改某一个单词，对其进行单击，并输入正确的结果。右击单词，在弹出的菜单中选择“复制全部”选项，可以将全部的记录复制到剪切板中供文字编辑软件使用。

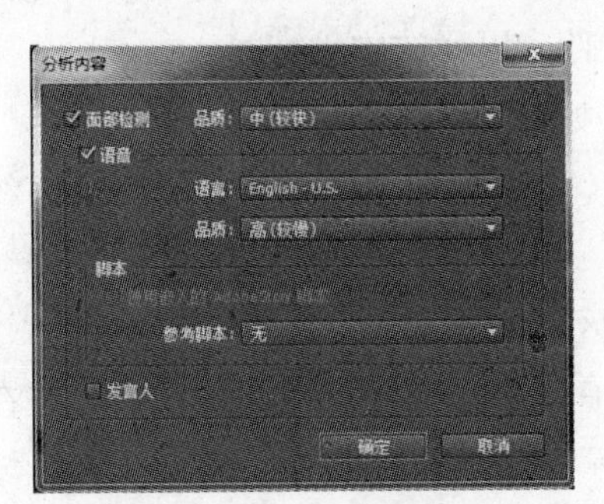

图 7-16　分析内容

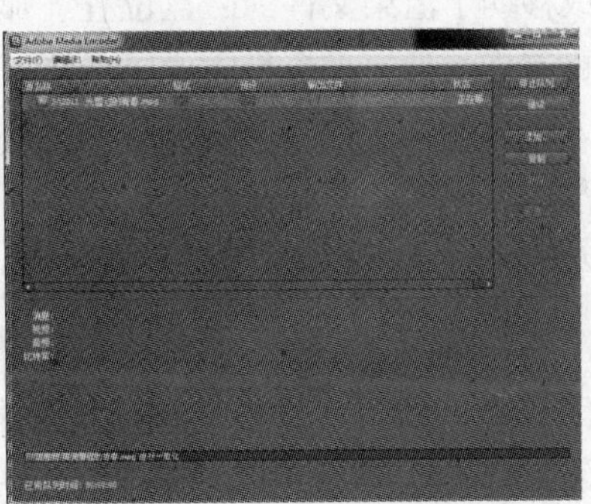

图 7-17　Adobe Media Encoder 操作界面

7.7　预览影片

在对影片进行一定的编辑处理之后，用户就可以对剪辑好的影片进行预览，以方便后面对影片进行其他的操作和修改。

7.7.1　序列预览

在节目监视器中回放影片时，Premiere Pro CS5 会对影片进行预览。一般单轨道剪辑的序列预览速度比较快，而包含了多轨道的视频和音频以及添加了很多复杂的效果的时间线序列，则会需要比较多的预览时间。

在节目监视器的弹出式菜单中选中“自动质量”复选框后，序列的预览质量将被设置为自动化，Premiere Pro CS5 会在保证实时预览的前提下，动态地调整影片的分辨率和帧速率。当预览到特别复杂的片段或系统不能胜任预览工作时，回放精度会略有下降。当某个区域不能以项目的帧速率进行实时预览时，其上方的时间标尺会标识出一条红色线条，如图 7-18 所示。

想要流畅地播放这个区域，应该先将时间标尺的工作区域条覆盖在红色预览区域，并使用菜单命令“序列”|“渲染完整工作区域”或按回车键进行预览，使得影片可以进行实时预览，原来的红色线条变为绿色，如图 7-19 所示，表示可以进行实时预览。

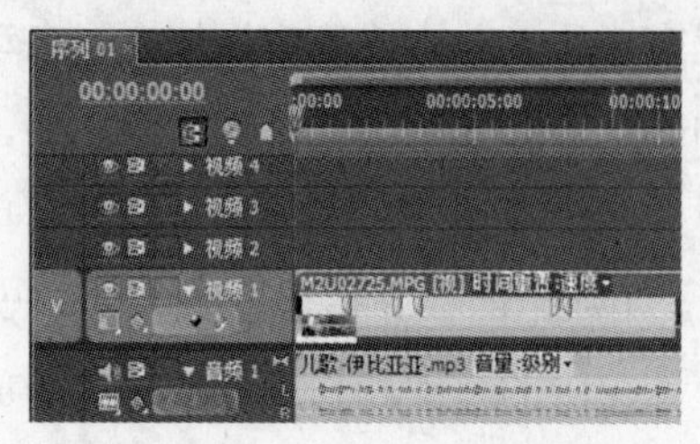

图 7-18　非实时预览视频

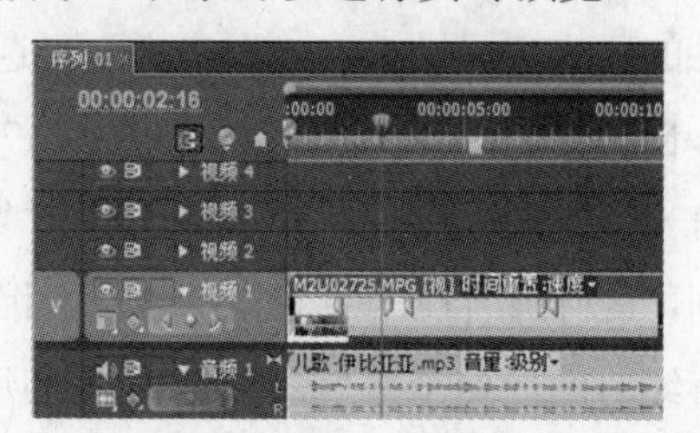

图 7-19　实时预览视频

项目文件和预览文件之间的链接关系，与项目与素材之间的链接类似，如果删除渲染文件或移动了渲染文件的磁盘位置。那么，在下一次启动该项目时，用户会被要求寻找或者忽略渲染文件。当项目完成以后，可以清除预览文件，以释放磁盘空间。

在进行预览之前，必须要先设置预览区域，方法如下。

(1) 将工作区域条拖拽到需要进行预览的区域上。一定要拖拽工作区域条中间有纹路的部分，否则将对当前时间指针进行定位。

(2) 拖拽工作区域条一端的标记，用以设置工作区域的开始和结束的位置。

(3) 对当前的时间指针进行定位，使用快捷键 Alt+[，将工作区域的开始位置设置在当前时间指针的位置；继续将时间指针拖拽到另一个位置，使用快捷键 Alt+]，将工作区域的结束位置设置在当前时间指针的位置。

(4) 对工作区域条进行双击，可以将工作区域调整为时间标尺和整个序列长度中的最短者。当时间指针停放在工作区域条上时，会显示它的开始时间码、结束时间码和持续时间。

在编辑大型项目文件时，可以关闭渲染预览的功能。在时间线窗口的左上方，单击按钮可以开启或关闭预览功能。关闭预览功能可以阻止 Premiere Pro CS5 在磁盘上写入或读取预览文件，而专注于发挥系统的最大功效，进行实时编辑。当渲染预览被关闭时，原来时间标尺上红色和绿色的渲染指示条均被一条白色条替换。重新开启渲染预览功能后，没有被更改的区域的渲染文件重新被链接激活。

7.7.2　外置监视器预览

除了可以在节目监视器窗口预览影片之外，还可以通过外接监视器进行预览。在 TV 监视器上进行预览，就需要视频卡提供相应的接口。某些视频卡和操作系统支持独立外接 TV 监视器，有些则支持双监视器显示软件，以扩大软件的工作空间。如果编辑的是 DV 项目，则可以借助于通过 IEEE 1394 与摄像机连接的 TV 监视器预览序列。

(1) 先将监视器与摄像机进行正确的连接，如图 7-20 所示。

(2) 将摄像机设置为输出到监视器，有些设备会自动检测，而有些则需要在菜单中选择设置。

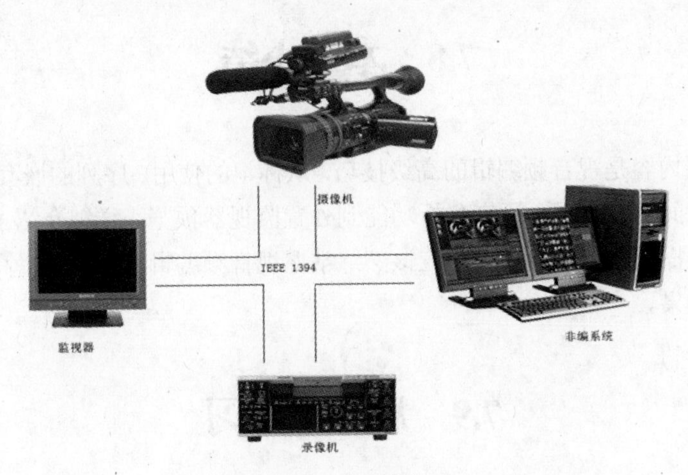

图 7-20　外置监视器

(3) 在素材源监视器或节目监视器窗口的弹出式菜单中选择“回放设置”选项，弹出“回放设置”对话框，如图 7-21 所示。

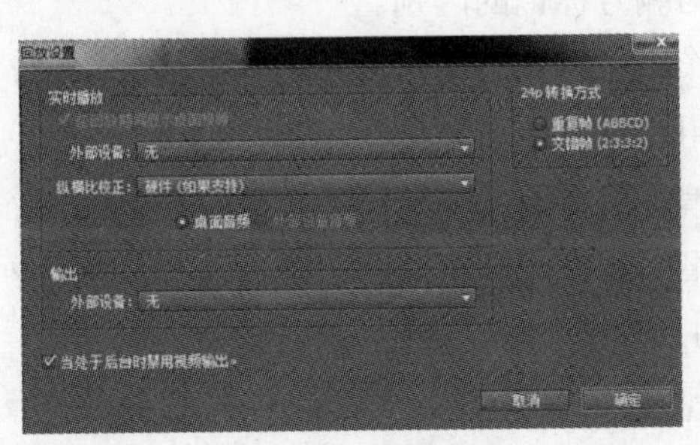

图 7-21　回放设置

“回放设置”对话框可以对以下参数选项进行设置如下。

(1) 在回放期间显示桌面视频：设置是否在节目监视器中进行回放。如果取消选中此项，则只通过“外部设备”选项设置的外接监视器进行回放。如果“外部设备”选项设置为“无”，则只能通过节目监视器进行回放。

(2) 外部设备：设置回放视频的外接设备。

(3) 纵横比校正：设置项目像素宽高比的转换方式。

(4) 桌面音频：设置计算机进行音频回放。

(5) 外部设备音频：设置外接音频设备进行音频回放。

(6) 外部设备：可以通过指定设备输出到磁带，这个选项在输出时不影响外接监视器的回放。

(7) 24P 转换方式：给 24P 格式的素材片段设置转换方式。

(8) 当处于后台时禁用视频输出：选中此项，当 Premiere Pro CS5 转入后台运行时，将停止外接监视器的回放。

计算机和外接监视器两边的回放内容可能会有少许的不同，外接监视器的回放会比摄像机的稍慢。如果预览时不同步，可以尝试通过同一设备对视频和音频进行预览。

7.8　本章小结

本章的主要内容是视音频编辑的高级技巧，从标记的使用、序列的嵌套、子素材编辑、多机位序列、时间重置效果、语言分析功能到外置监视器预览，详细介绍了每一种编辑技巧的功能特点和操作方法。编辑人员应该熟练掌握视音频编辑技巧，以提高影视作品的编辑效率和艺术效果。

7.9　思考与练习

1．如何给素材片段添加标记？
2．如何给时间线序列添加标记？
3．简述未编号标记与编号标记的区别。
4．简述序列嵌套的作用与特点。如何进行序列的嵌套编辑？
5．简述子素材的作用与特点。如何进行子素材编辑？
6．简述多机位序列编辑的特点。如何进行多机位序列编辑？
7．简述时间重置效果的特点。它可以实现哪些主要的功能？
8．如何使用语言分析功能？
9．如何连接外置监视器？

第8章　视频切换特效

视频切换是指编辑电视节目和影视媒体时在不同的镜头与镜头间加入的过渡效果。视频切换特效被广泛应用于影视媒体作品创作中，是比较普遍的技术手段。视频切换的加入，不仅增强了影视媒体作品的表现力，还进一步突显了作品的风格。

本章学习目标：

1．理解视频切换的概念；

2．理解场面划分的依据；

3．掌握场面切换的方法；

4．掌握 Premiere 视频切换特效的添加方法；

5．掌握 Premiere 视频切换特效的基本类型；

6．掌握 Premiere 视频切换特效的参数设置；

7．掌握 Premiere 视频切换特效自定义设置。

8.1　视频切换概述

一段视频和一篇文章一样，在表达中心思想时都要用若干段落，层层深入地来阐述。段落与段落之间，既要有分明的层次，内容逻辑上又要互相联系，起承转合。从形式上看，文章的段落可以用另起一行来分隔表现，视频的段落之间则要依赖于“场面过渡”的技巧，使其既分隔又连贯。视频的段落，即构成电视片的最小单位——镜头，每个镜头都具有某个单一的、相对完整的意思，如表现一个动作过程，表现一种相关关系，表现一种含义等等。因此，段落是视频最基本的结构形式，视频在内容上的结构层次是通过段落表现出来的。段落与段落、场景与场景之间的过渡或转换，就叫做切换。

8.1.1　场面划分的依据

场面划分的依据分为：时间段落、空间段落和情节段落。一组镜头的段落一般是在同一时空中完成的，因此，时间和地点就是场面划分的很好依据，而情节段落则是按情节发展结构的起承转合等内在节奏来划分的。

1．时间切换

视频节目中的拍摄场面，如果在时间上发生转移，有明显的省略或中断，我们就可依据时间的中断来划分场面。蒙太奇组接中的时间与真实的时间是不同的，它往往是对真实时间的一种压缩。屏幕上的时间有限，而生活中的时间很冗长，因此必须省略，在镜头语言的叙述中，时间的转换一般是很快的，这其间转换的时间中断处，就可以是场面的转换处。我们经常可以看到分镜头脚本中每个场景关于时间的因素，如日景、夜景、春天、冬天等。

2．空间切换

叙事的场景中，经常要进行空间转换，一般每组镜头段落都是在不同的空间里拍摄的，如脚本里内景、外景、居室、沙滩等，故事片中的布景也随场面的不同而随时更换。因此空间的变更就可以作为场面的划分处，如果空间变了，还不作场面的划分，又不用某种方式暗示观众，就可能会引起混乱。

3．情节切换

一部电视片的情节结构是由内在线索发展成的，一般来说都有开始、发展、转折、高潮、结束的过程。这些情节的每一个阶段，就形成一个个情节的段落，无论是倒叙、顺叙、插叙、闪回、联想，都跑不了有一个情节发展中的阶段性的转折，我们可以依据这点来做情节段落的划分。

8.1.2　场面切换的方法

切换的方法是多种多样的，依据表现手法的不同一般分为两类：一是用特技手段作切换，二是用镜头自然过渡作切换。前者叫技巧切换，而后者叫无技巧切换。

技巧切换是通过电子特技切换台的特技技巧，对两个换面的剪接来进行特技处理，完成场景转换的方法。它的特点是既容易造成视觉的连贯，又容易造成段落的分割。利用特技技巧完成两个画面之间的转换，其主要职能就是使观众明确意识到镜头与镜头间，场景与场景间，节目与节目间的间隔、转换与停顿，以及使转换平滑并制造一些直接切换不能产生的效果。

无技巧切换，它不用技巧手段来“承上启下”，而是用镜头的自然过渡来连接两段内容，这在一定程度上加快了影片的节奏进程。虽然技巧切换在电视节目中很重要，但无技巧的切换仍然是一种简便经济、经常使用的切换手法。这种用切换直接切换之所以能成立，首先因为影视艺术在时空上有充分自由，屏幕画面可以由这一段跳到另一段，中间可以留一段空白，而这空白无须说明观众自己能得出他的理解。因此无技巧切换的功能很大，这些功能使它省略了许多过场戏，缩短了段落间的间隔，加紧了作品的内在结构，扩充了作品容量。无技巧切换的段落转换处画面必须有可靠的过渡因素，可起承上启下的作用，只有这样才可直接切换。

1．技巧切换

(1) 淡出淡入

淡出淡入也称为“渐隐渐显”，通常结合在一起使用。上一段落最后一个镜头的光度逐渐减到零点，画面由明转暗并逐渐隐去，下一段落的第一个镜头光度由零点逐渐到正常的强度，画面由暗转明，逐渐显现，这样的切换过程，前一部分就是“淡出”，后一部分就是“淡入”。简单地说就是一个画面逐渐暗下去，下一个画面逐渐亮起来。

淡出、淡入画面长度的值，一般各为2秒(共5秒)，但它们在实际运用时的长度是由影片的情节、情绪和节奏的要求来决定的。舞台剧有的场合需要“幕徐徐下”，有时则需要“幕急落”。“淡出”、“淡入”也有快慢、长短之分，这都要看剧情的需要如何。有些场合不仅可以慢慢地“淡出”、“淡入”，甚至还可能在中间加上一段黑屏画面，我们可以把这称之为“缓淡”。过多使用会使影片结构松散、拖沓，不够凝练，使观众产生厌倦，因此要慎用。一般用于大段落间的划分，给人间歇感，宜于自然段落的划分。

淡出淡入可以让观众有时间去品味，或者为下面内容的出现做心理上的准备，或者对刚看到的内容做一番思考。其作用是：一是场景段落的转换；二是时空压缩变化；三是情绪延伸和节奏调整。例如，在电影《头文字D》中一场戏的切换，上个镜头夜景，男女主人公在谈话(淡出)，下个镜头日景，男主人公引导国外专家参观设备(淡入)。

淡出淡入有时也并非同时使用，可根据镜头切换的需要分别使用。“淡出”、“切入”或“切出”、“淡入”，即前一个镜头是“淡出”，自然隐去，而下一个镜头是“切入”，效果是先慢后快；或前一个镜头是“切出”，而下一个镜头是“淡入”，效果是先快后慢。如前一个镜头内主人公说要出国(淡出)，下一个镜头此人已在国外的街道上行走(切入)。再比方电视剧《红楼梦》片头字幕技巧处理是“淡出”，当正戏开始时，画面“切入”，给观众一种鲜明的感觉。

(2) 叠化

叠化也称“化出”、“化入”、“溶化”，也就是第二个镜头出现于银幕，仿佛是从前一镜头之后逐渐显露出来的，或是说在前一镜头逐渐模糊、淡去的消失的过程中，后一镜头同时逐渐清晰。依照这种过程所占的时间长短，“化”有快化、慢化之分。

“化”的用途：一是用于时间的转换，表示时间的消逝；二是用于表现梦幻、想象、回忆等插叙、回叙场合，俗称“化出”、“化入”；第三，表现景物变幻莫测、琳琅满目、目不暇接；第四，在两个画面用切换连接不顺畅的情况下，“化”可以保证镜头转换的顺畅，但这是消极的用法。

“化”表现时间过程的切换只表示时间的省略，因此“化”的次数则代表时间过程，一个过程一次“化”，表现回忆梦境等倒叙时，每个过程得用两次，即化出化入，以求得两个画面在形状上的相似，不至于生硬。

叠化常见的手法是用于衔接人物的回忆，春夏秋冬季节的环境更替，人物从少年到中年再到老年的成长历程等等。例如，两个画面都是日历的特写，前一个画面显示日历在1998年，后一个画面显示日历在2008年，前一个画面渐渐溶入后一个画面，自然而美妙地反映了一个时间跨度，这便是一个被经常采用的例子。叠化和淡出淡入的区别在于，其渐隐渐显的过程是同时进行的，而不是分前后进行的，所以看起来两个画面是重叠的。叠化在叙事过程中主要用于较小段落的切换，或表示一个时间或空间上的较小转变，或表示在两个地方同时发生的事情。

(3) 划像

划像也称“划”、“划变”，可分为“划出”和“划入”两种。划出即前一个画面从某一个方向退出画框，空出的地方则有叠在底部的后一个画面取而代之；而划入则是前一个画面作为衬底在画框中不动，后一个画面由某一个方向进入画面，对前一个画面取而代之。划像具有两个场景之间的间隔作用，段落之间的转换比较明显，节奏明快，与化出化入的效果相反，可用于较大的段落之间的场景转换。

画面可以从上、下、左、右各个不同方向划像，随着电视特技手段的不断开发，划像的方式已经不局限于这些。星形、圆形、扇形等多种几何图形的划像，花样翻新，令人耳目一新。但是，划像图形的选择要注意切合视频内容和风格的需要，切不可为了追求花哨的手法滥用划像，结果会适得其反。

(4) 翻转画面

翻转画面也称“翻页”，即前一个画面垂直翻过或水平翻过，这个画面翻过的背面即是另一个场景。翻转画面切换可以使场景转换的间隔作用明确的表现出来，多用于内容意义上反差较大的对比性场景。如前一个画面是低矮的平房，反过来变成高楼大厦；再如前一场景是旧中国的衰败沦落，反过来是新中国的欣欣向荣。翻转画面还常用于文艺、体育活动的剪辑，可以表现一个又一个场景的文艺演出、体育赛事等。

(5) 定格

第一段的结尾画面作静态处理，使人产生瞬间的视觉停顿，接着出现下一个画面，这比较适合于不同主题段落间的转换。 定格多用于一个较大的段落的结尾，或用于连接性电视节目每一集的片尾，也有的用于片尾作为字幕的衬底来使用。由于定格画面突然间由动变静，给观众带来较强的冲击，所以一般性段落切换不宜采用。

2．无技巧切换

(1) 相同主体切换

上下两镜头是通过同一主体来切换，还有一些电视节目常用相同主体来穿针引线，镜头跟随主体由一场景到另一场景，如《望长城》中主持人相同主体相似体切换。

相同主体切换包括两种情况。第一种是上、下两个镜头包含的是同一类物体，但并不是同一个。然而，同类物体之间是极其相似的，因而可以作为合理过渡场面的因素。如在墨西哥故事片《叶塞尼娜》中，在河边的小树下吉卜赛青年巴尔多拉完提琴后，向叶塞尼娜吐露爱慕之情。叶塞尼娜拿着胸前一枚金像，暗示巴尔多她身上挂着白人的护身符，命中注定要嫁给一个异族人。这时候，镜头推成叶赛尼娜胸前金像的近景，从而结束了这一段外景；下面一段开始，是一个往脖子上挂金像的特写，镜头拉开，地点已成路易莎家中的内景了。第二种是上、下两个镜头所摄主体在外形上相似，因而也可以顺畅地完成切换的任务。

(2) 主观镜头切换

所谓“主观镜头”是指借助片中人物的视觉方向所拍的镜头。用主观镜头切换，是按照前、后两个镜头之间的逻辑关系来处理切换的手法之一。例如，前一个镜头是片中人物在看，后一个镜头介绍他(她)所看的目的物或场景，下一场就由此开始。在故事片中，要求上一个镜头同一个主观镜头在内容上有因果、呼应、平行等必然联系。

(3) 挡黑镜头切换

这种方法是把“相同体”切换手法和“淡出”、“淡入”结合起来的。在画面上的感觉是：在前一个场合，主体靠近摄像机，以致挡黑摄影机镜头，在后一个场合，主体又从摄影机镜头前走开。在这种方法中，前后两个镜头可以是同一主体，也可是不同的主体。但必须是用来转换时间、地点，而不宜用作一般的镜头转换技巧。例如，在故事片《甲午风云》中，当邓世昌听说李鸿章准备向日寇投降议和，他怒不可遏，急匆匆赶到李鸿章的行辕。他离开自己的衙门时大步直冲镜头而来，前胸挡住镜头；紧接着，当他背朝镜头向前走开时，已经是转到了李鸿章的行辕了。

主体挡黑镜头切换方法的好处是：在视觉上给人以较强的冲击，同时可以造成视觉上的悬念；同时，由于可以省略“过场戏”，使画面节奏紧促；主体挡黑镜头，必然要最大限度逼近镜头，实际上赋予主体动作以一种强调、夸张的作用，能与演员果断、干脆动作或者急切的心情相吻合。如果前后两次挡黑镜头用的是同一主体，对主体本身就是一种强调和突出，使主体形象在观众视觉上留下了更深刻的印象。

(4) 特写切换

这是运用特写镜头的显豁作用，来强调场面突然转换的手法。这种切换就是前面的镜头无论是什么，后一镜头都从特写开始。特写能够暂时集中人的注意力，使人不至于感到太大的视觉跳动。在纪录片中，特写常常作为切换不顺的补救方法来使用。纪录片常常从特写镜头作为一段开始，又以特写镜头结束并转入下一段。在这种情况下，特写镜头似乎产生了一种“间隔”画面的作用。

(5) 动作切换

利用人物、交通工具等的动作的可衔接性及相似性作为场景时空转换的手段。如某场戏末尾女主人公动手打男主人公一记耳光，下一场戏开头就接男主人公痛苦地扑倒在自己的床上。

(6) 承接式切换

这是按逻辑性关系进行的切换，就是利用我们的影视节目两段之间在情节上的承接关系，甚至利用悬念，利用两段之间相接两镜头在内容上的某些一致性来达到顺利切换的目的。比方说有一部纪录片，前一段介绍某一发电站胜利建成，输电线伸向远方，下一段介绍生活区时，用了一个生活区一个大的招贴画，带电作业的女电工在高压输电线上翘首远望，通过这个肖像画，慢慢镜头转下来，转到林荫道上，人们在休息，散步，完成了切换任务。

(7) 隐喻式切换

这是一种运用对列组接来达到切换目的一种手法，它充分发挥影视艺术蒙太奇的对比作用，富有意义。如日本电影《野麦岭》开头段，用阔人在舞厅的舞步和童工在雪地里爬行的脚步，闪出闪回由舞厅转到野麦岭。这里有对比也富有隐喻，暗示了日本原始资本积累的残酷过程。

(8) 声音切换

用声音与画面结合达到切换目的，有的是用故事片中对白、台词切换，有的用解说词、歌词。另外，画外音、画内音互相交替的衔接把发生在互相关联的两个场地紧密交织一起。电影《英雄儿女》王成冲上 2 号阵地之后，与指挥所用步话机联络一场戏中，团指挥所与王成在二号高地的戏是通过 851、“延安”、“我是 851”，一会儿画内，一会儿画外，这样完成两场地连接的。

(9) 运动镜头切换

利用摄影机运动来完成地点转换，摄影机可以作升、作降、作移、作摇、作推拉跟等运动技巧。这些运动技巧可用来切换，它好像我们的一双眼睛，随着我们的步伐从这个地方走到那个地方。例如，把摄影机放到升降机上，首先在高处拍晨练的全景，然后随摄影机下降慢慢移动逐渐缩小，最后落到一处院落，或者通过门窗观察一家人的生活状况。当然也可反过来先拍一家生活起居，然后镜头开始移动升起，变为俯瞰全景。

(10) 多画屏画面切换

多画屏画面切换是现代影视艺术技巧，它把一个银幕或一个屏幕一分为二，一分为三，一分为四，可以分得更多。有的宽银幕电影，银幕本来是一根情节线索发展下来的，发展出 3 个不同故事并肩前进时，突然之间把原来故事的场景压缩了，压缩在宽银幕中间，两边出现另 2 个故事，观众可看到比方说 3 个家庭都在活动。演了一家之后，可能另外一个家庭这个戏就带进了原来的那个情节线，另外一个家庭画面就扩充，使另 2 个家庭挤出画面，实现切换任务。我们可从电影《虚人泪》双胞姐妹的故事中看到多画屏画面切换，几次运用一个在美国的姐姐，一个在伦敦的妹妹，用打电话方式实现多画屏切换。在美国拿起电话给英国打电话，结果打电话的人被缩到一边去，旁边让给接电话的，电话打完了戏就在接电话人这边开始了，接电话场景代替了原来那幅场景，实现切换。

8.2 视频切换特效的使用

8.2.1 视频切换特效的基本操作

在 Premiere Pro CS5 中，视频切换特效的添加方式有两种：一种是将视频切换特效添加到两段相邻素材片段的中间，产生一个镜头画面过渡到另一个镜头画面的效果；另一种是将视频切换特效添加到某一段素材片段的开始或结束位置，对该素材的入画与出画产生变化效果。上述两种方式的操作方法基本一致，区别在于视频切换特效作用的素材对象和放置位置不同，具体操作步骤如下。

(1) 在项目窗口的文件对话框中选择两段待编辑的素材，拖拽到时间线窗口的视频 1 轨道，如图 8-1 所示。

(2) 切换到效果面板，选择“视频切换” | “划像” | “菱形划像”特效，按住鼠标左键将其拖拽到两段素材片段的连接处，如图 8-2 所示，视频切换特效会自动调整距离，以适应两段素材片段。

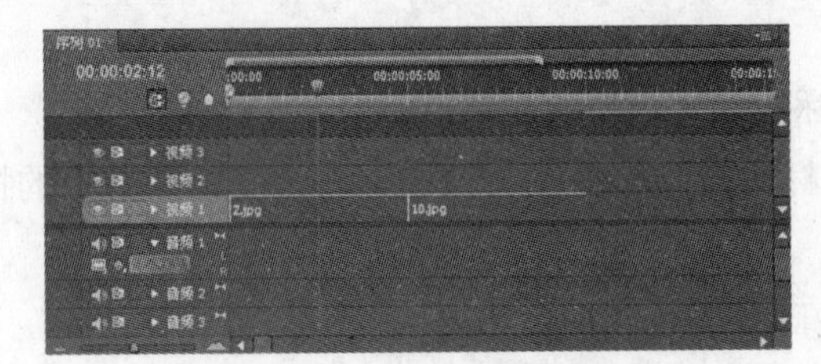

图 8-1　添加素材至时间线轨道

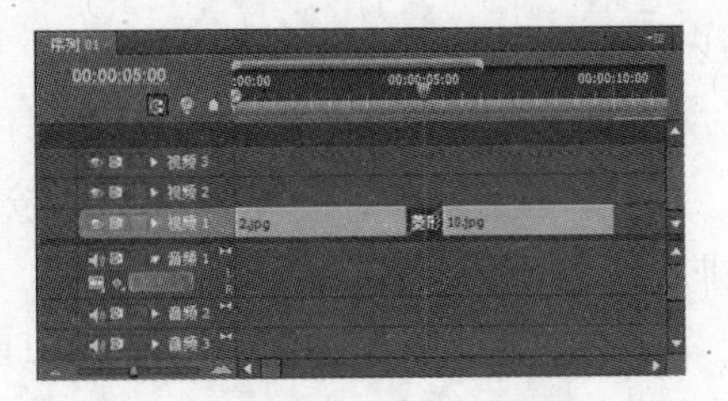

图 8-2　添加菱形划像切换特效

(3) 将鼠标移至切换特效的边缘可以调整视频切换特效的持续时间长度。这样就完成了一个简单的视频切换特效，可以在节目监视器窗口中预览效果，如图 8-3 所示。

图 8-3　预览视频切换效果

8.2.2　视频切换特效的参数设置

视频切换特效一般都带有参数设置，调整相应的参数就可以控制和自定义视频切换效果。双击时间线窗口上已经添加的视频切换效果，就可以打开特效控制台面板，对视频切换效果进行相关的参数设置。

1. 视频切换特效的按钮功能

单击特效控制台面板上方的“显示/隐藏时间线视图”按钮，可以展开或收起在当前面板的右侧的时间线窗口面板，如图 8-4 所示。

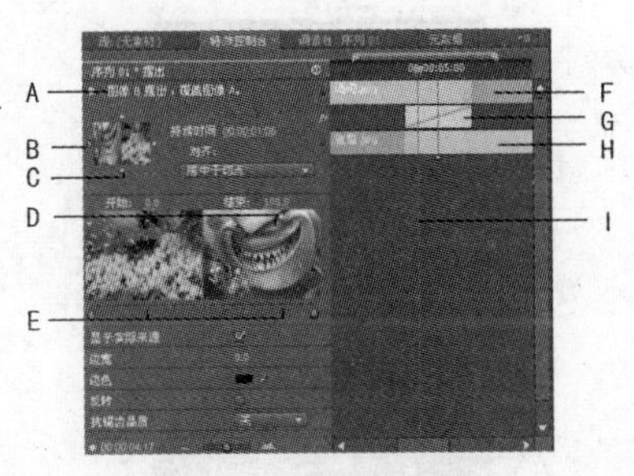

图 8-4　特效控制台

(1) A．切换特效预演按钮：单击按钮即可预演特效，后面的文字是切换效果的说明。

(2) B．切换预演窗口：默认用 A 来表示前一个素材片段，B 表示后一个片段。

(3) C．特效基准方向按钮：可以单击此按钮来调整视频切换特效的变化方向。

(4) D．素材预览窗口：左侧画面为前一个剪辑 A，右侧画面为后一个剪辑 B。

(5) E．开始和结束位置调节滑块：分别对应着前一个素材的开始位置和后一个素材的结束位置。

(6) F．前一个素材(素材 A)：可以用鼠标拖动，改变其出点。

(7) G．视频切换特效：可以在此按住鼠标左键直接拖动特效图标，改变切换特效的持续时间和对齐方式。

(8) H．后一个素材(素材 B)：可以用鼠标拖动，改变其入点。

(9) I．编辑线：指示当前所在的时间线位置。

2．视频切换特效的主要参数

(1) 持续时间：Premiere 系统默认为 25 帧。

(2) 对齐方式：切换特效在剪辑点的对齐方式，有“居中于切点”、“开始于切点”、“结束于切点”和“自定义开始”4 个选项。

(3) 显示实际素材：显示实际素材片段的画面。

(4) 边界宽度：切换效果的边界宽度，默认值为无边界。

(5) 边界颜色：设定视频切换边界的颜色。

(6) 反转：反转视频切换特效的方向。

(7) 抗锯齿质量：对切换时两个素材相交的边缘实施边缘抗锯齿效果，调整其平滑程度。

8.3　视频切换特效的分类

Premiere Pro CS5 提供了很多种视频转换特效，为了方便查找需要的视频转换特效，Premiere 分门别类地将视频切换特效存放在不同文件夹中，如图 8-5 所示。视频切换特效包括 3D 运动、叠化、划像、映射、卷页、滑动、特殊效果、伸展、擦除和缩放，共 10 大类型。

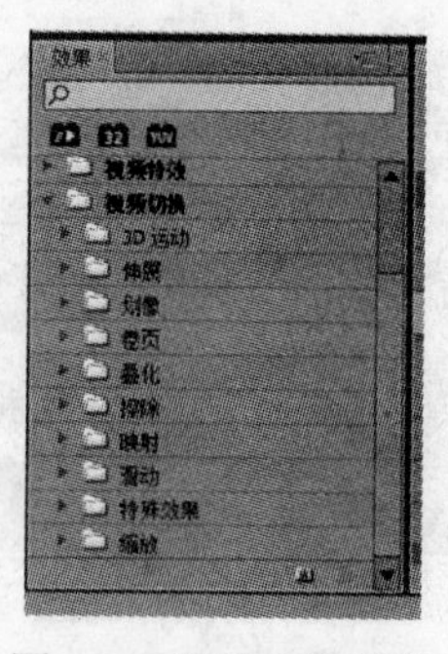

图 8-5　视频切换特效

8.3.1　3D 运动

“3D 运动”切换特效包含了所有三维运动效果的切换，共有 10 个切换效果，如图 8-6 所示。它们分别是：向上折叠、帘式、摆入、摆出、旋转、旋转离开、立方体旋转、筋斗过渡、翻转和门。

图 8-6　3D 运动

1. 向上折叠

“向上折叠”切换特效向上折叠素材 A(就好像它是一张纸)来显示素材 B，如图 8-7 所示。

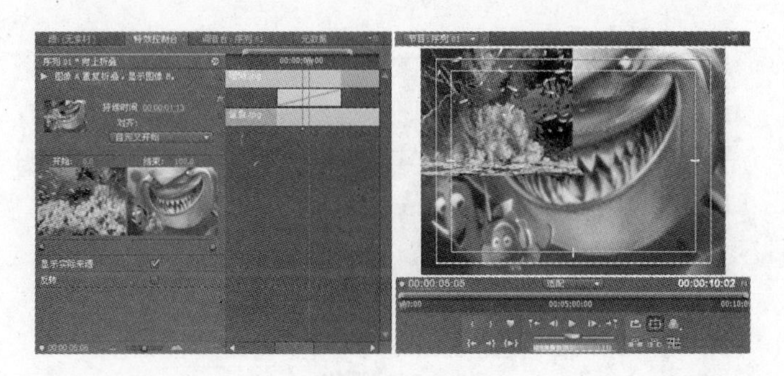

图 8-7　向上折叠

2. 帘式

“帘式”切换特效模仿舞台拉幕，打开幕布显示素材 B 来替换素材 A，可以在效果控制面板中查看幕布设置，并在节目监视器面板中查看效果预览，如图 8-8 所示。

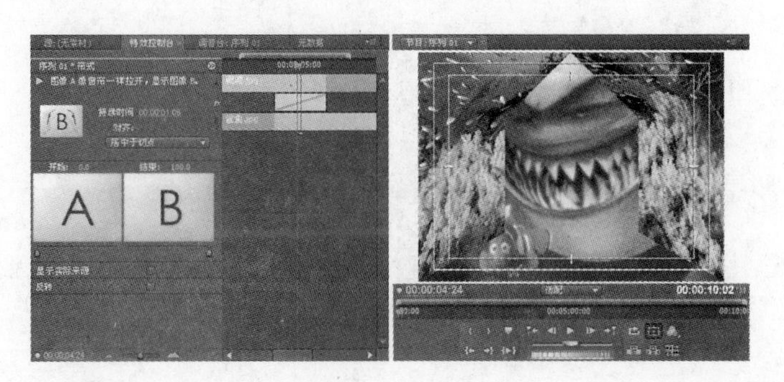

图 8-8　帘式

3. 摆入

“摆入”切换特效中，素材 B 从左边摆动出现在屏幕上，如同一扇开着的门即将关闭，如图 8-9 所示。

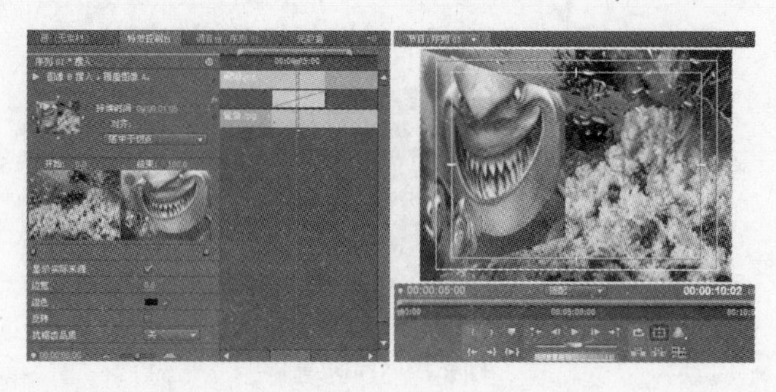

图 8-9　摆入

4．摆出

“摆出”切换特效中，素材 B 从左边摆动出现在屏幕上，如同一扇开着的门即将打开，如图 8-10 所示。

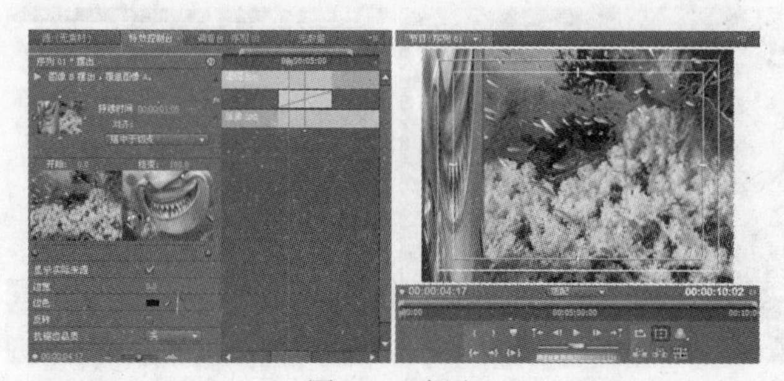

图 8-10　摆出

5．旋转

“旋转”切换特效非常类似于翻转切换效果，只是素材 B 旋转出现在屏幕上，而不是翻转替代素材 A。如图显示了效果控制面板中的旋转效果控件以及节目监视器面板中的效果预览，如图 8-11 所示。

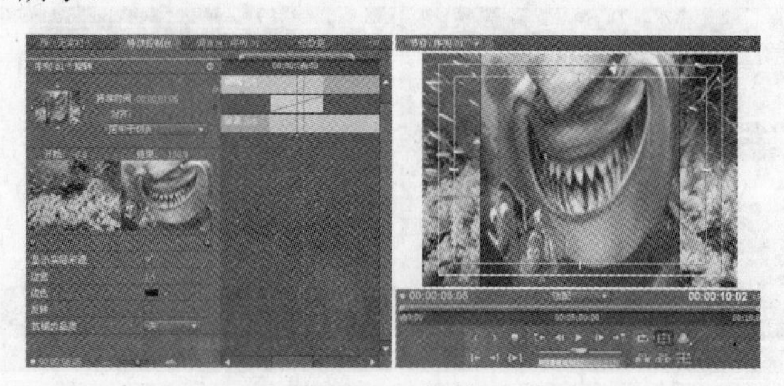

图 8-11　旋转

6．旋转离开

“旋转离开”切换特效中，素材 B 类似于旋转切换效果旋转出现在屏幕上。但是，在旋转离开切换效果中，素材 B 试用的帧要多于旋转切换效果。如图 8-12 所示，显示了效果控制面板中的旋转离开效果空间以及节目监视器面板中的效果预览。

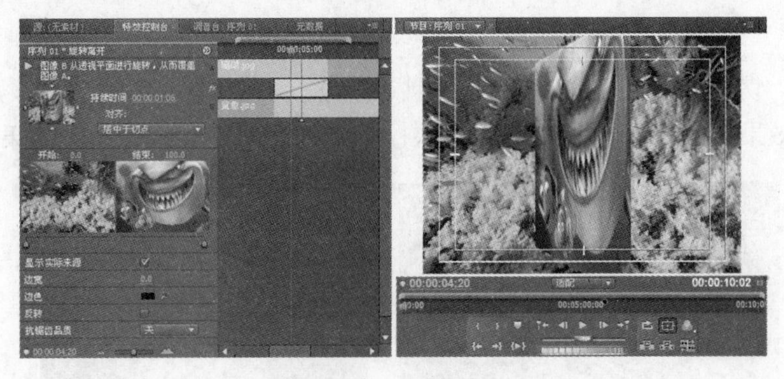

图 8-12　旋转离开

7．立方体旋转

“立方体旋转”切换特效使用旋转的 3D 立方体创建从素材 A 到素材 B 的切换效果。在立方旋转设置中，可以将切换效果设置为从左到右、从右到左、从上到下或者从下到上。向右拖动边框滑块将增加两个视频轨道之间的边框颜色。如果想更改边框颜色，请单击“边色”按钮。在效果控制面板中可以看见立方旋转效果控制，在节目监视器面板中可以看见效果预览，如图 8-13 所示。

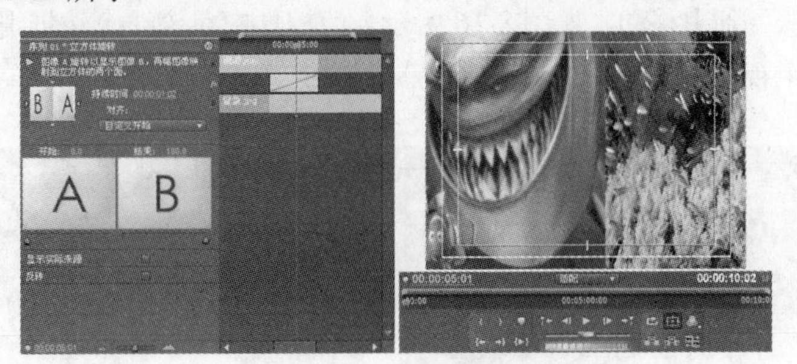

图 8-13　立方体旋转

8．筋斗过渡

“筋斗过渡”切换特效将沿垂直轴翻转素材 A 来显示素材 B。单击效果控制面板底部的“自定义”按钮显示“翻转设置”对话框。可以用此对话框设置条带颜色和单元格颜色的数量。单击“确定”按钮关闭对话框，如图 8-14 所示。

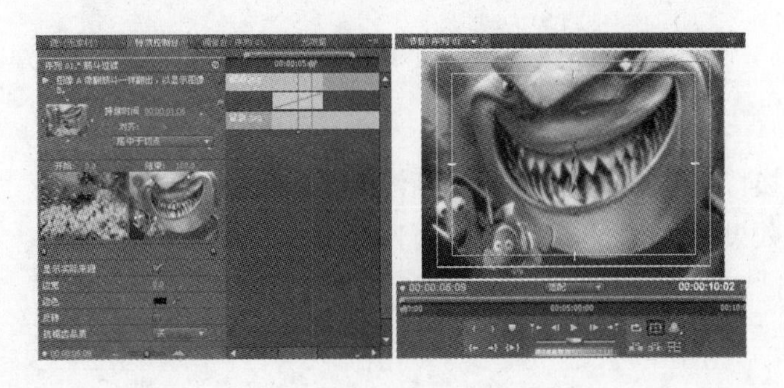

图 8-14　筋斗过渡

9. 翻转

“翻转”切换特效中，素材 A 旋转并且逐渐变小，同时素材 B 取代它。如图 8-15 所示，显示了效果控制面板中的旋转离开效果控件以及节目监视器面板中的效果预览。

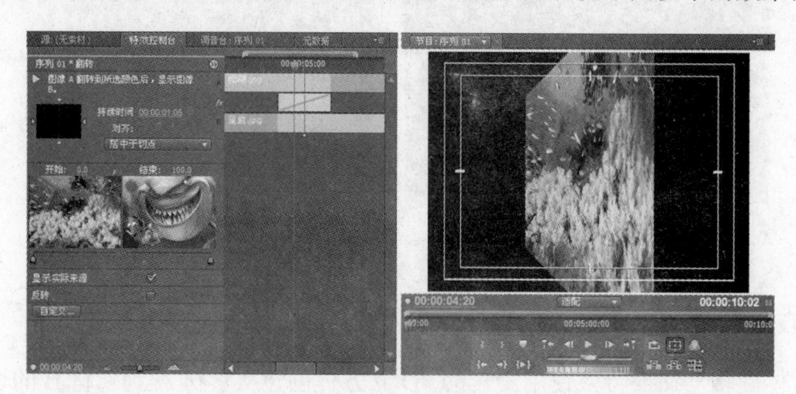

图 8-15　翻转

10. 门

“门”切换特效模仿打开一扇门的效果。可以将此切换效果设置为从左到右、从右到左、从上到下或从下到上移动，如图 8-16 所示，门控件中包含一个边框滑块。从右拖动边框滑块将增加两个视频轨道之间的边框颜色。如果想更改边框颜色，请单击“边色”按钮。

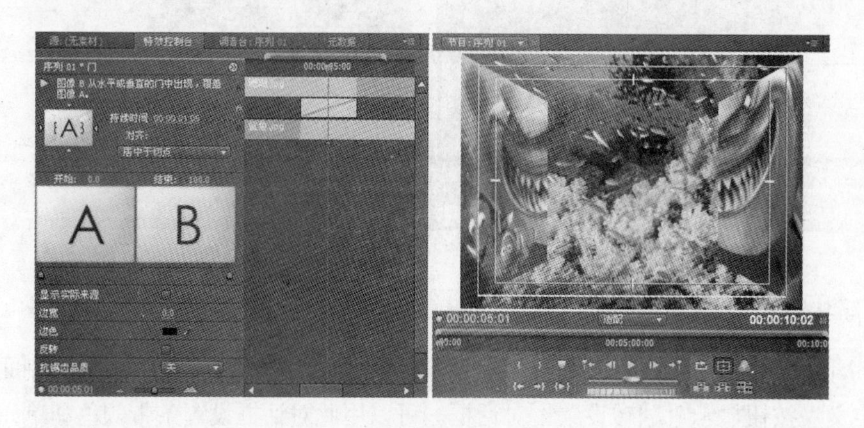

图 8-16　门

8.3.2 叠化

“叠化”切换特效将一个视频素材逐渐淡入另一个视频素材中，共有 7 种叠化切换效果，如图 8-17 所示。它们分别是：交叉叠化(标准)、抖动溶解、白场过渡、附加叠化、随机反相、非附加叠化和黑场过渡。

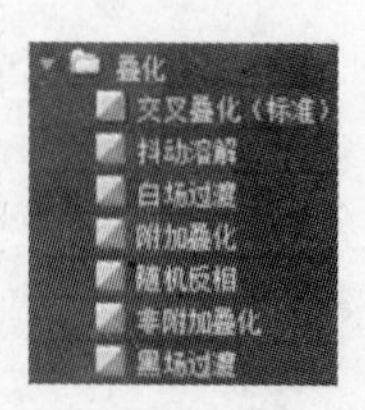

图 8-17　叠化

1．交叉叠化(标准)

“交叉叠化(标准)”切换特效中，素材 B 在素材 A 淡出之前淡入，如图 8-18 所示。

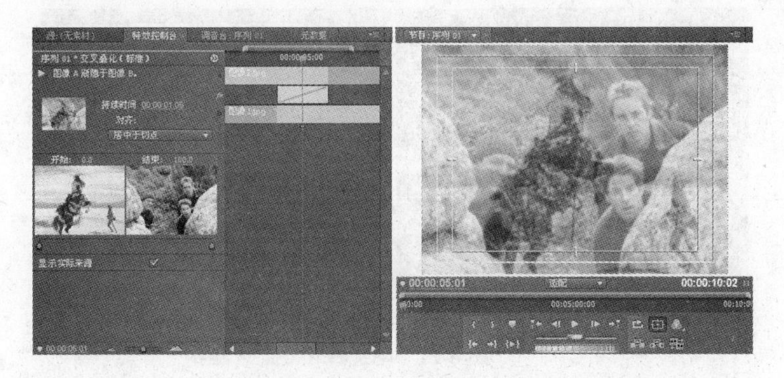

图 8-18　交叉叠化(标准)

2．抖动溶解

“抖动溶解”切换特效中，素材 A 叠化为素材 B，像许多微小的点出现在屏幕上一样，如图 8-19 所示。

图 8-19　抖动溶解

3．白场过渡

“白场过渡”切换特效中，素材 A 淡化为白色，然后淡化为素材 B，如图 8-20 所示。

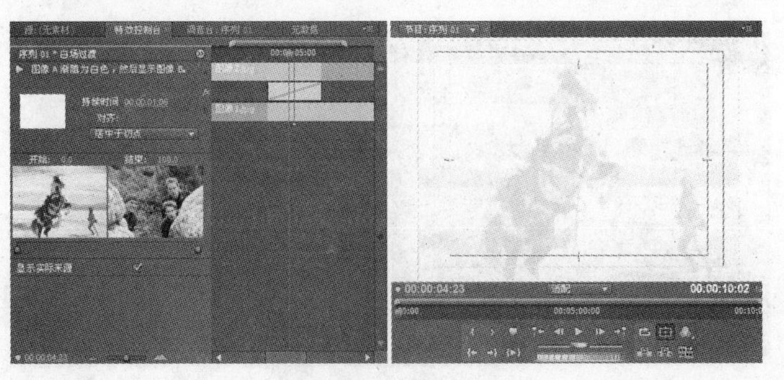

图 8-20　白场过渡

4．附加叠化

“附加叠化”切换特效创建从一个素材到下一个素材的淡化，如图 8-21 所示。

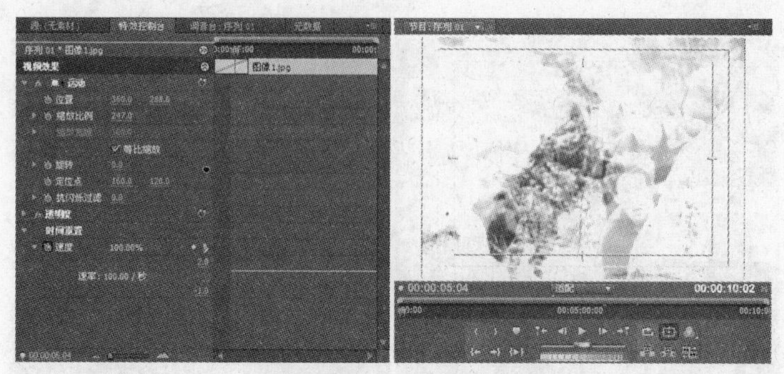

图 8-21　附加叠化

5．随机反相

“随机反相”切换特效中，素材 B 逐渐替换素材 A，以随机点图形形式出现，如图 8-22 所示。

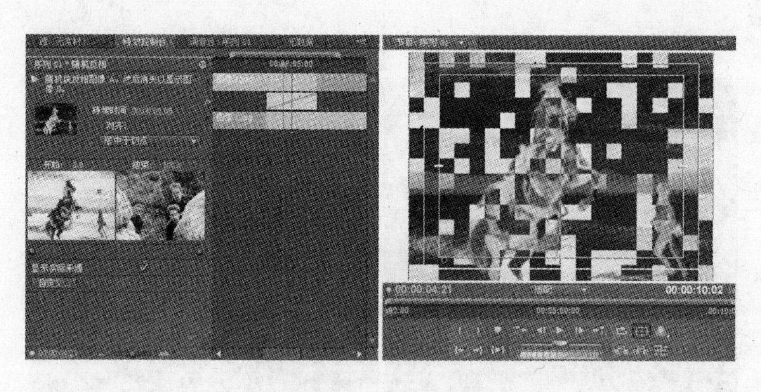

图 8-22　随机反相

6．非附加叠化

“非附加叠化”切换特效中，素材 B 逐渐出现在素材 A 的彩色区域内，如图 8-23 所示。

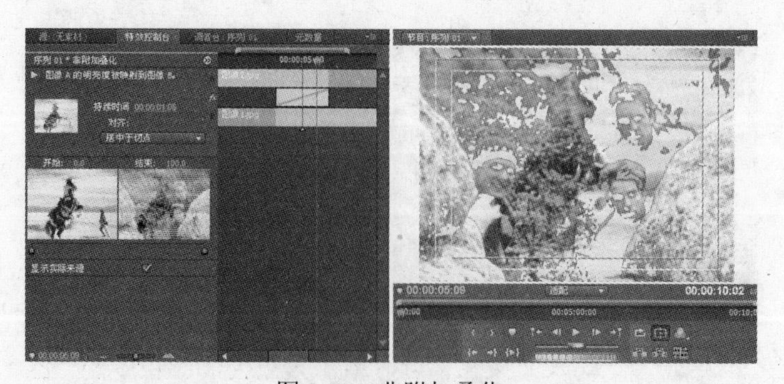

图 8-23　非附加叠化

7．黑场过渡

“黑场过渡”切换特效中，素材 A 逐渐淡化为黑色，然后再淡化为素材 B，如图 8-24 所示。

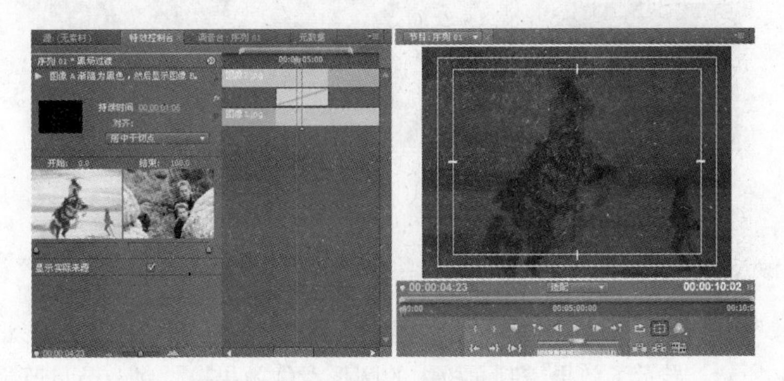

图 8-24　黑场过渡

8.3.3　划像

“划像”切换特效的开始和结束都在屏幕的中心进行，共有 7 种特效，如图 8-25 所示。它们分别是：划像交叉、划像形状、圆划像、星形划像、点划像、盒形划像和菱形划像。

图 8-25　划像

1．划像交叉

“划像交叉”切换特效中，素材 B 出现在一个大型十字的外边缘中，素材 A 在十字中。随着十字越变越小，素材 B 逐渐占据整个屏幕。如图 8-26 所示，显示了效果控制面板中的点交叉划像效果控件以及节目监视器面板中的效果预览。

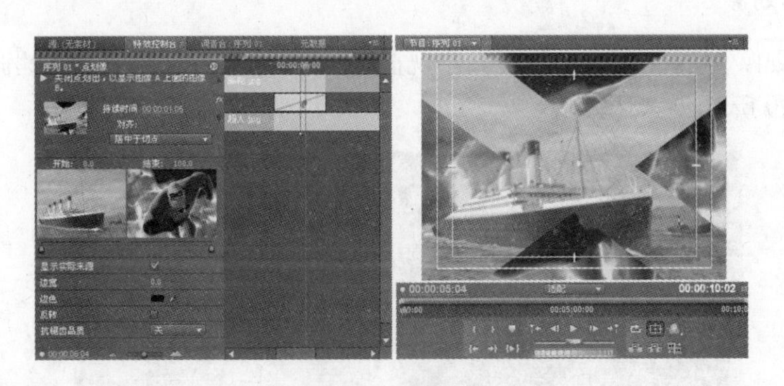

图 8-26　划像交叉

2．划像形状

“划像形状”切换特效中，素材 B 逐渐出现在菱形、椭圆形和矩形中，这些形状会逐渐占据整个画面。 在选择此切换效果后，可以单击效果控制面板中的“自定义”按钮显示“划像形状设置”对话框，在此挑选形状数量和形状类型，如图 8-27 所示。

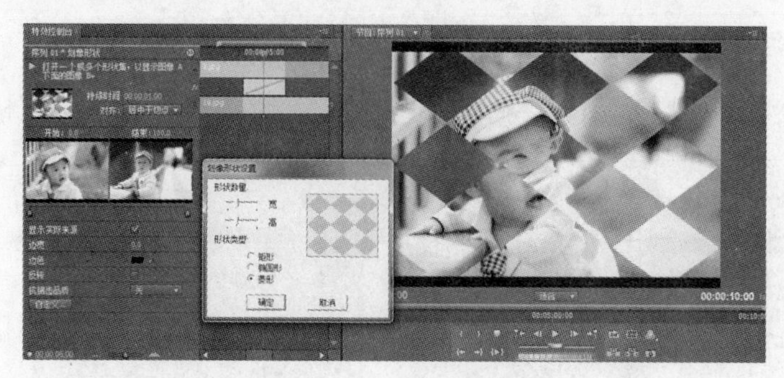

图 8-27　划像形状

3．圆划像

“圆划像”切换特效中，素材 B 逐渐出现在慢慢变大的圆形中，该圆形将占据整个画面。如图 8-28 所示，显示了效果控制面板中的圆形滑像效果控件以及节目监视器面板中的效果预览。

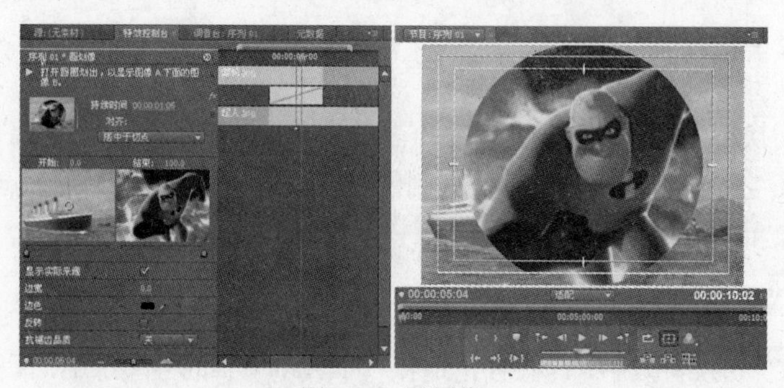

图 8-28　圆划像

4．星形划像

“星形划像”切换特效中，素材 B 出现在慢慢变大星形中，此星形将逐渐占据整个画面，如图 8-29 所示。

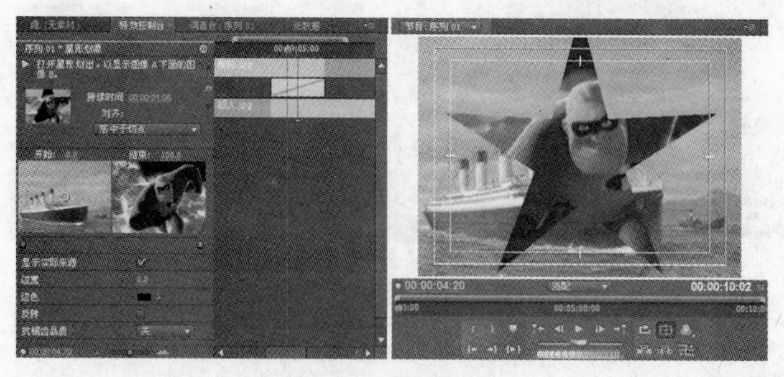

图 8-29　星形划像

5．点划像

“点划像”切换特效中，素材 B 逐渐出现在一个十字形中，该十字会越变越大，直到占据整个画面。如图 8-30 所示，显示了效果控制面板中的十字划像效果控件和节目监视器中的效果预览。

图 8-30　点划像

6．盒形划像

“盒形划像”切换特效中，素材 B 逐渐显示在一个慢慢变大的矩形中，该矩形会逐渐占据整个画面，如图 8-31 所示。

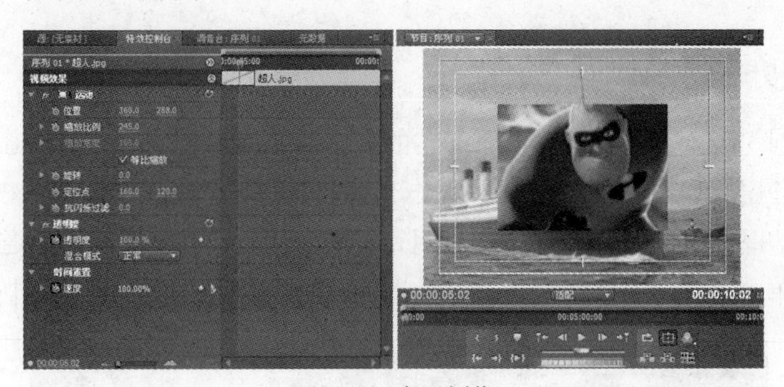

图 8-31　盒形划像

7．菱形划像

“菱形划像”切换特效中，素材 B 逐渐出现在一个菱形中，该菱形将逐渐占据整个画面，如图 8-32 所示。

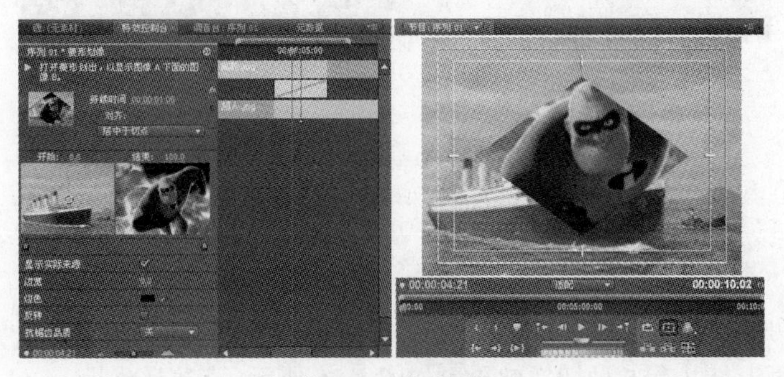

图 8-32　菱形划像

8.3.4 映射

“映射”切换特效在切换期间重映射颜色，包括通道映射和明亮度映射，如图 8-33 所示。

图 8-33　映射

1. 明亮度映射

“明亮度映射”切换特效中，使用一个素材的亮度级别替换另一个素材的。如图 8-34 所示，显示了效果控制面板中的亮度影射效果控件以及节目监视器面板中的预览。

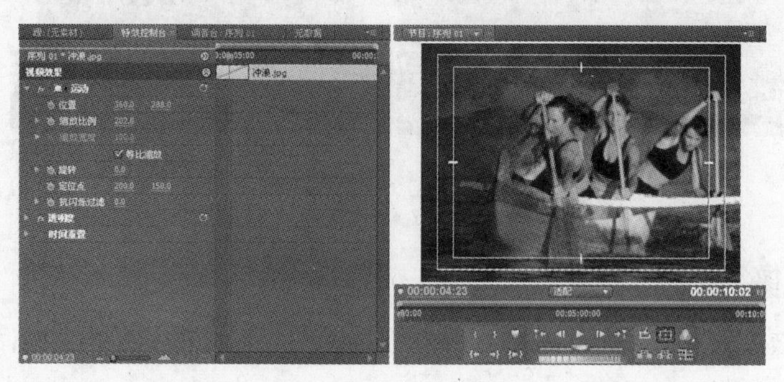

图 8-34　明亮度映射

2. 通道映射

“通道映射”切换特效用于创建不寻常的颜色效果，方法是将图像通道映射到另一个图像通道。在使用此切换效果后，可以单击效果控制面板中的“自定义”按钮显示“通道映射设置”对话框，如图 8-35 所示。在此对话框中，从下拉菜单中选择通道，然后选择是否反转颜色。单击“确定”按钮，然后在效果控制面板或节目监视器面板中预览效果。

图 8-35　通道映射

8.3.5 卷页

“卷页”切换特效中，模仿翻转显示下一页，素材 A 在第一页上，素材 B 在第二页上，共有 5 种切换效果，如图 8-36 所示。它们分别是：中心剥落、剥开背面、卷走、翻页和页面剥落。

图 8-36　卷页

1. 中心剥落

“中心剥落”切换特效创建了 4 个单独的翻页，从素材 A 的中心向外翻开显示素材 B。如图 8-37 所示，显示了中心卷页设置和效果预览。

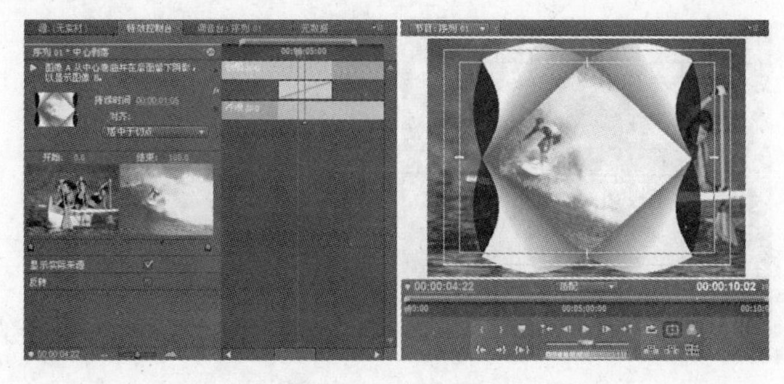

图 8-37　中心剥落

2. 剥开背面

“剥开背面”切换特效中，页面先从中间卷向左上，然后卷向右上，如图 8-38 所示，随后卷向右下，最后卷向左下。

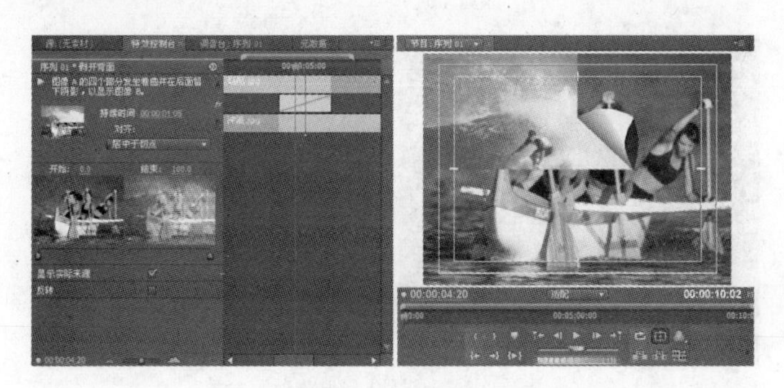

图 8-38　剥开背面

3. 卷走

“卷走”切换特效中，素材 A 从页面左边滚动到页面右边(没有发生卷曲)来显示素材 B，如图 8-39 所示。

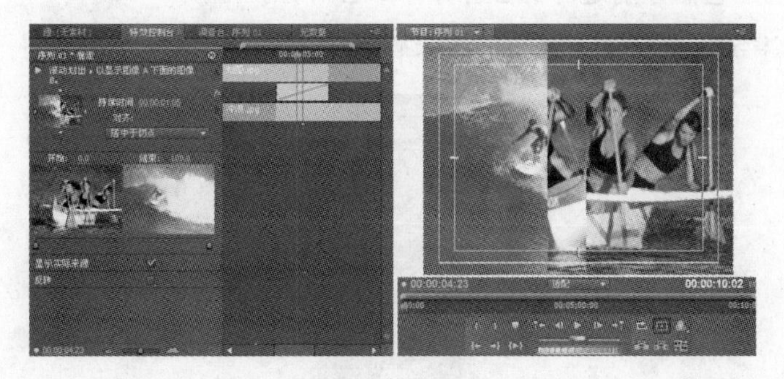

图 8-39　卷走

4．翻页

“翻页”切换特效中，页面将翻转，但不发生卷曲，在翻转显示素材 B 时，可以看见素材 A 颠倒出现在页面的背面，如图 8-40 所示。

图 8-40　翻页

5．页面剥落

“页面剥落”切换特效是一个标准的卷页，页面从屏幕的左上角卷向右下角来显示下一页，如图 8-41 所示。

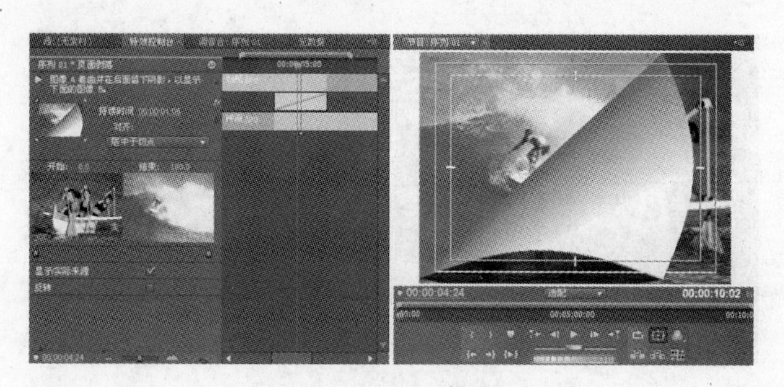

图 8-41　页面剥落

8.3.6　滑动

“滑动”切换特效用于将素材滑入和滑出画面来提供切换效果，如图 8-42 所示，共包括 12 种切换效果。它们分别是：中心合并、中心拆分、互换、多旋转、带状滑动、拆分、推、斜线滑动、滑动、滑动带、滑动框和漩涡。

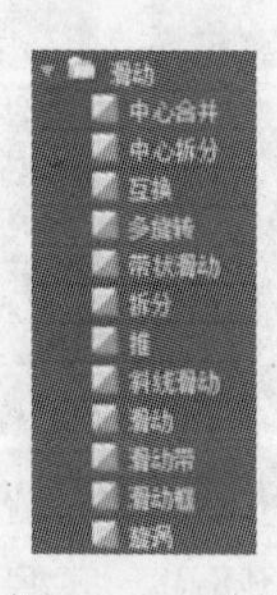

图 8-42　滑动

1. 中心合并

“中心合并”切换特效中，素材 A 逐渐收缩并挤压到页面中心，素材 B 将取代素材 A，如图 8-43 所示。

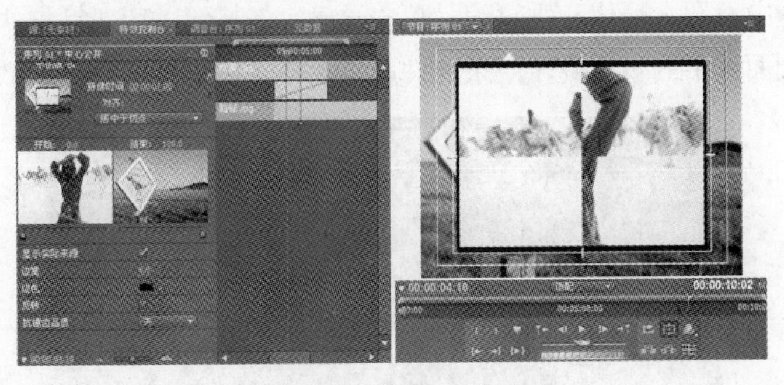

图 8-43　中心合并

2. 中心拆分

“中心拆分”切换特效中，素材 A 被切分成 4 个象限，并逐渐从中心向外移动，然后素材 B 将取代素材 A，如图 8-44 所示。

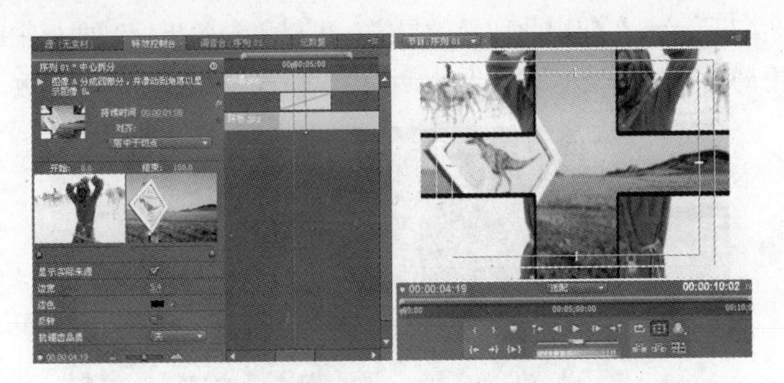

图 8-44　中心拆分

3. 互换

“互换”切换特效中，素材 B 与素材 A 交替放置。该效果看起来类似于一个素材从左向右移动，然后移动到了前一个素材的后面，如图 8-45 所示。

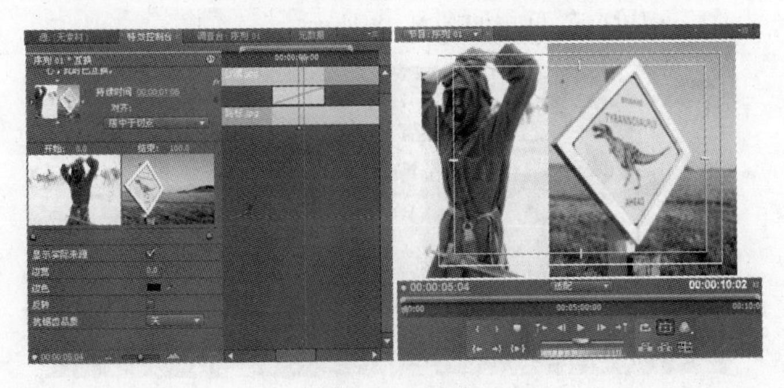

图 8-45　互换

4. 多旋转

“多旋转”切换特效中，素材 B 逐渐出现在一些小的旋转盒子中，这些盒子将慢慢变大，以显示整个素材。单击效果控制面板中的“自定义”按钮显示“多旋转设置”对话框，可以在该对话框中设置水平值和垂直值。单击“确定”按钮关闭对话框。如图 8-46 所示，显示了效果控制面板中的多重旋转效果控件，以及节目监视器面板中的效果预览。

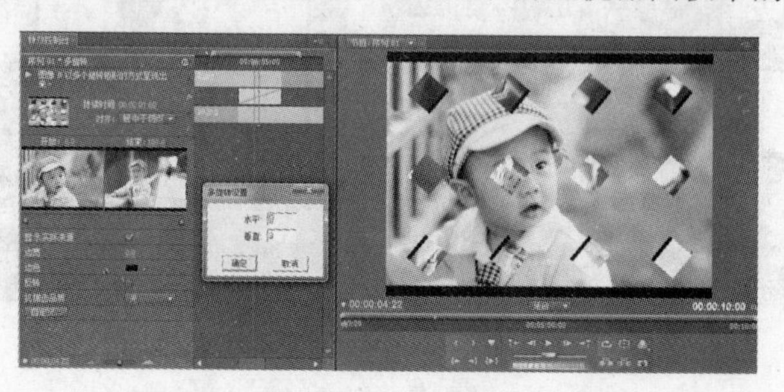

图 8-46　多旋转

5. 带状滑动

“带状滑动”切换特效中，矩形条带从屏幕右边和屏幕左边出现，逐渐用素材 B 替代素材 A，如图 8-47 所示。在使用此切换效果时，可以单击效果控制面板中的“自定义”按钮显示“带状滑动设置”对话框。在此对话框中，输入需要滑动的条带数。

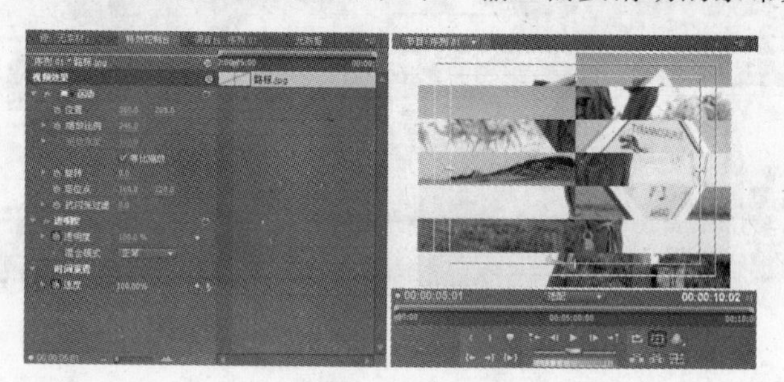

图 8-47　带状滑动

6. 拆分

“拆分”切换特效中，素材 A 从中间分裂开显示它后面的素材 B。该效果类似于打开两扇分开的门来显示房间内的东西，如图 8-48 所示。

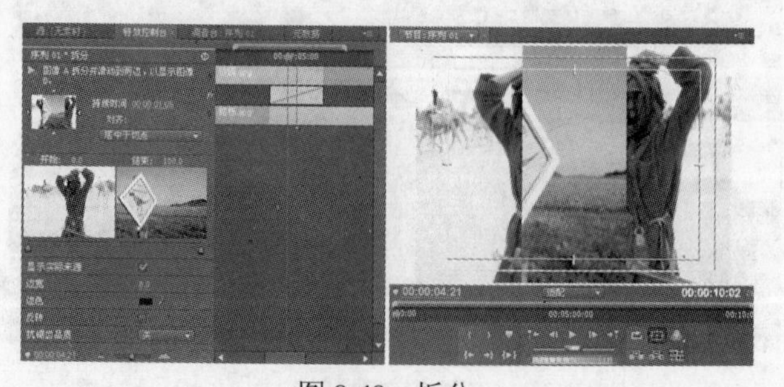

图 8-48　拆分

7．推

“推”切换特效中，素材 B 将素材 A 推向一边，如图 8-49 所示。可以将此切换效果的推挤方式设置为从西到东、从东到西、从北到南或从南到北。

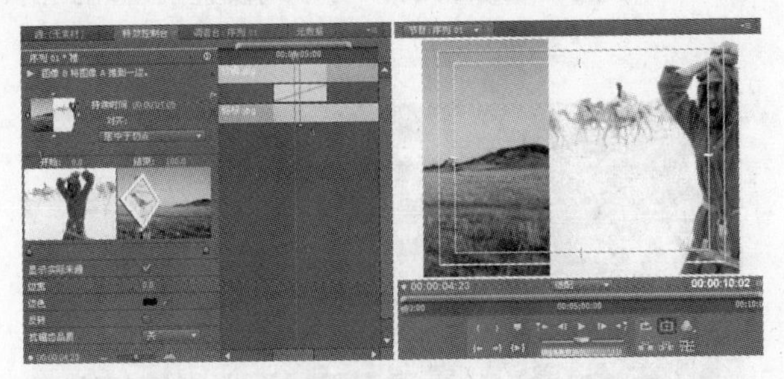

图 8-49　推

8．斜线滑动

“斜线滑动”切换特效中，使用素材 B 的片段填充的对角斜线逐渐替代素材 A，如图 8-50 所示。可以将斜线的移动方式设置为从西北到东南、从东南到西北、从东北到西南、从西南到东北、从西到动、从东到西、从北到南或从南到北。在使用此切换效果时，“斜线滑动设置”对话框将出现。在此对话框中设置需要的斜线数量。还可以单击效果控制面板底部的“自定义”按钮更改斜线数量。

图 8-50　斜线滑动

9．滑动

“滑动”切换特效中，素材 B 逐渐滑动到素材 A 上方，如图 8-51 所示。可以设置切换效果的滑动方式。切换效果的滑动方式可以是从西北到东南、从东南到西北、从东北到西南、从西南到东北、从西到东、从东到西、从北到南或者从南到北。

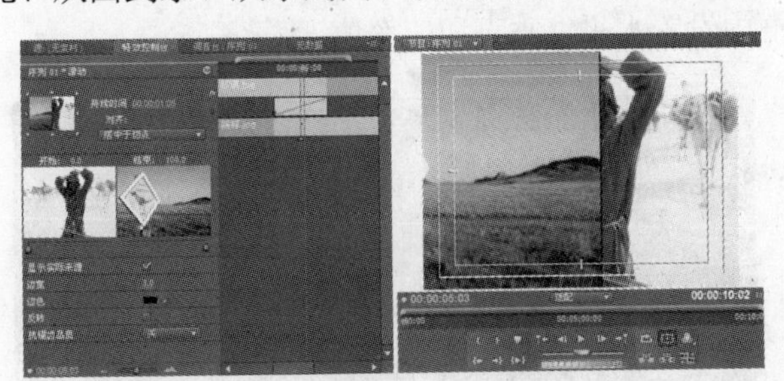

图 8-51　滑动

10．滑动带

“滑动带”切换特效中，素材 B 开始处于压缩状态，然后逐渐延伸到整个画面来替代素材 A，如图 8-52 所示。可以将滑动条带的移动方式设置为从北到南、从南到北、从西到东或者从东到西。

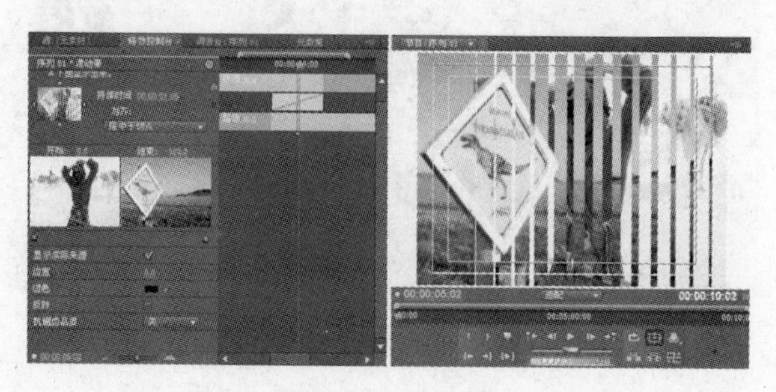

图 8-52　滑动带

11．滑动框

“滑动框”切换特效中，由素材 B 组成的垂直条带逐渐移动到整个屏幕来替代素材 A。在使用此切换效果时，可以单击效果控制面板中的“自定义”按钮显示“滑动框设置”对话框。在此对话框中设置需要的条带数。如图 8-53 所示，显示了效果控制面板中的滑动框效果控件以及节目监视器面板中的效果预览。

图 8-53　滑动框

12．漩涡

“漩涡”切换效果中，素材 B 呈旋涡状旋转出现在屏幕上来替代素材 A，如图 8-54 所示。在使用此切换效果时，可以单击效果控制面板中的“自定义”按钮显示“漩涡设置”对话框。在此对话框中设置水平、垂直和速率值。

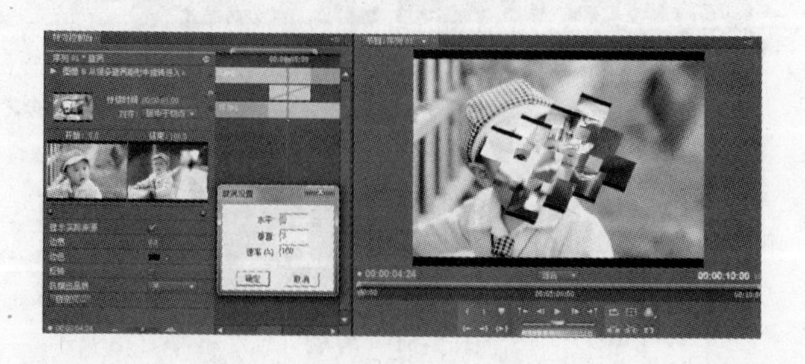

图 8-54　漩涡

8.3.7 特殊效果

“特殊效果”切换特效中包含了创建特效的各种切换效果，其中许多切换效果可以用来改变颜色或扭曲图像，如图 8-55 所示。它们分别是：映射红蓝通道、纹理和置换。

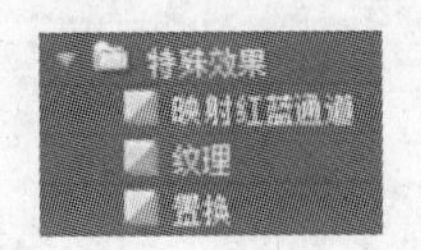

图 8-55　特殊效果

1．映射红蓝通道

“映射红蓝通道”切换特效是在利用素材片段 A 和素材片段 B 画面的通道信息生成一段全新的画面内容后，将其应用于这两个镜头之间的画面过渡，如图 8-56 所示。

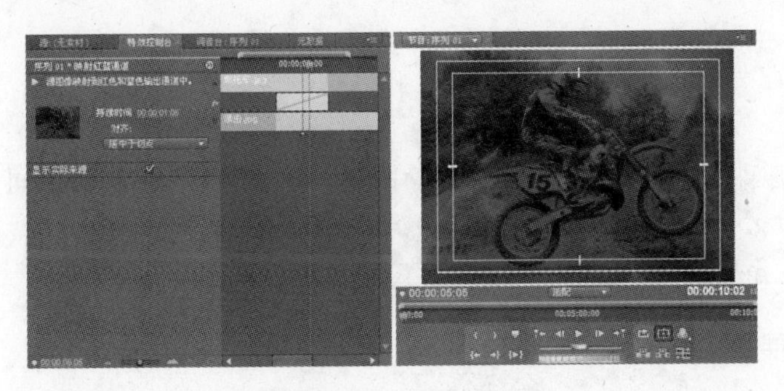

图 8-56　映射红蓝通道

2．纹理

“纹理”切换特效中，将颜色值从素材 B 映射到素材 A 中，两个素材的混合可以创建纹理效果，如图 8-57 所示。

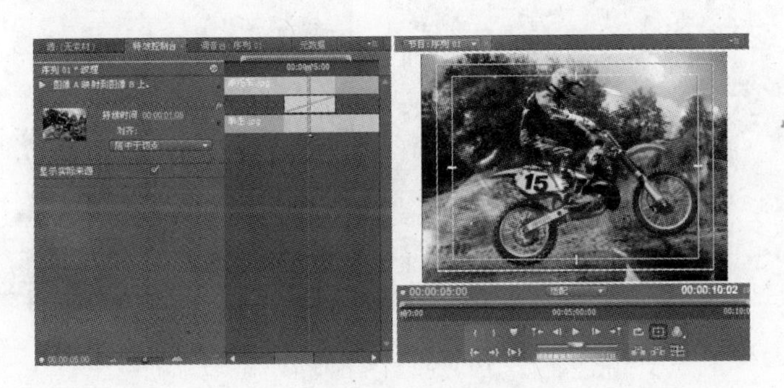

图 8-57　纹理

3．置换

“置换”切换特效中，素材 B 中的颜色在素材 A 中创建了一个图像扭曲，如图 8-58 所示。在使用此切换效果时，可以单击效果控制面板中的“自定义”按钮，显示“置换设置”对话框，更改“缩放”设置。缩放比例越小，置换的范围也就越大。如果置换造成图像伸展到画幅之外，那么“回绕”选项会指示 Premiere Pro 将像素绕回到画幅的另一边。“重复像素”选项会重复图像边缘的像素，而不是将它们绕到画幅的另一边。

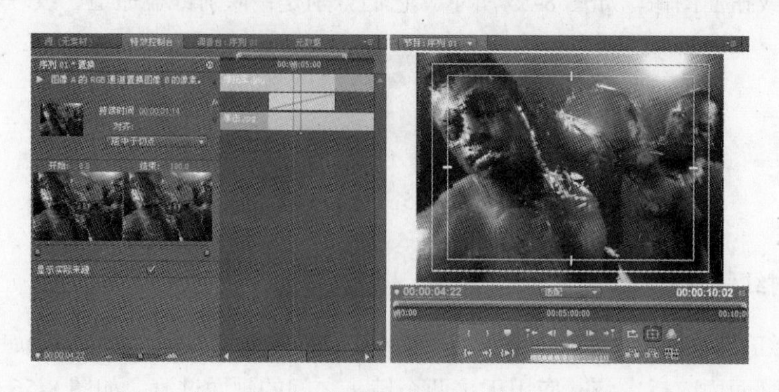

图 8-58　置换

8.3.8　伸展

“伸展”切换特效提供了各种效果，其中至少有一个在效果有效期间进行拉伸，如图 8-59 所示，共有 4 种切换效果。它们分别是：交叉伸展、伸展、伸展覆盖和伸展进入。

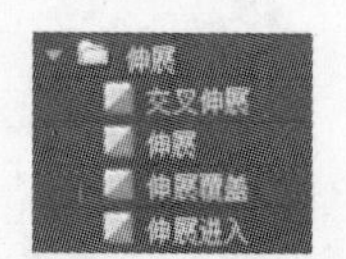

图 8-59　伸展

1．交叉伸展

“交叉伸展”切换特效与其说是伸展，不如说更像是一个 3D 立方切换效果。在使用此切换效果时，素材像是在转动的立方体上。在立方体转动时，素材 B 将替换素材 A，如图 8-60 所示。

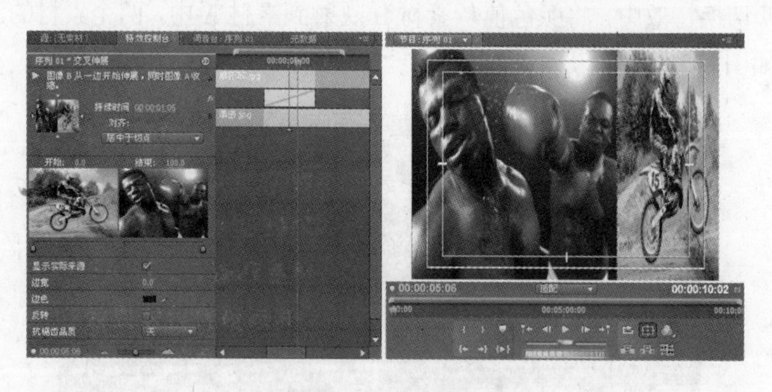

图 8-60　交叉伸展

2．伸展

“伸展”切换特效中，素材 B 先被压缩，然后逐渐伸展到整个画面，从而替代素材 A，如图 8-61 所示。

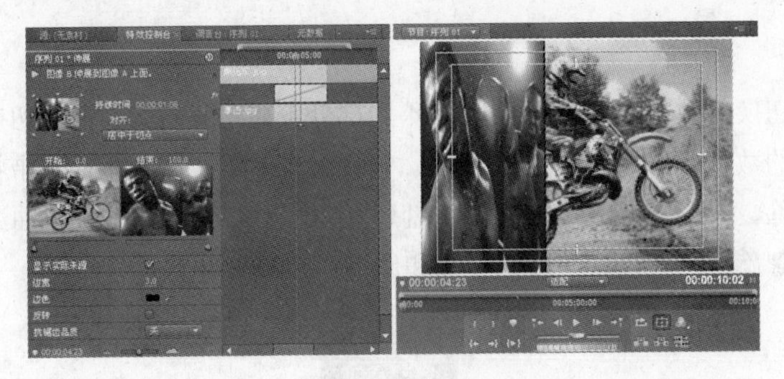

图 8-61　伸展

3. 伸展覆盖

“伸展覆盖”切换特效中，素材 B 经过细长的伸缩后逐渐不再伸缩之后，覆盖在素材 A 上方。如图 8-62 所示，显示了效果控制面板中的伸缩覆盖效果控件以及节目监视器面板中的效果预览。

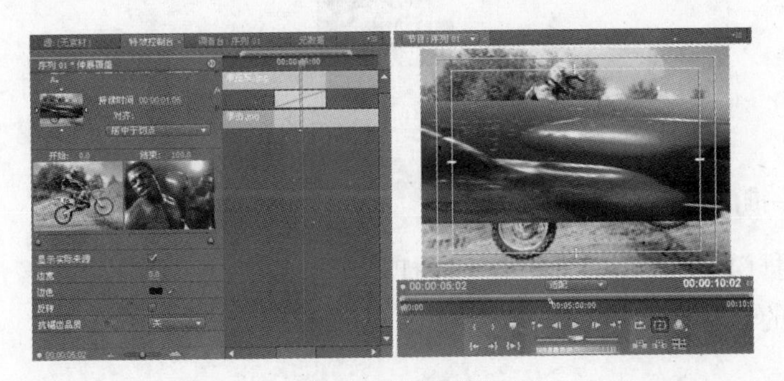

图 8-62　伸展覆盖

4. 伸展进入

“伸展进入”切换特效中，素材 B 伸展到素材 A 上方，然后逐渐不再伸展。单击效果控制面板中的“自定义”按钮，在弹出的“伸展进入设置”对话框中输入需要的条带数。如图 8-63 所示，显示了效果控制面板中的伸展进入效果控件以及节目监视器面板中的效果预览。

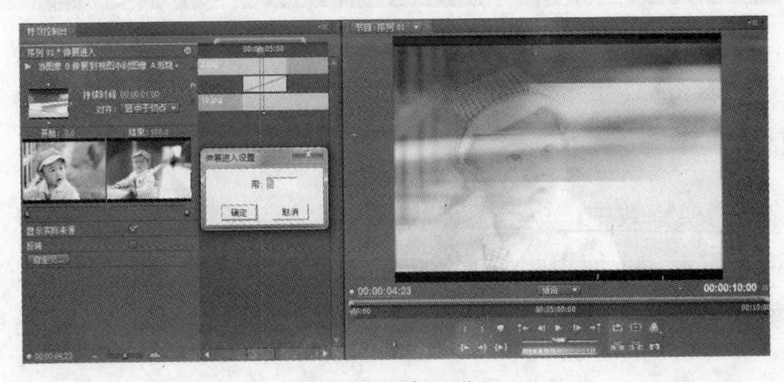

图 8-63　伸展进入

8.3.9　擦除

“擦除”切换特效用来擦除素材 A 的不同部分来显示素材 B，许多切换效果都提供看起来非常时髦的数字效果，如图 8-64 所示。它们分别是：双侧平推门、带状擦除、径向划变、插入、擦除、时钟式划变、棋盘、棋盘划变、楔形划变、水波块、油漆飞溅、渐变擦除、百叶窗、螺旋框、随机块、随机擦除和风车。

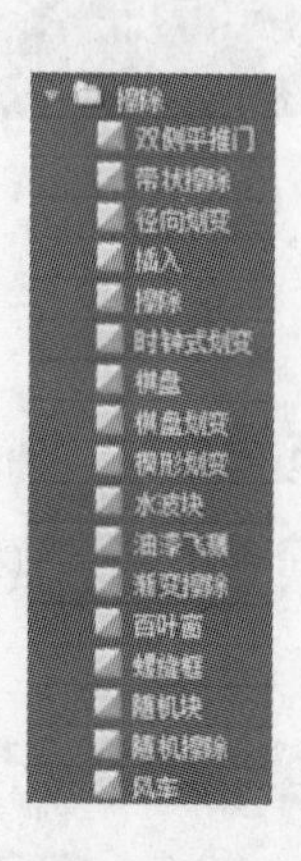

图 8-64　擦除

1．双侧平推门

“双侧平推门”切换特效中，素材 A 打开，显示素材 B。该效果更像是滑动的门，而不是侧转打开的仓门，如图 8-65 所示。

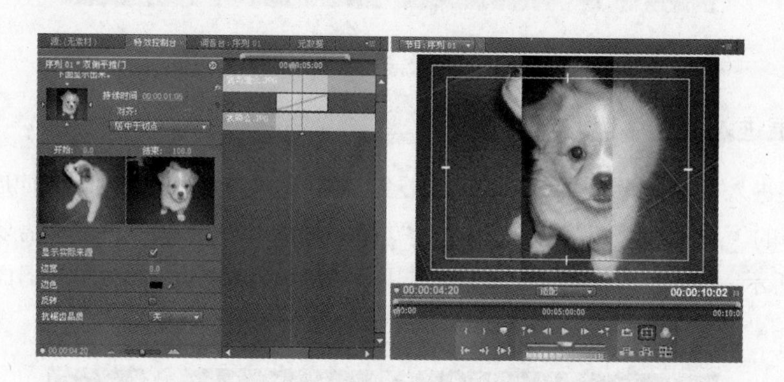

图 8-65　双侧平推门

2．带状擦除

“带状擦除”切换特效中，矩形条带从屏幕左边和屏幕右边渐渐出现，素材 B 将替代素材 A，如图 8-66 所示。在使用此切换效果时，可以单击效果控制面板中的“自定义”按钮显示“带状擦除设置”对话框。在此对话框中输入需要的条带数，然后单击“确定”按钮应用该设置。

图 8-66　带状擦除

3．径向划变

“径向划变”切换特效中，素材 B 是通过擦除显示的：先是水平擦过画面的顶部，然后顺时针扫过一个弧度，逐渐覆盖素材 A，如图 8-67 所示。

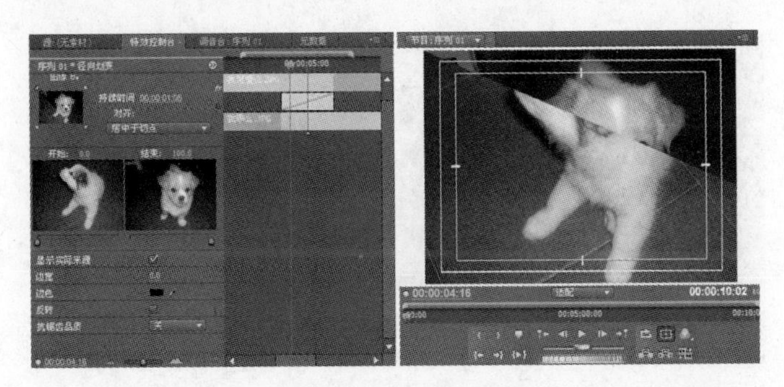

图 8-67　径向划变

4．插入

“插入”切换特效中，素材 B 出现在画面左上角的一个小矩形框中。在擦除过程中，该矩形框逐渐变人，直到素材 B 替代素材 A，如图 8-68 所示。

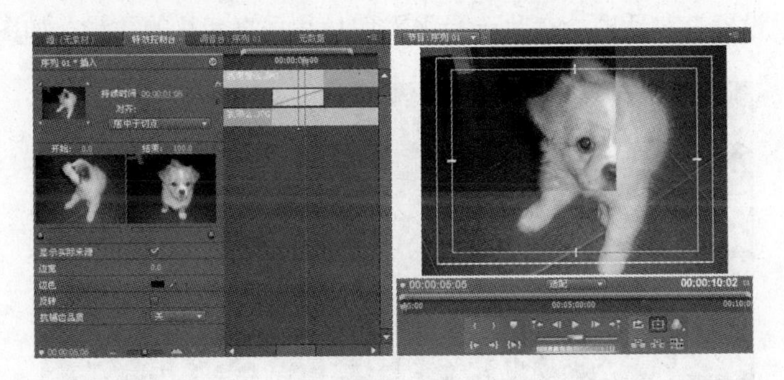

图 8-68　插入

5．擦除

“擦除”切换特效中，素材 B 从左向右滑入，逐渐替代素材 A，如图 8-69 所示。

图 8-69　擦除

6. 时钟式划变

“时钟式划变”切换特效中，素材 B 逐渐出现在屏幕上，以圆周运动方式显示。该效果就像是时钟的旋转指针扫过素材屏幕，如图 8-70 所示。

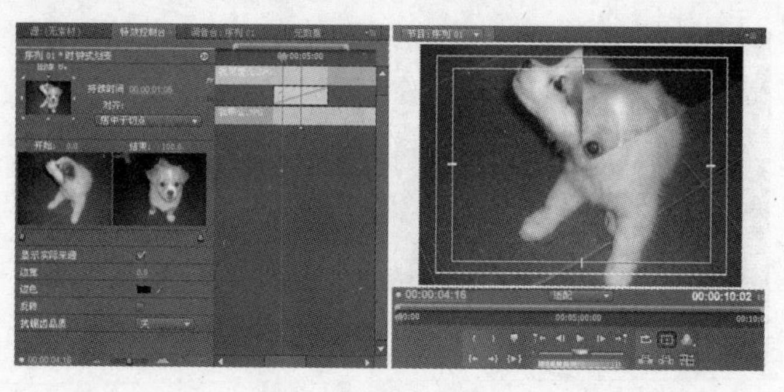

图 8-70　时钟式划变

7. 棋盘

“棋盘”切换特效中，包含素材 B 的棋盘图案逐渐取代素材 A。此效果提供比“棋盘划变”切换效果更多的方块。在使用此切换效果时，可以单击效果控制面板中的“自定义”按钮显示“棋盘设置”对话框，在此选择水平切片和垂直切片的数量，如图 8-71 所示。

图 8-71　棋盘

8. 棋盘划变

“棋盘划变”切换特效中，包含素材 B 切片的棋盘方块图案逐渐延伸到整个屏幕。在使用此切换效果时，“棋盘式划出设置”对话框会出现，在此选择水平切片和垂直切片的数量。要更改切片数量，请单击效果控制面板底部的“自定义”按钮。如图 8-72 所示，显示了效果控制面板中的划格擦除效果控件以及节目监视器面板中的效果预览。

图 8-72　棋盘划变

9．楔形划变

“楔形划变”切换特效中，素材 B 出现在逐渐变大并最终替换素材 A 的饼式楔形中，如图 8-73 所示，显示了效果控制面板中的楔形擦除效果控件以及节目监视器面板中的效果预览。

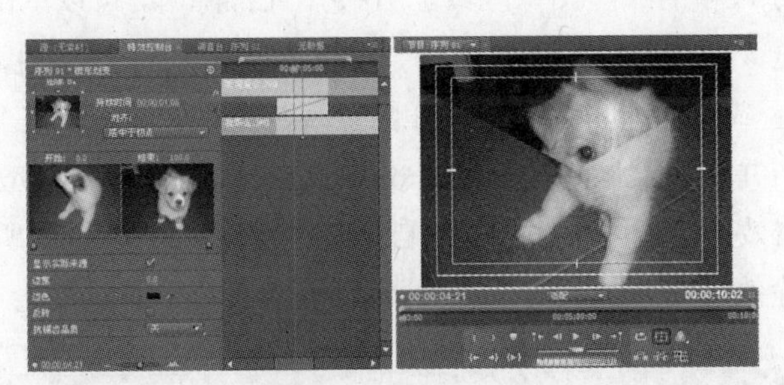

图 8-73　楔形划变

10．水波块

“水波块”切换特效中，素材 B 渐渐出现在水平条带中，这些条带从左向右移动，然后从右向屏幕左下方移动，如图 8-74 所示。在使用此切换效果时，可以单击效果控制面板中的“自定义”按钮显示“水波块设置”对话框。在此对话框中选择需要的水平条带和垂直条带的数量，单击“确定”按钮应用这些更改。

图 8-74　水波块

11. 油漆飞溅

“油漆飞溅”切换特效中，素材 B 逐渐以泼洒颜料的形式出现。如图 8-75 所示，显示了效果控制面板中的涂料飞溅效果控件以及节目监视器面板中的效果预览。

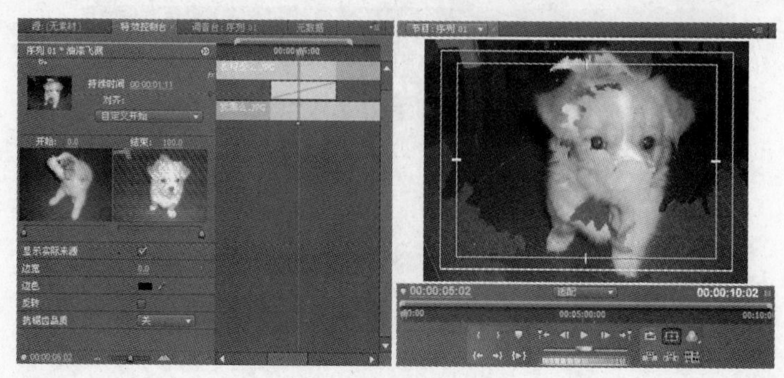

图 8-75　油漆飞溅

12. 渐变擦除

“渐变擦除”切换特效中，素材 B 逐渐擦过整个屏幕，并使用用户选择的灰度图像的亮度值确定替换素材 A 中的哪些图像区域。在使用此擦除时，可以单击定义按钮显示“渐变擦除设置”对话框，在此单击“选择图像”按钮加载灰度图像。在擦除效果出现时，对应于素材 A 的黑色区域和暗色区域的素材 B 图像区域是最先显示。在“渐变擦除设置”对话框中，还可以单击并拖动柔化滑块来柔化效果。单击“确定”按钮应用该设置。要返回到这些设置，请单击效果控制面板底部的“自定义”按钮。如图 8-76 所示，显示了效果控制面板中的渐变擦除效果控件以及节目监视器面板中的效果预览。

图 8-76　渐变擦除

13. 百叶窗

“百叶窗”切换特效中，素材 B 看起来像是透过百叶窗出现的，百叶窗逐渐打开，从而显示素材 B 的完整画面，如图 8-77 所示。在使用此切换效果时，可以单击效果控制面板中的“自定义”按钮显示“百叶窗设置”对话框。在此对话框中选择想显示的条带数，单击“确定”按钮应用这些更改。

图 8-77　百叶窗

14. 螺旋框

“螺旋框”切换特效中，一个矩形边框围绕画面移动，逐渐使素材 B 替换素材 A，如图 8-78 所示。在使用此切换效果时，可以单击效果控制面板中的“自定义”按钮显示“螺旋转框设置”对话框。在此对话框中设置水平值和垂直值，单击“确定”按钮应用这些更改。

图 8-78　螺旋框

15. 随机块

“随机块”切换特效中，素材 B 逐渐出现在屏幕上随机显示的小盒中，如图 8-79 所示。在使用此切换效果时，可以单击效果控制面板中的“自定义”按钮显示“随机块设置”对话框。在此对话框中设置盒子的宽度和高度值，单击“确定”按钮应用该设置。

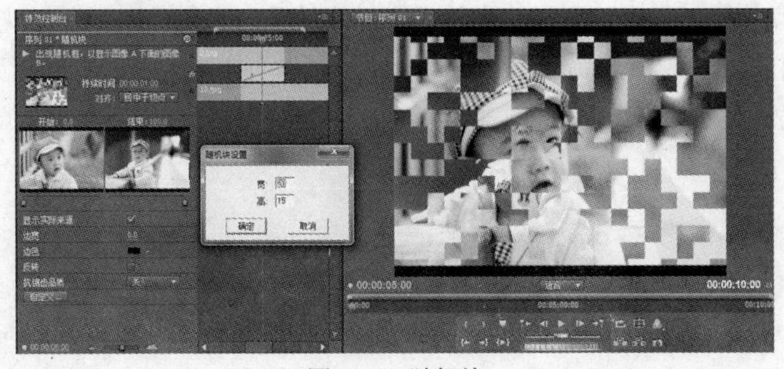

图 8-79　随机块

16. 随机擦除

“随机擦除”切换特效中，素材 B 逐渐出现在顺着屏幕下拉的小块中，如图 8-80 所示。

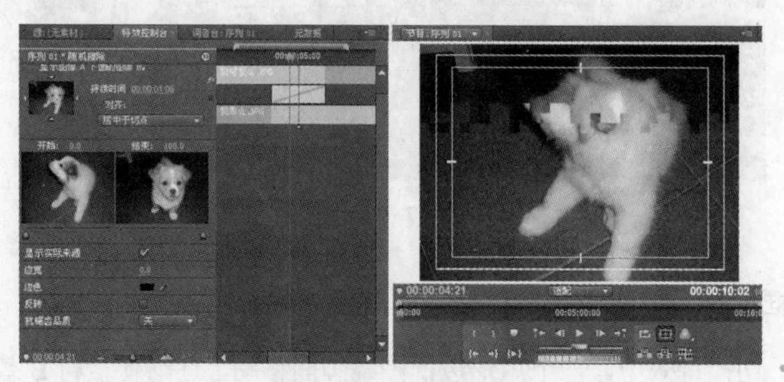

图 8-80　随机擦除

17. 风车

“风车”切换特效中，素材 B 逐渐以不断变大的星星的形式出现，这个星形最终将占据整个画面。在使用此切换效果时，可以单击效果控制面板中的“自定义”按钮显示“风车设置”对话框。在此对话框中，可以选择需要的楔形数量。如图 8-81 所示，显示了效果控制面板中的纸风车效果控件以及节目监视器面板中的效果预览。

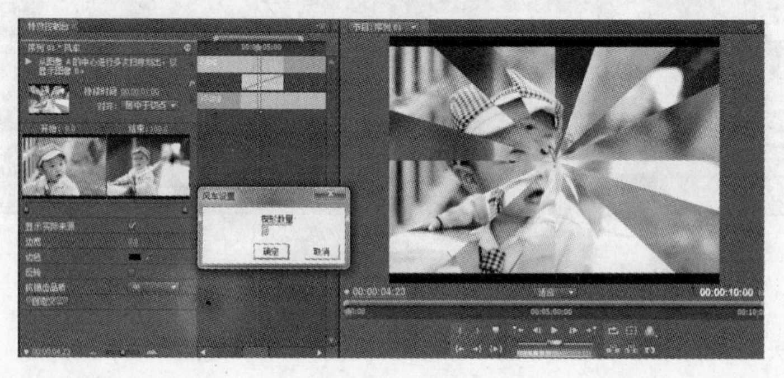

图 8-81　风车

8.3.10　缩放

“缩放”切换特效提供放大或缩小整个素材的效果，或者提供一些可以放大或缩小的盒子，从而使用一个素材替换另一个素材，如图 8-82 所示。它们分别是：交叉缩放、缩放、缩放拖尾和缩放框。

图 8-82　缩放切换

1．交叉缩放

“交叉缩放”切换特效中，缩小素材 B，然后逐渐放大它，直到占据整个画面，如图 8-83 所示。

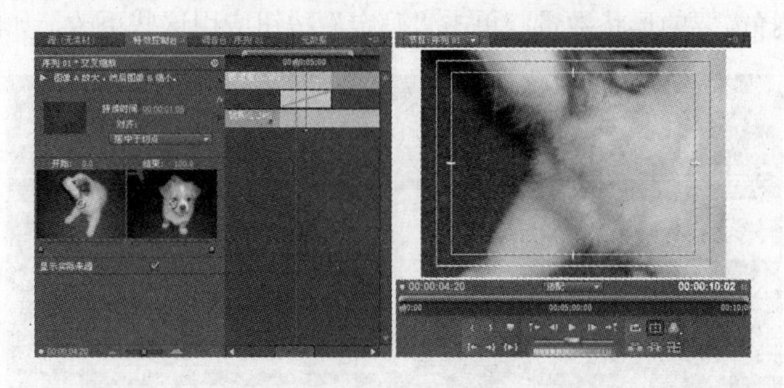

图 8-83　交叉缩放

2．缩放

“缩放”切换特效中，素材 B 以很小的点出现，然后这些点逐渐放大替代素材 A。如图 8-84 所示，显示了效果控制面板中的缩放效果控件以及节目监视器面板中的效果预览。

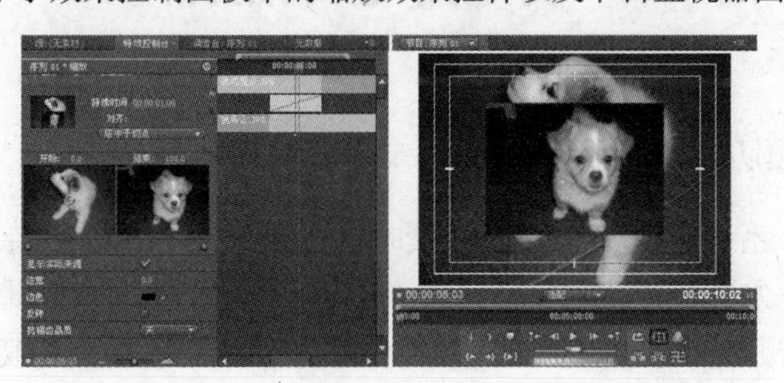

图 8-84　缩放

3．缩放拖尾

“缩放拖尾”切换特效中，素材 A 逐渐收缩(缩小效果)，在素材 B 替换素材 A 时留下轨迹。在使用此切换效果时，可以单击效果控制面板中的“自定义”按钮显示“缩放拖尾设置”对话框。在此对话框中选择需要的拖尾数量，单击“确定”按钮关闭对话框。如图 8-85 所示，显示了效果控制面板的缩放拖尾效果控件，以及节目监视器面板中的预览。

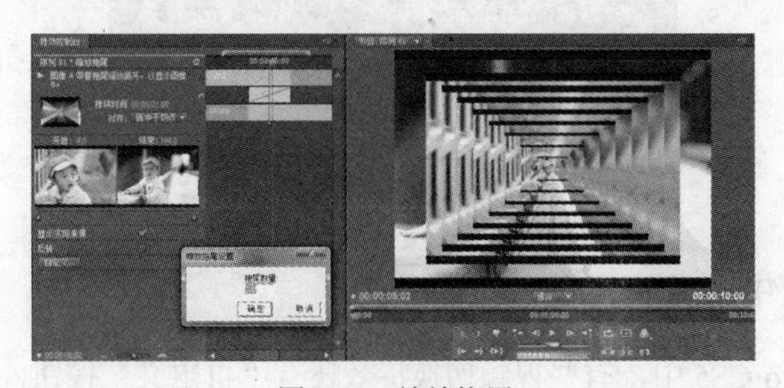

图 8-85　缩放拖尾

4．缩放框

“缩放框”切换特效中，素材 B 填充的一些小盒逐渐放大，最终替换素材 A。在使用此切换效果时，可以单击效果控制面板中的“自定义”按钮显示“缩放框设置”对话框。在此对话框中选择需要的形状数量，单击“确定”按钮应用这些更改，如图 8-86 所示。

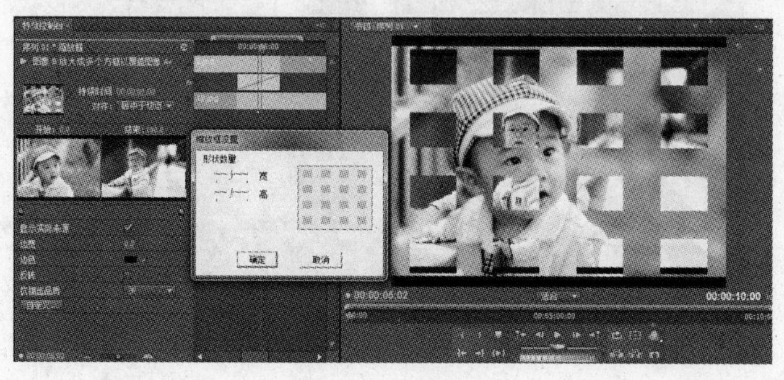

图 8-86　缩放框

8.4　自定义视频切换特效

8.4.1　设置视频切换的默认持续时间

默认情况下，系统的视频切换特效持续时间为 25 帧，音频切换特效的持续时间为 1 秒。可以按照以下方法修改切换特效的默认持续时间。执行菜单“编辑”｜“首选项”｜“常规”命令，展开“常规”属性面板，如图 8-87 所示。改变“视频切换默认持续时间”的参数值，单击“确定”按钮确认即可。

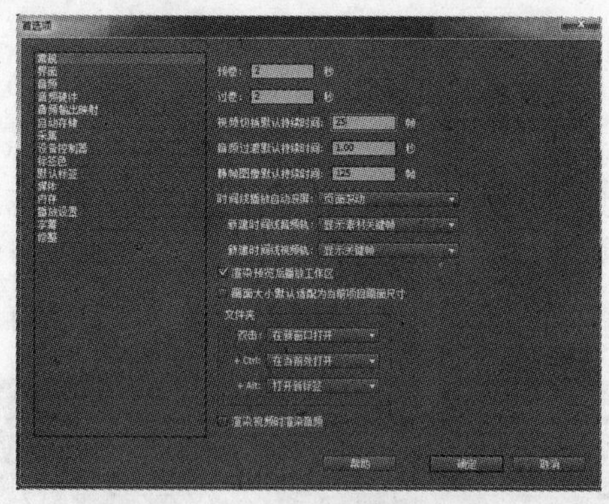

图 8-87　“常规”选项面板

8.4.2　切换特效中的自定义参数设置

在 Premiere Pro CS5 中，有些视频切换特效还有“自定义”按钮，它提供了一些自定义参数，用户可以对切换效果进行更为丰富的控制。如在划像类视频切换特效文件夹中的

“划像形状”切换，就有一个“自定义”按钮，单击就会弹出“划像形状设置”对话框。拖动调节按钮可以改变形状的宽、高，也可以单击单选按钮，选择需要的形状类型，如图 8-88 所示。单击“确定”按钮确认后，即可应用此自定义效果。

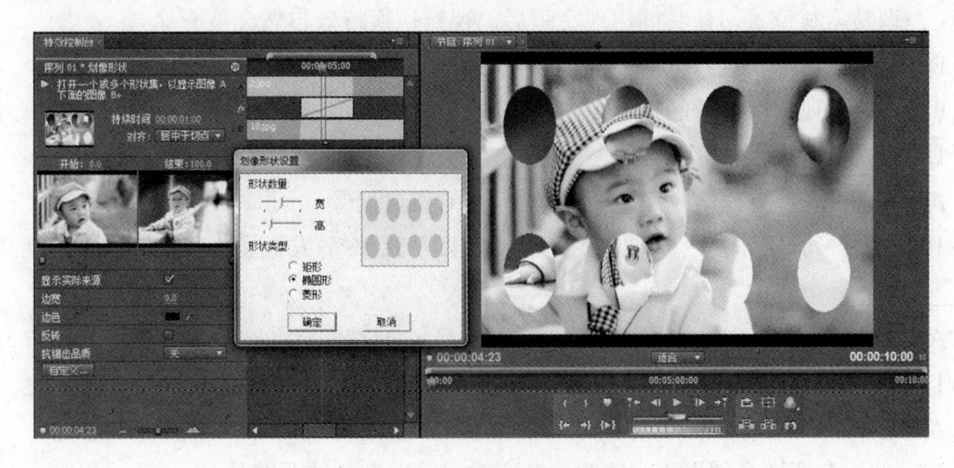

图 8-88　自定义参数设置

8.5　本章小结

视频切换特效是指在影视后期编辑时给画面施加的特效过渡效果，本章首先介绍了视频切换的概念、场面划分依据以及场面切换方法，其次介绍了给素材片段添加视频切换特效的操作步骤，最后介绍了 Premiere Pro CS5 中视频切换特效的基本类型和功能特点。视频切换特效是影视媒体非线性编辑的重要工具，它的使用方法非常简单，应用起来也非常灵活，既可以用它产生素材之间的切换过渡，也可以用它来产生一些视频的特殊效果。学习者应当加深对视频切换特效操作步骤的理解，为今后的综合应用打下良好的基础。

8.6　思考与练习

1．什么是视频切换特效？

2．简述视频切换特效的设置方法。

3．列举视频切换特效的主要参数，并说明其调节方法。

4．简述视频切换特效的制作步骤。

5．简述“划像形状”与“划像交叉”切换特效的区别。

6．简述“中心合并”与“中心拆分”切换特效的区别。

7．在下列选项中，不属于视频切换特效常规参数的是__________。

A．边宽　　　　B．不透明度　　　　C．抗锯齿　　　　D．边色

8．下拉选项中，无法完成视频切换特效清除操作的是__________。

A．选择视频切换特效后，按 Delete 键进行清除

B．在时间线上右击视频切换特效后，执行“清除”命令

C．调整素材位置，使其间出现空隙后，视频切换特效自然会被清除

D．直接将视频切换特效从时间线上拖拽下来即可

9．划像类视频切特效的特征是直接进行两镜头画面的交替切换，而在下列选项中不属于划像类视频切换特效的是__________。

A．划像交叉　　B．划像形状　　C．点划像　　D．卡片翻转

10．在下列选项中，主要采用淡入淡出方式来完成画面切换的视频切换类型是__________。

A．伸展　　B．擦除　　C．叠化　　D．滑动

11．“缩放拖尾”属于下列哪种类型的视频切换？__________。

A．卷页　　B．缩放　　C．滑动　　D．特殊效果

12．使用渐变切换效果进行透明度渐变时，可以完全透明的是__________。

A．纯黑　　B．RGB 值均为 255　　C．纯白　　D．RGB 值均为 128

第9章　视频运动特效

在 Premiere Pro CS5 中制作运动效果，是指让图片素材或者视频素材在最终的节目中产生运动、缩放、旋转和变形等特效效果。影视媒体艺术的生命力在于表现运动，巧妙地运用视频运动特效可以使节目富于变化，具有吸引力。Premiere Pro CS5 为用户提供了制作运动特效的实用创作手段，有利于充分发挥编辑人员的创造力和想象力。通过在视频素材的首、尾或其他位置设置关键帧，并调整关键帧的参数，可以实现视频素材位置移动、大小缩放、角度旋转和外观变化等连续运动变化过程。

本章学习目标：

1．理解关键帧动画的产生原理及应用；

2．掌握视频运动特效各个参数的作用；

3．掌握视频运动特效的设置方法；

4．掌握视频运动特效的使用技巧。

9.1　关键帧动画

在动画发展的早期阶段，动画是依靠手绘逐帧渐变的画面内容，在快速连续的播放过程中产生连续的动作效果。而在 CG 动画时代，则只需要在物体阶段运动的端点设置关键帧，则会在端点之间自动生成连续的动画，即关键帧动画。

使用关键帧可以创建动画并控制动画、效果、音频属性，以及其他一些随时间变化而变化的属性。关键帧标记指示设置属性的位置，如空间位置、不透明度或音频的音量。关键帧之间的属性数值会被自动计算出来。当使用关键帧创建随时间而变化产生变化时，至少需要两个关键帧，一个处于变化的起始位置和状态，而另一个处于变化结束位置的新状态。使用多个关键帧，可以为属性创建复制的变化效果。

当使用关键帧为属性创建动画时，可以在特效控制台面板或时间线窗口中观察并编辑关键帧。有时，使用时间线窗口设置关键帧，可以更为直观方便地对其进行调节。在设置关键帧时，遵守以下原则可以大大增强工作的方便性和工作效率。

(1) 在时间线窗口中编辑关键帧，适用于只具有一维数值参数的属性，如不透明度或音频音量。而特效控制台面板则更适合于二维或多维数值参数的设置，如色阶、旋转或比例等。

(2) 在时间线窗口中，关键帧数值的变换，会以图表的形式进行展现，因此，可以直观分析数值随时间变换的大体趋势。默认状态下，关键帧之间的数值以线性的方式进行变换，但可以通过改变关键帧的差值，以贝塞尔曲线的方式控制参数变换，从而改变数值变换的速率。

(3) 特效控制台面板可以一次性显示多个属性的关键帧，但只能显示所选的素材片段；而时间线窗口可以一次性显示多个轨道多个素材的关键帧，但每个轨道或素材仅显示一种属性。

(4) 像时间线窗口一样，特效控制台面板也可以图像化显示关键帧。一旦某个效果属性的关键帧功能被激活，便可以显示其数值及其速率图。速率图以变化的属性数值曲线显示关键帧的变化过程，并显示可供调节用的手柄，用来调节其变化速率和平滑度。

(5) 音频轨道效果的关键帧可以在时间线窗口或音频混合器窗口中进行调节。而音频素材片段效果的关键帧，像视频片段效果一样，只可以在时间线窗口或特效控制台面板中进行调节。

9.2　视频运动特效参数设置

视频运动特效可以应用于 Premiere 的任何视频轨道上，选中时间线窗口中的素材片段后，打开特效控制台面板，展开“运动”选项后，即可对视频运动特效进行参数设置，如图 9-1 所示。

图 9-1　视频运动特效参数设置

9.2.1　视频运动特效参数详解

“特效控制台”面板中的“运动”特效，包括以下几个参数。

1. 位置

该参数用来调整视频中心点所指的位置，因为项目设置的视频帧尺寸大小为 720×576，所以当前的位置参数设置为 360 和 288 时，编辑的视频中心正好对齐节目窗口中心。Premiere Pro CS5 的坐标系中，左上角是坐标原点位置(0，0)，横轴和纵轴的正方向分别是向右和向下设置的，右下角是离坐标原点最远的位置，坐标为(720，576)。所以，当加大横轴、纵轴坐标值时，视频片段素材对应向右、向下运动。

2．缩放比例

该参数用来调整画面的大小变化。在默认情况下“等比缩放”选项是处于被选中状态的，这样只保留有一个参数可供调节，调节该百分比，视频的宽度和高度同步发生变化，且长宽比保持不变。如果要单独调节画面的宽度或高度，取消选中“等比缩放”选项，这样就会出现“缩放高度”和“缩放宽度”两个百分比参数，一个用于缩放高度，另一个用于缩放宽度，如图 9-2 所示。

图 9-2　独立调节视频宽高百分比

3．旋转

该参数用来调整视频的旋转角度，当旋转角度小于 360 时，参数设置只有一个。当旋转角度超过 360 时，属性变为两个参数，第一个参数指定旋转的周数，第二个参数指定旋转的角度，如图 9-3 所示。

图 9-3　旋转角度调整

4．定位点

单击特效控制台面板中的“运动”选项使其变为灰色，这样就会在右边的节目窗口中出现运动的控制窗口，如图 9-4 所示。

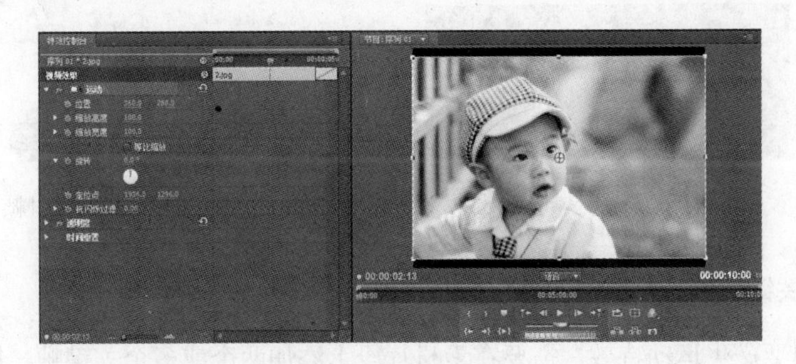

图 9-4　运动控制窗口

控制窗口中心的圆形图标成为定位点，默认状态下定位点位于视频素材的中心。调节更改参数可以使定位点远离视频中心，如图 9-5 所示。将定位点调整到视频画面的其他位置，有利于产生特殊的旋转效果。

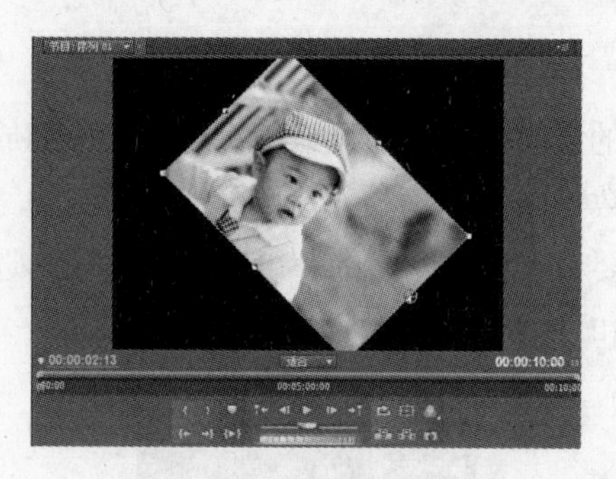

图 9-5　调整定位点的位置

9.2.2　视频运动特效的关键帧

视频运动效果的设置是通过 Premiere 中的“时间线”窗口或在特效控制台面板完成的，而这种运动设置均是建立在关键帧的基础上。帧是影片中的最小单位，而关键帧是指若干帧的第一帧和最后一帧。关键帧用于创建和控制动画、效果、音频属性及其他类型的改变。关键帧与关键帧之间的动画效果可以有软件来创建，被称为过渡帧或在中间帧。

Premiere Pro CS5 在设置关键帧时，分别对位置、缩放、旋转和定位点等 4 种视频运动方式进行独立设置。在默认情况下，对视频运动参数的修改是整体调整，Premiere 不记录关键帧。如果希望保存某种运动方式的动画记录，则需要单击该运动方式前的“切换动画”开关按钮，如图 9-6 所示，这样才能将此方式下的参数变化记录成关键帧。单击“缩放比例”前的“切换动画”开关按钮，将保存缩放运动方式的动画记录。再次单击“切换动画”开关按钮，将删除此运动方式下的所有关键帧。单击特效控制台“运动”右边的“重置”按钮，将清除素材片段上施加的所有运动特效，还原到初始化状态。

单击“切换动画”开关按钮后，Premiere 会自动将参数的变化记录成关键帧，也可以通过关键帧控制图标进行关键帧的添加、删除和跳转，如图 9-7 所示。3 个按钮对应的功能分别为“跳转到前一关键帧”、“添加/移除关键帧”和“跳转到下一关键帧”。

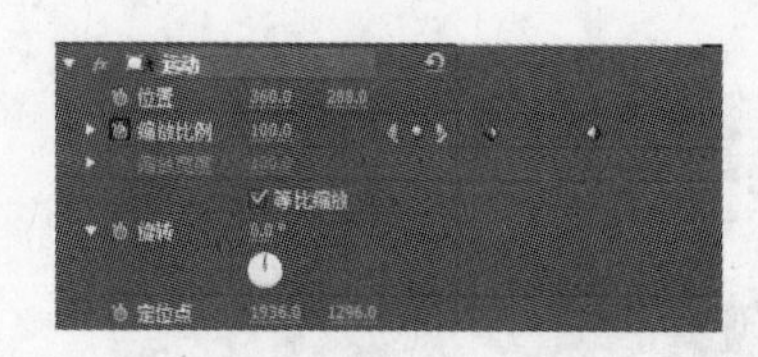

图 9-6　切换动画

图 9-7　关键帧控制

1. 添加关键帧

视频素材要产生运动特效，需要在素材片段上添加两个或多个关键帧，用户可以通过时间线窗口或特效控制台面板两种方式来完成。

通过时间线窗口，可以在素材中快速添加或者删除关键帧，并可以控制关键帧在时间线窗口中是否可见。若要使用该方式添加关键帧，只需在时间线窗口中，选择要添加关键帧的素材片段，并将当前的时间线编辑点拖动要添加关键帧的位置，然后单击“关键帧控制”按钮中的添加关键帧即可，如图 9-8 所示。

若要隐藏关键帧在时间线窗口中的显示，只需要单击“显示关键帧”下三角按钮，执行“隐藏关键帧”命令即可，如图 9-9 所示。而在特效控制台面板中，不仅可以添加或删除关键帧，还可以通过对关键帧各项参数的设置，来实现素材的运动效果。

图 9-8　添加关键帧

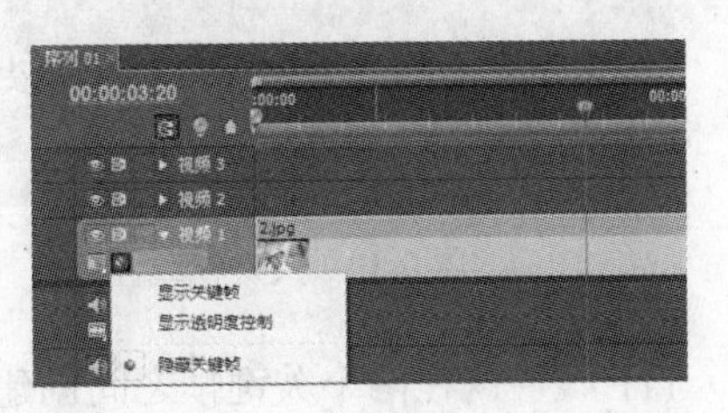

图 9-9　删除关键帧

2. 移动关键帧

为素材添加关键帧之后，如果需要将关键帧移动到其他位置，只需选择要移动的关键帧，单击并拖动鼠标至合适的位置，然后释放鼠标即可。

3. 选择关键帧

编辑素材关键帧时，首先需要选定关键帧，然后才能对关键帧进行相关的操作。用户可以直接单击要选择的关键帧即可，也可以通过特效控制台面板中的“跳转到前一关键帧”和“跳转到下一关键帧”功能按钮来选择关键帧。另外，还可以同时选择多个关键帧进行统一的编辑。要在特效控制台面板中选择多个关键帧，可以按住 Ctrl 键或者 Shift 键，依次单击要选择的各个关键帧即可。若要在时间线窗口中同时选择多个关键帧，则必须按住 Shift 键。

4. 复制与粘贴关键帧

在设置影片运动特效的过程中，如果某一素材上的关键帧具有相同的参数，则可以利用关键帧的复制和粘贴功能。若要将某个关键帧复制到其他位置，可以在特效控制台面板中，右击要复制的关键帧，执行“复制”命令。然后将当前时间线编辑点移动到新位置，执行“粘贴”命令，即可完成关键帧的复制与粘贴操作。

5. 删除关键帧

选中关键帧，按 Delete 键即可删除关键帧，或者在选中的关键帧上右击选择“删除”也可以删除关键帧，还可以用特效控制台面板中的“添加/移除关键帧”功能按钮删除关键帧。

6. 关键帧插值

默认情况下，Premiere 将关键帧与关键帧之间的变化设定为线性变化，如图 9-10 所示。

除了线性变化外，Premiere 还提供了多种变化方式，如图 9-11 所示，极大地丰富了关键帧动画的变化效果。

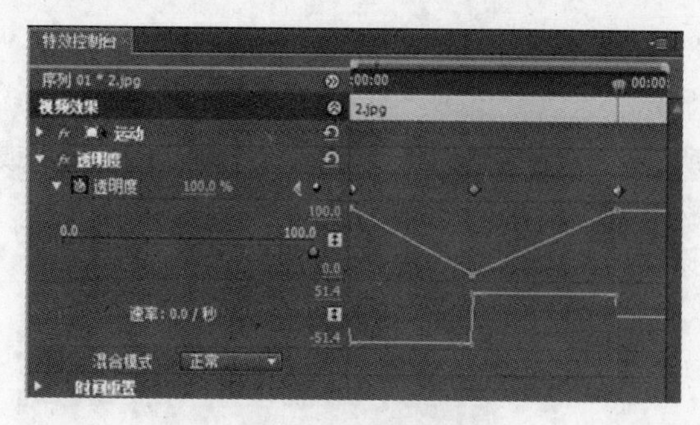

图 9-10　关键帧线性插值

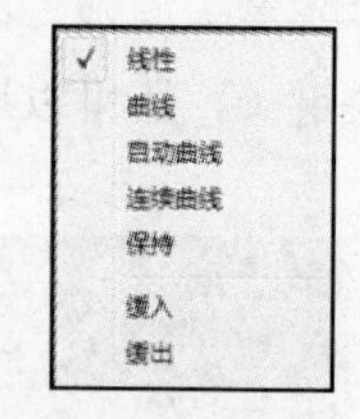

图 9-11　关键帧插值方式

(1) 线性：在两个关键帧之间创建恒定速度的改变。

(2) 曲线：可以手动调整关键帧图像的形状，从而创建非常平滑的变化。

(3) 自动曲线：创建平稳速度的改变。

(4) 保持：不会逐渐地改变属性值，会使效果发生快速地改变。

(5) 缓入：减慢属性值的改变，逐渐地进入到下一个关键帧。

(6) 缓出：加快属性值的改变，逐渐地离开上一个关键帧。

当选择了曲线查找方式后，可以利用钢笔工具来调整曲线的手柄，从而调整曲线的形状。使用特效控制台面板中的速度曲线可以调整效果变化的速度，通过调整可以模拟真实世界中物体的运动方式。

9.2.3　不透明度调整

在影视后期制作过程中，编辑人员还可以通过调整素材的透明度，进行各素材之间的混合。若要更改素材的透明度，只需选择要更改透明度的素材，在特效控制台面板中，单击并拖动“透明度”选项滑块，或者直接输入新数值，均可改变素材的透明度效果。默认情况下，利用滑块更改透明度针对的是整个素材。若要修改素材指定位置上的透明度，用户只需在特效控制台面板中，拖动当前时间线编辑点指示器至合适位置，并添加关键帧即可制作出渐隐渐现的效果，如图 9-12 所示。

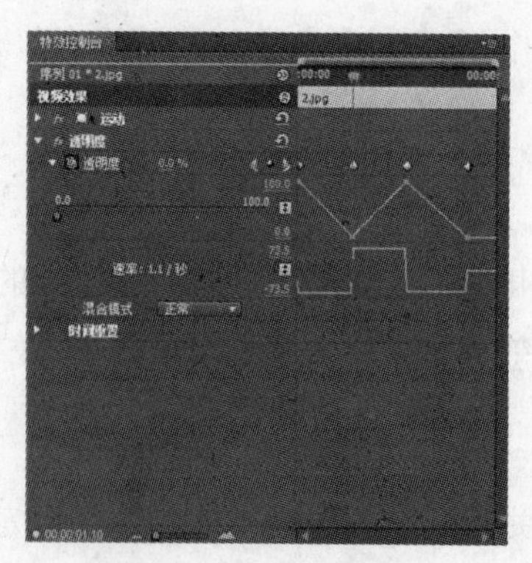

图 9-12　透明度关键帧

由于透明度的设置可以实现素材之间的混合，所以特效控制台面板还能够进行透明度的混合模式设置，主要有正常、溶解、变暗、正片叠底、颜色加深、线性加深、深色、变亮、滤色、颜色减淡、线性减淡、浅色、叠加、柔光、强光、亮光、线性光、点光、实色混合、差值、排除、色相、饱和度、颜色和明亮度等模式。混合模式的运用，极大地提高了素材合成的样式和效果，编辑人员可以更好地进行艺术效果的创作。

9.3　视频运动特效实例

视频特效运动效果除了前期拍摄中运用摄像机来实现，还可以通过后期的视频剪辑中的关键帧控制来实现，前面我们已经讲述了关于关键帧的基本知识和操作方法，本节内容将从视频运动的基本属性关键帧设置进行讲述。详细讲解关键帧控制下的移动效果实例、缩放效果实例、旋转效果实例和关键帧运动综合实例。

9.3.1　移动效果实例

移动效果能够实现视频在节目窗口中的移动，是视频编辑过程中经常使用的一种运动效果，通过视频特效控制中的位置参数变化即可实现。本实例将详细讲解视频移动效果的制作过程，实例最终效果，如图 9-13 所示。

1．实例目标

使用 Premiere Pro CS5 中实现两个视频素材从节目窗口的左、右两边同时向中间移动，出现拼接效果，熟悉在 Premiere Pro CS5 中通过关键帧的控制实现视频素材的移动。

2．实例效果图

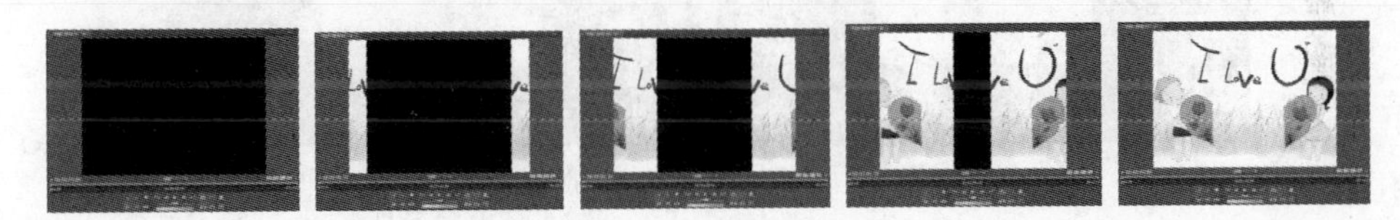

图 9-13　视频运动效果

3．制作思路与关键步骤分析

理解关键帧概念的基础上，本案例的制作思路相对较为简单。首先是将需要移动的视频素材分别添加到视频轨道上，然后在“特效控制台”面板中为“位置”参数设置关键帧，并进行调整，实现视频图像的移动效果。实例制作的关键步骤是关键帧的设置与调整，上、下关键帧之间的跳转最好借助关键帧跳转按钮来实现，这样不会造成关键帧跳转的混乱。

4．操作步骤

(1) 在创建的 Premiere Pro CS5 项目文件中，导入事先用 Photoshop 软件处理好的两幅图片素材，如图 9-14 所示。

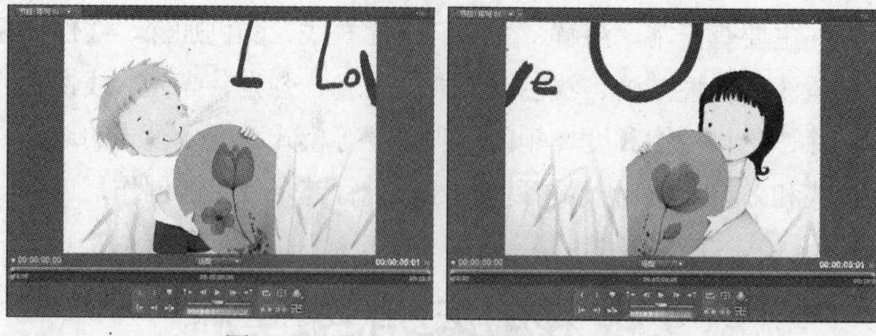

图 9-14　导入视频图像素材在轨道上

(2) 在“特效控制台”面板中将两个素材的“缩放比例”属性值均修改为 55，参数如图 9-15 所示，效果如图 9-16 所示。

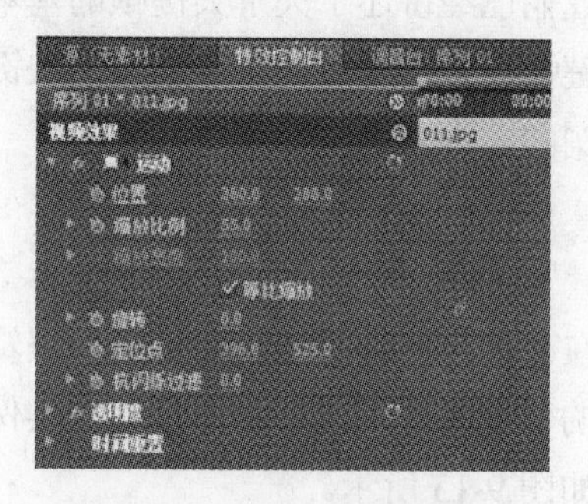

图 9-15　缩放比例参数值

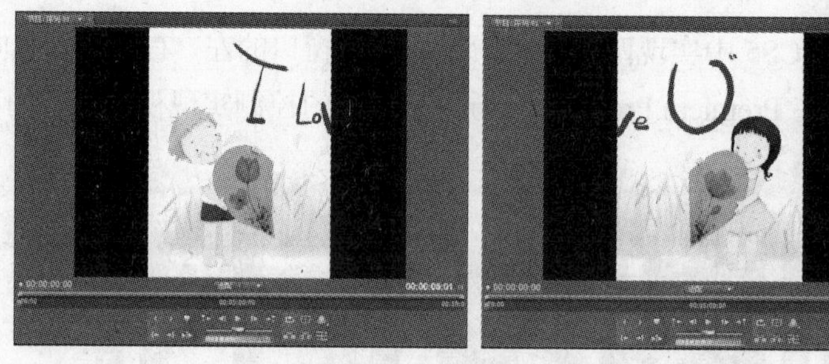

图 9-16　调整素材的缩放比例

(3) 选择视频轨道 1 上的素材，将时间线编辑点调整到 00:00:00:00 位置，在“特效控制台”面板中，选择“运动”中的“位置”参数前面的“切换动画”开关按钮，设置第 1 个关键帧，并将其“位置”参数设置为(-200，288)，如图 9-17 所示。让视频轨道 1 上的素材移至节目监视器窗口的左边，在节目监视器中完全看不到素材 1。

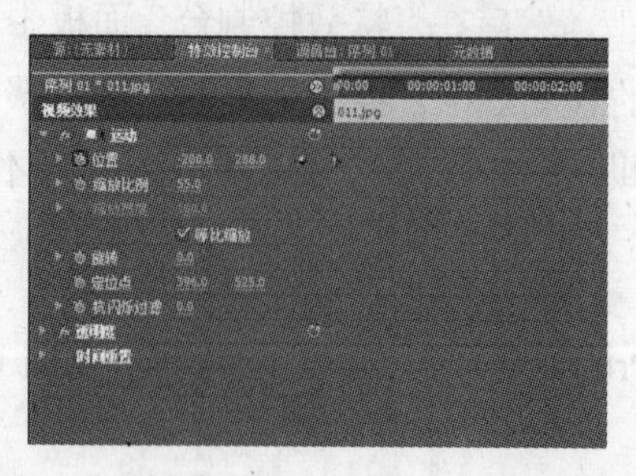

图 9-17　素材 1 第 1 个帧的位置参数值

(4) 选中素材 1 的前提下，将时间线编辑点往后调整 2 秒，在“特效控制台”面板中，单击“位置”所在行的“添加/移除关键帧”按钮，为素材 1 添加第 2 个关键帧，并将其“位置”参数值修改为(160，288)，关键帧参数如图 9-18 所示，效果图如图 9-19 所示。

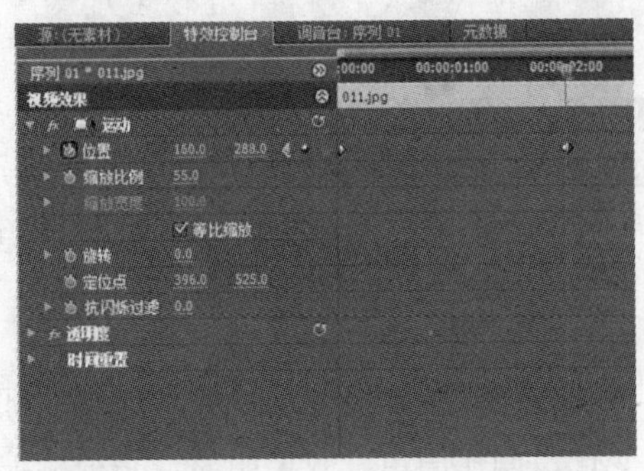

图 9-18　素材 1 第 2 个帧的位置参数值

图 9-19　素材 1 在节目监视器窗口的效果

(5) 选择视频轨道 2 上的素材，将时间线编辑点调整到 00:00:00:00 位置，在“特效控制台”面板中，选择“运动”中的“位置”参数前面的“切换动画”开关按钮，设置第 1 个关键帧，并将其“位置”参数设置为(920，288)，如图 9-20 所示。让视频轨道 1 上的素材移至节目监视器窗口的右边，在节目监视器中完全看不到素材 2。

(6) 选中素材 2 的前提下，将时间线编辑点往后调整 2 秒，在“特效控制台”面板中，单击“位置”所在行的“添加/移除关键帧”按钮，为素材 2 添加第 2 个关键帧，并将其“位置”参数值改为(558，288)，关键帧参数如图 9-21 所示，隐藏视频轨道 1 上的素材 1，效果图如图 9-22 所示。

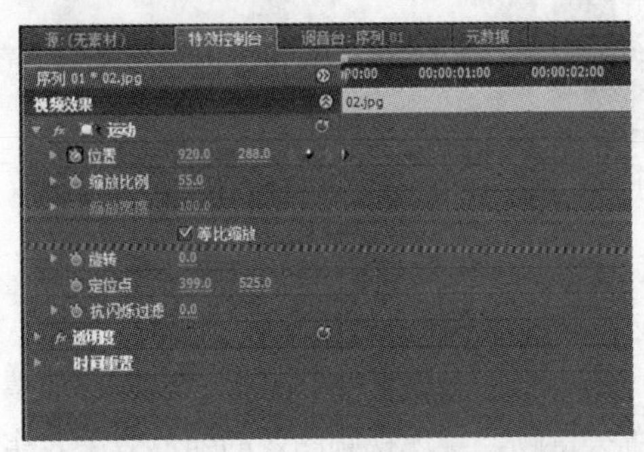

图 9-20　素材 2 第 1 个帧的位置参数值

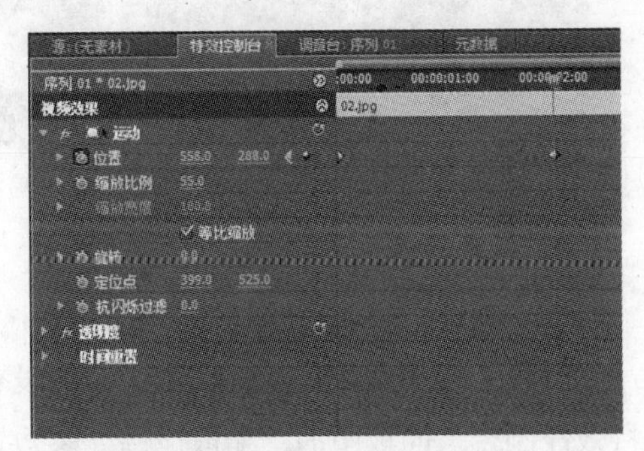

图 9-21　素材 2 第 2 个关键帧的位置参数值

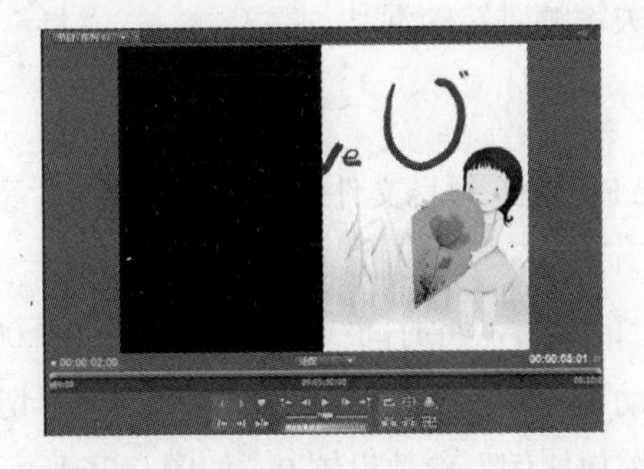

图 9-22　素材 2 在节目监视器中的效果

(7) 取消隐藏视频轨道 1，让素材 1 和素材 2 都出现，在节目监视器窗口中播放视频运动的效果，随着时间线的运动，将看到的最终效果，如图 9-23 所示。

图 9-23　视频运动效果

9.3.2　缩放效果实例

视频编辑中的缩放出现效果可以成为视频的出场方式，也能够实现视频素材中局部内容的特写效果，还能通过关键帧的设置出现景别变化，操作简单，效果明显，是视频编辑常用效果之一。本实例将详细讲解视频缩放特效的制作方法，实例最终效果，如图 9-24 所示。

1．实例目标

使用 Premiere Pro CS5 中的缩放参数设置和关键帧设置实现视频素材从屏幕中间由小变大的效果，在满屏显示 5 秒之后继续放大到视频图像的局部特写。通过此例熟悉在 Premiere Pro CS5 中通过关键帧的控制实现视频素材的缩放。

2．实例效果图

图 9-24　最终缩放效果图

3．制作思路与关键步骤分析

本实例继续沿用视频特效和关键帧的设置，首先将素材放置于视频轨道上，然后通过“特效控制台”面板中的“缩放比例”参数设置关键帧，实现视频图像的缩放效果。实例制作的关键步骤是关键帧的设置与调整，上、下关键帧之间的跳转最好借助关键帧跳转按钮来实现，这样不会造成关键帧跳转的混乱。

4．操作步骤

(1) 在创建的 Premiere Pro CS5 项目文件中，导入一幅图片素材，并将该素材拖放到视频轨道 1 上，如图 9-25 所示。

(2) 选择视频轨道 1 上的素材，将时间线编辑点调整到 00:00:00:00 位置，在“特效控制台”面板中，选择“运动”中的“缩放比例”参数前面的“切换动画”开关按钮，设置第 1 个关键帧，并将其“缩放比例”参数设置 0，如图 9-26 所示，让视频轨道 1 上的素材缩小到完全看不到的效果。

图 9-25　素材在节目监视器中的效果

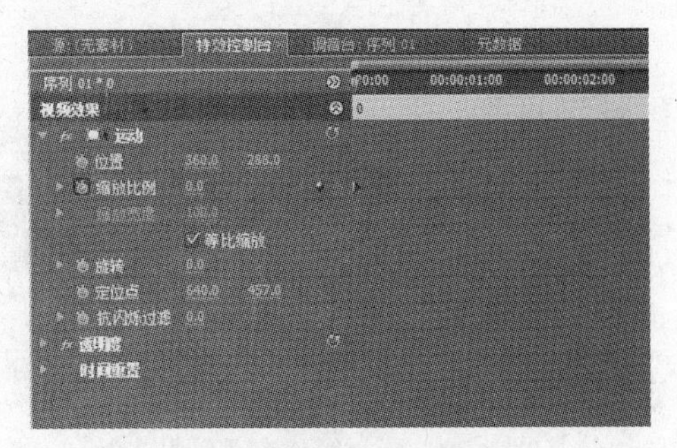

图 9-26　缩放比例参数

(3) 选中图像素材，将时间线编辑点往后调整 1 秒，在“特效控制台”面板中单击“缩放比例”所在行的“添加/移除关键帧”按钮，为素材添加第 2 个关键帧，并将其“缩放比例”参数值修改为 64，让素材充满整个节目监视器窗口，关键帧参数如图 9-27 所示，效果图如图 9-28 所示。

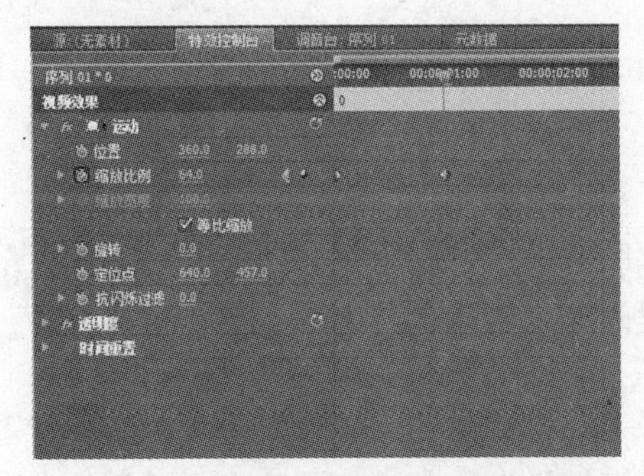

图 9-27　素材第 2 个关键帧缩放比例参数

图 9-28　缩放比例调整后的效果图

(4) 选中素材，将时间线编辑点往后调整 5 秒，在“特效控制台”面板中选中“缩放比例”所在行的“添加/移除关键帧”，为素材设置第 3 个关键帧，注意此时关键帧的参数不要更改，如图 9-29 所示。

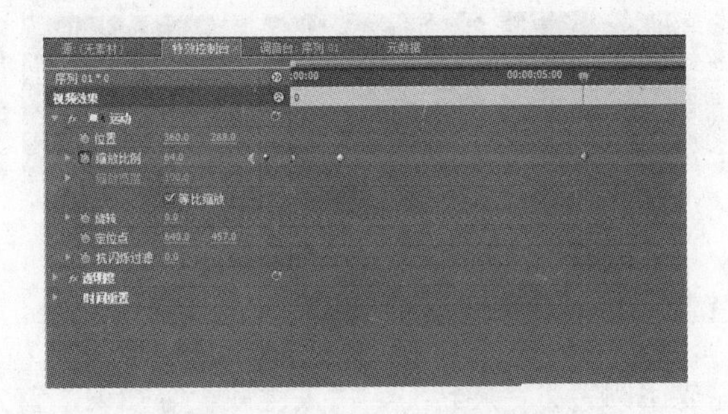

图 9-29　素材第 3 个关键帧参数

(5) 继续将时间线编辑点往后调整 2 秒，在“特效控制台”面板中选中“缩放比例”所在行的“添加/移除关键帧”，为素材设置第 4 个关键帧，并将“缩放比例”参数更改为

78，如图 9-30 所示，素材在节目监视器中的效果，如图 9-31 所示。

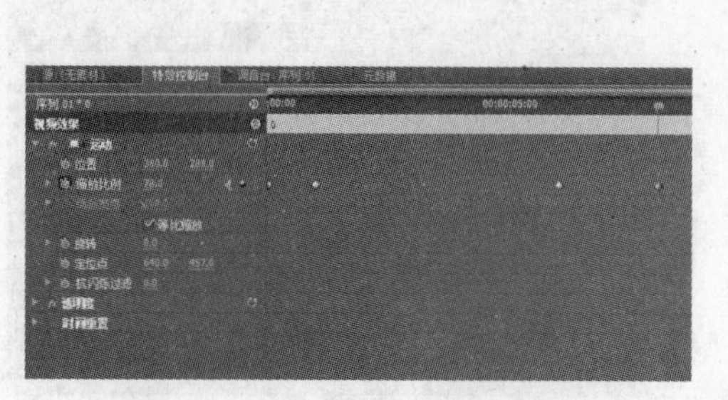

图 9-30　素材第 4 个关键帧参数

图 9-31　缩放比例为 78 的效果图

(6) 视频制作完成在节目监视器中预览效果图，如图 9-32 所示。

图 9-32　缩放比例最终效果图

9.3.3　旋转效果实例

旋转效果能够增加视频的动感，让视频运动幅度更大，适用于视频或字幕的旋转，范围大，效果明显。本实例将详细讲解视频旋转效果的制作方法。

1．实例目标

使用 Premiere Pro CS5 中的旋转参数设置和关键帧设置实现 4 幅图片素材分割整个视频画面的效果，4 幅图片通过旋转参数和关键帧的设置实现旋转效果，通过本实例熟悉在 Premiere 中实现视频素材的旋转。实例最终效果，如图 9-33 所示。

2．实例效果图

图 9-33　旋转运动效果

3．制作思路与关键步骤分析

本实例运用了“缩放比例”、“旋转”、“关键帧”等知识，首先将 4 段素材放置在 4 个不同的视频轨道上，然后通过“特效控制台”面板中的“缩放比例”参数实现 4 段素材分割画面的效果，最后运用“旋转”和关键帧的结合效果实现画面的旋转。

实例的关键步骤是 4 幅素材均匀分割画面的设置，关键帧的设置与调整，上、下关键帧之间的跳转最好借助关键帧跳转按钮来实现，这样不会造成关键帧跳转的混乱。

4．操作步骤

(1) 在创建的 Premiere Pro CS5 项目文件中，导入 4 幅图片素材，这 4 段素材是事先在 Photoshop 中设置完成好的，图像的大小为 360×288 像素。将这 4 个素材分别拖放到视频轨道 1、视频轨道 2、视频轨道 3 和视频轨道 4 上，如图 9-34 所示。

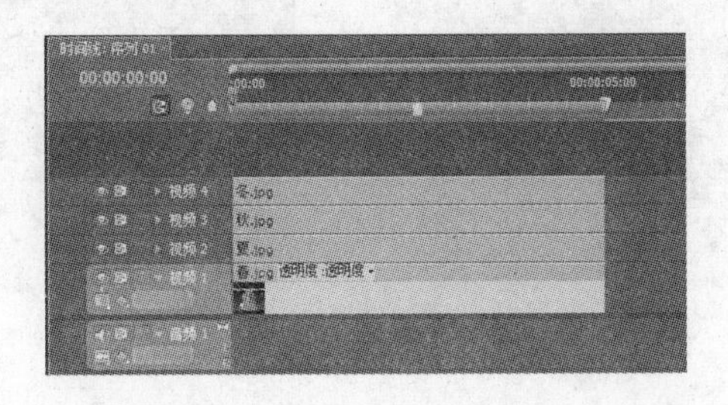

图 9-34　4 个素材分别添加到视频轨道上

(2) 选中素材“春”，在“特效控制台”面板中将其“位置”参数设置为(166，130)。选中素材“夏”，在“特效控制台”面板中将其“位置”参数设置为(550，130)。选中素材“秋”，在“特效控制台”面板中将其“位置”参数设置为(170，430)。选中素材“冬”，在“特效控制台”面板中将其“位置”参数设置为(550，430)，参数面板如图 9-35 所示，素材排列效果如图 9-36 所示。

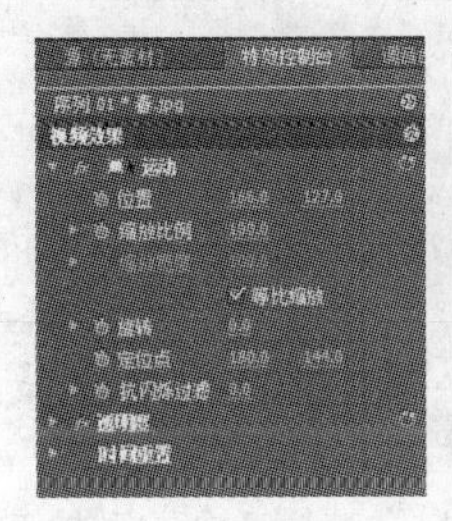
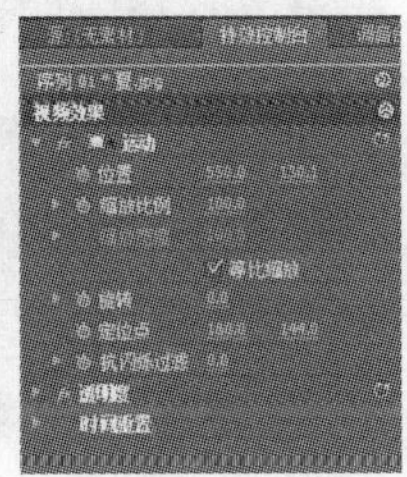
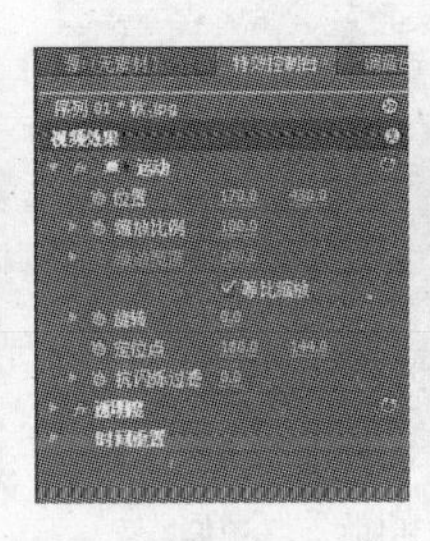
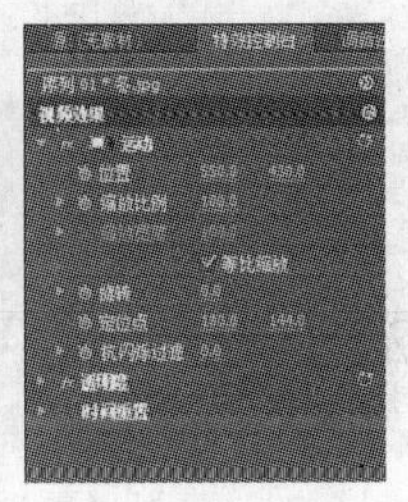

图 9-35　4 段素材的位置参数

图 9-36　4 段素材显示效果

(3) 选中素材“春”，将时间线编辑点移动到 00:00:00:00 位置，在“特效控制台”面板中选择“运动”中“旋转”参数前面的“切换动画”开关按钮，设置第 1 个关键帧，不改变旋转的参数值，如图 9-37 所示。

(4) 选中素材“春”，将时间线编辑点往后调整 1 秒，单击“旋转”所在行的“添加/移除关键帧”按钮，为素材“春”添加第 2 个关键帧，并将第 2 个关键帧的“旋转”参数值改为 360°，关键帧参数如图 9-38 所示。

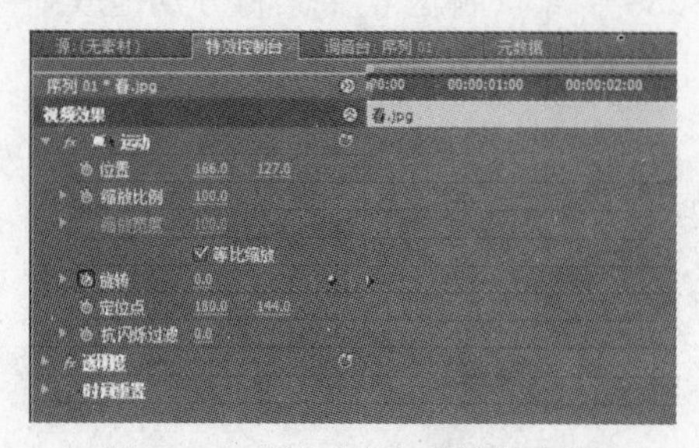

图 9-37　素材“春”的旋转参数

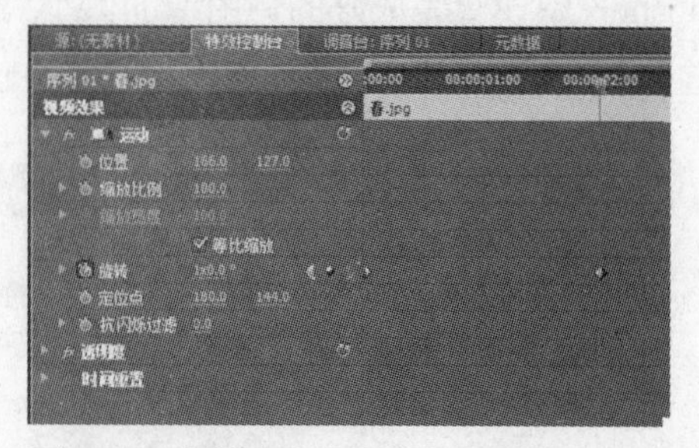

图 9-38　素材“春”的第 2 个关键帧参数

(5) 选中素材“夏”，将时间线编辑点设置为 00:00:00:00 位置，在“特效控制台”面板中选择“运动”中的“旋转”参数前面的“切换动画”开关按钮，设置第 1 个关键帧，不改变旋转的参数值，如图 9-39 所示。

(6) 选中素材“夏”，将时间线编辑点往后调整 1 秒，单击“旋转”所在行的“添加/移除关键帧”按钮，为素材“夏”添加第 2 个关键帧，并将第 2 个关键帧的“旋转”参数值改为 360°，关键帧参数如图 9-40 所示。

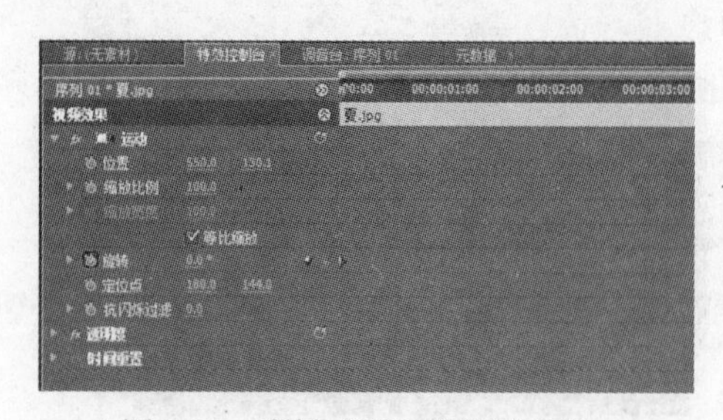

图 9-39　素材“夏”的旋转参数

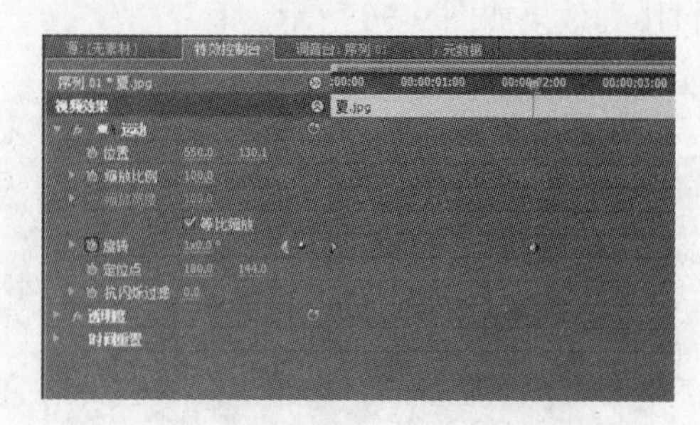

图 9-40　素材“夏”的第 2 个关键帧参数

(7) 选中素材“秋”，将时间线编辑点设置为 00:00:00:00 位置，在“特效控制台”面板中选择“运动”中的“旋转”参数前面的“切换动画”开关按钮，设置第 1 个关键帧，不改变旋转的参数值，如图 9-41 所示。

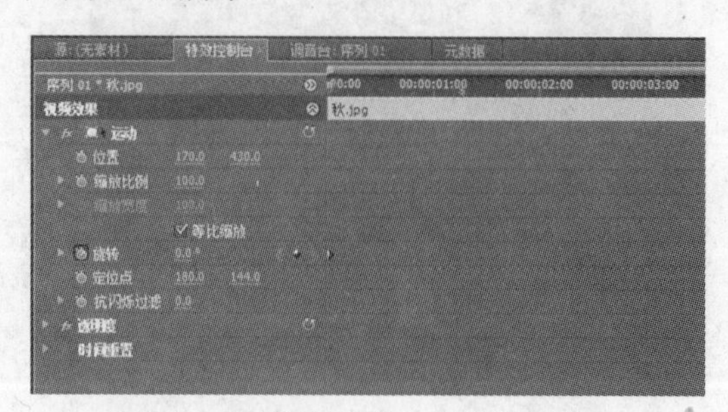

图 9-41　素材“秋”的旋转参数

(8) 选中素材“秋”，将时间线编辑点往后调整 1 秒，单击“旋转”所在行的“添加/移除关键帧”按钮，为素材“秋”添加第二个关键帧，并将第二个关键帧的“旋转”参数值改为 360°，关键帧参数如图 9-42 所示。

(9) 选中素材“冬”，将时间线编辑点设置为 00:00:00:00 位置，在“特效控制台”面板中选择“运动”中的“旋转”参数前面的“切换动画”开关按钮，设置第 1 个关键帧，不改变旋转的参数值，如图 9-43 所示。

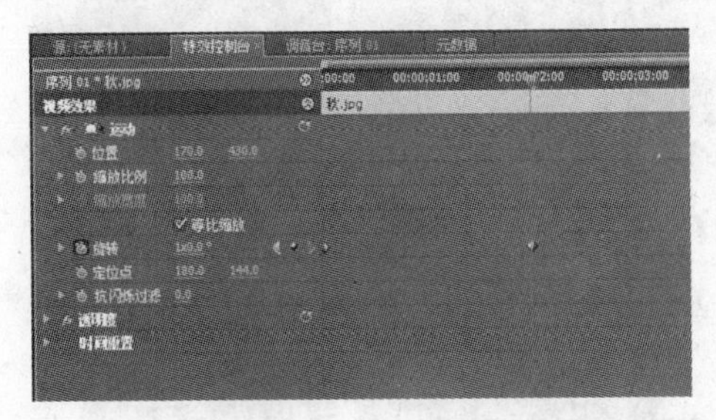

图 9-42　素材“秋”的第 2 个关键帧参数

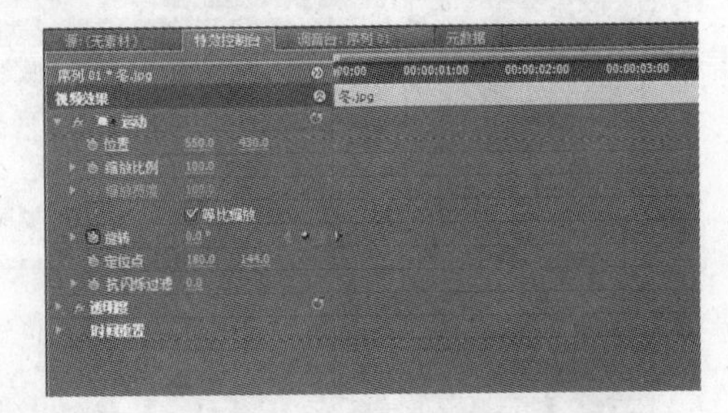

图 9-43　素材“冬”的旋转参数

(10) 选中素材“冬”，将时间线编辑点往后调整 1 秒，单击“旋转”所在行的“添加/移除关键帧”按钮，为素材“冬”添加第 2 个关键帧，并将第 2 个关键帧的“旋转”参数值改为 360°，关键帧参数如图 9-44 所示。

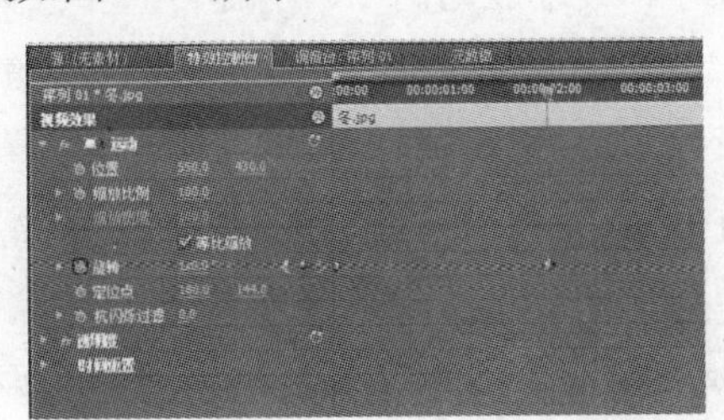

图 9-44　素材“冬”的第 2 个关键帧参数

(11) 实例制作完毕，最终的效果如图 9-45 所示。

图 9-45　旋转运动效果

9.3.4　视频运动特效综合实例

以上实例讲解了视频运动中的单独设置关键帧的例子，其实在视频剪辑过程中，通常是按照需求将多种运动参数的关键帧结合起来使用，以达到视频运动的丰富效果。本案例将详细讲解综合运用缩放、移动、旋转等效果的例子。

1. 实例目标

实现视频图像从视频窗口中心由小到大旋转出现，充满整个屏幕，显示一段时间后，再缩回到屏幕的四分之一，并移动到视频窗口左半边的中央。同样的方式再出现两张图片，分别缩放到视频窗口右半边的上下部分。实例最终效果，如图 9-46 所示。

2. 实例效果图

图 9-46　综合实例效果

3. 制作思路与关键步骤分析

实例综合运用了“位置”、“缩放比例”、“旋转”和“关键帧”等知识点，首先将第 1 个素材放置视频轨道上，然后通过“特效控制台”面板中的参数和关键帧实现由小变大旋转进入的效果，停滞若干秒后使用“缩放比例”和“位置”参数将其调整到窗口左半边。同理处理另外两幅图片效果。

实例制作的关键步骤是 3 段素材之间切换的顺序调整，各个参数关键帧的设置与调整，上、下关键帧之间的跳转最好借助关键帧跳转按钮来实现，这样不会造成关键帧跳转的混乱。

4. 操作步骤

(1) 在创建的 Premiere Pro CS5 项目文件中，导入 3 幅图片素材，将素材 1 拖放到视频轨道 1 上，如图 9-47 所示。

图 9-47　素材 1

(2) 选中素材 1，将时间线编辑点调整到 00:00:00:00 位置，在“特效控制台”面板中选择“运动”中的“缩放比例”参数前面的“切换动画”开关按钮，为“缩放比例”设置第 1 个关键帧，将其参数值设置为 0。接着选择“运动”中的“旋转”参数前面的“切换动画”开关按钮，为“旋转”设置第 1 个关键帧，不改变其参数，参数面板如图 9-48 所示。

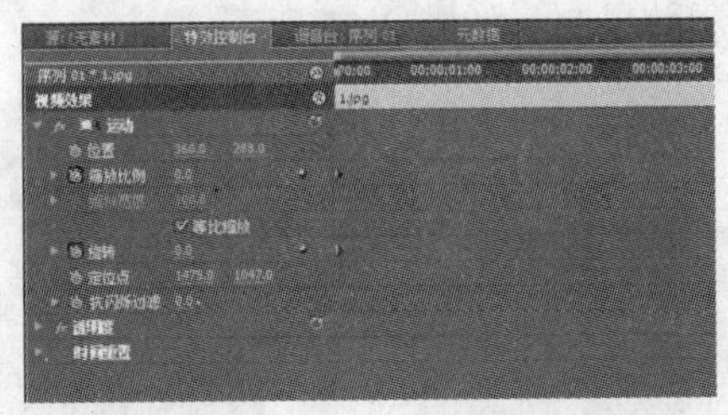

图 9-48　素材 1 第 1 个关键帧的参数设置

(3) 选中素材 1，将时间线编辑点往后调整 1 秒，在“特效控制台”面板中，单击“缩放比例”所在行的“添加/移除关键帧”按钮，为素材 1 的“缩放比例”行添加第 2 个关键帧，更改其参数为 30。在“特效控制台”面板中，单击“旋转”所在行的“添加/移除关键帧”按钮，为素材 1 的“旋转”行添加第 2 个关键帧，更改其参数为 360° 。参数设置，如图 9-49 所示；视频图像的效果，如图 9-50 所示。

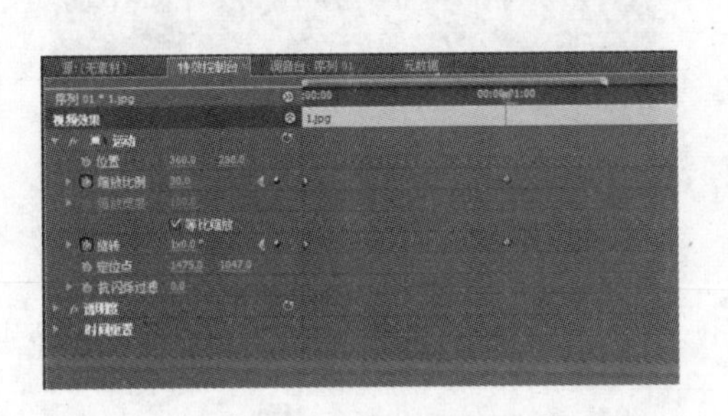

图 9-49　素材 1 第 2 个关键帧的参数设置

图 9-50　素材 1 的显示效果

(4) 选中素材 1，将时间线编辑点继续往后移动 3 秒，在“特效控制台”面板中选择“运动”中的“位置”参数前面的“切换动画开关”按钮，为“位置”设置第 1 个关键帧，不改变其参数。在“特效控制台”面板中，单击“缩放比例”所在行的“添加/移除关键帧”按钮，为素材 1 的“缩放比例”行添加第 3 个关键帧，不改变其参数，如图 9-51 所示。

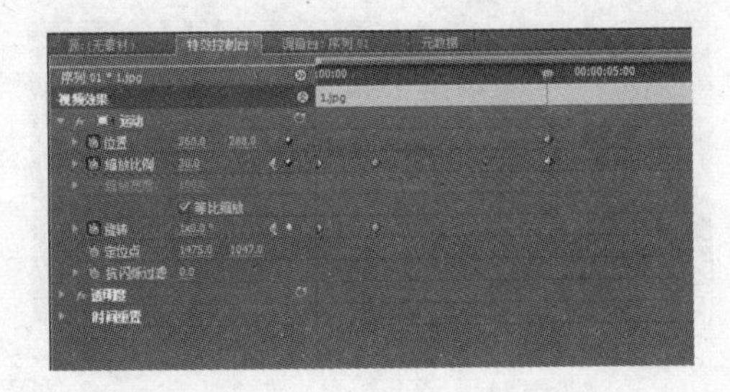

图 9-51　素材 1 的第 3 个关键帧设置

(5) 选中素材 1，将时间线编辑点再往后移动 1 秒，在“特效控制台”面板中，单击“位置”所在行的“添加/移除关键帧”按钮，为素材 1 的“位置”行添加第 2 个关键帧，改变其参数为(180，288)。在“特效控制台”面板中，单击“缩放比例”所在行的“添加/移除关键帧”按钮，为素材 1 的“缩放比例”行添加第 4 个关键帧，改变其参数为 12，参数面板如图 9-52 所示，素材显示效果图，如图 9-53 所示。

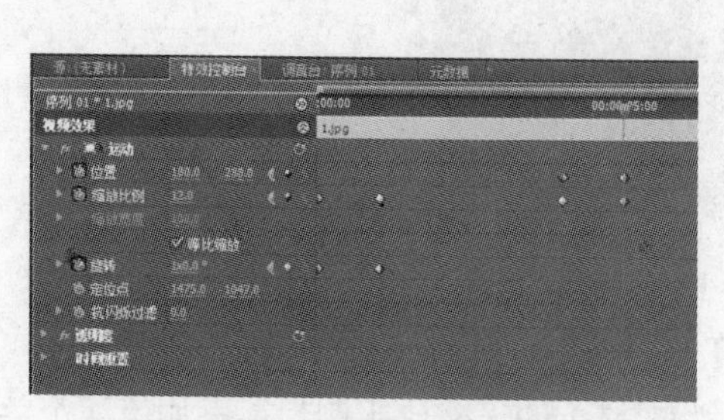

图 9-52　素材 1 的第 4 处关键帧设置

图 9-53　素材 1 最终显示效果

(6) 将素材 2 拖放到视频轨道 2 上，其起始位置在第 5 秒处，如图 9-54 所示。素材 2 的显示效果如图 9-55 所示。

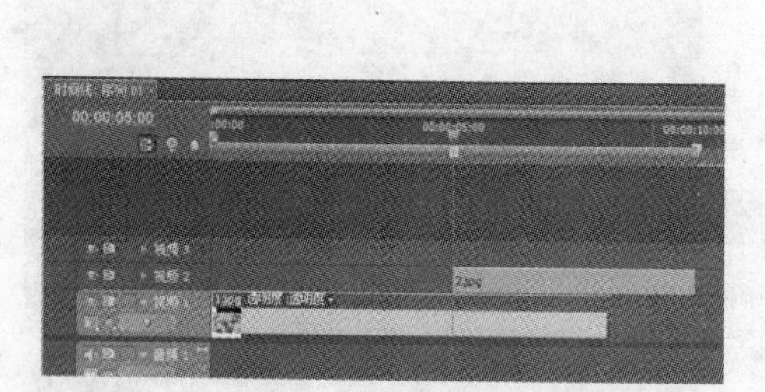

图 9-54　素材 2 在时间线上的位置

图 9-55　素材 2 显示效果

(7) 选中素材 2，此时时间线编辑点在第 5 秒处，在“特效控制台”面板中选择“运动”中的“缩放比例”参数前面的“切换动画”开关按钮，为“缩放比例”设置第 1 个关键帧，将其参数值设置为 0。接着选择“运动”中的“旋转”参数前面的“切换动画开关”按钮，为“旋转”设置第 1 个关键帧，不改变其参数，参数面板如图 9-56 所示。

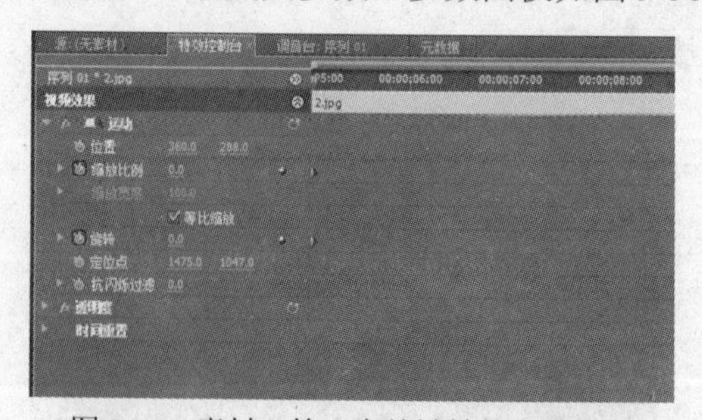

图 9-56　素材 2 第 1 个关键帧的参数设置

(8) 选中素材 2，将时间线编辑点往后调整至第 6 秒，在“特效控制台”面板中，单击“缩放比例”所在行的“添加/移除关键帧”按钮，为素材 2 的“缩放比例”行添加第 2 个关键帧，更改其参数为 30。在“特效控制台”面板中，单击“旋转”所在行的“添加/移除关键帧”按钮，为素材 2 的“旋转”行添加第 2 个关键帧，更改其参数为 360°。参数如图 9-57 所示，视频图像的效果，如图 9-58 所示。

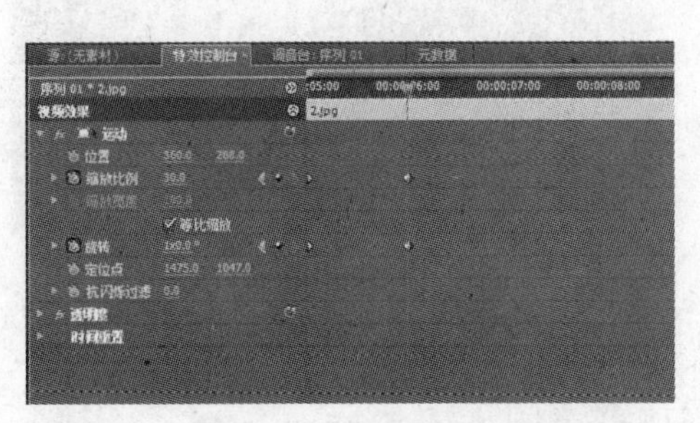

图 9-57 素材 2 第 2 个关键帧的参数设置

图 9-58 素材 2 的显示效果

(9) 选中素材 2，将时间线编辑点继续往后移动 3 秒，此时时间线编辑点在第 9 秒处。在“特效控制台”面板中选择“运动”中的“位置”参数前面的“切换动画”开关按钮，为“位置”设置第 1 个关键帧，不改变其参数。在“特效控制台”面板中，单击“缩放比例”所在行的“添加/移除关键帧”按钮，为素材 2 的“缩放比例”行添加第 3 个关键帧，不改变其参数，如图 9-59 所示。

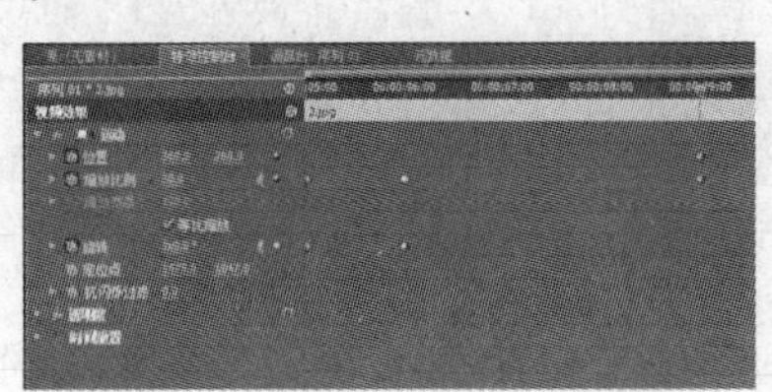

图 9-59 素材 2 的第 3 个关键帧设置

(10) 选中素材 2，将时间线编辑点再往后移动 1 秒，此时时间线编辑点在第 10 秒处。在“特效控制台”面板中，单击“位置”所在行的“添加/移除关键帧”按钮，为素材 2 的“位置”行添加第 2 个关键帧，改变其参数为(530，130)。在“特效控制台”面板中，单击“缩放比例”所在行的“添加/移除关键帧”按钮，为素材 2 的“缩放比例”行添加第 4 个关键帧，改变其参数为 12，参数面板如图 9-60 所示，素材显示效果图，如图 9-61 所示。

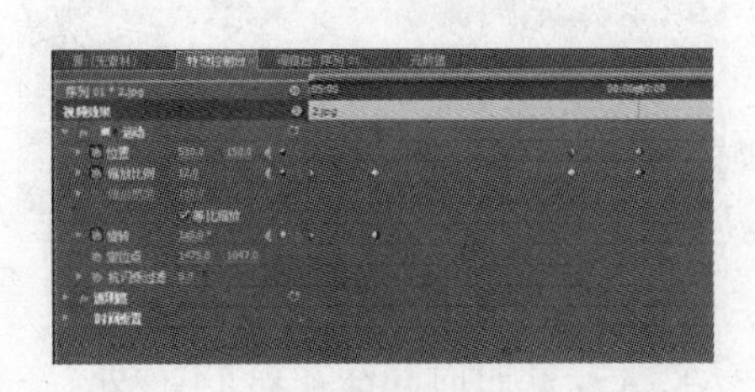

图 9-60 素材 2 的第 4 个关键帧设置

图 9-61 素材在监视器上的效果

(11) 将素材 3 拖放到视频轨道 3 上，其起始位置在第 10 秒处，如图 9-62 所示。素材 3 的显示效果，如图 9-63 所示。

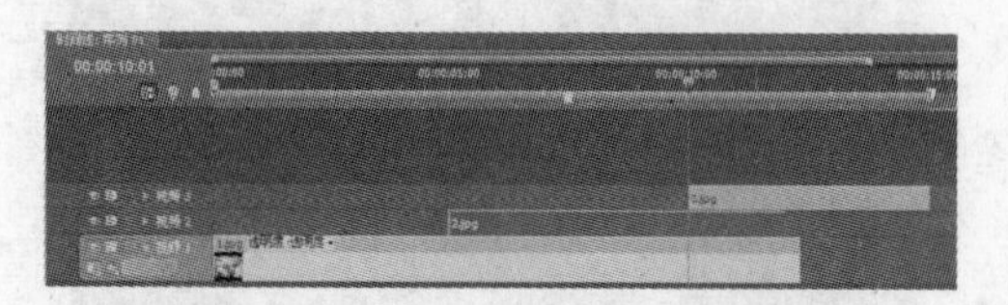

图 9-62　素材 3 在时间线上的位置

图 9-63　素材 3 显示效果

(12) 选中素材 3，此时时间线在第 10 秒处，在“特效控制台”面板中选择“运动”中的“缩放比例”参数前面的“切换动画”开关按钮，为“缩放比例”设置第 1 个关键帧，将其参数值设置为 0。接着选择“运动”中的“旋转”参数前面的“切换动画”开关按钮，为“旋转”设置第 1 个关键帧，不改变其参数，参数面板如图 9-64 所示。

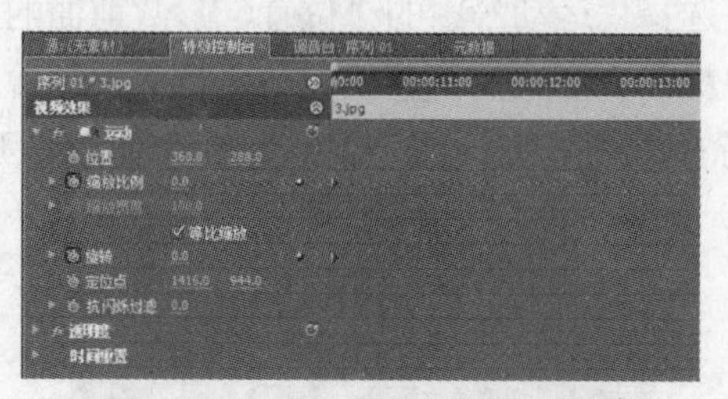

图 9-64　素材 3 第 1 个关键帧的参数设置

(13) 选中素材 3，将时间线编辑点往后调整至第 11 秒，在“特效控制台”面板中，单击“缩放比例”所在行的“添加/移除关键帧”按钮，为素材 3 的“缩放比例”行添加第 2 个关键帧，更改其参数为 30。在“特效控制台”面板中，单击“旋转”所在行的“添加/移除关键帧”按钮，为素材 3 的“旋转”行添加第 2 个关键帧，更改其参数为 360°。参数如图 9-65 所示，视频图像的效果如图 9-66 所示。

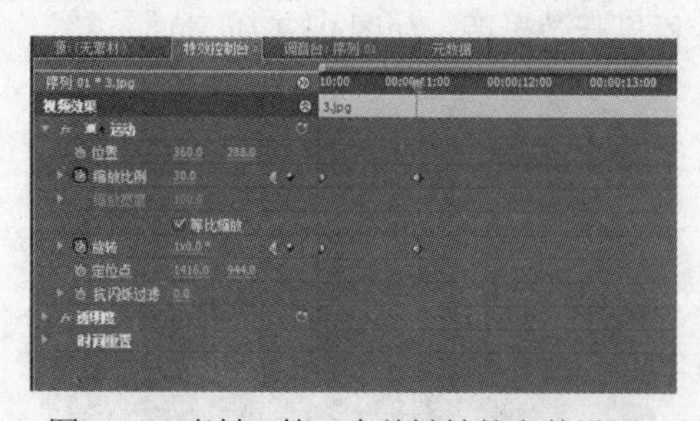

图 9-65　素材 3 第 2 个关键帧的参数设置

图 9-66　素材 3 的显示效果

(14) 选中素材 3，将时间线编辑点继续往后移动 3 秒，此时时间线在第 14 秒处。在“特效控制台”面板中选择“运动”中的“位置”参数前面的“切换动画”开关按钮，为“位置”设置第 1 个关键帧，不改变其参数。在“特效控制台”面板中，单击“缩放比例”所在行的“添加/移除关键帧”按钮，为素材 3 的“缩放比例”行添加第 3 个关键帧，不改变其参数，如图 9-67 所示。

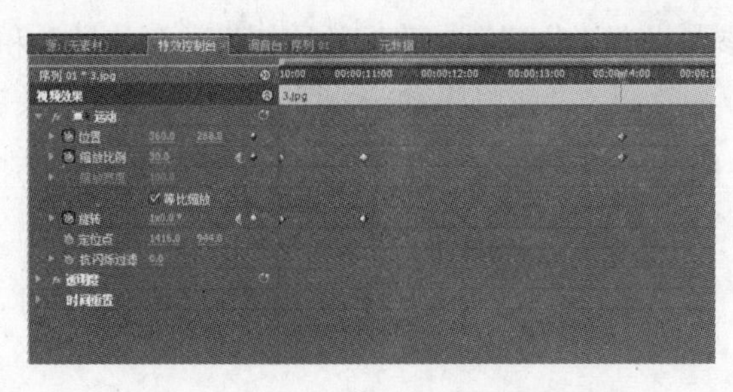

图 9-67　素材 3 的第 3 个关键帧设置

(15) 选中素材 3，将时间线编辑点再往后移动 1 秒，此时时间线在第 15 秒处。在“特效控制台”面板中，单击“位置”所在行的“添加/移除关键帧”按钮，为素材 3 的“位置”行添加第 2 个关键帧，改变其参数为(530，420)。在“特效控制台”面板中，单击“缩放比例”所在行的“添加/移除关键帧”按钮，为素材 3 的“缩放比例”行添加第 4 个关键帧，改变其参数为 12，参数面板如图 9-68 所示，素材显示效果图，如图 9-69 所示。

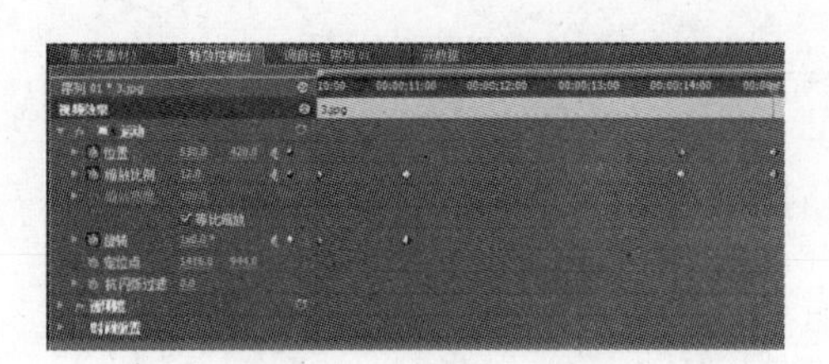

图 9-68　素材 3 的第 4 个关键帧设置

图 9-69　节目监视器上的效果

(16) 将素材 1、素材 2、素材 3 的长度延长至 25 秒，实例制作完成，在节目监视器预览视频播放效果，如图 9-70 所示。

图 9-70　综合实例效果

9.4　本章小结

本章全面讲述了关键帧动画的原理和使用原则，Premier Pro CS5 软件通过“特效控制台”面板中“运动”参数设置“位置”、“缩放比例”、“旋转”和“定位点”4 种类型的视频运动方式。本章还介绍了关键帧添加与删除、调整关键帧、关键帧对齐等操作方法。熟练掌握 Premiere Pro CS5 的视频运动特效，编辑人员能够更加灵活地调整视频运动效果。

9.5　思考与练习

1．什么是视频运动特效？

2．简述视频运动特效的基本参数。

3．简述视频运动特效的设置方法。

4．如何在视频素材上添加关键帧？

5．如何制作视频的移动效果？

6．如何制作视频的缩放效果？

7．如何制作视频的旋转效果？

8．如何直线运动路径修改为曲线运动路径？

9．视频运动特效中不包含的参数是__________。

A．透明度　　B．缩放比例　　C．位置　　D．旋转

10．在 Premiere Pro CS5 中不能用以调节对象运动效果的是__________。

A．关键帧　　B．运动路径　　C．时间线　　D．层

11．视频对象的运动速度不取决于__________。

A．运动路径上的空间距离　　B．运动路径上的关键帧数目

C．相邻关键帧间值的差别　　D．关键帧的时间间隔

12．在__________中可以设置视频运动效果的关键帧参数。

A．时间线窗口　　B．特效控制台面板

C．节目监视器窗口　　D．素材源监视器窗口

13．要在特效控制台面板中给素材片段创建第一个关键帧，需要单击__________。

A．添加/移除关键帧按钮　　B．跳转到前一关键帧按钮

C．跳转到后一关键帧按钮　　D．切换动画开关按钮

14．改变中间关键帧的位置，可以得到__________运动路径。

A．水平直线　　B．垂直直线　　C．曲线　　D．斜角直线

15．要创建素材旋转运动动画，必须在__________选项中创建并编辑关键帧。

A．旋转　　B．缩放比例　　C．位置　　D．透明度

16. 要创建叠加动画效果，除了设置“混合模式”选项外，还必须设置__________选项。

A．旋转　　B．缩放比例　　C．位置　　D．透明度

17. 下列说法错误的是__________。

A．Premiere Pro CS5 在制作运动特效时，可以为对象设置变形动画

B．Premiere Pro CS5 在制作运动特效时，可以使用对象的 Alpha 通道

C．Premiere Pro CS5 在制作运动特效时，可以为对象设置任意的延伸空间

D．Premiere Pro CS5 在制作运动特效时，对路径的修改实际上就是对关键帧的修改

18. 下列有关运动说法错误的是__________。

A．当素材超出黑色可视范围后，就不可能看到了

B．定制并对路径进行修改，实际上是对关键帧的控制

C．素材运动速度的改变实际上是素材延时的修改

D．时间线窗口上的关键帧和运动中路径的节点不是相对应的

第10章　视频特效

与 Premiere 的其他版本一样，在 Premiere Pro CS5 中可以通过使用各种视频特效，使视频产生扭变、模糊、风吹、幻影等特殊效果，这样可使视频画面看起来更加绚丽多彩。本章将详细介绍 Premiere Pro CS5 中视频特效的原理、操作、类型与应用。

本章学习目标：

1．理解视频特效的工作原理；

2．掌握视频特效的基本操作过程；

3．理解关键帧的含义并掌握关键帧的应用；

4．认识视频特效的类型以及特效参数设置。

10.1　视频特效简介

在 Premiere Pro CS5 中，对视频剪辑视频特效，使图像看起来更加绚丽多彩，使枯燥的视频作品变得生动起来，产生不同于现实的视频效果。例如，在同一视频中不同的位置设置不同的颜色，可以使视频的颜色变化丰富多彩，从而产生时空变化的效果。所谓视频特效，实际上就是运用视频滤镜，滤镜处理过程就是将原有素材或已经处理过的素材，经过软件中内置的数字运算和处理，将处理好的素材再按照用户的要求输出。运用视频特效，可以修补视频素材中的缺陷，也产生特别的视觉效果。

10.2　视频特效操作

在 Premiere Pro CS5 中，“视频特效”与“预设”、“音频特效”、“音频过渡”和“视频切换”一起被置于“效果”面板中，如图 10-1 所示。在默认状态下，“效果”面板与“媒体浏览”、“信息”、“历史”面板放置在一起，整体位于 Premier Pro CS5 程序窗口的左下角。

关于视频特效的操作包括特效的添加、设置、删除、查找、重命名等操作。操作所涉及的面板主要有“效果”面板、“特效控制台”面板和“序列”面板。下面通过一些简单的例子来了解一下特效操作。

图 10-1　“视频特效”面板

10.2.1　添加视频特效

如果需要针对时间线上的某段素材使用特效，可按如下步骤操作。

(1) 选中需要添加视频特效的素材。

(2) 依据需要制作的视频效果在效果面板中选择相应的“视频特效”。

(3) 将选定的视频特效拖到到时间线窗口中选定的素材上，如图 10-2 所示。

视频素材添加“照明效果”视频特效后的画面效果比较，如图 10-3 所示。可以看出，画面效果有了明显的改变。

图 10-2　给素材添加视频特效

图 10-3　施加特效前后画面对比

10.2.2　设置视频特效

在“特效控制台”面板中可以对添加的视频特效进行相应的参数设置。参数的设置方式简单，易操作，通常可以直接输入数字或拖动滑块，个别参数可能会进一步弹出设置对话框。如在“添加视频特效”中用到的“照明效果”，具体的参数设置，如图 10-4 所示。

从图中可以看出，“特效控制台”面板基本可以分为左右两部分，左侧为序列、视频效果及其参数；右侧为序列对应的时间线。参数的设置主要在左侧参数设置区进行。

按照层级顺序，学习者可以看到操作所针对的序列中的素材名称(如果在“序列”面板中没有选中具体的素材，特效控制台中是不显示内容的)，素材所应用过的视频特效，还有不同特效可调参数(通过单击左侧的小三角可将相应视频效果展开以显示参数)。其中，“运动”、“透明度”和“时间重置”是每一段视频素材所共有的视频效果，下面会列出学习者添加的视频特效，如图中的“照明效果”。

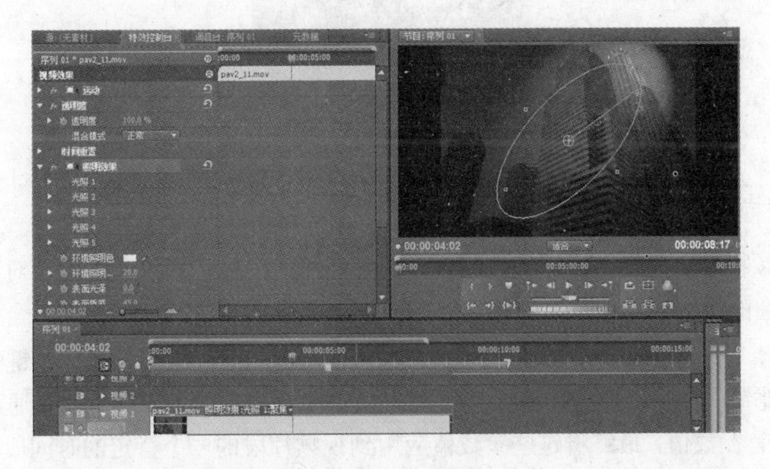

图 10-4　设置“照明效果”参数

在图 10-4 中，学习者可以看到“照明效果”中可调的参数有“光照 1”中光源的参数，还有环境照明色、环境照明、表面光泽、表面质感、曝光度、凹凸层、凹凸通道、凹凸高度和白色部分。本例中“光照 2~光照 5”并未使用，其中参数不可调。学习者可以根据需要进行参数设置和调整。

值得注意的是，在 Premiere 后期版本中，针对视频特效提供了越来越人性化的操作方式，如“照明效果”中的设置中，可以通过控制柄进行可视化的操作，如图 10-5 所示。这不仅为视频特效的设置增加了一种操作方式，而且为学习者学习的使用带来很大的方便。下面对以下几个小图标逐一介绍。

(1) 是切换效果开关，选中它可以关闭该视频特效效果。

(2) 是重置按钮，选中它后，该特效会恢复到默认设置状态。

(3) 是视频特效选择图标，可用它选中该特效，与单击特效的名称效果一样。

(4) 是切换动画开关，选中它后，此行的末尾会出现“添加/移除关键帧”按钮。

(5) 是选色器，也叫吸管，可以用它选择屏幕中的特定颜色。

(6) 表现该参数有更多内容需要进一步设置。

图 10-5　“照明效果”参数设置

10.2.3　编辑视频特效

编辑视频特效主要指在“特效控制台”中利用“时间线”和“关键帧”对某特效的参数进行更精细的设置和处理，使视频在时间变化中产生更精致的动画效果。

“关键帧”是指包含在剪辑中特定点影像特效设置的时间标记。每个关键帧的设置都要包含视频滤镜(用于改变或者提高视频画面的程序包，视频特效实际上就是通过视频滤镜实现的)的所有参数值，最终将这些参数值应用到视频片段的一个特定的时间段中。使用设置滤镜效果时，要设置多个关键帧的参数值，通过这些关键帧来控制一定时间范围的视频剪辑，从而实现控制视频滤镜效果的目的。Premiere 自动在两个关键帧之间设置增益参数，从而可以获得画面播放效果。所以通常情况下，只需在一个素材片段上设置几个关键帧就可以控制整个片段的滤镜效果了。

之前讲到了如何对一段素材添加视频特效，而在实际运用中我们常会遇到给一段素材的一部分或几个部分添加视频特效，此时就需要在该段素材上添加关键帧。下面是基于前面的例子，学习通过“时间线”和“关键帧”编辑视频特效的过程。

(1) 在“序列”面板中选中等待编辑的素材，“特效控制台”中将会显示出素材已经添加过的特效。

(2) 在“特效控制台”面板中单击“照明效果”前面的三角，展开参数设置面板。

(3) 继续展开“光照 1”参数组。

(4) 打开“光照 1/强度”和“环境照明”的“切换动画”开关，即单击它们前面的“切换动画”按钮，行末尾会出现“添加/移除关键帧”按钮。

(5) 将时间指示器拖到素材的开头，然后利用“强度”后面的“添加/移除关键帧”按钮添加一个关键帧，单击它后时间指示器与“强度”相交位置会有一个相同的关键帧标记，并将“强度”值设定为 30；然后拖动时间指示器到一个新的位置，如 3 秒 24 帧处，用同样的方法，再设置一个关键帧，并设“强度”值为 45；用此法再设置第三个关键帧，其强度值设为 60。

(6) 按步骤(5)的方法，在“环境照明强度”上也设置 3 个关键帧，时间分别与之前的 3 个时间保持一致，可以用“添加/移除关键帧”中向左向右的三角来精确定位。3 个“环境照明强度”值分别为 20，15，10。

(7) 按下空格键预览效果。此例中做的应该是夜色渐深，灯光越来越亮的效果。对“照明效果”进行特效编辑后的参数情况，如图 10-6 所示。

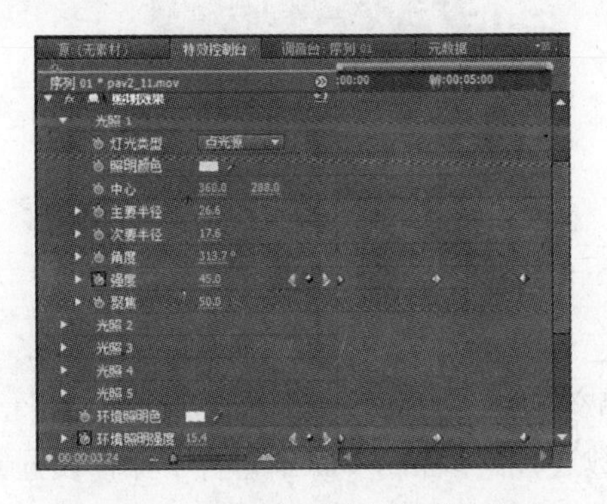

图 10-6　“照明效果”特效编辑状态

实际上，上述过程所达到的目的是：使素材上应用的视频特效“照明效果”在播放过程中产生动态变化效果，这就是对视频特效的编辑。

另外，还有几个需要注意的问题。首先是如何删除关键帧，有 3 个方法。一是选中关键帧，标记会显示为蓝色，按 Delete(删除)键；二是选中后，右击会出现菜单，选择“清除”；三是用“添加/移除关键帧”中的左右三角，将时间指示器定位到要删除的关键帧处，然后单击“添加/移除关键帧”按钮。其次，是删除素材上所有关键帧，只需要在选中素材后，将“特效控制台”面板中所有参数维度上的“切换动画”开关变为未选中状态即可(在选中状态下，周围会有一个方框，颜色会加深)。切换时，会弹出“警告”对话框，单击“确定”即可。如果误删除，可以通过按 Ctrl+Z 组合键撤销删除关键帧操作。最后，要注意关键帧的位置可根据需要拖动时间指示器选择或改变。

10.2.4　删除视频特效

如果要删除已经应用的视频特效，即撤销刚才应用过的视频特效，可以按以下步骤进行。

(1) 在“序列”面板中选择应用了要删除视频特效的素材。

(2) 在“特效控制台”中选择要删除的视频特效，可以单击“视频特效选择”图标或者视频特效的名称。

(3) 在关键帧上使用右键菜单中的“清除”就可以了；也可以直接按 Delete(删除)键；还可以单击“特效控制台”面板右上角的下拉菜单中“移除所选定效果”完成删除。

10.2.5　预设特效

在 Premiere Pro CS5 中，用户除了可以直接为素材添加内置的特效外，还可以使用系统自带的并且已经设置好各项参数的预设特效。预设特效被放置在“效果”面板里的“预设”文件夹中。默认预设有“卷积内核”、“斜角边”、“旋转扭曲”、“曝光过度”、“模糊”、“画中画”和“马赛克”7 组共 21 种预设特效，如图 10-7 所示。使用“预设”特效的方法与其他特效的使用方法一致。

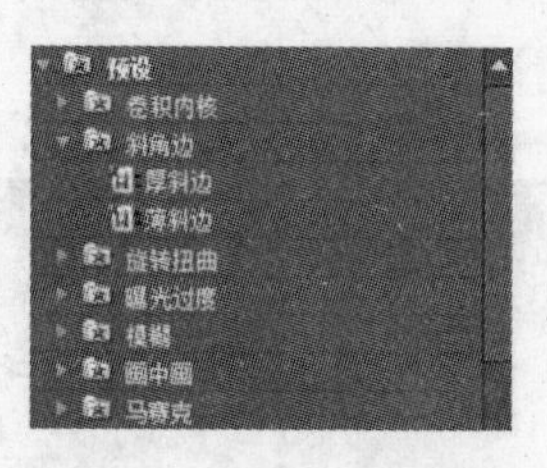

图 10-7　视频特效预设

编辑人员也可以将自己设置好的某一效果保存为预设特效，供以后直接调用，从而节省设置参数的时间。预设特效实际上是将设置好的效果保存起来，以便在需要的时候调用，这样就避免繁琐的设置参数过程。下面的步骤中包含了保存设置或编辑过的特效为“预设”特效的方法。

1. 添加效果

在“效果”面板中，选择“模糊” | “径向模糊”效果，并将其拖拽到时间线窗口中某一段素材上释放。

2. 设置参数

在弹出的“径向模糊设置”对话框中，“模糊度”设置为“10”(默认值)，“模糊方式”设置为“旋转”(默认值)，“画质”设置为“好”(默认值)，并点击“确定”按钮，关闭对话框。

3. 设置关键帧

在“特效控制台”面板中，将右侧的时间线缩略图中的时间线滑块拖到素材的起点处，展开“径向模糊”效果项目，单击该项目的“模糊度”栏前的“切换动画”按钮，在右侧的时间线缩略图中的时间线上产生一个关键帧标记，记录下此时的关键帧参数值。将时间线滑块向右移 1 秒时间，然后将“模糊度”参数值设置为“1”，在时间线上自动添加一个关键帧标记，并记录下此时关键帧参数值。

4. 保存效果

右键单击“径向模糊”效果项目，在弹出的菜单中单击“存储预设”命令，弹出“存储预设”对话框，设置好特效的名称(径向模糊-入)、类型(固定到入点)和注释说明后，单击“确定”按钮，关闭对话框。

5. 查看效果

展开“效果”面板中的“预设”文件夹，可以看到刚才保存的“径向模糊-入”效果项目在其中。今后在编辑过程中如果需要这种“径向模糊-入”的效果，就可以将它直接添加到素材上，不需再设置参数值，节省设置参数的时间。

10.3　视频特效详解

在 Premiere Pro CS5 中，视频特效主要由“变换”、“图像控制”、“实用”、“扭曲”、“时间”、“杂波与颗粒”、“模糊与锐化”、“生成”、“色彩校正”、“视频”、“调整”、“过渡”、“透视”、“通道”、“键控”和“风格化”共 16 个特效组组成。下面我们详细介绍上述特效组的用途和各特效的作用。

10.3.1　变换

“变换”组特效主要是通过对图像的位置、方向和距离等参数进行调节，从而制作出画面视角变化的效果，包括“垂直保持”、“垂直翻转”、“摄像机视图”、“水平保持”、“水平翻转”、“羽化边缘”和“裁剪”共 7 个特效，如图 10-8 所示。

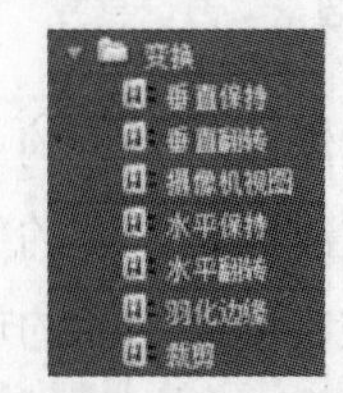

图 10-8　变换视频特效组

1. 垂直保持

“垂直保持”视频特效能够使影片剪辑呈现出一种在垂直方向上进行滚动的效果，如图 10-9 所示。它没有可调的属性参数，只有通过“切换效果开关”打开或关闭其效果。

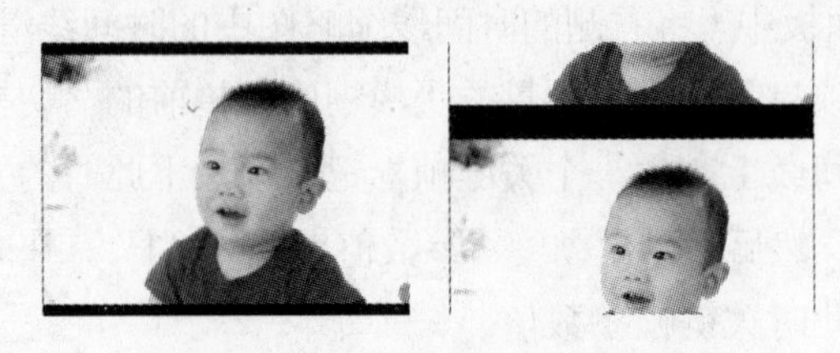

图 10-9　垂直保持视频特效

2. 垂直翻转

“垂直翻转”视频特效的作用是让影片剪辑的画面呈现一种倒置的效果，如图 10-10 所示。它们没有属性参数，只有通过“切换效果开关”打开或关闭其效果。

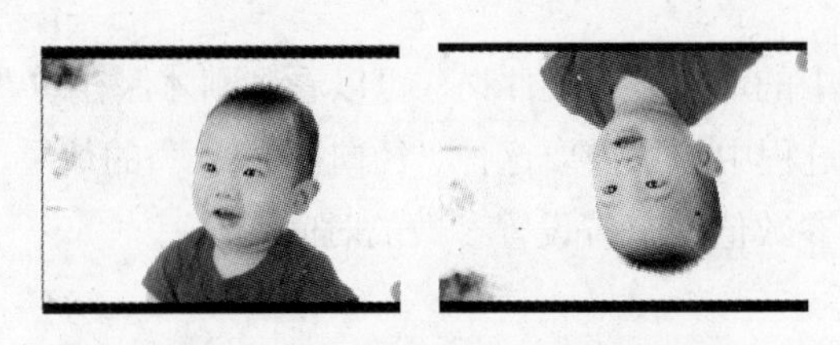

图 10-10　垂直翻转视频特效

3. 摄像机视图

“摄像机视图”视频特效的作用是模拟摄像机对屏幕画面进行二次拍摄，其应用效果如图 10-11 所示，参数面板如图 10-12 所示。在“特效控制台”面板中，“摄像机视图”视频特效的各个参数作用如下。

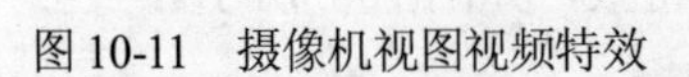

图 10-11　摄像机视图视频特效

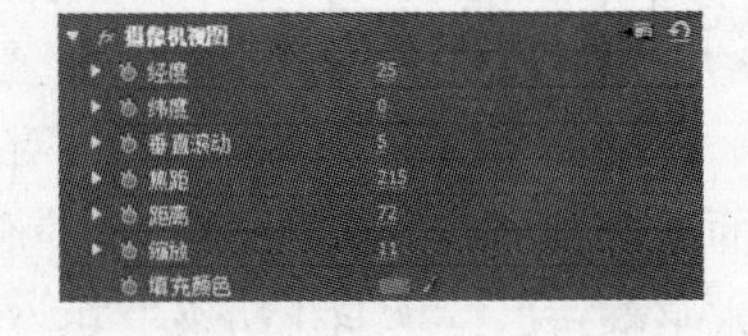

图 10-12　摄像机视图视频特效参数

(1) 经度：以中心垂直线为轴，控制屏幕画面的旋转角度。

(2) 纬度：以中心水平线为轴，控制屏幕画面的旋转角度。

(3) 垂直滚动：在二维平面内，控制屏幕画面的旋转角度。

(4) 焦距、距离与缩放：分别用于模拟摄像机的镜头焦距、摄像机与屏幕画面间的距离和变焦倍数。综合运用这三项参数后，即可控制原始屏幕画面在当前屏幕中的尺寸大小。

(5) 填充颜色：当原始屏幕画面变形后，该选项用于控制屏幕空白区域的颜色。在单击该选项的色块后，即可在弹出的“颜色拾取”对话框内设置相应的颜色值。

此外，单击“摄像机视图”视频特效面板上的“设置”按钮后，用户还可在弹出的“摄像机视图设置”对话框内设置上述属性参数，如图 10-13 所示。

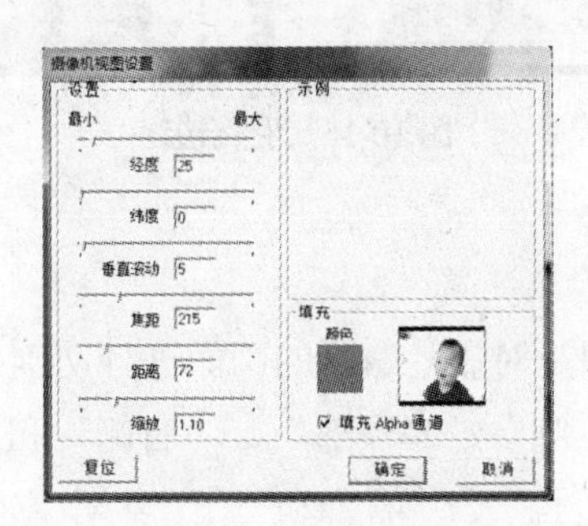

图 10-13　摄像机视图设置

4．水平保持

“水平保持”视频特效在应用于影片剪辑后不会使屏幕画面发生任何变化。在调整其唯一的属性参数后，屏幕画面会在保持画面底部位置不变的前提下，出现不同程度的倾斜，如图 10-14 所示。

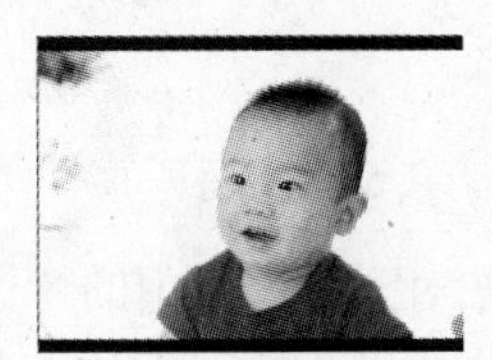 

图 10-14　水平保持

5．水平翻转

“水平翻转”视频特效的作用是让影片剪辑在水平方向上进行镜像翻转，如图 10-15 所示。

图 10-15　水平翻转

6．羽化边缘

“羽化边缘”视频特效的作用是在屏幕画面的四周形成一圈经过羽化处理后的黑边，

如图 10-16 所示。羽化值数量越大，经过羽化处理后黑边就越明显。

图 10-16　羽化边缘

7．裁剪

“裁剪”视频特效的作用是对影片剪辑的画面进行切割处理，该视频效果的控制参数如图 10-17 所示。其中，“左侧”、“顶部”、“右侧”和“底部”4 个裁边参数分别用来控制屏幕画面在“左”、“上”、“右”和“下”4 个方向上的切割比例。“缩放”选项用于控制是否将切割后的画面填充至整个屏幕。

 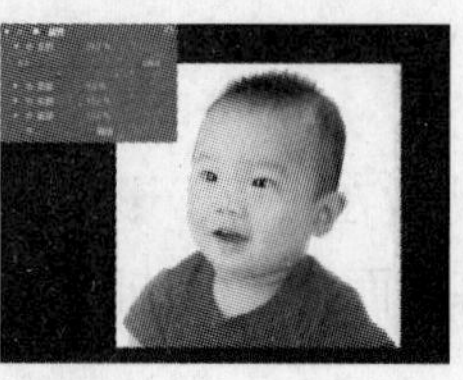

图 10-17　裁剪

10.3.2　图像控制

“图像控制”组特效主要是通过各种方法对素材图像中的特定颜色像素进行处理，从而做出特殊的视觉效果，如图 10-18 所示。它们分别为：灰度系数(Gamma)校正、色彩传递、颜色平衡(RGB)、颜色替换和黑白共 5 个特效。

图 10-18　图像控制视频特效

1．灰度系数(Gamma)校正

“灰度系数(Gamma)校正”是通过调节图像的反差对比度，使图像产生相对变亮或变暗的效果，如图 10-19 所示。它利用“灰度系数(Gamma)校正”特效给视频素材灰度输入-输出数据之间带来的非线性关系，增强或减弱除端点 0 和 255 以外的中间灰度数据，修改素材原有的视觉特征。即通过对中灰度或相当于中灰度的彩色进行修正(增加或减小)、而不是通过增加或减少光源的亮度来实现的。

图 10-19　灰度系数(Gamma)校正

2．色彩传递

“色彩传递”视频特效可以突出某种颜色的视觉效果，提取素材中的单一颜色信息，如图 10-20 所示。它具有两个可调参数“颜色”和“相似性”。对一个彩色画面来说，指定一种颜色后，该颜色将被保留在画面上，其余颜色将保留亮度，变为灰色。

图 10-20　色彩传递

“相似性”的作用是给选中的颜色设定一个误差范围，只要在这个范围内的颜色都会被保留，这样就可以看到保留颜色的范围。“相似性”调整范围为 0%~100%，0%时不保留颜色，全部画面都转换为黑白的；100%时，保留所有的彩色，原始图像的彩色不变。除了可以使用控制按钮操作“相似性”和“颜色”设置，还可以单击“设置”按钮，弹出“色彩传递设置”对话框，在实时预览状态下设置“颜色”和“相似性”。

3．颜色平衡

“颜色平衡”视频特效是分别改变素材的 R、G、B 三基色的分量值大小，以达到增强或削弱某种颜色成分的目的，如图 10-21 所示。它有 3 个可调参数：“红色”、“绿色”和“蓝色”，默认值 100%，可调范围是(0%~200%)。将调节百分数与原素材的灰度值相乘，结果中大于 255 的部分全部截断至 255。

图 10-21　颜色平衡

4．颜色替换

“颜色替换”视频特效能够将屏幕画面中的某一种颜色以涂色的方式来改变，而屏幕画面中其他颜色不发生变化，如图 10-22 所示。这里的颜色指的是像素的色调。利用这种方式，可以变换局部的色彩或全部涂一层相同的颜色。还可以利用随时间变化的特点，做出按色彩级别变化色彩的换景效果。它有 3 个可调参数：“目标颜色”、“被替换颜色”和“相似性”。除使用此 3 个控制按钮外，还可以单击“设置”按钮，弹出“颜色替换设置”对话框，在实时监控中设置选择“颜色”和“相似性”。

图 10-22　颜色替换

5. 黑白

“黑白”视频特效的作用是将影片剪辑的彩色画面转换成灰度级的黑白图像，如图 10-23 所示。

图 10-23　黑白

10.3.3　实用

“实用”组特效主要是通过调整画面的黑白斑来调整画面的整体效果，它只有“Cineon 转换”1 个特效，如图 10-24 所示。Cineon 是美国柯达公司的一种 10 位数字彩色胶片。

图 10-24　实用特效组

“Cineon 转换”提供了将彩色电影转换 Cineon 电影的控件。利用“Cineon 转换”特效，导出一个 Cineon 文件，作为素材添加到一个序列中。当用“Cineon 转换”特效剪辑时，可以同时使用监控程序交互观察处理结果，使彩色调整效果更加精确，如图 10-25 所示。

图 10-25　Cineon 视频效果

设置关键帧调整色调随时间变化——就是利用关键帧插值，使大量亮度不规则的通道之间精度匹配或保留文件的默认状态并加以转换，具体参数设置，如图 10-26 所示。Cineon 通道的每一个像素用 10bit 数据表示，易于实现色调增强和整体彩色平衡。

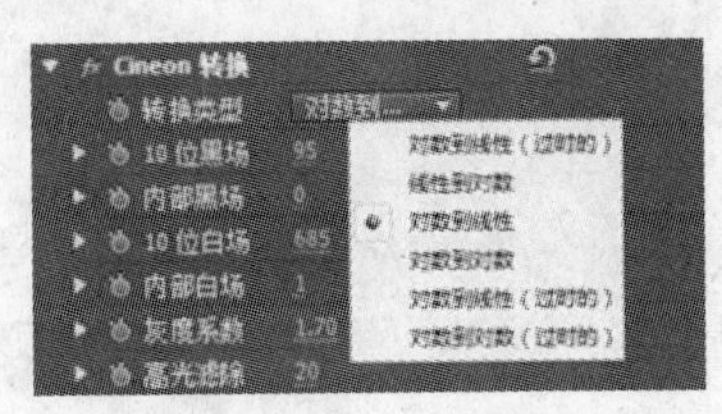

图 10-26　Cineon 参数设置

(1) 转换类型：“对数到线性”是将每种颜色用 8 位二进制对数表示的非 Cineon 剪辑，渲染为 Cineon 剪辑；“线性到对数”是将 8-bpc 线性剪辑转换为 8-bpc 对数剪辑，以便显示原来对数文件中的特征；“对数到对数”是当把 8-bpc 或 10-bpc 对数 Cineon 文件渲染为对数代理文件时，首先要对其探测。

(2) 10 位黑场：指转换为 10-bpc 对数 Cineon 剪辑的黑点。

(3) 内部黑场：是 Premiere Pro 内部剪辑所使用的黑点。

(4) 10 位白场：指转换为 10-bpc 对数 Cineon 剪辑的白点。

(5) 内部白场：Premiere Pro 内部剪辑所使用的白点。

(6) 灰度系数：用来增加或减少灰度系数，可以分别使灰度点加亮或变暗，取值范围为(0.01~5.00)，默认值为 1.70。

(7) 高光滤除：除了用于纠正高亮度点外，在调整高亮度区造成图像过黑时，也可以使用高光滤除。如果使用高亮度区出现高亮白斑，可以增加高光滤除直到看清图像细节。高对比度图像可能要求高的滤除值。

10.3.4　扭曲

“扭曲”特效组主要通过对图像进行几何扭曲变形来制作各种各样画面变形效果，如图 10-27 所示。它们分别为：偏移、变换、弯曲、放大、旋转扭曲、波形弯曲、球面化、紊乱置换、边角固定、镜像和镜头扭曲 11 个特效。

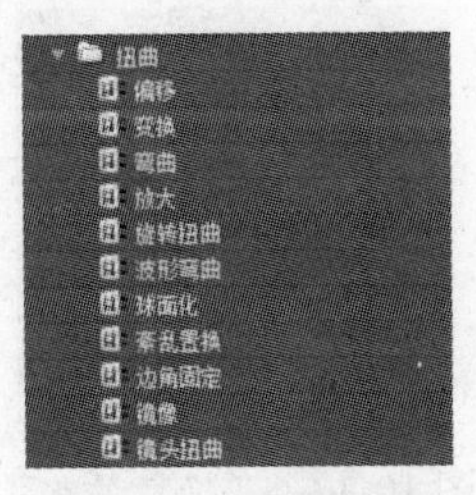

图 10-27　扭曲特效组

1. 偏移

“偏移”特效使素材剪辑沿某个方向产生一定量的位移，然后与原剪辑叠加，产生一个错位的感觉，如图 10-28 所示。

图 10-28　偏移特效

(1) 将中心转换为：用来设置位移后素材剪辑的中心坐标(x，y)，默认为原始中心。

(2) 与原始图像混合：这是一个透明度效果。表示原始图像在合成中所占的百分比。“与原始图像混合”为 0 时，只见位移后的图像；“与原始图像混合”为 100%时，只见原始图像。

2. 变换

“变换”特效对剪辑实施 2D 几何变换，包括位移、缩放、旋转等一系列处理功能，如图 10-29 所示。

图 10-29　变换特效

“变换”特效有 11 个特效参数，如图 10-30 所示。其中“定位点”、“位置”、“统一缩放”、“缩放高度和宽度”以及“透明度”等特性是公共特性。另外一些特性包括：

图 10-30　变换特效参数

(1) 倾斜：用来设置素材片段绕纵向轴旋转的角度(-70，70)。

(2) 倾斜轴：用来设置素材片段纵向轴与 y 方向的夹角，可以是任意角度。

(3) 旋转：用来设置素材片段画面绕过中心的垂线轴转过的角度。

3．弯曲

“弯曲”特效为素材剪辑产生水平及竖直方向的波动，如图 10-31 所示。可以为波动设置不同的相位、频率、幅度以及不同的传播方向和传播速度，产生扭曲运动效果。在不设置关键帧的情况下，弯曲特效已经具有动画效应。

图 10-31　弯曲特效

单击“特效控制台”中“弯曲”特效右边“设置”按钮，弹出“弯曲设置”对话框，它的作用与控制面板上设置参数效果是一样的。其中，“方向”具有上、下、左、右、内、外几个波动传播方向选项；“波形”具有曲线、圆形、三角和方形 4 个选项；弯曲“强度”表示像素位置移动形变的程度；弯曲“宽度”表示两条扭曲带之间的距离；弯曲“速率”表示扭曲相位传播的速度。

4．放大

“放大”特效应该理解为局部放大，它像一个放大镜，聚焦到不同的位置，对该位置局部放大，然后与原图像叠加，如图 10-32 所示。

图 10-32　放大特效

(1) 形状：具有圆形和方形两种不同的选择。

(2) 居中：实际上是指放大镜的聚焦中心。

(3) 放大率：即放大倍数，值域为(100%，600%)。

(4) 链接：链接下拉列表中“达到放大率的大小”为达到最大倍数 6，“达到放大率的大小和羽化”为达到最大倍数 6，且有羽化效果。

(5) 大小：指被放大的区域的直径，值域为(10，600)，单位为像素。

(6) 羽化：用来设置放大的局部图像边界的虚化程度，值域为(0，50)，单位是像素。

(7) 透明度：用来设置放大后的局部图像的透明度。

(8) 缩放：是指放大方法，有“标准”、“柔和”和“散布”3 种方式。“标准”为线性插值(默认)；“柔和”为三次方卷积；“散布”为 0 次扩展。

(9) 混合模式：是指放大区域和原始数据重叠区，上下两层画面的现实方法。

5．旋转扭曲

“旋转扭曲”特效是将画面旋转成蜗牛状图案，如图 10-33 所示。该方法需要用户设置旋转扭曲中心、半径和角度，是一个简单变换。

图 10-33　旋转扭曲

6．波形弯曲

“波形弯曲”特效使图像产生波浪形弯曲，不需设置关键帧的情况下，就具有动画效果，如图 10-34 所示。

图 10-34　波形弯曲

7．球面化

“球面化”特效产生透过一个球面镜观察图像的视觉效果，看到纸面上凸起了一个球面，如图 10-35 所示。球面化特效需要设置球面中心和球半径两个参数。

图 10-35　球面化特效

8．紊乱置换

“紊乱置换”特效是用碎片噪波在图像上制造紊乱扭曲，如图 10-36 所示。该特效可以用来制作似水流、似熔岩。

图 10-36　紊乱置换

9．边角固定

“边角固定”特效可通过重新定位 4 个顶点的坐标将一个矩形图像变形为任意四边形，可以产生拉伸、收缩、倾斜和扭曲效果，模仿透视、打开大门的效果等，如图 10-37 所示。

图 10-37　边角固定

10．镜像

“镜像”特效模拟镜面反射效果，如图 10-38 所示。需要设置好“反射中心”和“反射角度”，中心坐标与反射镜面的角度决定了垂直于显示屏的一面镜子，反射生成的镜像虽然不在显示平面内，但是还是要投影到显示器上。

图 10-38　镜像

11．镜头扭曲

“镜头扭曲”特效是在模拟摄像过程中，由镜头使用方式的不同而产生的扭曲效果，如图 10-39 所示。单击“镜头扭曲”按钮右方“设置”图标，弹出“镜头扭曲设置”对话框。它的作用与控制面板上设置参数效果是一样的。

图 10-39　镜头扭曲

10.3.5　时间

“时间”特效组主要是通过处理视频的相邻帧变化来制作特殊的视觉效果，如图 10-40 所示，包括“抽帧”和“重影”2 个特效。

图 10-40　时间特效组

1．抽帧

“抽帧”特效是从电影片断一定数目的帧画面中抽取一帧，假如指定帧速率为 4FPS，则表示每 4 帧原始电影画面中只选取 1 帧播放。由于有意造成丢帧，故画面有停顿的感觉。

它是比较常用的效果处理手段，一般用于娱乐节目和现场破案等片子当中，可以制作出具有空间停顿感的运动画面。抽帧并不缩短素材长度，它将按照间歇的数值选择所保留帧生成延续的静态画面，因此素材的总长度是不变的。

2．重影

“重影”特效能够用素材的前几帧以一定的透明度覆盖当前帧(画面)上，从而产生多重留影的效果，如图 10-41 所示。对于表现运动物体的路径特别有用，在电影特技中有时也用到它。

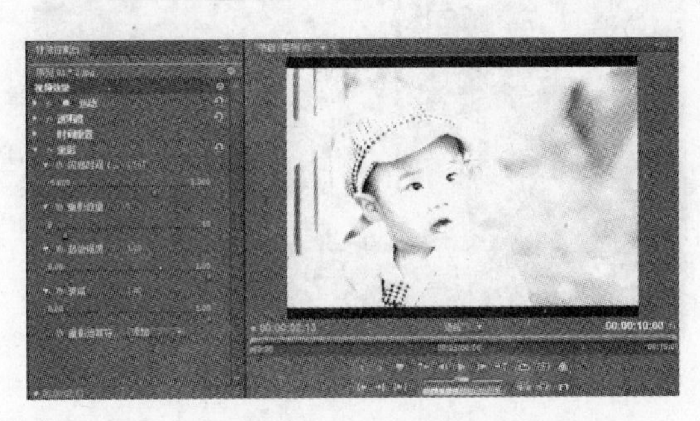

图 10-41　重影特效

10.3.6　杂波与颗粒

“杂波与颗粒”组效果主要用于去除画面中的噪点或者在画面中增加噪点，如图 10-42 所示。它们分别为：中值、杂波、杂波 Alpha、杂波 HLS、灰尘与划痕、自动杂波 HLS，共 6 个特效。

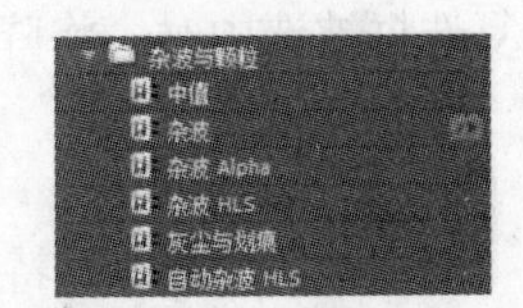

图 10-42　杂波与颗粒

1．中值

“中值”特效要求用户仅需提供一个“半径”参数，然后按行列顺序滑动，每到一个像素点，就以该像素点为圆心，以设定的半径数据画一个圆，把圆内各个像素点的灰度值或(R，G，B)三色值按大小顺序排列，选取排在中间位置的灰度值或(R，G，B)值三色值，置换圆心点像素原有灰度值或(R，G，B)三色值。“半径”较小时，中值特效具有去斑点效果；“半径”较大时，“中值”特效处理结果会使图像画面模糊。很大“半径”的中值特效可以画出图像轮廓图，如图 10-43 所示。

图 10-43　中值特效

“在 Alpha 通道上操作”选项，是指如果该素材存在 Alpha 通道，而且需要对 Alpha 通道做“中值”特效。也可以选中此选项将其用于 Alpha 通道。要注意的是，中间值不是平均值。

2．杂波

“杂波”特效是在画面像素点上随机添加一些色点，给画面制造斑点，如图 10-44 所示。杂波作用方式，是用随机的分布的 0 或 1 与原始图像数据相乘。

图 10-44　杂波特效

(1) 杂波数量：是指杂波点数的百分比。

(2) 杂波类型：在不选“使用杂波”时杂波为灰色(黑白)型；“使用杂波”被选中时，则为彩色型。在不选“剪切结果值”时，杂波幅度为 0 或 1 组成的点子；“剪切结果值”复选框被选中时，将降低杂波幅度为杂波数量的一半，为 0.5 或 1 组成的点子。

3．杂波 Alpha

“杂波 Alpha”特效在 Alpha 通道上添加透明度随机分布的杂波，如图 10-45 所示。“杂波 Alpha”特效由“杂波”、“数量”等 6 个变量组成。

图 10-45　杂波 Alpha

(1) 杂波：包含有 4 个选项。“统一随机”可创建等量的黑白随机杂波；“方形随机”为创建等量的高对比度随机杂波；“统一动画”可创建活动的随机杂波；“方形动画”可创建活动的高对比度(反差)随机杂波。

(2) 数量：是指杂波/信号(N/S)强度百分比(0，100%)。

(3) 原始 Alpha：指如何将杂波用到 Alpha 通道上，有 4 个选项。“添加”指在透明和不透明素材剪辑中产生等量的杂波；“钳子”指仅在不透明区产生杂波；“缩放”指杂波总量与不透明度成比例，完全透明区没有杂波；“边缘”指仅在部分透明区产生杂波，如 Alpha 通道的边缘。

(4) 溢出：参数指不透明区的灰度值超出(0~255)范围如何处理，有 3 个选项。“剪辑”指超过 255 的映射为 255，小于 0 的映射为 0；“折回”指灰度值超出(0~255)范围时，反射到(0~255)之间，例如，258=(255+3)反射为 252(255-3)，-3 反射为 3；“绕图”指灰度值超出(0~255)范围时，绕回到(0~255)之间，例如，258=(256+2)绕回为 2；256 绕回为 0，-3=(256-3)绕回到 253。

(5) 杂波相位：指出杂波位置，这个控件只有在选择了“统一动画”或“方形动画”时才能被激活。

(6) 杂波选项：“循环杂波”指在指定的时间范围内产生循环杂波，循环杂波就是将两个关键帧之间的设置重复地使用；“循环(演化)”指出杂波相位循环数(该方法只在选择了“循环杂波”时才生效)。再者，通过改变杂波相位关键帧的指定时间，可以调整杂波相位循环速度。

4．杂波 HLS 与自动杂波 HLS

“杂波 HLS”与“自动杂波 HLS”是一样的，如图 10-46 所示，其作用是在素材的色调、亮度和饱和度通道上产生静态及各类动态杂波。除最后一个确定运动杂波的动画控件外，其余的静态和动态效果控件都是相同的。

图 10-46　杂波 HLS 与自动杂波 HLS

(1) 杂波：有“统一”、“方形”和“颗粒”3 种类型。虽然形式有所不同，但是作用相差不多。

(2) 色相：是给色相通道添加一定(点数)数量的杂波。

(3) 明度：是给亮度通道添加一定(点数)数量的杂波。

(4) 饱和度：是给饱和度通道添加一定(点数)数量的杂波。

(5) 颗粒大小：是仅当选择“杂波”为“颗粒”类型时才生效。

(6) 杂波相位：是为杂波相位设置关键帧，给随机数产生器输入数据，创建杂波相位动画。

5．灰尘与划痕

“灰尘与划痕”特效可以降低杂波和缺陷，给像素划定一个空间邻域，用相邻像素的数据取代中心像素的原有的值，以达到隐藏锐利缺陷，消除灰尘和划痕的目的，如图 10-47 所示。

图 10-47　灰尘与划痕

(1) 半径：指出修补划痕的邻域范围。

(2) 阈值：指出修补划痕的数据偏差(即一个点和周围环境差多少才需要修补)。

“在 Alpha 通道上操作”选项，是指如果该素材存在 Alpha 通道，而且需要对 Alpha 通道做“灰尘与划痕”特效。也可以选中它，将其用于 Alpha 通道。

10.3.7　模糊与锐化

“模糊与锐化”组特效主要用于柔化或者锐化图像或边缘过于清晰或者对比度过强的图像区域，甚至把原本清晰的图像变得很朦胧，以至模糊不清楚，如图 10-48 所示。它们分别为：快速模糊、摄像机模糊、方向模糊、残像、消除锯齿、混合模糊、通道模糊、锐化、非锐化遮罩和高斯模糊，共 10 个特效。

图 10-48　模糊与锐化

1．快速模糊

“快速模糊”特效可指定图像模糊的快慢程度，如图 10-49 所示。能指定模糊的方向是水平、垂直，或是 2 个方向上都产生模糊。快速模糊产生的模糊效果比高斯模糊更快。

图 10-49　快速模糊

2. 摄像机模糊

“摄像机模糊”特效是随时间变化的模糊调整方式，可使画面从最清晰连续调整得越来越模糊，就好像照相机调整焦距时出现的模糊景物情况，如图 10-50 所示。

图 10-50　摄像机模糊

3. 方向模糊

“方向模糊”特效在图像中产生一个具有方向性的模糊感，从而产生一种片段在运动的效果，如图 10-51 所示。“方向”用于设置模糊的方向；“模糊程度”用于设置图像虚化的程度。使用滑动条块只能取 0~20 的数值，当需要用到高于 20 的数值时，可以单击参数选项旁有下划线的数字，将参数文本框激活，在里面输入需要的数值。

图 10-51　方向模糊

4. 残像

“残像”特效能将来自片断中不同时刻的多个帧组合在一起，如图 10-52 所示。使用它可创建从一个简单的可视的“重影”效果到复杂的“拖影”效果。在视觉上有图像残留的效果，可作用于图像中的运动元素。

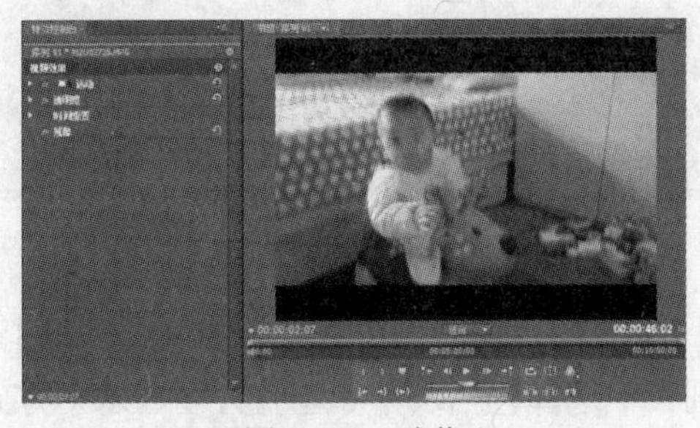

图 10-52　残像

5. 消除锯齿

“消除锯齿”特效的作用是通过降低图像中相邻像素的对比度来柔化图像。可以多次使用以达到需要的效果。实际上就是将图像区域中色彩变化明显的部分进行平均，使得画面柔和化。

6. 混合模糊

“混合模糊”特效是将重叠的不同视频按图层的方式进行模糊混合，形成模糊的效果，如图 10-53 所示。“模糊图层”是指将哪一段视频素材(图层)进行模糊。“最大模糊”可以决定模糊程序，值域在(0，4000)。在“图层大小不同”的情况下，是否需要“伸展图层以适配”，即两个视频(图层)画面大小一致。“反相模糊”则反转两个视频(图层)的模糊关系，效果是不一样的。

图 10-53　混合模糊

7. 通道模糊

“通道模糊”特效可对素材的不同通道进行模糊，如图 10-54 所示。其中，“红色模糊度”可设置红色通道的模糊程度；“绿色模糊度”可设置绿色通道的模糊程度；“蓝色模糊度”可设置蓝色通道的模糊程度；“Alpha 模糊度”可设置 Alpha 通道的模糊程度。

图 10-54　通道模糊

选中“边缘特性”下的“重复边缘像素”复选框，可以让图像的边缘更加透明。“模糊方向”可以在下拉的列表中选择包括水平和垂直方向、水平方向和垂直方向 3 种方式。

8．锐化

“锐化”特效可以使画面中相邻像素之间产生明显的对比效果，使图像显得更清晰，如图 10-55 所示。“锐化强度”用以调整画面的锐化强度，取值范围在 0~4000 之间，取值越大，锐化强度越大。

图 10-55　锐化

9．非锐化遮罩

“非锐化遮罩”特效的原理是查找图像中有色彩变化的边缘轮廓，并可以锐化仅仅边缘轮廓而保持图像整体的平滑度，如图 10-56 所示。它将一些过渡的、影响视觉清晰的中间层次去掉，看起来图像好像变清晰了。它是按照一定的半径，形成遮罩，运用中效果不明显。

图 10-56　非锐化遮罩

10．高斯模糊

“高斯模糊”特效通过修改明暗分界点的差值，使图像极度地模糊，如图 10-57 所示。其效果如同使用了若干从模糊或进一步模糊一样。高斯是一种变形曲线，由画面的临近像素点的色彩值产生。

图 10-57　高斯模糊

10.3.8　生成

“生成”组特效是经过优化分类后新增加的一类效果，如图 10-58 所示。它们分别是：书写、吸色管填充、四色渐变、圆、棋盘、椭圆、油漆桶、渐变、网格、蜂巢图案、镜头光晕和闪电，共 12 种特效。

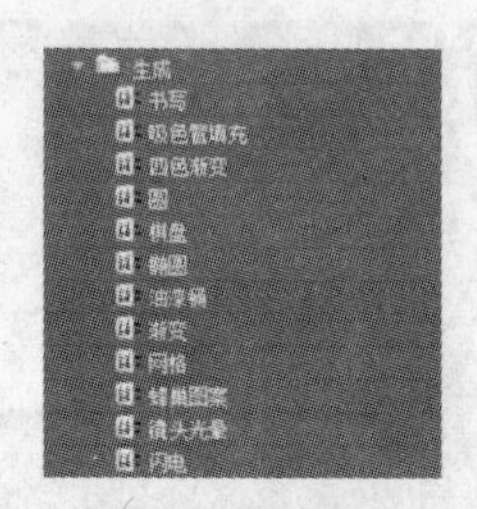

图 10-58　生成特效组

1．书写

“书写”特效可以在剪辑中为笔画设置动画，如图 10-59 所示，可以用来创建笔画，让它动态地书写文字等。

图 10-59　书写

2．吸色管填充

“吸色管填充”特效用图层中某一点的颜色来填充整个图层，使图层变为单色，如图 10-60 所示。

图 10-60　吸色管填充

3．四色渐变

“四色渐变”特效使用 4 种渐变颜色的叠加图层，用来改变应用图层，如图 10-61 所示。

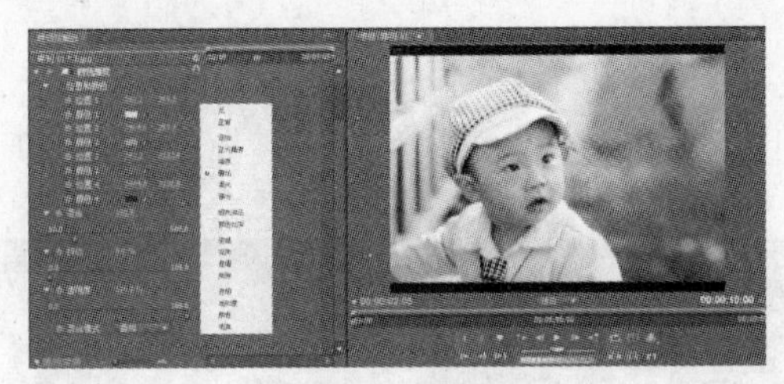

图 10-61　四色渐变

4．圆

“圆”特效用来在画面上绘制不同大小和颜色的圆环或圆形，如图 10-62 所示。

图 10-62　圆

5．棋盘

“棋盘”特效在原图层上建立各种各样的格子图案，并且可以通过不同的叠加方式来实现多种效果，如图 10-63 所示。

图 10-63　棋盘

6．椭圆

“椭圆”特效添加椭圆图案的效果，如图 10-64 所示。

图 10-64　椭圆

7. 油漆桶

“油漆桶”特效使用特定颜色来填充选定区域，如图 10-65 所示。

图 10-65　油漆桶

8. 渐变

“渐变”特效为素材设置过渡效果，如图 10-66 所示。

图 10-66　渐变

9. 网格

“网格”特效为图像添加各种网格，也可以用来当作辅助线，如图 10-67 所示。

图 10-67　网格

10. 蜂巢图案

“蜂巢图案”特效用来模拟蜜蜂巢的形状生成图案，产生相应的效果，如图 10-68 所示。

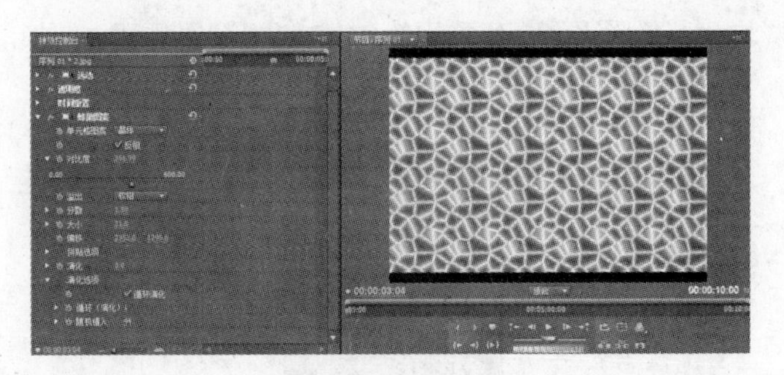

图 10-68　蜂巢图案

11．镜头光晕

“镜头光晕”特效可为图层添加镜头光晕效果，如图 10-69 所示。

图 10-69　镜头光晕

12．闪电

“闪电”特效为图层添加闪电和其他电子效果，如图 10-70 所示。

图 10-70　闪电

10.3.9　色彩校正

“色彩校正”组特效是 Premiere 提供的高级调色工具，利用这个颜色工具可以解决复杂的颜色问题。它可以分别调整图像的阴影、中间色调与调光部分，可以指定这些部分的范围；同时，还可以使用 HSL、RGB 或者曲线等多种方式来调节色调，以对素材画面颜色进行校正。如图 10-71 所示，它们分别为：RGB 曲线、RGB 色彩校正、三路色彩校正、亮度与对比度、亮度曲线、亮度校正、分色、广播级颜色、快速色彩校正、更改颜色、染色、色彩均化、色彩平衡、色彩平衡(HLS)、视频限幅器、转换颜色和通道混合，共 17 个特效。

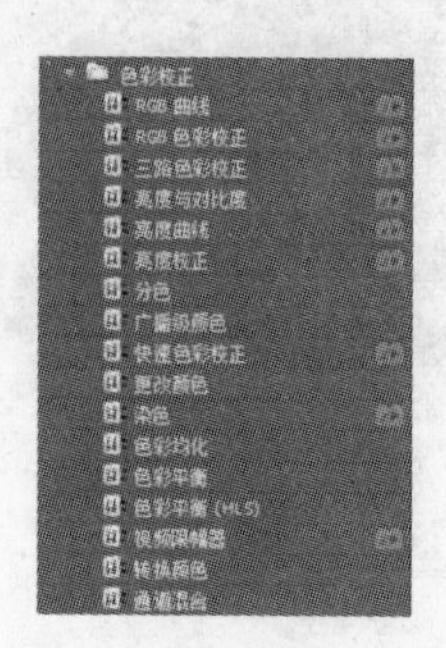

图 10-71　色彩校正特效组

1. RGB 曲线

“RGB 曲线”特效通过调整主通道、红色、绿色和蓝色通道中的数值来调节图像色调，以达到改变图像色彩的目的，如图 10-72 所示。

图 10-72　RGB 曲线

2. RGB 色彩校正

“RGB 色彩校正”特效主要是通过改变红、绿、蓝 3 个通道中的参数设置，改变图像的色彩，如图 10-73 所示。

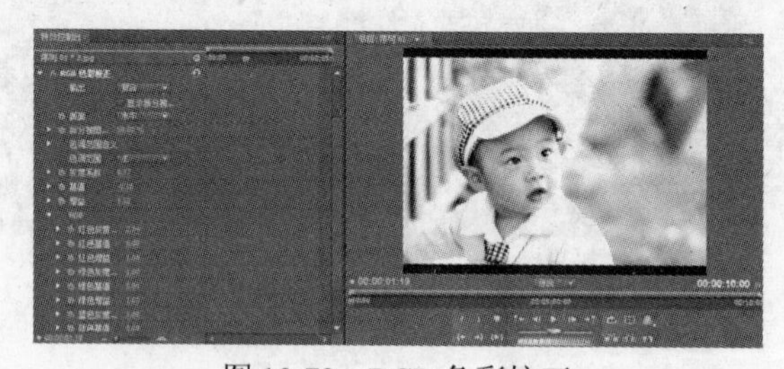

图 10-73　RGB 色彩校正

3. 三路色彩校正

“三路色彩校正”特效参数的特别之处是通过旋转 3 个色调盘来调节不同色相的平衡和角度，如图 10-74 所示。

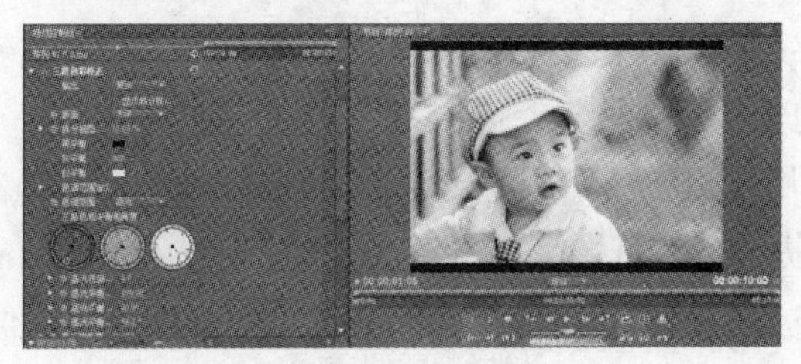

图 10-74　三路色彩校正

4．亮度与对比度

“亮度与对比度”特效可改变画面的亮度和对比度，如图 10-75 所示。参数值为正值时，增加亮度或对比度；参数值为负值时，降低亮度或对比度。

图 10-75　亮度与对比度

5．亮度曲线

“亮度曲线”特效的主要特点在于包含一个亮度调整曲线图，如图 10-76 所示。通过改变曲线图中的曲线可以调整图像的亮度。

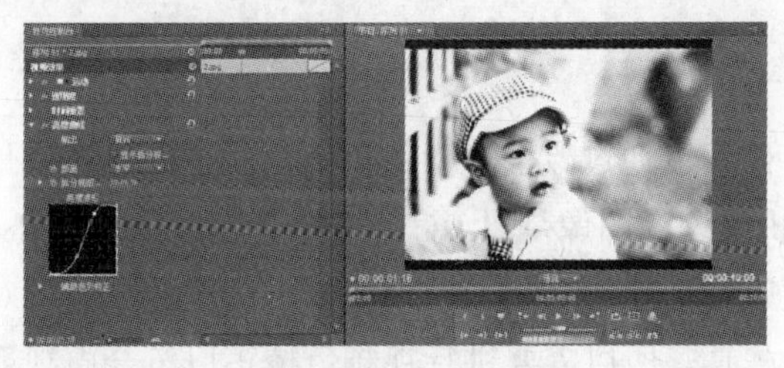

图 10-76　亮度曲线

6．亮度校正

“亮度校正”特效主要用于对素材图像的阴影、中间色调与高光部分(亮度)进行细致的调整，并且可以指定这些部分的范围，如图 10-77 所示。

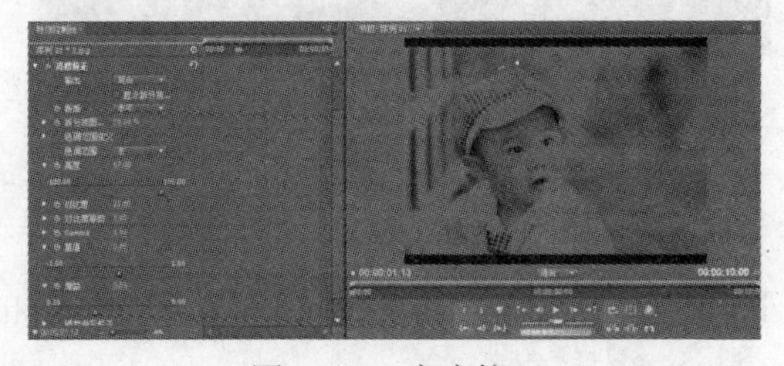

图 10-77　亮度校正

(1) 色调范围定义：用来调整图像中的调光、中间调和阴影的范围。

(2) 亮度：用来更改图像的亮度。

(3) 对比度等级：用于更改图像的对比度的级别。

(4) Gamma：用来提高或降低图像中颜色的中间范围。使用 Gamma 参数进行调整，图像将会变亮或变暗，但是图像中阴影部分或高亮部分不受影响，图像中固定的黑色和白色区域不会受影响。

(5) 基准：将会影响中间区域或阴影区域的亮度，对图像中高亮部分的亮度影响较小。

(6) 增益：将会影响中间区域和高亮区域中的亮度，对图像阴影部分的亮度影响较小。

(7) 辅助色彩校正：用于设置二级色彩校正。

7. 分色

“分色”特效可将原始图片中的颜色数减少，最多只剩下基本的红、绿、蓝、黄等颜色，最后将原始图片中的颜色转换得像广告宣传画中的色彩。它是一个随时间变化的视频效果，如图 10-78 所示。

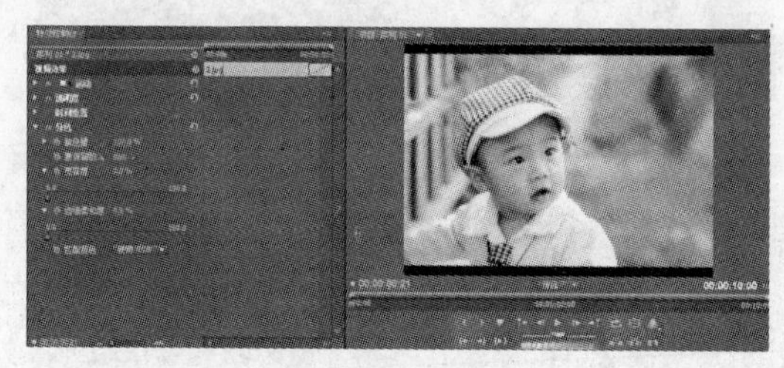

图 10-78　分色

8. 广播级颜色

“广播级颜色”特效可以通过改变像素颜色值，将片段能正确地显示在电视播放中，如图 10-79 所示。计算机处理的图像是以 RGB 三原色混合的像素值来表示，而电视机播送的信号对亮度和饱和度则有一定的限制，如果计算机图像的亮度和对比度走出了电视机的规定值，就会出现颜色失真，所以需要进行视频色校正以符合电视系统播送需要。

图 10-79　广播级颜色

9. 快速色彩校正

“快速色彩校正”特效使用多种调色工具，可以任意改变图像的全部或局部色彩，如图 10-80 所示。

图 10-80　快速色彩校正

(1) 显示拆分视图：可将预览视窗分割为两部分，以比较调节前后的效果。

(2) 白平衡：用于设置白平衡，数值越大，画面中的白色越多。

(3) 色相平衡与角度：调整色相平衡和角度，可以直接使用色盘改变画面的色相。

(4) 平衡数量级：用于设置平衡数量。

(5) 平衡增益与平衡角度：用以增加白色平衡与设置色平衡角度。

10．更改颜色

“更改颜色”特效用于改变图像中的某种颜色区域的色调、饱和度和亮度，使用时需要指定某一个基色和设置相似值来确定区域，如图 10-81 所示。

图 10-81　更改颜色

(1) 视图：用于设置在合成图像中观看的效果。可以选择“校正的图层”和“色彩校正蒙板”。

(2) 色相变换：用以调制色相，以为单位改变所选颜色区域。

(3) 明度变换：用于设置所选颜色明度。

(4) 饱和度变换：用于设置所选颜色饱和度。

(5) 要更改的颜色：设置图像中要更改的颜色。

(6) 匹配宽容度：设置颜色匹配的相似程度，即颜色的容差度。

(7) 匹配柔和度：设置颜色的柔和度。

(8) 匹配颜色：设置匹配的颜色空间。

(9) 反相色彩校正蒙版：选它可以反向颜色校正。

11．染色

“染色”特效用来调整图像中包含的颜色信息，在最亮和最暗之间确定整合度，如图 10-82 所示。其参数“将黑色映射到”与“将白色映射到”表示“黑色”或“白色”像素被映射到该项指定的颜色，介于两者之间的颜色被赋予对应的中间值。“着色数量”指定色彩化的数量。

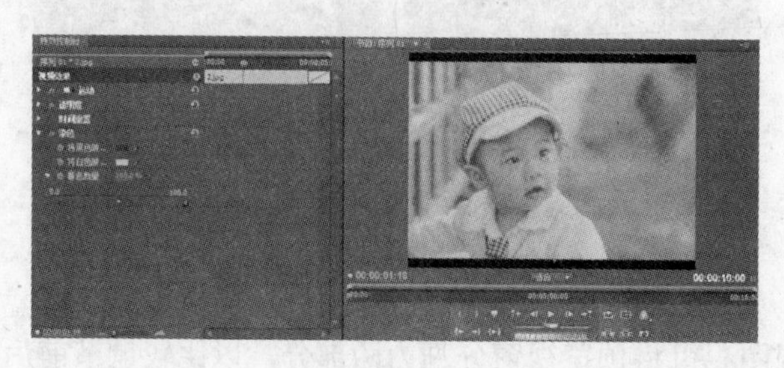

图 10-82　染色

12．色彩均化

“色彩均化”特效具有色阶调节补偿作用，能够自动寻找出图像中最白的像素，以白色替换，找出最黑的像素以黑色取代，介于最亮和最暗的像素，则平均分配灰阶颜色，如图 10-83 所示。

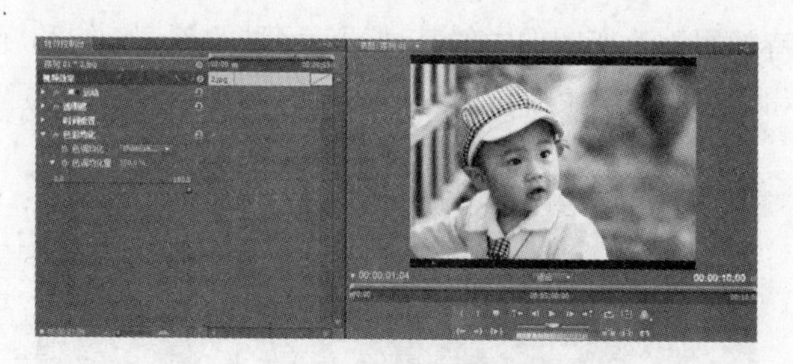

图 10-83　色彩均化

13．色彩平衡

“色彩平衡”特效按照图像的亮度差异分成“高光区”、“中等亮度区”和“阴影区”，如图 10-84 所示。然后利用滑块来单独调整各区的 RGB 颜色的分配比例，以改变图像的最终颜色。

图 10-84　色彩平衡

14．色彩平衡(HLS)

“色彩平衡(HLS)”特效可改变电影片断的彩色画面的色调、亮度和饱和度，如图 10-85 所示。

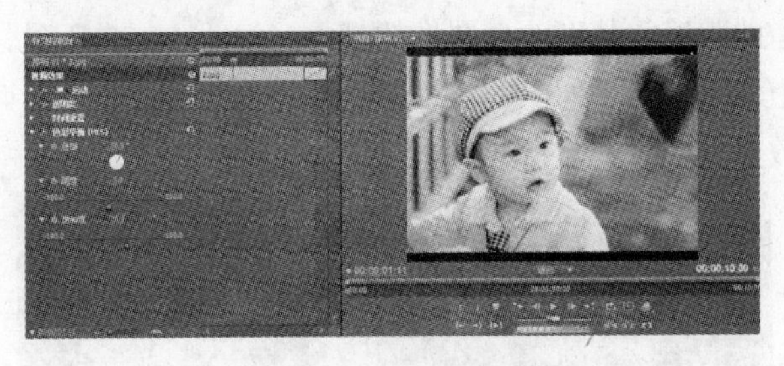

图 10-85　色彩平衡(HLS)

(1) 色相：用角度来调节色相环转动角度，180° 时为反相。

(2) 明度：用以调整画面的明亮程度，范围从-100 到+100。

(3) 饱和度：用以调整画面颜色的鲜艳程度，范围从-100 到+100。

15. 视频限幅器

“视频限幅器”特效通过一定的方式调整一定色调范围内的亮度和色度，来改变图像，以达到色彩调整的目的，如图 10-86 所示。

图 10-86　视频限幅器

16. 转换颜色

“转换颜色”特效调整图层中指定颜色，将其转换成为另一种颜色的色调、饱和度及亮度值，执行颜色的变化的同时也添加一种新的颜色，如图 10-87 所示。该特效与“更改颜色”特效不是同一个特效，它们有本质的不同。

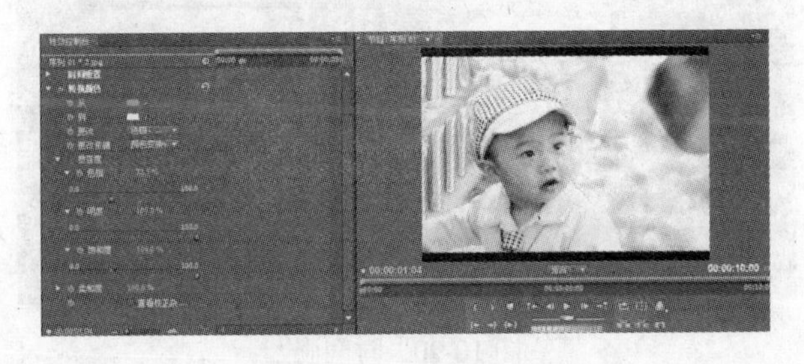

图 10-87　转换颜色

17. 通道混合

“通道混合”特效通过对 R(红)、G(绿)、B(蓝)3 个颜色通道设置不同的偏移量，最终控制图像到输出通道的强度，从而改变图像的颜色，如图 10-88 所示。选择“单色”则产生灰阶图像。“通道混合”对图像中的各个通道进行混合调节，虽然调节参数复杂，但可控性很高。当需要改变色调时，此特效是首选。

图 10-88　通道混合

(1) 从“红色-红色”到“蓝色-恒量”都是由一个以目标颜色通道。数值越大输出颜色强度越高，对目标通道影响越大。负值在输出到目标通道前反转颜色通道。

(2) “单色”是单色设置，对所有输出通道应用相同的数值，产生包含灰阶的彩色图像。对于打算将其转换为灰度的图像，选择“单色”非常有用。

10.3.10　视频

“视频”组特效主要是通过对素材上添加时间码，显示当前影片播放的时间，只有“时间码”1 个特效，如图 10-89 所示。

图 10-89　视频特效组

“时间码”特效是给影片打上时间码，如图 10-90 所示。“时间码源”控制着所显示的时间，有 3 种显示方式，分别是“素材”、“媒体”和“生成”。此外，还可以设置时间码显示的位置、透明度和格式等。

图 10-90　时间码

10.3.11　调整

“调整”组特效是常用的一类特效，如图 10-91 所示，主要通过调整素材图层的颜色、亮度和质感，来修复原始素材的偏色或者曝光不足等方面的缺陷，也可以调整颜色或者亮度来制作特殊的色彩效果。它们分别是：卷积内核、基本信号控制、提取、照明效果、自动对比度、自动色阶、自动颜色、色阶和阴影/高光，共 9 个特效。

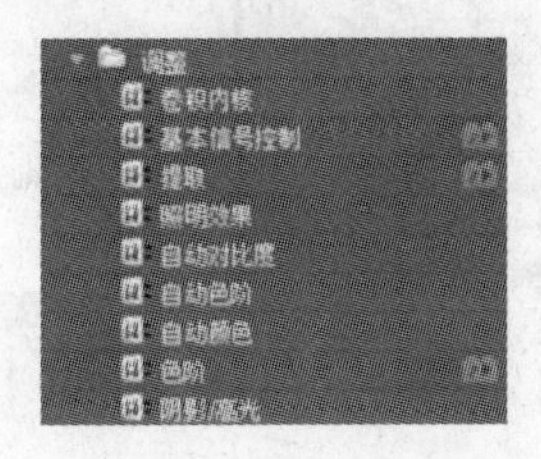

图 10-91　调整特效组

1. 卷积内核

“卷积内核”特效使用内定的数学表达式，通过矩阵文本给内定表达式输入数据，来计算每个像素的周围像素的涡旋值，进而得到丰富的效果，如图 10-92 所示。

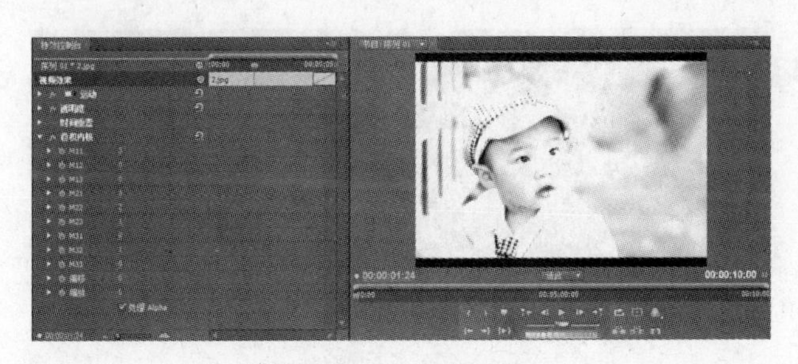

图 10-92　卷积内核

2. 基本信号控制

“基本信号控制”特效用来调整素材图像的亮度、对比度、色相和饱和度，如图 10-93 所示。选项“拆分屏幕”可以将预览窗口画面垂直分为两部分，以做效果对比预览，而且通过“拆分百分比”可调整两部分画面拆分的比例。

图 10-93　基本信号控制

3. 提取

“提取”特效利用一张彩色图片作为蒙板时，应该将它转换成灰度级图片，包括黑、白和柔和 3 个，如图 10-94 所示。而利用此“视频滤镜”效果，可以对灰度级别进行选择，达到更加实用的效果。

图 10-94　提取

4．照明效果

“照明效果”特效生成类似舞台灯光的效果，可以设置灯光的类型、颜色、亮度、角度和环境光等参数，如图 10-95 所示。

图 10-95　照明效果

5．自动对比度

“自动对比度”特效用以修复实际拍摄中由于光线或其他因素导致的素材曝光不足而引起的图像偏灰现象，如图 10-96 所示。

图 10-96　自动对比度

6．自动色阶

“自动色阶”自动调整图像的色阶。色阶是表示图像亮度强弱的指数标准，表现了一副图的明暗关系，如图 10-97 所示。数字图像处理时，色彩指数指的是灰度分辨率。

图 10-97　自动色阶

7．自动颜色

“自动颜色”特效可自动调整图像的各个通道的输入颜色级别范围，以重新组织到一个新的颜色级别范围，从而改变图像的质感，如图 10-98 所示。主要参数如下。

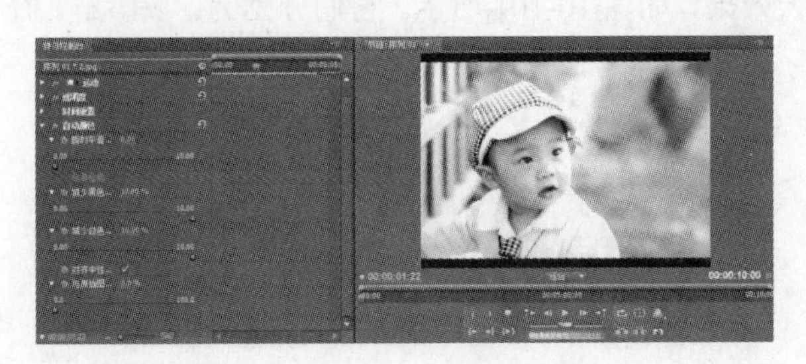

图 10-98　自动颜色

(1) 瞬时平滑(秒)：临时滤波。
(2) 减少黑色像素：黑场限制范围。
(3) 减少白色像素：白场限制范围。
(4) 对齐中性中间调：靠向中性中间色调。
(5) 与原始图像混合：用于控制与源素材的混合百分比。

8．色阶

“色阶”特效是将画面的亮度、对比度及色彩平衡(包括颜色反相)等参数的调整功能组合在一起，更方便地用来改善输出画面的画质和效果，如图 10-99 所示。

图 10-99　色阶

9．阴影/高光

“阴影/高光”特效用以调整图像的阴影和调光区域，如图 10-100 所示。

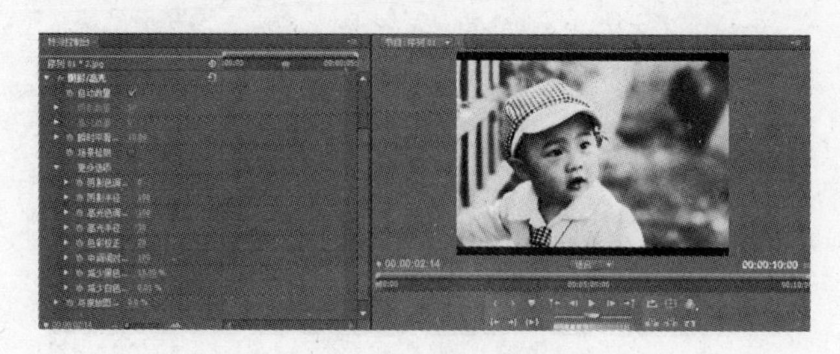

图 10-100　阴影/高光

10.3.12　过渡

“过渡”组特效主要用于场景过渡(转换)，其用法与“视频切换”类似，但是需要设置关键帧才能产生切换效果，如图 10-101 所示。它们分别为：块溶解、径向擦除、渐变擦除、百叶窗和线性擦除，共 5 个特效。

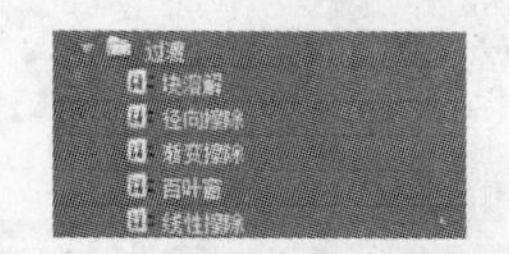

图 10-101　过渡特效组

1．块溶解

“块溶解”特效使图层产生块状的溶解效果，可以将图层分成许多小块，利用随机方式产生并消失，转换成下一个图层，如图 10-102 所示。可以设定块的大小，边缘可以被羽化。

图 10-102　块溶解

(1) 过渡完成：表示两个轨道切换完成的程度，0 表示完全显示上面轨道图像。

(2) 块宽度和块高度：共同决定块的大小。

(3) 羽化：决定块边缘的羽化程度。

(4) 柔化边缘(最佳品质)：可以使羽化效果更具品质。

2．径向擦除

“径向擦除”特效围绕指定中心点开始旋转式的擦除效果，达到切换的目的，如图 10-103 所示。

图 10-103　径向擦除

(1) 过渡完成：用来控制切换完成的百分比。

(2) 起始角度和擦除中心：用以设置旋转式擦除的起始角度和围绕的中心点。

(3) 擦除：设置擦除的类型。

(4) 羽化：用以设置擦除边缘的羽化程度。

3．渐变擦除

“渐变擦除”特效根据指定参考图层的亮度值做擦除效果，其擦除原理是从擦除参考图层最暗的部分开始，逐步扩展到亮的部分，直至下一图层完全出现，如图 10-104 所示。

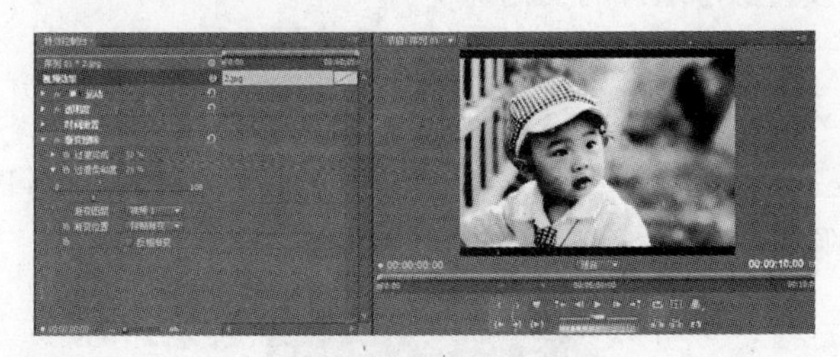

图 10-104　渐变擦除

(1) 过渡完成：用来设置两个轨道切换完成的程度。

(2) 过渡柔和度：用来设置两个轨道切换时边缘柔和的程度。

(3) 渐变图层：用来对渐变层的选择。

(4) 渐变位置：用来对渐变层方位的设置。

4．百叶窗

“百叶窗”特效通过分割的方式进行擦除，使当前图层产生百叶窗翻转式的过渡的效果，如图 10-105 所示。

图 10-105　百叶窗

(1) 过渡完成：用来控制切换完成的百分比。

(2) 方向和宽度：用来设置擦除的方向和分割的宽度。

(3) 羽化：用来设置擦除边缘的羽化程度。

5．线性擦除

"线性擦除"特效可以通过线性的方式从某个方向形成擦除效果，如图 10-106 所示。

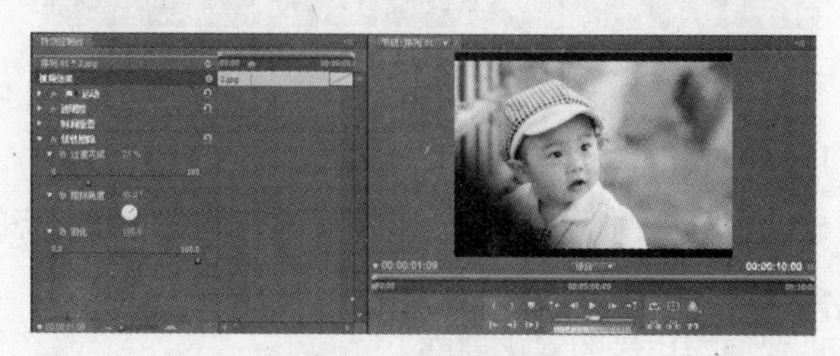

图 10-106　线性擦除

(1) 完成过渡：控制切换完成的百分比。

(2) 擦除角度：用来指定切换擦除的角度。

(3) 羽化：用来设置擦除边缘的羽化程度。

10.3.13　透视

"透视"组特效主要用于制作三维立体效果和空间效果，如图 10-107 所示，它们分别为：基本 3D、径向阴影、投影、斜角边和斜面 Alpha，共 5 个特效。

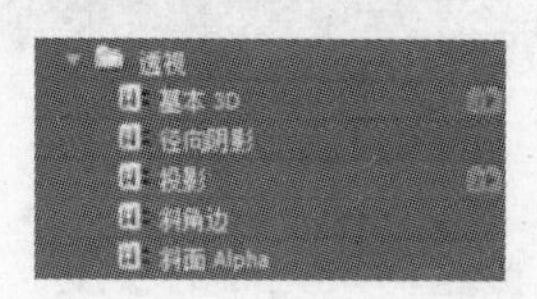

图 10-107　透视特效组

1．基本 3D

"基本 3D"特效是在一个虚拟三维空间中的操作片断，如图 10-108 所示。可以绕水平和垂直轴旋转图像，并将图像以靠近或远离屏幕的方式移动。使用基本三维效果，也能创建一个镜面的高亮区，产生一种光线从一个旋转表面反射开去的效果。镜面高亮区的显示总是在观察者的上面、后面和左面。因为光线来自上面，所以必须将图像向后倾斜才能看到反射效果。这样就能增强三维效果的真实感。

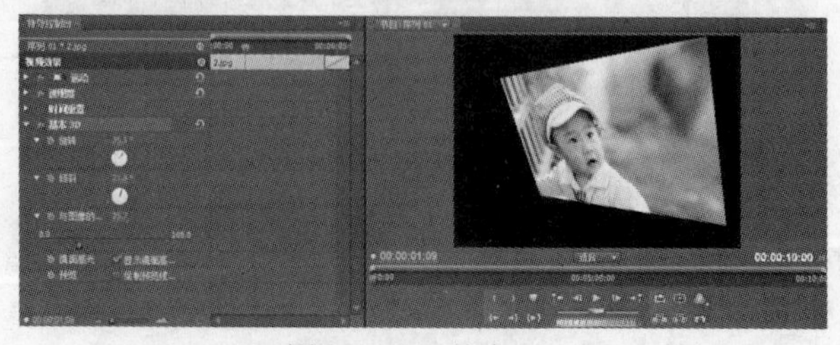

图 10-108　基本 3D

2. 径向阴影

“径向阴影”特效可以在图像的后面添加一个阴影效果，只不过更加的灵活，可以很好地控制光源，如图 10-109 所示。

图 10-109　径向阴影

3. 投影

“投影”特效将添加一个阴影显示在片断的后面，如图 10-110 所示。投影的形状由片段 Alpha 通道决定。与大多数其他效果不一样，该效果能在片段的边界之外创建一个影响。

图 10-110　投影

4. 斜角边

“斜角边”特效可为图像的边缘产生一种凿过的三维立体效果，如图 10-111 所示。角边位置由图像 Alpha 通道决定。但是“斜角边”的效果总是矩形的，带有非矩形 Alpha 通道的图像将不能产生正确的显示效果，所有边缘都具有相同的厚度。

图 10-111　斜角边

5. 斜面 Alpha

“斜面 Alpha”特效可为图像的 Alpha 边界产生一种凿过的立体效果，如图 10-112 所示。假如片断中没有 Alpha 通道，或者其 Alpha 通道完全不透明，该效果将被应用到片断的边缘。

图 10-112　斜面 Alpha

10.3.14　通道

“通道”组特效主要是利用图像通道的转换与插入等方式来改变图像，从而制作出各种特殊效果，如图 10-113 所示。它们分别为：反转、固态合成、复合算法、混合、算法、计算和设置遮罩，共 7 个特效。

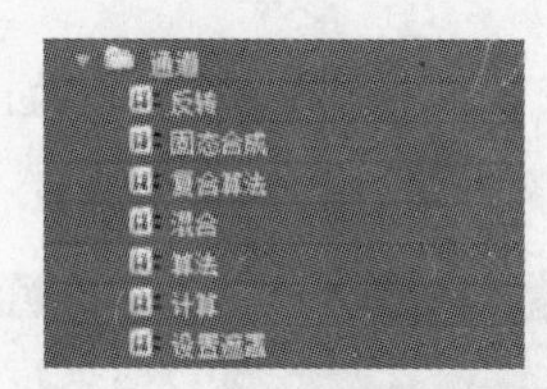

图 10-113　通道特效组

1. 反转

“反转”特效将图像颜色反相显示，使处理后的图片展现出照片负片的感觉，如图 10-114 所示。

图 10-114　反转

2. 固态合成

“固态合成”特效使用一种颜色作为当前图层的覆盖图层，通过改变叠加模式来实现效果，如同在当前图层上放置了一个固态层，如图 10-115 所示。

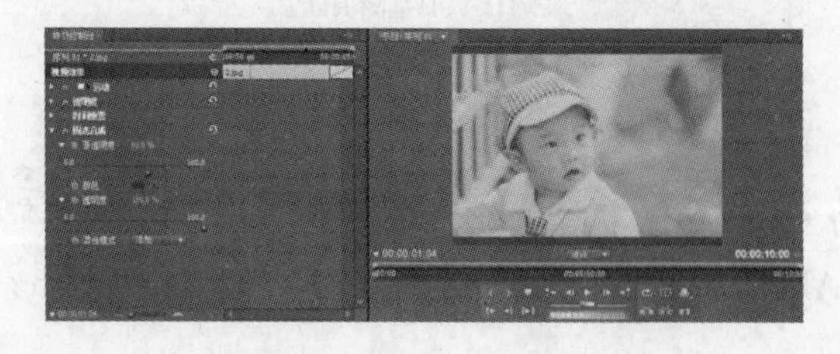

图 10-115　固态合成

3．复合算法

“复合算法”特效以数学计算方式来合并图层，如图 10-116 所示。可以将两个层通过去除的方式混合，实际上是和应用层模式相同的，而且比应用层模式更有效、更方便。

图 10-116　复合算法

4．混合

“混合”特效通过为素材图层指定一个用以混合的参考图层，然后利用各种不同的模式来制作不同变换，如图 10-117 所示。

图 10-117　混合

5．算法

“算法”特效利用不同的计算方式来改变图像的 RGB 通道，以达到特殊的颜色效果，如图 10-118 所示。

图 10-118　算法

6．计算

“计算”特效分别将两个图层的通道进行隔离，然后再把指定的通道进行混合，如图 10-119 所示。

图 10-119　计算

7. 设置遮罩

“设置遮罩”特效用于将其他图层的通道设置为本层的遮罩，通常用来创建运动遮罩效果，如图 10-120 所示。

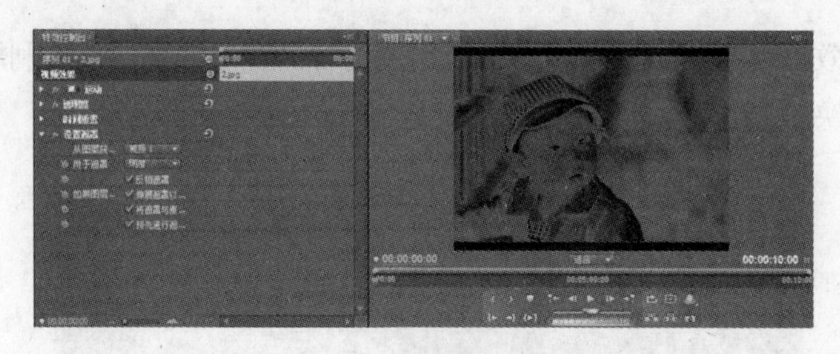

图 10-120　设置遮罩

10.3.15　键控

“键控”组特效主要用于对图像进行抠像操作，通过各种“抠像”方式和不同画面图层叠加方法来合成不同的场景或者制作各种无法拍摄的画面，如图 10-121 所示。它们分别为：16 点无用信号遮罩、4 点无用信号遮罩、8 点无用信号遮罩、Alpha 调整、RGB 差异键、亮度键、图像遮罩键、差异遮罩、极致键、移除遮罩、色度键、蓝屏键、轨道遮罩键、非红色键和颜色键，共 15 个特效。

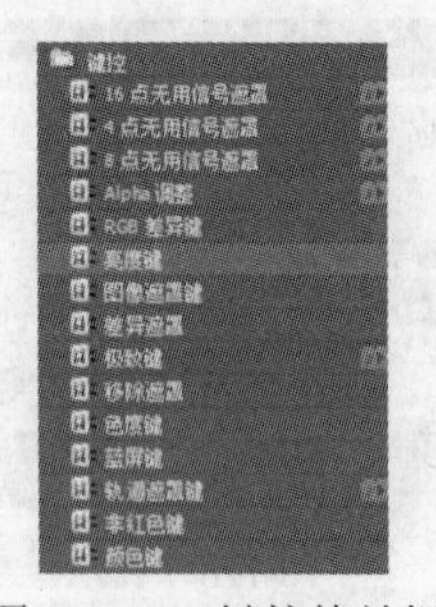

图 10-121　键控特效组

1. 16 点无用信号遮罩

“16 点无用信号遮罩”特效，如图 10-122 所示，可以对被叠加图像通过 16 个点位进行调整，从而使图像显示出一些效果。

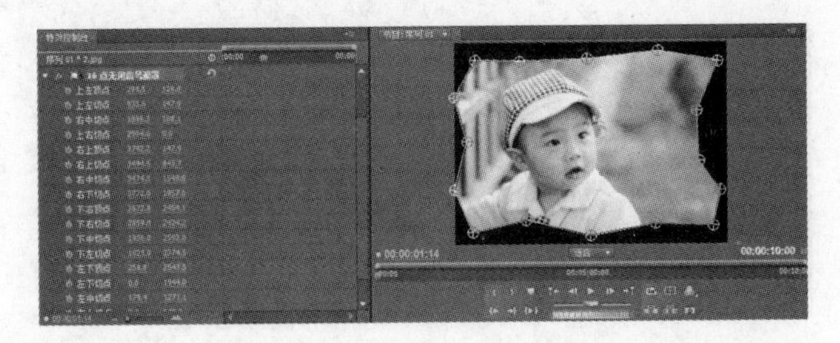

图 10-122　16 点无用信号遮罩

2．4 点无用信号遮罩

“4 点无用信号遮罩”特效，如图 10-123 所示，可以对被叠加图像 4 个角的位置进行调整，从而使后面的图像显示出来。其参数有“上左”、“上右”、“下右”和“下左”。

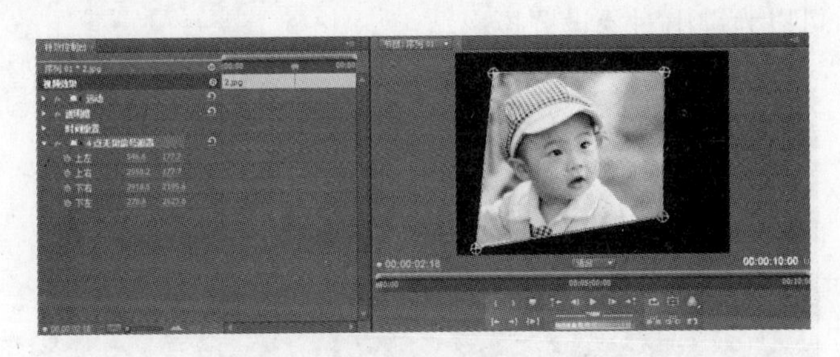

图 10-123　4 点无用信号遮罩

3．8 点无用信号遮罩

“8 点无用信号遮罩”特效，如图 10-124 所示，可以对被叠加图像通过 8 个点位进行调整，从而使图像显示出一些效果。

图 10-124　8 点无用信号遮罩

4．Alpha 调整

“Alpha 调整”特效，如图 10-125 所示，用来调整 Alpha 通道的透明信息，使当前层与下面的图层产生不同的叠加效果。如果本层没有 Alpha 通道信息，则将改变整个图层的透明度，也可以选择“反转 Alpha”选项反转效果。

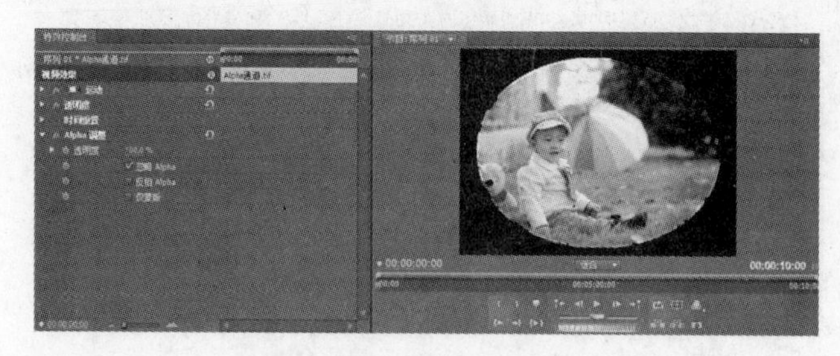

图 10-125　Alpha 调整

5．RGB 差异键

“RGB 差异键”特效与“色度键”一样，如图 10-126 所示，可以选择一种色彩或者色彩的范围来进行透明叠加，不同的是“色度键”允许单独调节色彩和灰度，而 RGB 则不能，但是 RGB 可以为键出对象设置投影。

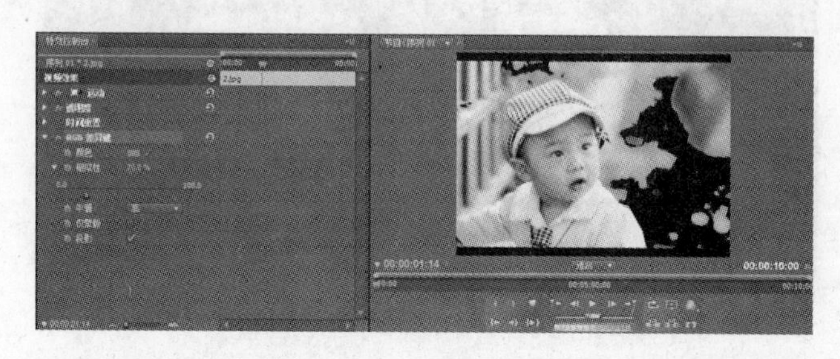

图 10-126　RGB 差异键

6．亮度键

“亮度键”特效，如图 10-127 所示，可以将图像中亮度值较低的像素变成透明而只显示亮度值较高的图像部分，或者相反。它适合使用与画面对比比较强烈的图像进行叠加。

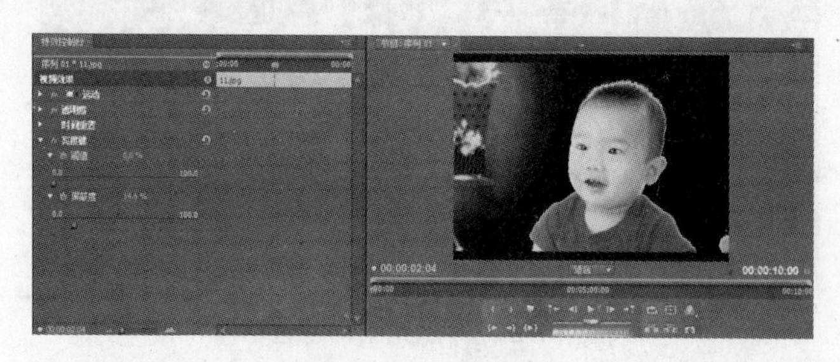

图 10-127　亮度键

7．图像遮罩键

“图像遮罩键”特效，如图 10-128 所示，需要使用一个遮罩图片来叠加本图层，遮罩图片的白色区域将完全透明，黑色区域为不透明，介于黑色和白色之间的颜色将按照亮度值的大小呈现为不同程度的半透明显示，可以选择“反转”选项反转效果。

图 10-128　图像遮罩键

8．差异遮罩

“差异遮罩”特效，如图 10-129 所示，是通过一个对比遮罩与抠像对象进行比较，然后将抠像对象中位置和颜色与对比遮罩中相同的像素键出。在无法使用纯色背景抠像的大场景拍摄中，这是一个非常有用的抠像效果。例如，在一个特定的场景中，可以先拍摄有演员的场景；然后，摄像机以完全相同的轨迹拍摄不带演员的空场景；在后期制作中，通过“差异遮罩”来完成抠像。此“差异遮罩”特效对摄像设备要求非常苛刻，为保证两次拍摄有完全相同的轨迹，必须使用计算机精密控制的运动控制设备才能达到效果。

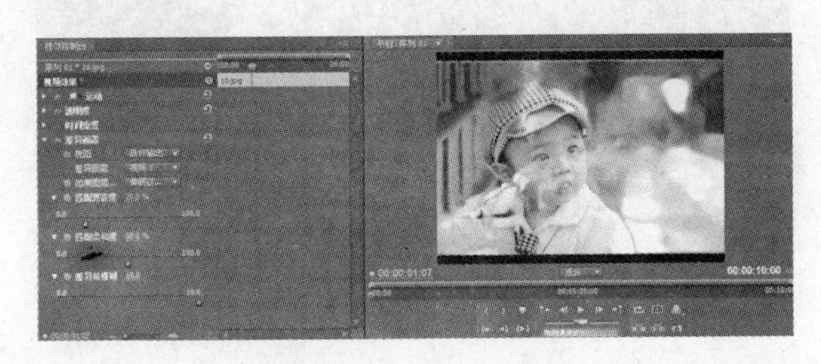

图 10-129　差异遮罩

9．极致键

“极致键”特效，如图 10-130 所示，通过对图像设置“键色”、“遮罩”、“溢出”及“色彩校正”作用于不同亮度区、柔和度、色彩等属性，使从指定“输出”通道输出的最终图像成为需要的效果。

图 10-130　极致键

10．移除遮罩

“移除遮罩”特效，如图 10-131 所示，把已有的遮罩移除，例如，移除画面中遮罩的白色区域或黑色区域，其参数“遮罩类型”有“黑”和“白”两个选项。

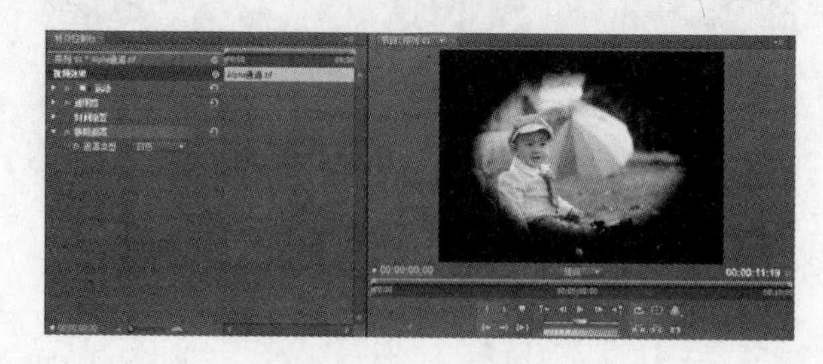

图 10-131　移除遮罩

11. 色度键

“色度键”特效将图像中指定范围的颜色变为透明，如图 10-132 所示。

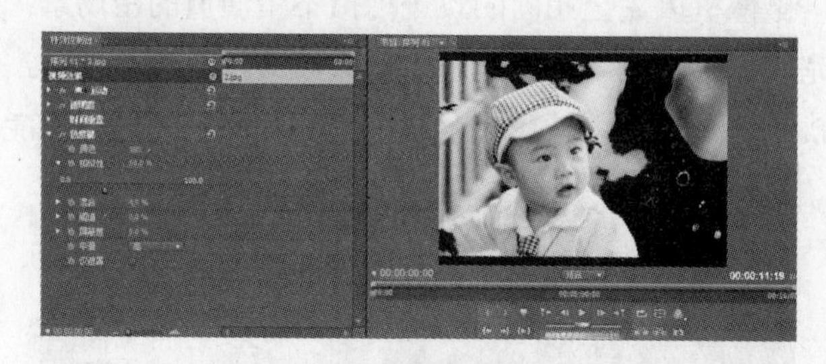

图 10-132　色度键

12. 蓝屏键

“蓝屏键”特效，如图 10-133 所示，去除画面中蓝色部分，将蓝色的部分变为透明，以便抠出需要的图像。它用在纯蓝(不含任何红色与绿色)为背景的画面上，是一种最常用的抠像方式。

图 10-133　蓝屏键

13. 轨道遮罩键

“轨道遮罩键”特效，如图 10-134 所示，可以为当前图层添加一个遮罩图层，此遮罩图层可以是任何素材片段或静止图像，通过像素的亮度值定义轨道遮罩图层的透明度。遮罩图层应该处于当前图层上面，遮罩的黑色部分将透明，白色部分保持不变，反之也可以；

灰色部分可以生成半透明效果。

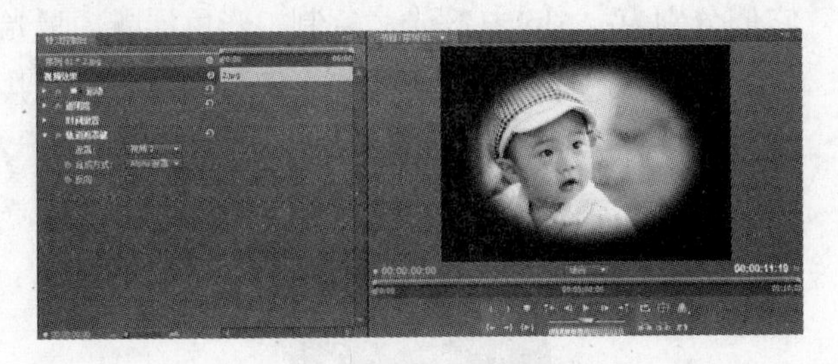

图 10-134　轨道遮罩键

14．非红色键

"非红色键"特效，如图 10-135 所示，用于蓝、绿色背景的画面上创建透明，类似于"蓝屏键"，但可以用"混合"参数混合两片段或创建一些半透明的对象，它与绿色背景配合工作时，效果最好。

图 10-135　非红色键

15．颜色键

"颜色键"特效，如图 10-136 所示，允许选择一个键控色(即拾色器吸取的颜色)，使被选择的部分透出。通过控制键控以的相似程序，可以调整透出的效果；通过对键控的边缘进行羽化，可以消除毛边区域；通过关键帧的使用，可以实现键出动画。

图 10-136　颜色键

10.3.16　风格化

"风格化"组特效，如图 10-137 所示，主要是通过改变图像中的像素或者对图像的色彩进行处理，从而产生各种抽象派或者印象派的作品效果，也可以模仿其他门类的艺术作品如浮雕、素描等。它们分别为：Alpha 辉光、复制、彩色浮雕、曝光过度、材质、查找边缘、浮雕、笔触、色调分离、边缘粗糙、闪光灯、阈值和马赛克，共 13 个特效。

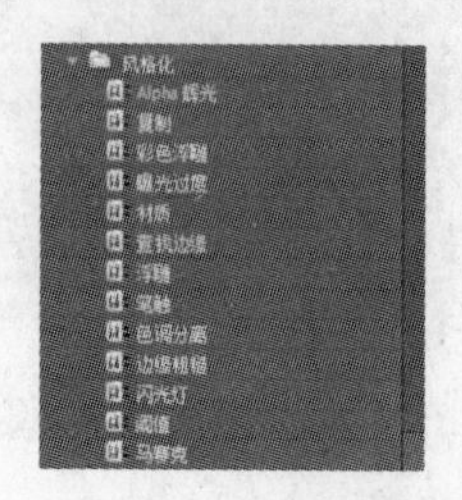

图 10-137　风格化特效组

1. Alpha 辉光

“Alpha 辉光”特效，如图 10-138 所示，仅对具有 Alpha 通道的片断起作用，而且只对第 1 个 Alpha 通道起作用。它可以在 Alpha 通道指定的区域边缘，产生一种颜色逐渐衰减或向另一种颜色过渡的效果。

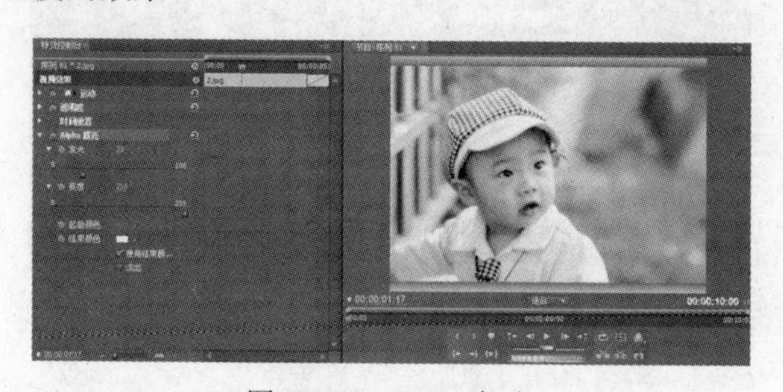

图 10-138　Alpha 辉光

2. 复制

“复制”特效，如图 10-139 所示，可将画面复制成同时在屏幕上显示多达 4~256 个相同的画面。

图 10-139　复制

3. 彩色浮雕

“彩色浮雕”特效，如图 10-140 所示，除了不会抑制原始图像中的颜色之外，其他效果与 Emboss 产生的效果一样。

图 10-140　彩色浮雕

4．曝光过度

“曝光过度”特效，如图 10-141 所示，可将画面沿着正反画面的方向进行混色，通过调整滑块选择混色的颜色。

图 10-141　曝光过度

5．材质

“材质”特效，如图 10-142 所示，使片断看上去好像带有其他片段的材质。

图 10-142　材质

6．查找边缘

“查找边缘”特效，如图 10-143 所示，可以对彩色画面的边缘以彩色线条进行圈定，对于灰度图像用白色线条圈定其边缘示。

图 10-143　查找边缘

7．浮雕

“浮雕”特效，如图 10-144 所示，根据当前画面的色彩走向并将色彩淡化，主要用灰度级来刻画画面，形成浮雕效果。

图 10-144　浮雕

8．笔触

“笔触”特效，如图 10-145 所示，能够将图像处理成由画笔描边形成的效果。

图 10-145　笔触

9．色调分离

“色调分离”特效，如图 10-146 所示，去除图层中指定颜色外的所有颜色，起到强调画面主体色彩的作用。

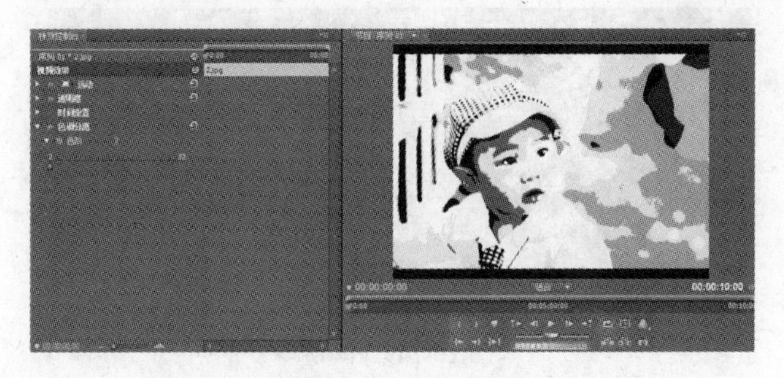

图 10-146　色调分离

10．边缘粗糙

“边缘粗糙”特效，如图 10-147 所示，可以模拟腐蚀的纹理或溶解效果。

图 10-147　边缘粗糙

11．闪光灯

“闪光灯”特效，如图 10-148 所示，能够以一定的周期或随机地对一个片段进行算术运算，以模拟闪光灯的瞬间强烈闪光的效果。

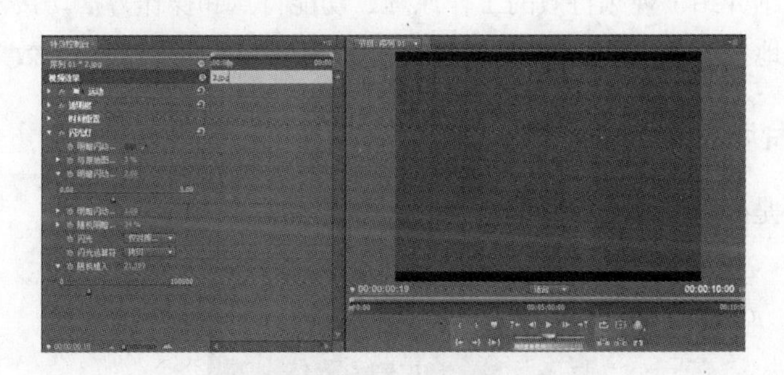

图 10-148　闪光灯

12．阈值

“阈值”特效，如图 10-149 所示，可将一个视频图像转化为基础的二进制黑白图像。其参数“色阶”控制要转化的像素的阈值，高于此值为白色，低于此值为黑色。

图 10-149　阈值

13. 马赛克

“马赛克”特效，如图 10-150 所示，按照画面出现颜色层次，采用马赛克镶嵌图案代替原画面中的图像。通过调整滑块，可控制马赛克图案的大小，以保持原有画面的面目。

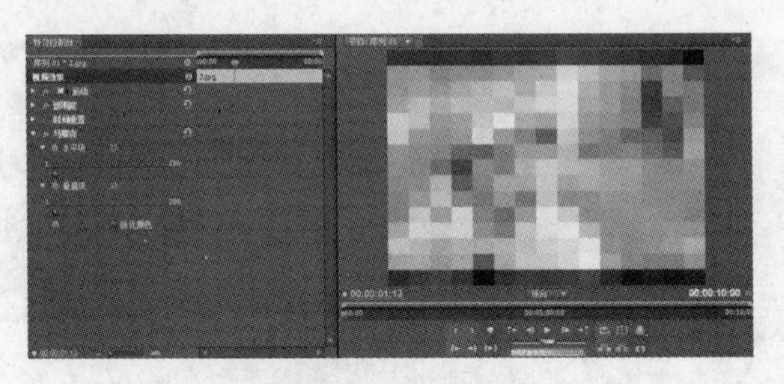

图 10-150　马赛克

10.4　视频特效应用

前面三节详细介绍了视频特效的工作原理、功能特点和操作方法，接下来将通过 4 个实例，更加真切地感受、体验视频特效为影视媒体后期制作带来的精彩效果。

10.4.1　简单合成

本实例主要是亮度键控的应用，首先来看 4 幅图，如图 10-151 所示。其中上面两张画面是原素材截图，下面两张画面是合成后的两种效果。

图 10-151　素材原图及合成效果图

实现实例合成效果的具体操作步骤如下。

(1) 在序列窗口中的“视频 1”轨道上添加素材 1(图 10-151 中左上画面)。

(2) 在序列窗口中的“视频 2”轨道上添加素材 2(图 10-151 中右上画面)。

(3) 在“效果”中选择“视频特效”｜“键控”｜“亮度键”，将其应用到素材 2。

(4) 调整“亮度键”的参数，如图 10-152 所示。将“亮度键”中的参数“屏蔽度”调到 100%。当把“阈值”调到 27%时，会看到图 10-151 中右下图效果；当把“阈值”调到 88%时，会看到图 10-151 中左下图效果。

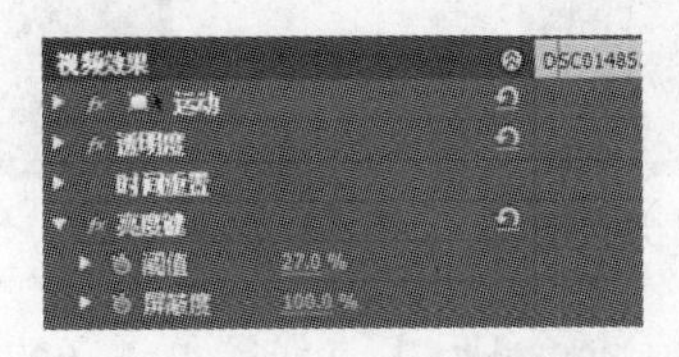

图 10-152　亮度键参数设置

10.4.2　多画面合成

本实例主要是键控、通道和色彩的应用，首先来看素材画面和合成后的画面，如图 10-153 所示。其中右下图像是合成效果图，其余 3 张画面是素材图像截图。

图 10-153　素材原图及合成效果图

实现实例合成效果的具体操作步骤如下。

(1) 在序列窗口中的“视频 1”轨道上添加素材 1(图 10-153 中左上画面)。

(2) 在“效果”中选择“视频特效”｜“色彩校正”｜“RGB 曲线”，将其应用到素材 1。主要是将“红色”通道曲线微调，参数设置如图 10-154 所示，让画面增加黄色光线，增强黄昏的感觉，微调后的效果如图 10-155 所示。

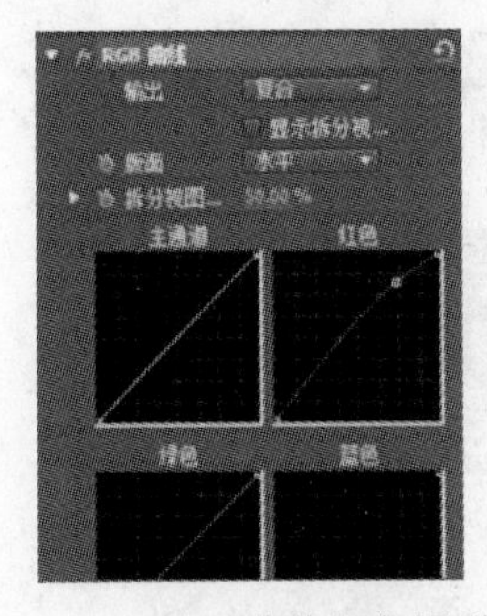

图 10-154　RGB 曲线红色通道调整

图 10-155　RGB 曲线调整效果

(3) 在序列窗口中的“视频 2”轨道上添加素材 2(图 10-153 中右上画面)。

(4) 在“效果”中选择“视频特效”|“图像控制”|“颜色平衡(RGB)”，将其应用到素材 2。将“红色”与“绿色”调整，如图 10-156 所示，意在让画面带黄色调，调整后的效果，如图 10-157 所示。

图 10-156　曲线平衡调整

图 10-157　颜色平衡调整后效果

(5) 在“效果”中选择“视频特效”|“通道”|“设置遮罩”，将其应用到素材 2。利用“蓝色通道”与“视频 1”的画面进行合成。参数设置，如图 10-158 所示；调整效果示意图，如图 10-159 所示。

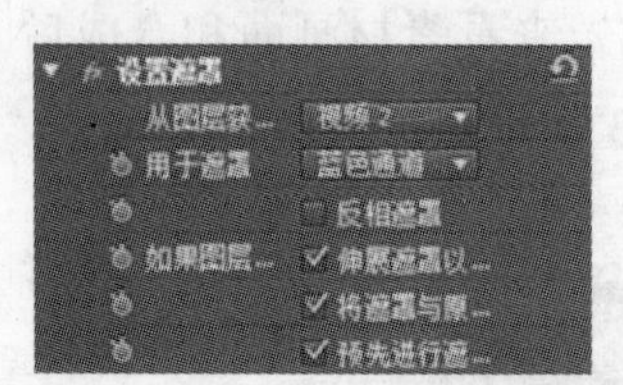

图 10-158　设置遮罩参数属性

图 10-159　遮罩设置后的效果

(6) 在序列窗口中的“视频 3”轨道上添加素材 3(图 10-153 中左下图)。

(7) 在“效果”中选择“视频特效”|“键控”|“亮度键”，将其应用到素材 3；调整“亮度键”的“屏蔽度”为 0%，当把“阈值”调到 100%，此时会看到图 10-153 中右下图的效果。

10.4.3　多视频效果合成

本实例主要是运动、色彩和绽放的应用首先来看素材画面和合成后的画面，如图 10-160 所示。其中右下图像是合成效果图，其余 3 张画面是素材图像截图。

图 10-160　素材原图和合成效果图

实现实例合成效果的具体操作步骤如下。

(1) 在序列窗口中的“视频 1”轨道上添加素材 1(图 10-160 中右上画面)。

(2) 选中素材 1，并在“特效控制台”中展开“运动”，单击“缩放比例”前的“切换动画”开关按钮，并将时间线拖动到素材 1 的开始处，然后用创建关键帧；然后将“缩放比例”调整为 48%；继续用同样的方法，在素材 1 合适的位置设置第 2 个关键帧，并调整“缩放比例”调整为 100%，如图 10-161 所示。

(3) 在序列窗口中的“视频 2”轨道上添加素材 2(图 10-160 左上画面)。

(4) 在“效果”中选择“视频特效”|“变换”|“水平翻转”，将其应用到素材 2。

(5) 选中素材 2，利用“特效控制台”中“运动”的“缩放比例”将素材 2 缩放至合适大小；通过调整位置，将其置于画面中合适的位置，如图 10-162 所示。

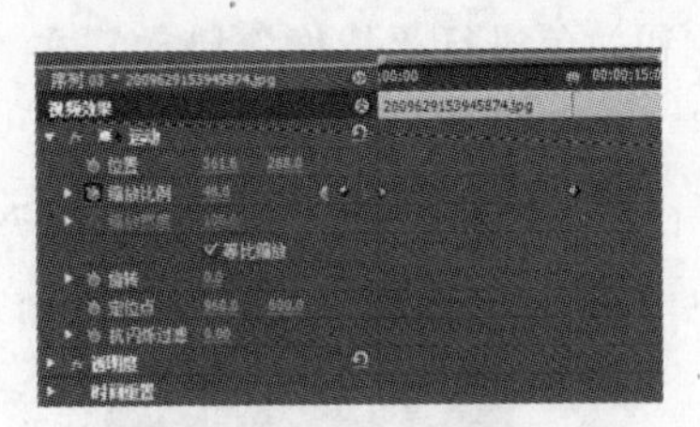

图 10-161　缩放比例参数设置

图 10-162　参数调整后的效果图

(6) 在序列窗口中的“视频 3”轨道上添加素材 3(图 10-160 左下画面)。

(7) 在“效果”中选择“视频特效”|“扭曲”|“边角固定”，将其应用到素材 3。在“特效控制台”中，选择“边角固定”，然后在“节目”预览视窗中，定位素材 3 画面 4 个角到素材 2 画面中显示屏四角的位置，效果如图 10-163 所示。

(8) 根据素材 3 的实际情况，将图像色彩略做调整。本例中通过“视频特效”|“调整”|“自动色阶”微调了素材 3 画面的色调，参数如图 10-164 所示。

图 10-163　边角固定后的效果

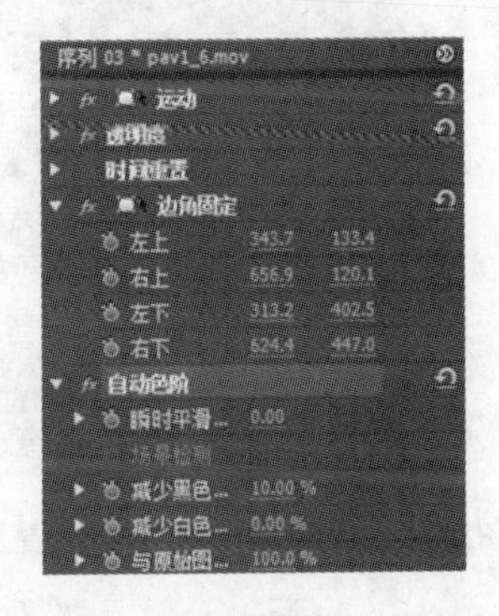

图 10-164　“自动色阶”参数设置

经过上述步骤，就可以得到如图 10-160 中右下的画面，即合成效果。

10.4.4　虚幻影像效果合成

本实例主要是键控、调整、通道和透明效果的应用，利用两张图片和一段动态视频进行合成，我们先来看其素材与合成效果，如图 10-165 所示。

图 10-165　素材原图及合成效果图

实现实例合成效果的具体操作步骤如下。

(1) 在序列窗口中的“视频 1”轨道上添加素材 1(图 10-165 左上画面)。

(2) 在序列窗口中的“视频 2”轨道上添加素材 2(图 10-165 右上画面)。

(3) 现在针对素材 2 画面中上半部分的蓝色和白色进行“抠像”操作。在“视频”轨道上选中素材 2，在“效果”中选择“视频特效”|“键控”中的“色度键”和“颜色键”，将它们添加到素材 2 上。参数调整如图 10-166 所示，调整后的效果如图 10-167 所示。

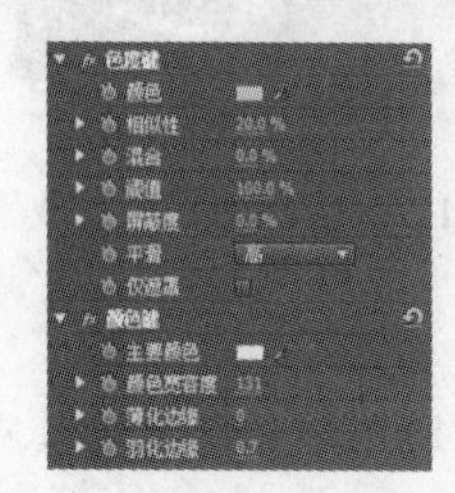

图 10-166　色度键及颜色键参数设置

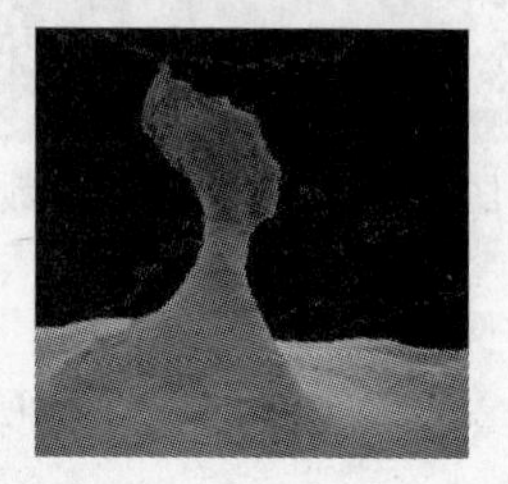

图 10-167　色度键和颜色键调整后的效果

(4) 继续对素材添加“视频特效”|“调整”|“照明效果”，参数如图 10-168 所示。

(5) 然后显示视频轨道中的“视频 1”，效果如图 10-169 所示。

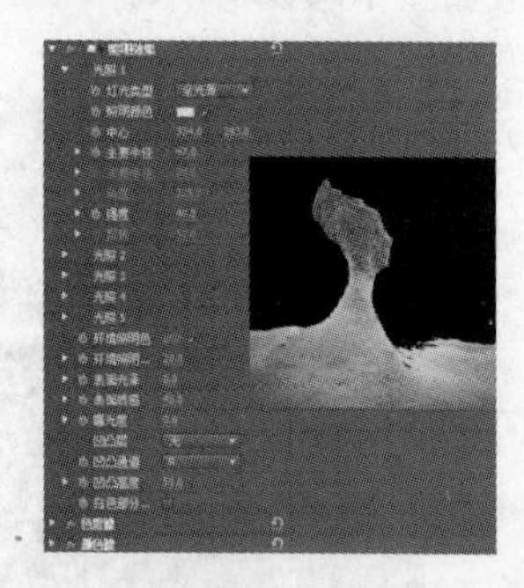

图 10-168　照明效果参数设置及效果图

图 10-169　视频 1 和视频 2 合成效果

(6) 在序列窗口中的“视频 3”轨道上添加视频素材 3(图 10-165 左下画面)。

(7) 在“效果”中选择“视频特效”|“变换”|“裁剪”，将其应用到素材 3，以裁去其右上方的文字信息。

(8) 在“效果”中选择“视频特效”|“键控”|“亮度键”，将“阈值”调整到 100%，“屏蔽度”为 0%。并通过“运动”调整其位置，“缩放比例”为 25%，参数设置及效果如图 10-170 所示。

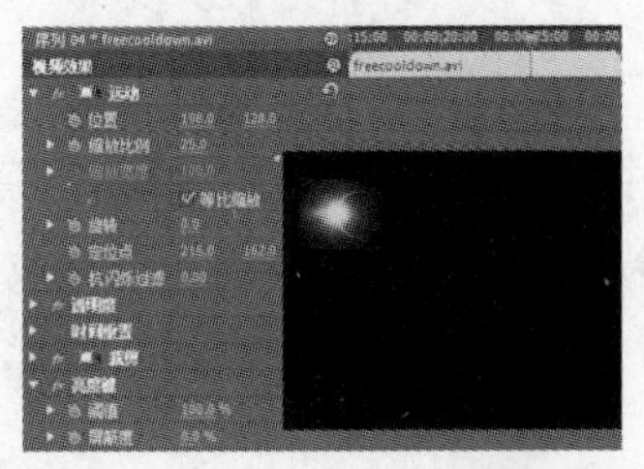

图 10-170 画面裁切及亮度键参数设置

(9) 继续在“效果”中选择“视频特效”|“通道”|“设置遮罩”，以设法保留素材 3 中想要的部分，参数设置及效果如图 10-171 所示。

(10) 最后，利用 视频 2 中的“小眼睛”图标，显示出视频轨道上的“视频 1”和“视频 2”，将会看到合成效果，如图 10-172 所示。

图 10-171 设置遮罩及效果

图 10-172 合成效果图

10.5 视频预设特效

Premiere Pro CS5 针对视频素材编辑的不同要求，为编辑人员提供了多种不同类型的视频特效。要应用这些特效，除了需要将其添加至轨道素材外，还需要在“特效控制台”面板中进行相应选项参数的设置。当不熟悉视频特效操作时，可以使用“预设”特效中的各种特效，直接将其添加至素材中，便可应用预设特效的效果，基本可以解决视频画面过程中对视频画面效果的各种要求。

10.5.1 预设特效的类型

Premiere Pro CS5 中提供了卷积内核、斜角边、旋转扭曲、曝光过度、模糊、玩偶视效、画中画和马赛克 8 种类型的预设特效，如图 10-173 所示。

图 10-173 预设特效

1. 卷积内核

“卷积内核”视频特效组中包含了查找边缘、模糊、模糊更多、浅浮雕、浮雕、锐化、锐化更多、锐化边缘、高斯模糊和高斯锐化，共10类特效。

2. 斜角边

“切角边”视频特效组中包含有后斜边和薄斜边，共2种特效。

3. 旋转扭曲

“旋转扭曲”视频特效组包含有旋转扭曲入和旋转扭曲出，共2种视频特效。

4. 曝光过度

“曝光过度”视频特效组包含有曝光入和曝光出，共2种视频特效。

5. 模糊

“模糊”视频特效组包含有快速模糊入和快速模糊出，共2种视频特效。

6. 玩偶视效

“玩偶视效”视频特效组包含有 TV 模板、光效、叠加、扭曲、模糊、特殊效果、调色、过渡和运动，共9类视频特效。

7. 画中画

“画中画”视频特效组包含有25%的上右、上左、下右、下左和运动，共5类视频特效。

8. 马赛克

“马赛克”视频特效组包含有马赛克入和马赛克出，共2种视频特效。

10.5.2 预设特效的应用

视频预设特效应用的操作方法非常简单，与其他视频特效的应用几乎一样，预设特效基本不需要用户调整参数。将“画中画”预设特效中“25%运动”特效组里面的“画中画25%下左至下右”添加到时间线序列的素材上，自动套用的参数设置，如图10-174所示。产生的画面效果，如图10-175所示。

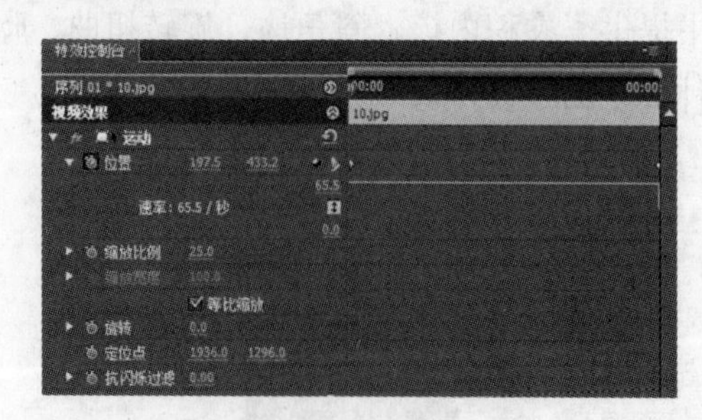

图 10-174　画中画参数设置

图 10-175　画中画运动效果

10.6　视频特效相关知识

通过 10.1～10.5 节的学习，读者已经掌握视频特效的主要的内容。这一节，将扩展性地学习一些有关“视频特效”的相关知识点。

10.6.1　滤镜

滤镜是实现一种特殊功能的程序包，它将原有素材经过内置的数字运算和处理后改变像素数据，以达到对图像进行抽象、艺术化的特殊处理效果。

滤镜通常需要同通道、图层等联合使用，才能取得最佳艺术效果。如果想在适当的时候恰当地应用适当的滤镜，除了平常的美术功底之外，还需要用户对滤镜的熟悉和操控能力，甚至需要具有很丰富的想象力。这样，才能有的放矢的应用滤镜，发挥出艺术才华。

10.6.2　图层、蒙版与遮罩

1．图层

比如说，在一张张“透明的玻璃纸”上作画，透过上面的玻璃纸可以看见下面纸上的内容，但是无论在上一层上如何涂画都不会影响到下面的玻璃纸，上面一层会遮挡住下面的图像。最后将玻璃纸叠加起来，通过移动各层玻璃纸的相对位置或者添加更多的玻璃纸即可改变最后的合成效果。其中的每一张玻璃纸都叫做图层。

2．蒙版

举例来说，利用油漆喷枪，想在墙壁或柱子上喷上一些文字或图案时，需要用到抠出这些文字或图案的(硬或软)板子。喷过油漆后，拿掉板子，文字或图案就会在墙壁或柱子上了。而这块被抠出过局部的板子就是蒙版了。

相对于选区来说，选区以外，就是蒙版区域。所不同的时，选区是对选区内部进行操作；而蒙版则是对所选区域进行保护，让其免受操作的影响，而对非选择区域进行操作。

3．遮罩

遮罩的基本含义是，为了实现特殊的显示效果，在一个图层(遮罩层)上创建一个任意形状的“视窗”，此图像下方的对象可以通过该“视窗”显示出来，而“视察”之外的对象将不会显示。遮罩与蒙版的含义基本一致。

10.6.3　透明与 Alpha 通道

1．透明

使用透明叠加的原理是因为每个剪辑都有一定的透明度，在透明度为 100%时，图像完全透明；在透明度为 0%时，图像完全不透明；介于两者之间的不透明度，使得图像呈现半透明状态。叠加是将一个剪辑部分地显示在另一个剪辑之上，它所利用的就是剪辑的透明度。

在 Premiere Pro CS5 中，可以向视频轨道中添加剪辑。然后添加透明度或淡入淡出，从而使处在较低轨道上的视频显示出较好的效果。

2．通道

通道层中的像素颜色是由一组原色的亮度值组成的，即通道中只有一种颜色的不同亮度。通道实际上可以理解为是选择区域的映射。一个通道层同一个图像层之间最根本的区别在于：图层的各个像素点的属性是以红绿蓝三原色的数值来表示。

3．Alpha 通道

影像的颜色信息都被保存在 3 个通道中，这 3 个通道分别是红颜色通道、绿颜色通道和蓝颜色通道。另外，在影响中还包含一个看不见的通道——第四个通道，那就是 Alpha 通道，它是一个灰度通道，记录图像中的透明度信息，有透明、不透明和半透明区域，其中黑表示全透明，白表示不透明，灰表示半透明。

10.6.4　键控与抠像

键控使用特定的颜色值(颜色键控或者色度键控)和亮度值(亮度键控)来定义影像中的透明区域。当指定颜色值时，颜色值或者亮度值相同的所有像素都将变成透明的。注意也有人将其简称为键。

使用键控可以很容易地为一幅颜色或者亮度一致的影像替换背景，这种技术一般称为蓝屏或者绿屏技术，也就是背景色完全是蓝色或者绿色的，当然也可以使用其他纯色的背景。

抠像是从早期电视制作中得来的。英文称作 Key，意思是吸取画面中的某一种颜色作为透明色，将它从画面中抠去，从而使背景透出来，形成二层画面的叠加合成。它是“键控”的早期使用术语。

10.7　本章小结

Premiere Pro CS5 中提供了大量的视频特效，在影视媒体作品的后期编辑过程中起着非常重要的作用，是编辑制作时使用频率很高的工具。本章着重介绍了视频特效的类型、特点、操作方法和应用技巧，并综合运用了运动特效、关键帧动画、键控特效和遮罩特效等效果制作了 4 个有代表性的典型实例。在影视媒体作品编辑时，往往受到现实环境和技术条件的限制，编辑人员无法得到完全符合作品要求的原始素材，这时可以借助 Premiere 提供的各种视频特效来对原始素材进行加工和处理，使之满足作品创作的需要。此外，为了增强作品的表现力和可视性，也可以利用视频特效来创作各种特殊画面效果。

10.8　思考与练习

1．如何制作画面局部放大效果？
2．简述垂直保持和垂直翻转的区别。
3．“蓝屏键”和“非红色键”分别有什么作用？
4．简述“光照效果”视频特效的特点和操作方法。
5．简述“浮雕效果”视频特效的特点和操作方法。
6．简述“轨道遮罩键”视频特效的特点和操作方法。
7．“无用信号遮罩”视频特效有哪些类型？它们之间的区别是什么？
8．简述“差异遮罩”视频特效的特点和操作方法。
9．哪些视频特效能够将彩色画面转换为灰度效果？
10．哪些视频特效可以改变视频画面中的明暗关系？
11．简述“色彩平衡”与“色彩平衡(HLS)”特效的区别。

第11章 数字音频编辑

声音是影视媒体不可或缺的重要元素，也是后期编辑的主要对象。本章以影视媒体作品声音的分类及其剪辑方式与规律为基础，介绍了影视媒体作品中声音录制与合成的方法和技巧，讲解了Premiere Pro CS5软件对声音进行数字化处理的方法和步骤，系统介绍了音频素材的添加与编辑、调音台、音频过渡和音频特效的功能特点和操作方法。

本章学习目标：

1. 了解并掌握影视媒体作品中声音的分类和应用规律；
2. 掌握解说词、音乐和音响录制与合成的方法与技巧；
3. 熟练操作Premiere Pro CS5软件处理音频效果；
4. 掌握Premiere软件中音频特效的功能与使用。

11.1 影视作品中的声音

在影视节目中，声音一般有3种类型：语言、音乐和音响。语言、音乐和音响的选配、组接相辅相成，相互配合，互为呼应，共同表现人物感情、环境气氛以及故事情节的发展。

11.1.1 语言

语言在电视节目中能够表现画面深层次的思想内涵和意义，起到了叙事、表达情感、评论等作用，主要包括对白、同期声和解说词。对白是指电视剧中人物之间的对话，起到了表达思想和推动情节发展的作用。同期声在电视专题节目和纪录片中运用比较多，客观性强，有很好的纪实意义。解说词用来解释印证画面内容，具有完整叙事的能力，能够克服画面框架的局限性，拓展表达空间，揭示画面深层内涵。

11.1.2 音乐

电视节目中的音乐分为客观音乐和主观音乐。客观音乐是指画面中可以看到声源的音乐，即画面中人物直接唱出的歌曲，或者是画面中的乐器演奏出的声音。例如，音乐会或者文艺晚会中的音乐就属于这种情况。主观音乐是指声源来自画面之外，为了烘托画面气氛而配置的音乐，用来表达特定的画面内容情绪，渲染环境气氛，或是用来刻画人物复杂的心理活动。

11.1.3 音响

音响是指在节目现场同步录制的除人物语言和音乐以外的实况声音，主要包括环境音响和背景人声。实况音响在电视纪实作品中运用比较多，用以表现环境气氛，具有不可替代的逼真性。

11.2　声音剪辑的方式及其规律

影视是一门声画结合的综合性艺术，声音和画面密不可分、相映成趣地共同承担了叙事表意的功能，是影视语言最基本的构成元素。因此，在影视剪辑中，声音和画面的编辑必须遵循一定的原则和规律。

11.2.1　声音剪辑的方式

在电视节目中，声音和画面出现的方式很多，一般有如下 5 种情况。

(1) 声音和画面同时出现，声音和画面直接切换，这种方式比较突然，缺少过渡，直截了当快速转换。

(2) 先闻其声，后见其人。前一个画面还没有消失，后面的声音就已经出现，就是把声音的开始部分与画面的结束部分叠加，人物还没出场先听到的他的声音，引起人们注意，从而使得画面的变化就不会太突然。

(3) 画面和声音同时出现，声音由低淡入，这种方式适合前面有解说词或是场面性画面的情况。

(4) 画面先结束，声音延后。

(5) 同期声和解说词同时出现，同期声压低，解说词归纳概括同期声内容，形式简洁，又具有现场气氛。

11.2.2　声音剪辑的规律

在电视节目制作过程中，一定要遵循声音剪辑的基本规律，处理好主次关系，顺序安排得当，综合运用各种技巧，才能使得声音和画面不发生矛盾，相互配合，自然过渡，共同发挥叙事以及表达情感深化思想主题的作用。

1. 主次律

在电视节目制作中，对于各种声音元素的主次关系一般而言，采访的人物同期声、解说词是主要的，音乐和音响是次要的。一般要注意三个问题：首先，在同一时间内，只能有一种声音为主；其次，两种以上声音共同出现时，主次声音的音量关系要得当，如背景音乐音量要控制在解说词音量的一半；再次，两种以上声音出现，次要声音的控制时间不要太长。如被采访人的主要观点讲完后可以将采访声压低作为解说词的背景声；在没有解说词和主要人物同期声的时候，次要人物的同期声也可以在短时间内推大，表现人物的音容笑貌和环境气氛。

2. 并行律

声音相互对列出现，用来表现环境气氛和人物内心情绪不一致的场合。

3．互换律

当声音不能增强画面表现力的时候，可以用另一种声音来替换从而产生新的效果，如影视剧中人物的现场钢琴弹奏转化成钢琴曲的背景音乐旋律，又如在纪录片《英与白》中白把 CD 放入影碟机，现场音转换为意大利歌剧的音乐旋律贯穿整个画面。

11.3　声音的录制与合成

在电视节目制作过程中，可以采用录像机、调音台、录音机、MP3、录音笔、数字音频工作站等工具录制声音，利用外接设备将声音信号采集到计算机硬盘中，然后再利用非线性编辑软件进行加工与合成。

11.3.1　解说词和对白的录制

解说词和对白最好在专业的录音棚或配音室中进行录制，这样可以最大限度地减少干扰，录制的音质最好。如果没有这样的条件，可以找一个安静的房间，墙壁和桌面用棉织品覆盖，尽量减少混响使声音清晰。录制前熟悉稿件内容和台词，规范术语、生僻字词的读法，使用具有书面语言色彩的规范口语。录制时注意稿件的艺术效果和表达方式，放松身体，嘴与话筒保持合适的距离和角度，把握好声音的抑扬顿挫和节奏感，语速不能过快或过慢，一般以稿件风格进行处理，正常语速为每秒钟 3 个字左右。

11.3.2　音乐的录制

在电视节目制作过程中，根据情节内容和情绪气氛的需要，为影片配置合适的音乐。电视节目中的音乐一般有背景音乐、片头片尾音乐和情绪气氛音乐，根据需要选择音乐的长度和位置。

11.3.3　音响的录制

音响的录制最重要的是要控制好音量大小，保证录制的质量。音量控制太大，音响效果会失真，并且会有噪音；音量控制太小，在后期剪辑的时候就没有办法弥补，影响整个影片的声音编辑。一般在录制音响效果声的时候，把录音电平音量调节到适中偏大一点，这样录好的音响效果的音量在后期剪辑时就能可大可小便于控制。

电视节目是一种视听综合的艺术，画面和声音相辅相成，互相配合，缺一不可。因此，在声音剪辑过程中一定要处理好声音与画面的关系，将两者巧妙结合起来，达到视听综合的立体效果。声画对位是指声音和画面按照各自独立的规律，从不同角度表达一个共同的主题。因而要做到以下四个方面：解说词与画面对应；对白与口型对应；音响与情节动作相对应；音乐内容节奏和画面情绪相对应。另外，合成声音时各种声音要素主次强弱关系一定要处理好。声画处理的方法包括：声画合一、声画对位、先声夺人、先画后声、留声回味、画外音、无声效果。

11.4　声音的数字化处理

在电视节目制作过程中，可以对音频进行数字化处理的软件很多，我们以 Premiere Pro CS5 为例，介绍对于声音处理的方法和步骤。在 Premiere Pro CS5 的时间线序列面板中有多个音频通道，通常情况下使用其中的两个通道，也就是左右声道。Premiere Pro CS5 既可以编辑影片的声道，也可以编辑立体声音频。Premiere Pro CS5 还可以在两个声道之间实现音频特效，如摇摆，即一个声道的声音转移到另一个声道中，这在编辑具有声音环绕效果的影片的时候特别有用。另外，Premiere Pro CS5 中的调音台可以更直观方便地进行影片的音效编辑。

使用 Premiere Pro CS5 可以为音频添加过滤效果，这些过滤效果的使用方法和视频编辑中过滤效果的使用方法类似，使用不同的过滤效果可以实现不同的音效处理。音频特效添加到节目中之后，软件自动将其转化为在音频设置框中设置的帧，这样就可以方便对其进行处理。Premiere Pro CS5 的音频剪辑首先是处理音频过滤器效果，然后处理音频通道中可能添加的摇摆效果和增益调整。

11.4.1　预演音频片断

在编辑影片的过程中，既要编辑视频，也要编辑音频，而要编辑音频则首先要在 Premiere Pro CS5 中对声音片断进行预演。在编辑的过程中，向影片添加音频一般应遵循下面的步骤。

(1) 启动 Premiere Pro CS5 软件，单击“新建项目”按钮，在弹出的“新建项目”对话框中新建一个项目文件“音频制作”，分别单击“常规”和“暂存盘”选项卡，进行音频参数和视频参数的设置，单击“确定”按钮结束，如图 11-1 所示。

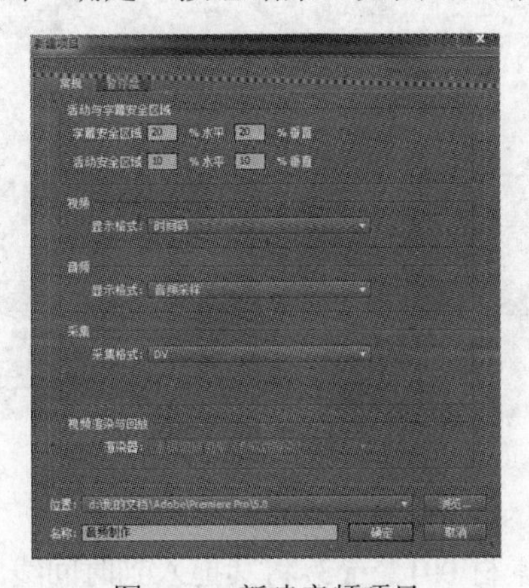

图 11-1　新建音频项目

(2) 在弹出的“新建序列”对话框中，单击“常规”选项卡，如图 11-2 所示，在“音频”选项设置中设置“采样率”为 96 000 Hz，“显示模式”为音频采样，单击“存储预设”按钮保存参数，然后设置预设文件名之后，选择右边列表中的自定义“序列预设”模式，如图 11-3 所示，单击“确定”按钮结束设置。

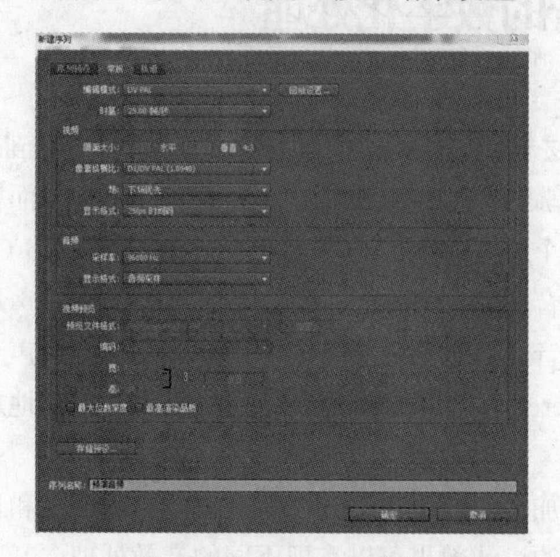

图 11-2　常规选项面板

图 11-3　存储预设

(3) 在打开的 Premiere 项目文件中，执行菜单命令“文件”|“新建”|“文件夹”，为声音素材片段建立一个文件夹，这样可以方便管理。

(4) 为新建文件夹命名，然后在新建文件夹中双击，弹出素材“导入”对话框，选择要添加的文件 0012.mp3 和 0017.mp3，然后单击“打开”按钮，将文件添加到项目窗口中，如图 11-4 所示。

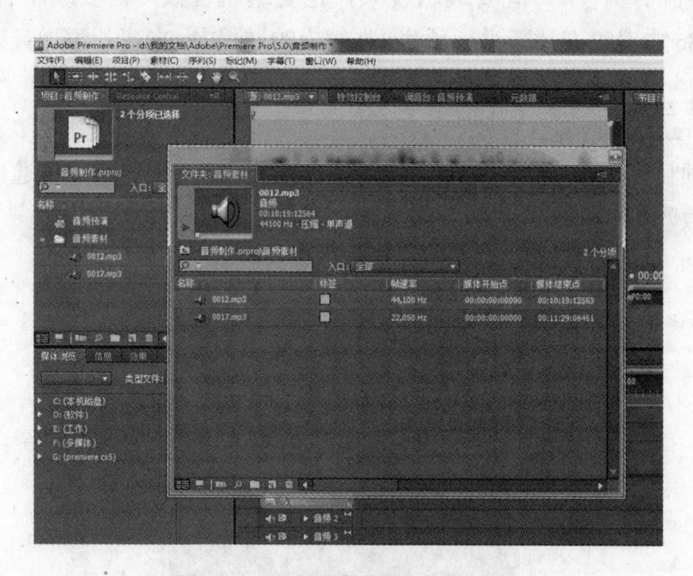

图 11-4　导入声音素材至项目窗口

(5) 在项目窗口中选择素材 0012.mp3，将其拖入到时间线序列窗口中的音频 1 轨道中，使其第一帧与轨道的第一帧位置对齐，如图 11-5 所示。

(6) 在节目监视器窗口中，单击播放按钮，就可以欣赏原来的音频效果。

(7) 预演音频还有一种方法，在项目窗口中双击要预演的音频，则该音频会被自动添加到源素材监视器窗口中，如图 11-6 所示，为添加素材 0012.mp3 后的音频波形。

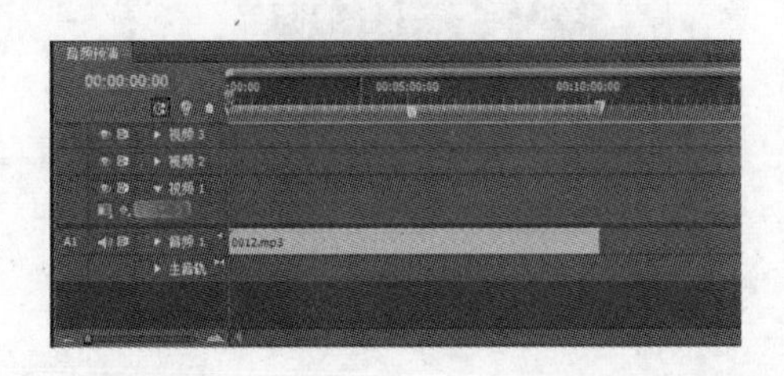

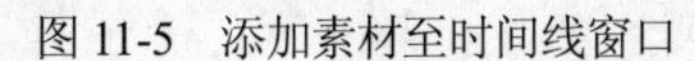
图 11-5 添加素材至时间线窗口

图 11-6 在素材源监视器中预演音频

(8) 与在节目监视器窗口中一样，单击播放按钮就可以欣赏原来的音频效果。

(9) 执行菜单命令“文件” | “保存”保存项目文件，方便编辑人员在下一次打开项目文件时可以继续上一次的工作。

11.4.2 编辑音频素材

1. 调节音频持续时间和播放速度

音频的持续时间就是指音频的入点和出点之间的素材持续时间，因此，对于音频持续时间的调整可以通过设置入点和出点来进行。改变整段音频持续时间还有下面几种方法。

(1) 在时间线序列窗口中用“选择工具”图标直接拖动音频的边缘，以改变音频轨迹上的音频素材的长度，不过这种调节方法采用的是剪除音频的方法，如果音频是没有经过编辑的，则不能使用该方法增加素材的持续时间。

(2) 在时间线序列窗口中选中要编辑的音频素材后右击，从弹出的快捷菜单中选择“速度/持续时间”选项，弹出“素材速度/持续时间”对话框，如图 11-7 所示，可以在其中的“持续时间”选项中设置音频片段的持续时间。

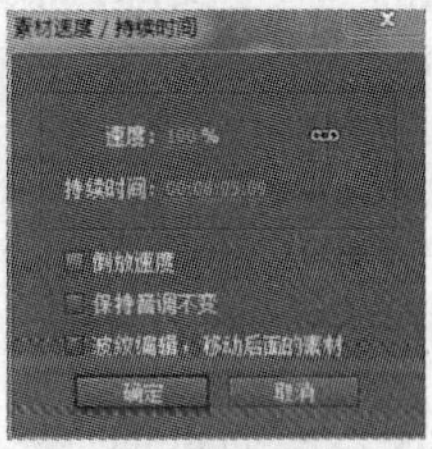

图 11-7 “素材速度/持续时间”对话框

(3) 选择“速率”调整工具图标，使用该工具拖动音频素材的末端，则可以任意拉长或者缩短音频素材的长度，但是这种调节方法也同时调整了素材的播放速度。

同样，也可以对音频的播放速度进行调整，调整方法如下。

(1) 选择“速率”调整工具图标，使用该工具拖动音频素材的末端，则可以任意拉长或者缩短音频素材的长度，音频素材在持续时间调整的同时，也相应调整了素材的播放速度。

(2) 在时间线序列窗口中选中要编辑的音频素材后右击，从弹出的快捷键菜单中选择“速度/持续时间”命令，在弹出的对话框中，可以在“速度”选项中设置音频片断的速度，如图 11-8 所示。如果单击“链接”标志图标，会使其变成断开的链接标志图标，则改变速度的同时不会改变素材的持续时间，如图 11-9 所示。

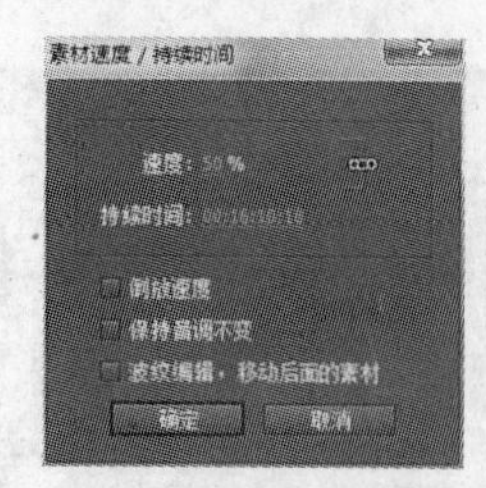

图 11-8　“素材速度/持续时间”对话框

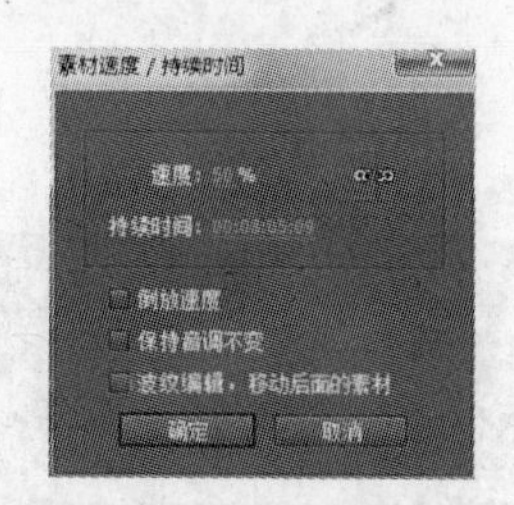

图 11-9　未链接标志图标

2．调节音频增益

音频增益指的是音频信号的声调高低。在节目编辑中经常要处理声音的声调，特别是当同一段视频同时出现多个音频素材的时候，就要平衡多个音频素材的增益。尽管高频增益的调整在音量、摇摆/平衡和音频效果调整之后，但它并不会删除这些设置。增益设置对于平衡多个音频素材剪辑的增益级别，或者调节某一个音频素材剪辑的过高或过低的音频信号是非常有用的。同时，一段音频素材剪辑在数字化的时候，由于采集设置的不当，也常常会造成增益过低，而用 Premiere Pro CS5 来提高音频的增益，则有可能增大音频素材剪辑的噪音甚至失真。要使输出效果达到最好，就应该按照标准步骤进行操作，以确保每次数字化音频剪辑时都有合适的增益级别。

在 Premiere Pro CS5 中调节增益的方法比较简单，在一段音频素材剪辑中调整增益的一般步骤如下。

(1) 在时间线序列窗口中，使用选择工具图标选择一段音频素材剪辑，此时音频素材剪辑的显示颜色变深，表示该剪辑已经被选中。

(2) 选中音频素材，右击打开菜单选择“音频增益”命令，打开“音频增益”对话框，如图 11-10 所示。在对话框中的数字部分输入新的数字值，可以输入-96～96 之间的任意数值，正值会放大音频素材剪辑的增益，负值会减小音频素材剪辑的增益。通过调节不同的增益方式来放大音量，噪音也会随之增大。

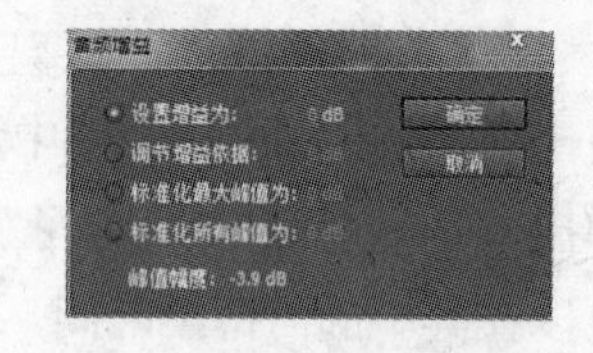

图 11-10　“音频增益”对话框

3．声音的淡化处理

Premiere Pro CS5 中，在时间线序列窗口中可以实现对声音的淡化处理，一般步骤如下。

(1) 在时间线序列窗口中，单击音频 1 轨道左侧的三角形“折叠/展开轨道”图标按钮，展开音频轨道，如图 11-11 所示。

图 11-11　展开音频轨道

(2) 如果音频素材中没有显示一条黄色的直线，可以单击“显示关键帧”按钮图标，在打开的菜单中选择“显示素材音量”命令，如图 11-12 所示。

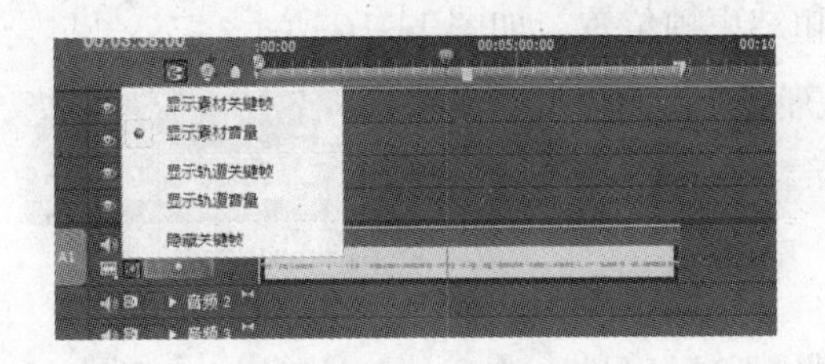

图 11-12　关键帧显示方式

(3) 在工具栏中选择钢笔工具图标，将鼠标移动到黄色的音量线上，按住 Ctrl 键，然后在音频轨道上单击，将在白色线上增加一个浅黄色的控制点(浅黄色表示当前编辑点，白色表示为非当前编辑点)，如图 11-13 所示，上下拖动控制点可以调整其音量大小。

图 11-13　音量关键帧

(4) 利用钢笔工具可增加多个音量控制点来调整音频剪辑声音的变化，向上拖动控制点将使音量变大，向下拖动则使音量变小，如图 11-14 所示，该图是设置多个控制点并调节音量后的结果。

图 11-14　关键帧调节音频音量

4. 声音的交叉淡化

淡入、淡出可以使得前一段素材剪辑的增益逐渐减小，而另一段素材剪辑的增益逐渐增大。在影片中运用交叉渐进，主要用在一个高潮消失后，另一个高潮出现时的切换，表现在声音的效果变化上。制作声音的交叉淡化的方法如下。

(1) 将素材 0012.mp3 和 0017.mp3 导入到项目窗口中，然后将这两段音频素材添加到时间线序列窗口中，分别放在音频 1 轨道中和音频 2 轨道中。

(2) 展开两个音频轨道以便于编辑，并调节音频 2 轨道中素材的位置，确定两段音频剪辑之间有一定的重叠，以便于使用交叉渐进。

(3) 单击音频 1 轨道和音频 2 轨道中的“显示关键帧”按钮图标，选择弹出菜单命令“显示剪辑音量”，使得两个轨道中的素材显示出黄色的音量控制线，如图 11-15 所示。

图 11-15　音频素材排列

(4) 选择钢笔工具图标，在音频素材剪辑上设置关键帧，并调节音量大小。在音频 1

轨道中，设置关键帧在素材 0012.mp3 中起始帧和终止帧的位置；在音频 2 轨道中，同样设置关键帧起始帧位置和结束帧位置，如图 11-16 所示。

图 11-16　确定起始帧和结束帧

(5) 利用钢笔工具调整关键帧的音量大小，最终效果如图 11-17 所示。预演并保存项目。

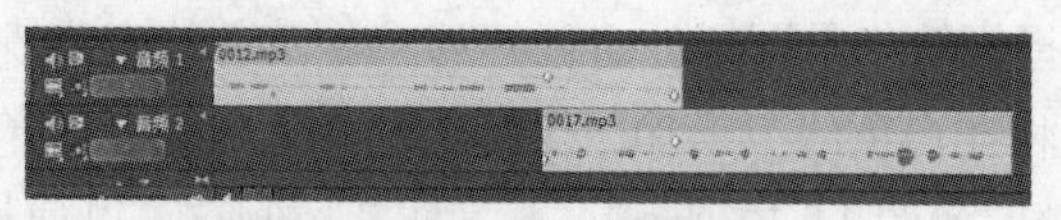

图 11-17　音频交叉淡化效果

(6) 执行菜单命令“文件”｜“导出”｜“媒体”，将音频文件输出，文件命名为“声音的交叉淡化.WAV”。

11.4.3　调音台的使用

调音台也叫音频混音器，是从 Premiere 6.0 开始使用的工具，类似于一个音频控制台，为每一个音频通道提供了单独的控制方式。使用调音台面板，可以更加轻松地实现音量大小和声道的调整。

1．认识调音台

执行菜单命令“窗口”｜“调音台”，打开调音台面板，如图 11-18 所示。

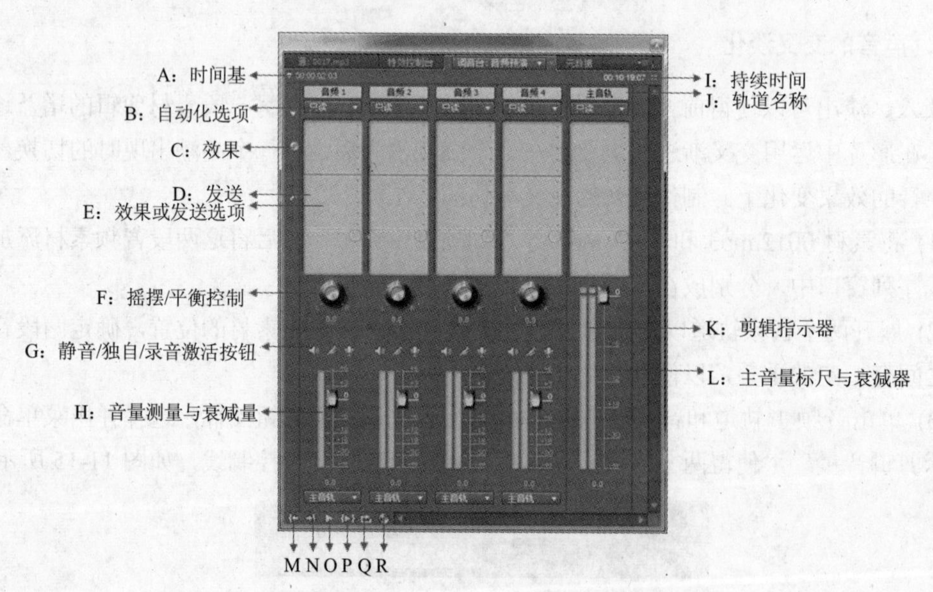

图 11-18　调音台面板

以上各部件的功能如下。

(1) A：时间基，显示音频剪辑的时间点。

(2) B：自动化选项，对于每条音频轨道，可以选择在合成过程中的自动化状态。

① 关：在播放期间忽略保存的音量和摇摆/均衡数据，关闭自动化是 Premiere 的默认模式，在该模式下可实时使用合成器控制，而不会受时间线序列中音量线和摇摆/均衡线的干扰。

② 只读：读入保存的音量和摇摆/均衡数据，并使用音频混合器窗口的音量和摇摆/均衡控制对这些设置所作的调整记录下来，这些调整被作为时间线序列轨道上每个剪辑中音量和摇摆/均衡线上的新句柄而保存下来。

③ 锁存：可在拖动音量淡化工具和摇摆/均衡控制的同时修改先前保存的音量等级和摇摆/均衡数据，并随后保持这些控制设置不变。释放鼠标后，控制将维持在调整过的位置。

④ 触动：可只在拖动音量淡化工具和摇摆/均衡控制的同时修改先前保存的音量等级和摇摆/均衡数据。在释放鼠标后，控制将回到他们原来的位置。

⑤ 写入：记录并保存拖动音量淡化工具和摇摆/均衡控制的数据，再次回放时为触动模式。

(3) C：效果，在此可为音频添加一些丰富多彩的效果。

(4) D：发送，在此可为音频添加发送功能。

(5) E：效果或发送选项，在效果区域单击窗口中右侧按钮，弹出音频效果选项菜单，如图 11-19 所示，编辑人员可以利用该菜单添加或修改音频效果。

在发送区域单击效果或发送选项窗口中右侧按钮，弹出发送选项菜单，如图 11-20 所示，编辑人员可以利用该菜单添加或修改音频发送方式。

图 11-19　音频效果

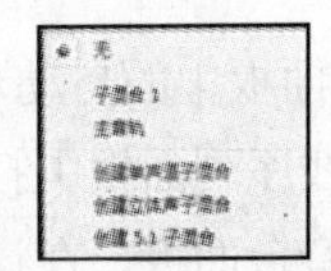

图 11-20　音频发送

(6) F：摇摆/平衡控制，通过使用调音台窗口的效果，能对一个单声道剪辑进行摇摆，或对一个立体声剪辑进行均衡。对于一个单声道的音频剪辑，可以通过摇摆/平衡设置效果，将其位置设置在左右立体声道之间。对于一个立体声音剪辑，因为两个声道都已经包含了音频信息，在使用立体声音剪辑时，摇摆控制按钮调整的是剪辑内立体声声道的均衡度。

(7) G：静音/独白/录音激活按钮，选择使用静音、独声或录音功能。

(8) H：音量测量与衰减器，向上拖动音量淡化工具可增加音量等级，向下拖动降低音量等级。为了避免声音出现扭曲，调节音量时应确保衰减器左边的 VU 标尺上面的指示器将变成红色。此时，如果想重新设置，可向下拖动衰减器，然后单击指示器。

(9) I：持续时间，在此设置输入/输出持续时间。

(10) J：轨道名称，在此显示音频轨道的名称，与时间线序列窗口中轨道名称相一致。

(11) K：剪辑指示器，剪辑音量指示器，一旦音量高到可能产生扭曲，指示器将变成红色。

(12) L：主音量标尺与衰减器，向上拖动音量衰减器可增加音量等级，向下拖动则降低音量等级。

(13) M：跳到入点，单击此按钮，可以跳回到音频剪辑的入点。

(14) N：跳到出点，单击此按钮，可以跳回到音频剪辑的出点。

(15) O：播放/停止按钮，开始播放节目或预演音频剪辑片断，或在播放的过程中随时停止。

(16) P：播放入点与出点之间片断，从头播放按钮，单击该按钮后无论播放位置在什么地方都要回到开始的地方开始播放。

(17) Q：循环播放按钮，节目或者预演音频剪辑片断将循环播放。

(18) R：记录，单击此按钮，可对剪辑进行录音。

在调音台面板中，可以在播放视频或者音频的同时，调整多个音频轨道中音频片断的音量和摇摆、平衡效果。所有的这些改变都会被 Premiere Pro CS5 自动记录下来，以便下次回放的时候可以应用这些改变。

2．调音台操作

使用鼠标拖动任何一个轨道的音量测量与衰减器可实时调节音量的大小；转动摇摆/平衡控制圆形按钮图标，可以将单声道的音频在左右两个声道之间摇摆，还可以平衡立体声音频片断。由于调音台面板的强大功能，可以在播放音频剪辑的同时设定音量的大小和摇摆、平衡属性。在调音台面板中的操作与时间线序列面板中相应部分的调整是同步的，一旦在调音台面板中进行了操作，系统将自动在时间线序列面板中为相应音频轨道中的素材添加属性。

使用调音台面板中的自动功能来调节摇摆、平衡和音量的一般步骤如下。

(1) 在时间线序列面板中打开相应的音频轨道，然后将编辑线移动到相应的位置。

(2) 打开调音台面板，在该面板中找到要调整的音频轨道。

(3) 在混音轨道顶部的下拉列表中选择一个选项。

① 触动：表示仅当鼠标拖动音量控制和摇摆、平衡控制停止的时候才开始记录混音参数，释放鼠标后，控制将返回原来的位置。

② 锁存：表示记录下鼠标移动音量控制和摇摆、平衡控制的每个控制参数，释放鼠标后，控制将保持在调整后的位置。

③ 只读：读取已经保存的音量和摇摆/均衡参数，并使用他们控制播放期间的音频等级。

④ 写入：表示回放时采用写入模式，但是再次回放时会选择触动模式。

(4) 单击调音台面板中的播放按钮图标，回放音频剪辑，并开始记录混音操作。

(5) 拖动音量控制滑块来改变音量大小。

(6) 拖动圆形按钮图标来调节摇摆、平衡属性，调节后的参数在文本框中显示。

(7) 将编辑完的音频剪辑进行回放，检查编辑的效果。

11.4.4　音频过渡

在 Premiere Pro CS5 中，只提供了 3 种音频过渡(切换)效果，放置在“音频过渡”下的子文件夹“交叉渐隐”中，它们分别是：恒定功率、恒定增益和指数型淡入淡出，如图 11-21 所示。音频过渡效果可以直接添加到音频素材的开始、结束位置，或是两个音频素材剪辑之间，操作方法类似于视频切换特效，非常简单。

图 11-21　音频过渡

系统默认音频过渡时间为 1 秒，用户可以根据影视节目编辑的特殊要求，通过执行“编辑”|“首选项”|“常规”|“音频过渡默认持续时间”菜单命令即可修改。用户还可以在时间线序列窗口中选择某个音频素材剪辑后，用鼠标拖拽音频过渡特效的边界来修改特效持续时间，还可以在特效控制台面板中修改，在持续时间后面直接输入新的持续时间或者鼠标拖拽时间码。

恒定功率音频过渡特效，如图 11-22 所示，可以在两个音频素材剪辑之间创建一种平滑而又逐渐的过渡效果，会使声音在第一个音频文件后逐渐淡出，并快速地到达过渡的末端。

恒定增益音频过渡特效，如图 11-23 所示，可以在两个音频素材剪辑之间创建一种匀速淡入和淡出的过渡效果，有时会使声音出现急速的转变。

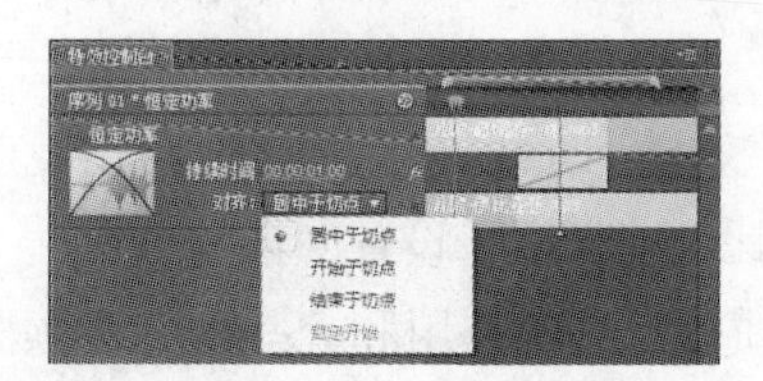

图 11-22　恒定功率

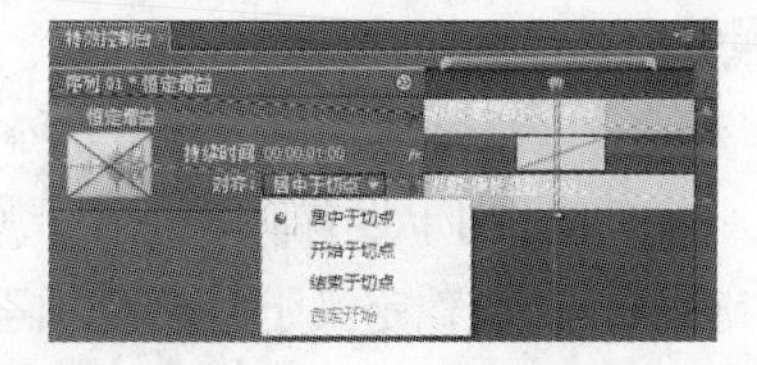

图 11-23　恒定增益

指数型音频过渡特效，如图 11-24 所示，可以在两个音频素材剪辑之间创建一种按照指数函数曲线形式变化的淡入和淡出的过渡效果。

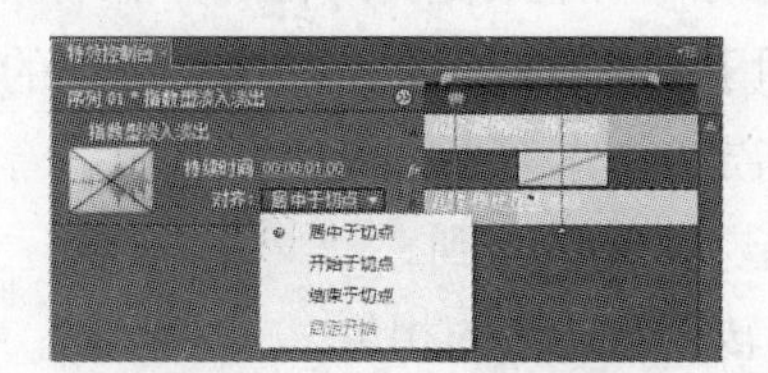

图 11-24　指数型淡入淡出

音频过渡的对齐方式有 4 种，即居中于切点、开始于切点、结束于切点和自定义开始，用户可以根据编辑的需要灵活选择对齐方式。

11.4.5　音频特效

Premiere Pro CS5 包含 81 种音频特效，其中 5.1 文件夹中包含有 26 种，如图 11-25 所示；“立体声”文件夹中包含有 30 种，如图 11-26 所示；“单声道”文件夹中包含有 25 种，如图 11-27 所示。

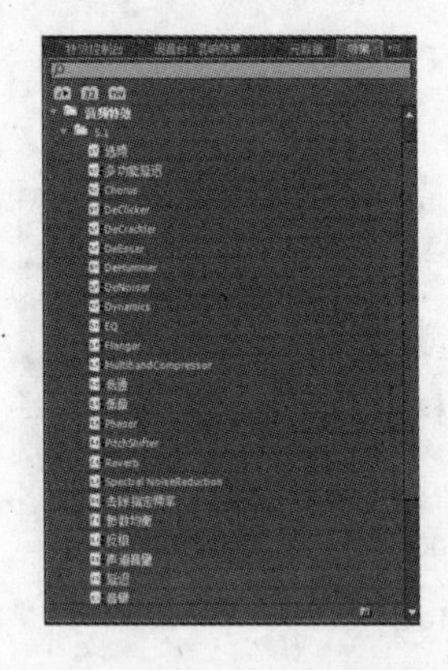

图 11-25　5.1 声道音频特效

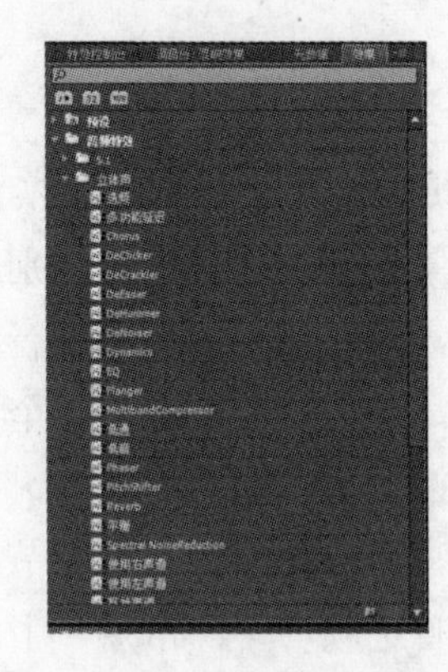

图 11-26　立体声音频特效

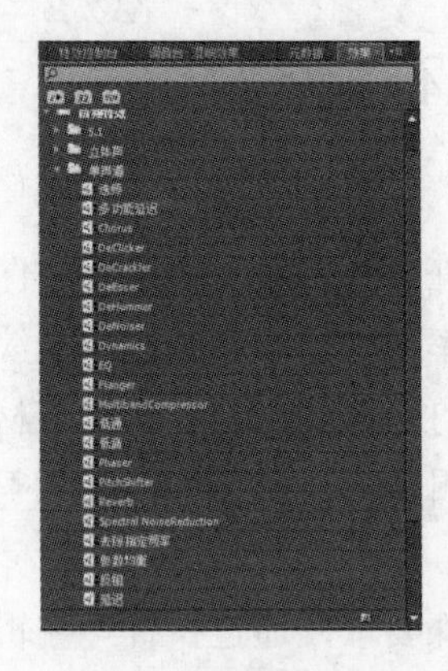

图 11-27　单声道音频特效

1. 常用的音频特效

(1) 带通：该特效将音频中在指定范围之外的所有的音频信号去除掉，Center 用于指定频率范围的中心频率，Q 用于设置想要保存的频带的范围。

(2) 低音：该特效可用于加强或者减弱音频中的低音部分，Boost 用于设置要增加的分贝数。

(3) 频道量：该特效允许用户独立控制立体声或者 5.1 剪辑中每个音道的音量，这些音道的音量都是以分贝数来进行衡量的。

(4) 延迟：该特效用于为音频剪辑添加一种回声效果，Delay 用于控制回声出现前的持续时间，Feedback 用于设置回声相对于原声的百分比，Mix 用于设置回声的数量。

(5) 补偿：该特效定义了整个音频素材的声音质量。它的作用和一些硬件音频器材的图像平衡器作用一样，是通过调整或者去掉原始声音信号中的某些频率量，从而对音频的音质进行调节。

(6) 高通与低通：高通表示高于某个特定频率的声音信号通过，低通表示低于某个特定频率的声音信号通过。它们均可以用来提高声音的增益，保护一种声音仪器，避免处理仪器允许范围以外的频率；用于创建特殊效果，将一个合适的频率传递给需要特殊频率的仪器；切断频率可以为高通指定一个较低的频率使得当前的音频不能让人听到，而为低通指定较高的频率，从而使得音频不能被听到。

(7) 反转：该特效用于反转所有通道的相位。

(8) 多功能延迟：该特效可为原声添加高达 4 个回声，Delay1-4 用于设置回声出现前的持续时间，Feedback1-4 用于设置回声相对于原声的百分比以产生多重衰减的效果，Mix 用于设置回声的数量，Level1-4 可以设置每个回声的音量。

(9) 陷波：该特效能够调谐并消除某个指定的特殊频率，使用它可以消除任何不想要的存在于某个特殊频率上的声音。

(10) 参数均衡：该特效用来调整音频素材的音质，它可以恰当地隔离特殊的频率范围。

(11) 混响：该特效能模拟一个大规模的或者现场效应的声音。

(12) 高音：该特效可以调整音频中的高音。

(13) 音量：该特效可以取代音频中自带的音量调节，从而改变音量在渲染顺序中的位置。

(14) 平衡：该特效是立体声特有的过滤效果，可以改变左右声道音量的相对比例，正值可以增加右声道的音量，负值可以增加左音道的音量。

(15) 左声道和右声道：该特效可以将音频效果分别集中到左声道和右声道。

(16) 缺口：该特效可以去除掉在特定中心点附近的频率。Center 用于指定中心点，该过滤效果同样可以去除掉音频素材中的噪音。

(17) 交换通道：该特效用于转换左右声道的位置信息，只能用于立体声。

2．混响效果的制作

(1) 打开 Premiere Pro CS5 程序，创建一个“音效处理”项目文件，新建序列“混响效果”，设置参数，单击确定进入编辑界面。

(2) 执行菜单命令“文件”｜“导入”，弹出导入对话框，选择素材“上海.wmv”，单击“打开”按钮，将素材导入到项目窗口中。

(3) 在项目窗口中双击素材“上海.wmv”，在素材源监视器窗口中打开，单击监视器右上角的三角图标按钮，选择菜单中的“音频波形”命令，可以看到素材在源监视器窗口中有两个声道，如图 11-28 所示。

图 11-28　显示音频波形

(4) 将素材“上海.wmv”拖放到视频 1 轨道上，打开“效果”面板下的“立体声”文件夹，从菜单中选择 Reverb 效果，如图 11-29 所示，将其拖至音频 1 轨道上的素材。

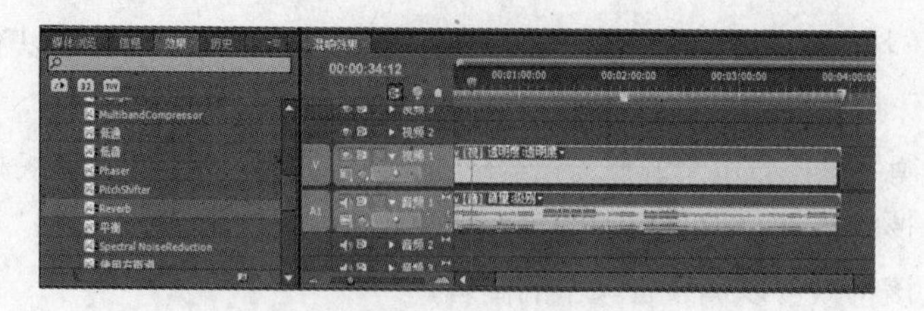

图 11-29　添加音频特效

(5) 选中素材，打开特效控制面板，展开 Reverb 的参数自定义设置，将 Pre Delay 旋至最右边 100ms，Absorption 旋至最左边 0.00%，Mix 旋至最右边 100.00%，如图 11-30 所示。进行回放预演时，前后有了明显的效果变化，声音有了混响的效果。

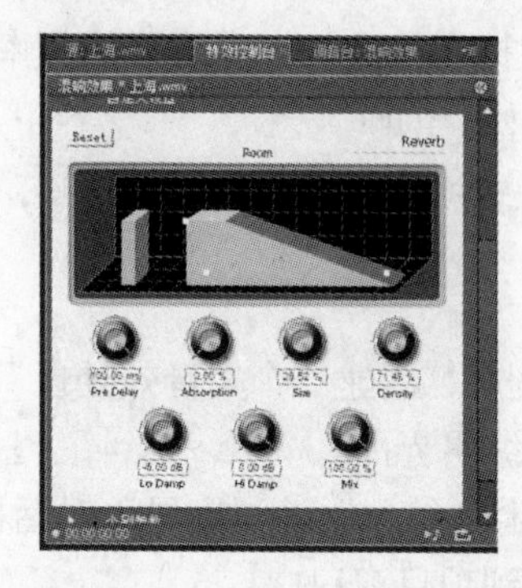

图 11-30　音频特效参数调整

(6) 预演并保存项目，选择工作区域，执行菜单命令“文件” | “导出” | “媒体”，进行视音频的合成输出。

11.5　本章小结

声音作为影视媒体节目中不可或缺的重要组成因素，起到了补充信息、强化画面、营造意境和创造气氛等多方面的作用。对于一部完整的影视媒体作品来讲，声音的效果是至关重要的。可以通过现场录制、采集和导入等方法将声音导入到非线性编辑系统中，通过监视器窗口和时间线窗口实现对音频素材的剪辑。在时间线窗口能够方便地调整声音的增益和播放速度。根据节目需要使用音频过渡、音频特效等效果工具，可以优化源素材的声音效果，使声音和画面更加紧密地结合起来。

11.6　思考与练习

1．简述子混音轨的功能和作用。
2．简述 Premiere Pro CS5 编辑音频的基本过程。

3．简述影视媒体作品中声音的分类方式及特点。
4．简述影视媒体作品中声音剪辑的规律。
5．简述调音台各个按钮的功能。
6．简述对音频素材进行增益、淡化和均衡的作用。
7．为音频素材添加音频过渡的方法有哪些？
8．简述调整音频过渡持续时间的常用方法。
9．简述在 Premiere 内混响效果的操作方法。
10．在 Premiere 中，什么情况下才能创建 5.1 声道的摆动和平衡效果？

第12章　字幕设计

文字是一种经过高度抽象后的信息传达和情感传达完美结合的表意符号，具有极强的思想表现力，不仅能够准确表意，还能够给人创造丰富的想象空间。字幕、画面和声音 3 种基本元素共同构成了一个完整的影像系统。在早期默片时期，字幕占有极为重要的地位，是内容、剧情的说明者、阐释者和贯穿者；在现代影视时期，字幕仍然具有其不可替代、不可或缺的地位和作用。字幕是对影视节目的标榜、提示和说明，也是影视节目风格样式的具体体现，更是影视节目的招牌和门面。字幕的设计、安排和处理，关系着镜头语言的正确运用，是镜头组接的重要内容，也是剪辑人员必须掌握的技巧。字幕必须根据影视节目的题材、体裁、风格、样式进行合理的选择。字幕运用得恰当与否，直接关系着观众对影视节目的直观感觉和欣赏过程，是不可忽视的重要环节。

本章学习目标：

1．理解字幕的类型；

2．掌握字幕的属性；

3．掌握 Adobe Title Designer 窗口结构与工具按钮；

4．使用 Adobe Title Designer 工具制作字幕与图形；

5．结合各种编辑特效制作字幕。

12.1　字幕简介

12.1.1　字幕类型

字幕的类型多种多样，有片名字幕，片尾字幕，集数字幕，演职员表字幕，介绍人物字幕，说明画面字幕，对白字幕，旁白字幕，交代时间、地点、事件的字幕，解释主题的字幕，唱词字幕，译文字幕等等。

从艺术表现角度看，字幕可以分为标题性字幕和说明性字幕。标题性字幕的字号相对较大，字体艺术性强，常用于片名或时间地点的交代等；而说明性字幕则相反，字号小，字体一般不要求艺术性，但要求清晰、便于阅读，常用于说明、叙述及演职员表等。

从字幕呈现方式看，字幕可以分为静态字幕和动态字幕。静态字幕即固定不动的字幕，一般在出现和消失过程中运用特效增强字幕的可读性和观赏性；动态字幕则要求控制运动速度和方向，既要有动感刺激力度，又要让观众欣赏到运动中的细节，常见的动态字幕有滚屏字幕和游动字幕。

不论什么类型的影视节目都有片名，片名既要能高度概括影视节目的主题内容，又要能赋予影视节目一定的哲理性和艺术感，具备很强的吸引力和感染力，使观众对影视节目产生浓厚的兴趣。片名字数的多少，要根据影视节目的题材、体裁、风格、样式、内容来确定，最好以 2~5 个字为宜，最多不要超过 7 个字。字多了，观众记不住，难理解；字少了，观众容易记忆、理解。

12.1.2　字幕属性

1．字体

字幕要根据影视节目的题材、内容、风格、样式来选择和确定字体。中国的汉字字体在影视节目中常用的有隶书、楷书、行书、仿宋、魏碑、黑体、姚体、综艺体、美术字等。儿童片、动画片一般多用美术字，它活泼、可爱，能表现出祖国花朵的天真烂漫，更能被儿童观众们所接受和喜爱。正剧片、悲剧片、史诗片、传记片、古装片等多用隶书、魏碑、仿宋，显得庄重、严肃，有一种凝重感，使影视节目具有一定的分量。而国际上的暴力影片和我国拍摄的惊险片，在字体的运用上，往往采用一种不规则的、变体式的美术黑、白字，以其粗犷的线条，造成观众视觉上的一种恐怖、惊险、紧张、激烈的情绪，紧紧地抓住观众，使影视节目更加吸引人。歌舞片、戏曲片等，在字体的运用上往往多采用行书、楷书，这些字体符合歌舞片、戏曲片的风格样式，其流线型字体与歌舞片中的优美的舞姿、戏曲片中程式化的动作和韵白相吻合，给人一种优雅、流畅、明快的感觉。因此，不同体裁、不同风格样式的影视节目的片名就要用不同的字体来表现，避免千篇一律。

影视节目中除了片名字体外，其他的字体，如演职员表字体，介绍人物字体，说明画面字体，交代时间、地点、事件的字体，解释主题的字体，唱词字体，剧终字体，集数字体等等，都要同片名字体和谐统一，保持一个完整的风格。一部影视节目风格样式的形成，是由多种因素构成的，其中字幕字体就是因素之一。如果一部影视作品，出现反差较大的字体，就会使影视节目在风格样式上跳跃性太大，杂乱无章，难以形成一种统一的意境和情调。

2．颜色

在影视节目中，字幕的颜色不但给人们一种视觉上的色彩印象，同时，也是反映影视节目内容的直接表现者。因为颜色本身具有一定的象征意义，给人一种直观的感受。一般来说，红色给人一种热烈、庄严的感觉，黄色给人一种古朴、稳重的感觉，白色给人一种醒目、纯洁的感觉，绿色和蓝色给人一种阴幽、恐怖的感觉，紫色给人一种深沉、凝重的感觉，黑色给人一种肃穆、生冷的感觉。目前，我国拍摄的影视节目片名常用的颜色有红色、黄色、白色、蓝色、绿色、紫色、黑色几种。最多见的是红色、黄色、白色 3 种，而蓝色、绿色、紫色、黑色用的就较少一些。

片名字幕各种颜色的运用，要根据影视节目的题材、内容并结合画面造型因素来确定。红色一般多用于历史和现实题材中那些政治色彩较强，又多以传统风格样式拍摄的影视节目。通常而言，红色、黄色在历史片、古装片和一些现代题材的影视节目的片名中常用。白色、黑色则在一些惊险片中常用。蓝色、绿色在神话片、恐怖片中多见。白色、黄色在影视节目的演职员表中用得较多。这些字体颜色的运用都是根据影视节目的题材、内容以及字幕衬底画面造型因素的不同，采用不同的颜色进行处理的。如果仅凭爱好和想当然来选择字体的颜色，那么不但不能使影视节目从视觉到内容取得和谐统一的效果，反而对影视节目的艺术质量产生不良的影响。这里所讲的颜色的象征意义和字幕颜色选择的指向，只是在多数正常情况下的一种约定俗成的共识，而不可将其绝对化，更不能一窝蜂地趋同化。

3. 排列

所谓字幕的排列，也就是影视节目中片头、片尾的字幕构图。在我国影视节目中，有传统的竖排法，有现代的横排法，还有根据主体动作和画面造型因素的需要以左上角、右上角、左下角、右下角、左中、右中、中下等排列方法来表现。目前，影视节目中，横排法较为多见，竖排法较少，而以画面造型、主体动作和字幕相结合的排列方法越来越多。随着科学技术的发展，计算机软件能够在三维空间内完成各种维度的画面造型，因此字幕的排列也就越来越新颖别致。但不论是传统的竖排法，还是现代的横排法，以及画面造型和字幕相结合的排列方法，都要依据影视节目所要表现的主题和内容，采取符合该片风格、样式的字幕排列法。字幕的排列法是整部影视节目风格、样式的一种体现，也是影响影视节目的片头、片尾造型美的重要因素之一。字幕的排列，一忌呆板，二忌散乱。呆板则不生动，不耐看，不好看；散乱则看不清，看不明，看不真。字幕的排列，应该是既生动灵活，别开新面，又相对稳定，中规中矩。这样，才能吸引观众的注意力，使观众爱看；同时，又能让观众看清楚，看明白，看舒服。

4. 技巧

技巧，电影叫画面技巧，电视称之为特技，它是现代影视艺术中的一种表现手段，如淡入、淡出、化入、化出、划入、划出、推、拉、翻、甩、切、滚等。不论运用哪种技巧，其目的都是要使字幕与影视节目的内容及字幕衬底的主体动作造型因素相匹配，与影视节目的风格相统一。脱离这个原则，技巧的运用将是弄巧成拙，影响影视节目的艺术质量，而恰到好处地运用技巧，又定会为影视节目增添光彩。字幕技巧在影视节目中的运用是多种多样的，但目前电视在字幕的处理上已经远远地超过了以往较为单一的字幕技巧，而是以字幕与画面造型相结合的多维空间来进行处理。既要大胆运用，力求创新出奇，又要谨慎从事，稳扎稳打，切不可随意。技巧是为内容服务的，而不是内容服从技巧，切不可本末倒置，喧宾夺主。

5. 长度

字幕的长度在电影和电视中的运用是不相同的。按规定，电影的演职员表一般为各 1 分钟，最多不超过 1 分钟 15 秒。而电视在这方面已大大地打破了这一规定，放长到 1 分 30 秒至 2 分 30 秒，甚至接近 3 分钟。电视这么长的字幕，在电影中是不适宜的，难以存在。因为 90 分钟的影片，如果片头就占去 2 分 30 秒，那观众是会骂娘的，他们买票是来看故事情节或具体内容的，而不是来看字幕的。而电视是一种家庭艺术，人们可以边干活、边聊天、边看电视节目，字幕长短一般倒无所谓。但即便是这样，字幕太长亦不可取。观众关心的是故事情节、人物命运、节目内容，而不是演职员表。字幕过长，观众会产生厌烦的情绪，甚至不往下看了，这就直接影响观众对影视节目的欣赏。现在的影视节目，尤其是电视剧的片头、片尾字幕过长，还有一个原因，那就是影视节目中的歌曲。音乐家在作曲的时候，自然认为影视节目头尾长了，歌曲可以得到舒展发挥，而短了就不易做到。然而，好听的歌曲，观众愿意听，不动听的歌，观众会反感，会给字幕的实际效果带来不同的影响。一般来说，片尾与片头相比更不能过于长。电影的故事一结束，观众就要离座而去，对片尾字幕大多不关心；电视如果不是连续剧的话，故事情节或节目内容一结束，观众自然会变换频道而不看片尾字幕。

6. 衬底

字幕衬底有两种表现形式。一是无人物动作的字幕衬底，包括大理石、丝绒布、麻布、图片、绘画、图案、照片、固定性景物镜头等等，这种形式的字幕衬底单一、明显，在观看时，无任何干扰，但较呆板，缺乏生气。二是有人物动作的衬底，这包括两种方式。(1)有计划地拍摄 1～4 个镜头，这种形式是字幕衬底最佳的表现方法。它有一个整体的结构，同时又符合影视节目的内容，能高度地概括主题；(2)在原片中选择有人物动作、景物动作的镜头组接成片头、片尾的字幕衬底。这种形式也是可取的，但镜头不宜多，以 2~8 个为最适宜。在选择字幕衬底的镜头时，应当选择那些既反映主题，又高度概括内容，赋有哲理诗意、动作优美简练的镜头。字幕衬底的镜头画面如果动作性太大，过于繁杂，那就会直接影响观众观看字幕。因此，在选择衬底画面和处理字幕时，一定要全面考虑，系统规划，合理安排，字幕形式、画面内容和动作(人物动作、景物动作)幅度三者要相匹配、相吻合，才能达到内容与形式的统一。

总之，字幕是整部影视节目的门面，影视节目能否吸引观众，让观众对该片感兴趣，片头字幕起着一定的作用。中外许多著名影视艺术家，很讲究字幕的设计制作及其艺术效果，留下了不少字幕范例，值得所有影视工作者认真学习、研究和借鉴。

12.2　创建字幕

在学习了字幕的相关知识后，本节主要介绍如何使用字幕制作软件 Adobe Title Designer 设计并制作字幕。

12.2.1　字幕基本操作

Premiere Pro CS5 中内嵌了一款字幕设计制作软件 Adobe Title Designer，如图 12-1 所示。通过该软件，用户可以制作高质量的字幕，也可以绘制简单的图形。字幕和其他素材的使用方法类似，一般放置在高层视频轨道上与低层视频轨道中的素材进行合成。

图 12-1　Adobe Title Designer 界面

字幕在 Premiere Pro CS5 中不受项目的影响，作为一个独立的文件保存，这是由字幕制作软件的相对独立性决定的。在一个项目中允许同时打开多个字幕窗口，也可以打开先前保存的字幕进行修改。当字幕被保存之后，会自动添加到项目面板的当前文件夹中，并作为项目的一部分被保存起来。在 Premiere Pro CS1.5 版本之前，Premiere Pro 将所有字幕存储为独立的文件，可以像导入其他素材那样将其导入。当项目被保存时，字幕同时也被保存。

1．新建字幕

以下方法均可以新建一个字幕：执行菜单命令“文件”|“新建”|“字幕”或者快捷键 Ctrl+T; 执行菜单命令“字幕”|“新建字幕”，并选择一种字幕类型；单击项目窗口底部“新建分项”功能按钮，在弹出式列表菜单中选择“字幕”命令。在随后弹出的“新建字幕”对话框中设置字幕的规格并输入名称，如图 12-2 所示，单击“确定”按钮，启动 Adobe Title Designer 软件。

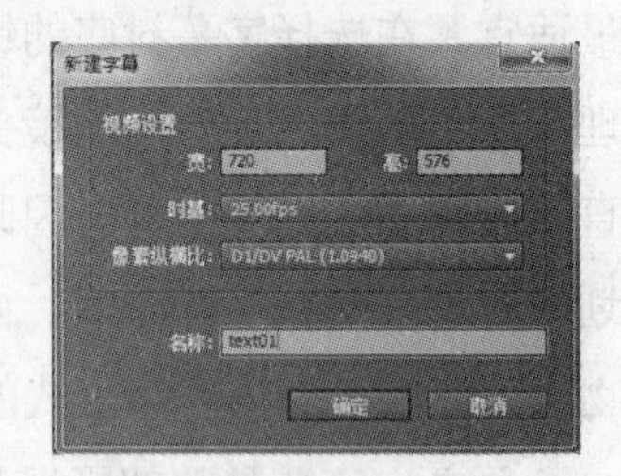

图 12-2　新建字幕属性设置

2．导入字幕

除了新建字幕之外，Premiere Pro CS5 还可以打开已经创建的字幕文件。执行“文件”|“导入”命令，在可导入的文件格式中选择 Adobe Title Designer 的文件，如图 12-3 所示。导入字幕文件后，在时间线窗口或在项目窗口中双击字幕文件，就可以使用 Adobe Title Designer 软件打开并编辑该字幕文件。

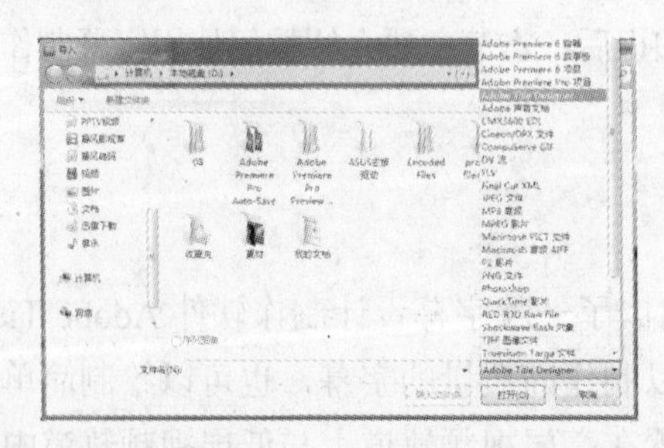

图 12-3　导入字幕文件

3. 保存字幕

当字幕设计制作完成后，需要保存字幕文件，其方法和保存项目的方法一样，在激活字幕设计器编辑窗口时，可以选择执行“存储”、“存储为”、“存储为副本”等命令保存编辑过的字幕文件。

4. 应用字幕

当字幕保存后，该字幕会以素材的形式自动出现在项目窗口中，将字幕素材文件拖放到时间线窗口的某一个视频轨道中，如图 12-4 所示，就可以使用该字幕文件。

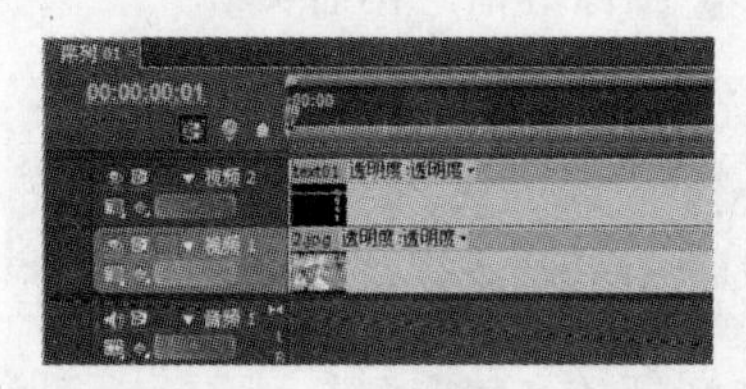

图 12-4 字幕文件添加到时间线序列

当字幕需要与背景视频素材叠加使用时，需要将字幕放置在高层视频轨道中，字幕会自动应用 Alpha 通道的透明方式与低轨道的视频素材合成，如图 12-5 所示。如果将视频素材放置在最低的视频 1 轨道，则以黑色填充 Alpha 通道。如果需要改变时间线窗口中字幕素材的持续时间，也与其他素材操作方法相同，可以执行“素材”|“速度/持续时间”命令修改，也可以使用编辑工具直接拖拽字幕素材边缘修改。

图 12-5 字幕合成效果

12.2.2 认识 Adobe Title Designer

在 Premiere Pro CS5 中，所有字幕都是在字幕设计器 Adobe Title Designer 内创建完成的，该软件不仅可以创建和编辑静态字幕，还可以制作出各种动态字幕效果。Adobe Title Designer 工作窗口主要由字幕编辑区、字幕工具区、字幕动作区、字幕属性区和字幕样式区组成，如图 12-6 所示。

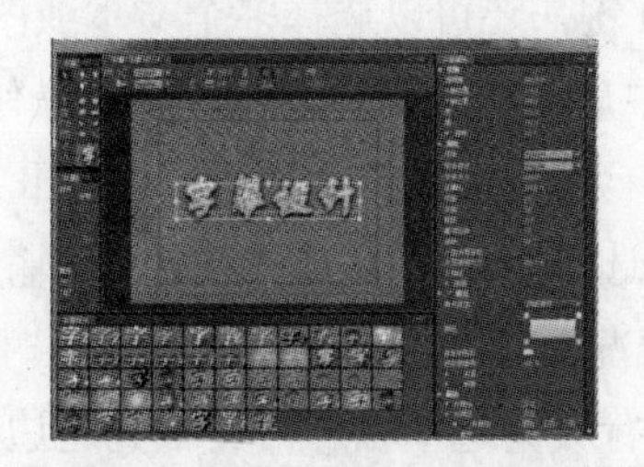

图 12-6 Adobe Title Designer 界面

1. 字幕编辑区

字幕编辑区是创建、编辑字幕的主要工作场所，不仅可在该面板内直观地了解字幕应用于影片后的效果，还可以直接对其进行修改。该区域又分为“字幕属性栏”和“字幕编辑区”两个部分，如图 12-7 所示。“字幕属性栏”可以实现基于当前字幕新建字幕、滚动/游动选项、字幕模板、字体、样式(加粗、倾斜、下划线)、大小、间距、行距、对齐方式、制表符设置、显示背景视频、背景视频时间码等字幕对象的常见属性设置，以便快速调整字幕对象，从而提高创建及修改字幕时的工作效率。“字幕编辑区”则是字幕编辑的场所，用来输入文本、图形、图像等信息内容。

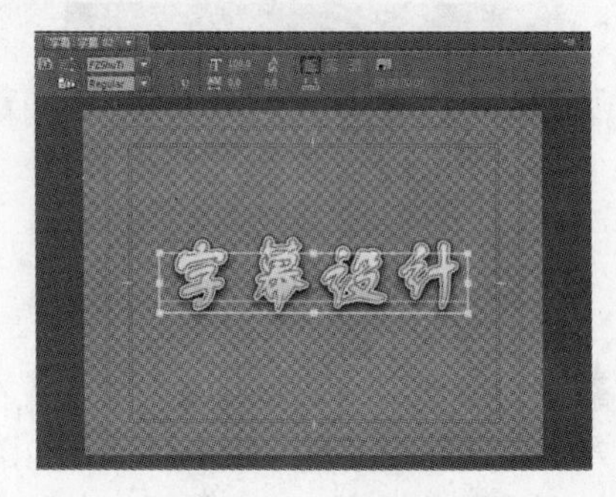

图 12-7　字幕编辑区

2. 字幕工具区

字幕工具面板内集合了字幕制作和编辑时所要用到的工具，如文字输入与修改工具、图形绘制与修改工具。

(1) 文字输入与修改工具

文字输入与修改工具，如图 12-8 所示，主要包括选择工具、旋转工具、水平和垂直文字工具、水平和垂直区域文字工具、路径和垂直路径文字工具 8 个工具。

图 12-8　文字工具

① 选择工具：利用该工具，只需要在字幕编辑面板内单击文本或者图形后，即可选择并移动该对象。此时，所选对象的周围将会出现 8 个控制点，通过调节控制点可以实现对对象的变形操作。结合 Shift 键，还可以选择多个文本或图形对象。

② 旋转工具：用于对选中后的文本或图形进行旋转操作。

③ 水平和垂直文字工具：水平文字工具用于输入水平方向上的文字，垂直文字工具用于输入垂直方向上的文字。选择上述两种工具后在需要输入文字的位置单击，即可开始输入文字。创建字幕时，默认情况下当文本到达安全框边界时不会自动换行。执行“字幕”|“自动换行”命令，将自动换行设为选中状态，文本到达边界时会自动换行。

④ 水平和垂直区域文字工具：水平区域文字工具用于在水平方向上输入多行文字，字幕排列方向从左到右。垂直区域文字工具用于在垂直方向上输入多行文字，字幕排列方向从右至左。在字幕编辑区按下鼠标左键不放，拖拽出一个文本框，在该文本框区域内即可输入文字。用区域文字工具定义出的文本框，字幕在区域内水平向右或向下延伸，当到达右边界或下边界时，自动跳转到下一行的左边界或上边界继续，直到区域内填满文字。

⑤ 路径和垂直路径文字工具：路径文字工具用于沿弯曲路径输入平行于路径的文字，垂直路径文字工具用于沿弯曲路径输入垂直于路径的文字。选择路径文字工具后，在字幕编辑区域中创建路径，单击可以创建折线，拖拽可以创建平滑的曲线，随后输入的文字将沿路径排列。在输入文字后，使用相应工具修改路径，文字将沿着修改后的路径方向排列。

(2) 路径输入与修改工具

Adobe Title Designer 内的路径是一种既可以反复调整的曲线对象，又具有填充颜色、线条宽度等文本或图形属性的特殊对象，主要有钢笔工具、添加定位点工具、删除定位点工具和转换定位点工具 4 个，如图 12-9 所示。

图 12-9　路径工具

① 钢笔工具：使用该工具用于创建和调整路径。选择钢笔工具后在字幕编辑区域的不同位置单击，产生定位点，定位点之间连接形成直线，反复连续操作可以绘制折线，首尾相接则可以创建不规则的封闭多边形。选择钢笔工具后在字幕编辑区域单击，同时按住鼠标左键拖拽鼠标形成曲线，用定位点上的手柄控制线段的曲度，手柄越长，线段曲度越大。弯曲的线段与手柄相切，反复连续操作可以绘制波浪线，首尾相连则可以创建闭合的曲线。此外，还可通过调整路径的形状而影响由“路径输入工具”和“垂直路径输入工具”所创建的路径文字。

② 添加定位点工具：使用该工具可在绘制好的路径上增加新的定位点，常与“钢笔工具”结合使用。路径上的定位点数量越多，用户对路径的控制也就越灵活，路径所能够呈现出的形状也就越复杂。

③ 删除定位点工具：使用该工具可以减少路径上的定位点，并连接与删除的定位点相邻的定位点，当所有的定位点都被删除后，路径对象也会随之消失。

④ 转换定位点工具：使用该工具可以转换直线点和曲线点，还可以调整定位点的手柄控制线，起到调整曲线曲度与形状的作用。

(3) 图形绘制与修改工具

图形绘制与修改工具，如图 12-10 所示，主要包括矩形、圆角矩形、切角矩形、圆矩形、楔形、弧形、椭圆形和直线工具 8 个。

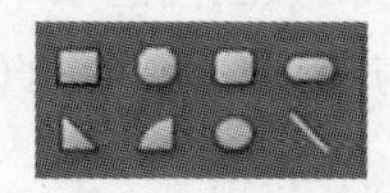

图 12-10　图形工具

① 矩形工具：该工具用于绘制矩形图形，配合 Shift 键使用可以绘制正方形。

② 圆角矩形工具：该工具用于绘制圆角矩形，配合 Shift 键使用可以绘制出长宽相同的圆角矩形。

③ 切角矩形工具：该工具用于绘制八边形，配合 Shift 键使用可以绘制出正八边形。

④ 圆矩形工具：该工具用于绘制形状类似于胶囊形状的图形，与圆角矩形工具的差别在于圆角矩形工具绘制的图形具有 4 条直线边，而圆矩形工具绘制的图形只有 2 条直线边。

⑤ 楔形工具：该工具用于绘制不同样式的三角形。

⑥ 弧形工具：该工具用于绘制封闭的弧形对象。

⑦ 椭圆形工具：该工具用于绘制椭圆图形。

⑧ 直线工具：该工具用于绘制直线，配合 Shift 键使用可以绘制出 45°倍数方向的直线。

3. 字幕动作区

(1) 对齐工具

使用对齐选项组内的工具时，至少需要选择 2 个对象，如图 12-11 所示。

图 12-11　对齐工具

① 水平左对齐：该工具将所选对象以最左侧对象的左边线为基准进行对齐。

② 水平居中对齐：该工具将所选对象以水平方向中垂线为基准进行对齐。

③ 水平右对齐：该工具将所选对象以最右侧对象的右边线为基准进行对齐。

④ 垂直顶对齐：该工具将所选对象以最上方对象的顶边线为基准进行对齐。

⑤ 垂直居中对齐：该工具将所选对象以垂直方向中垂线为基准进行对齐。

⑥ 直底对齐：该工具将所选对象以最下方对象的底边线为基准进行对齐。

(2) 居中工具

居中工具主要以屏幕窗口来定位，如图 12-12 所示。

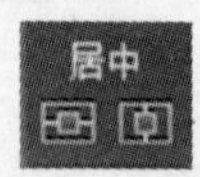

图 12-12　居中工具

① 水平居中：在垂直方向上，与视频画面的水平中心保持一致。

② 垂直居中：在水平方向上，与视频画面的垂直中心保持一致。

(3) 分布工具

使用分布选项组内的工具时，至少需要选择 3 个对象，如图 12-13 所示。

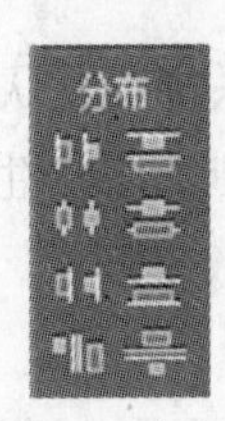

图 12-13　分布工具

① 水平靠左：该工具以所选对象的左边线为界，使相邻对象的左边线间距保持一致。

② 水平居中：该工具以所选对象的水平中心线为界，使相邻对象的中心线间距保持一致。

③ 水平靠右：该工具以所选对象的右边线为界，使相邻对象的右边线间距保持一致。

④ 水平等距间隔：该工具以所选对象的左、右边线为界，使相邻对象的水平间距保持一致。

⑤ 垂直靠上：该工具以所选对象的顶边线为界，使相邻对象的顶边线间距保持一致。

⑥ 垂直居中：该工具以所选对象的垂直中心线为界，使相邻对象的中心线间距保持一致。

⑦ 垂直靠下：该工具以所选对象的底边线为界，使相邻对象的底边线间距保持一致。

⑧ 垂直等距间隔：该工具以所选对象的顶、底边线为界，使相邻对象的垂直间距保持一致。

4．字幕属性区

在字幕属性面板中共有变换、属性、填充、描边、阴影和背景 6 个方面的内容。

(1) 字幕变换

字幕变换，如图 12-14 所示，主要包括透明度、X 轴位置、Y 轴位置、宽、高、旋转 6 个参数的调整。

(2) 字幕属性

字幕属性，如图 12-15 所示，主要包括字体、字体样式、字体大小、纵横比、行距、字距、跟踪、基线位移、倾斜、小型大写字母、大写字母尺寸、下划线、扭曲 13 个参数的调整。

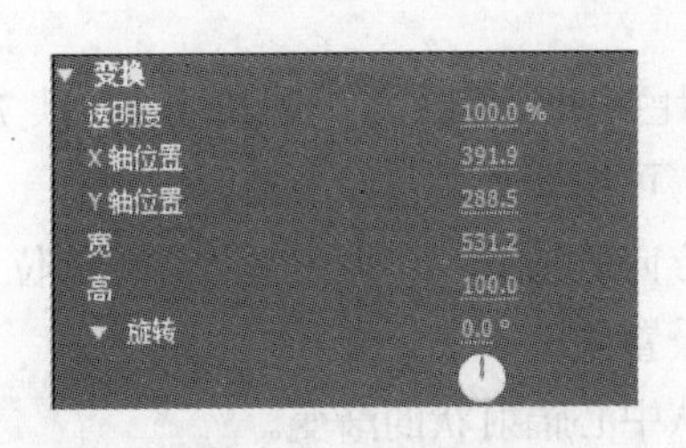

图 12-14　变换属性

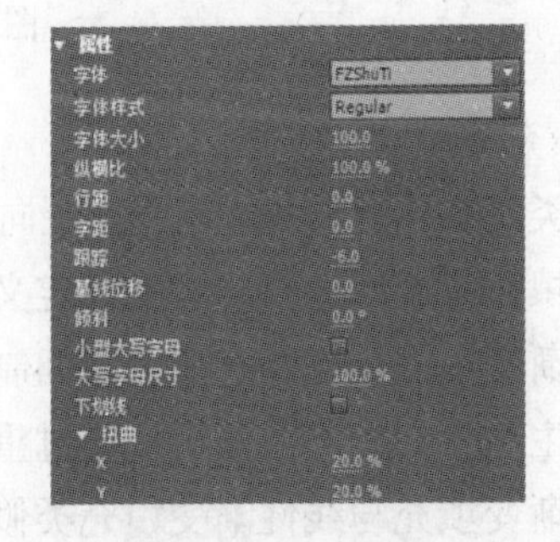

图 12-15　字幕属性

① 字体：单击该按钮，可从下拉菜单中选择需要的字体，有些字体还有加粗、斜体

的风格选项。由于 Adobe Title Designer 系统的默认字体是英文，没有中英文自动识别功能，用户在输入中文时应选择中文字体，否则将会产生乱码。

② 字体样式：字体样式主要有加粗、倾斜、下划线等。

③ 字体大小：指定字体的字号大小。

④ 纵横比：设置字幕高度与宽度的比值，默认值是 100%，表示高度与宽度相同。

⑤ 行距：设置字幕行与行之间的间距，调整范围为-500~+500。

⑥ 字距：对多个字符进行调整时，保持首字符位置不变，向右平均分配字符间距，调整范围为-100~+100。

⑦ 跟踪：对多个字符进行调整时，平均分配所选择的每个相邻字符的位置，调整范围为-100~+100。

⑧ 基线位移：在文字当前位置基础上，提高或者降低它的当前位置，如果是路径文字则调整与路径之间的距离，调整范围为-100~+100。

⑨ 倾斜：该工具使字符产生左右倾斜的效果，调整范围为-44.0 度~+44.0 度。

⑩ 小型大写字母：该工具是否将选择的文字全部转换为大写字母，原文字是大写字母的将不发生变化。

⑪ 大写字母尺寸：与“小型大写字母”参数配合使用，调整变化后的大写字母的缩放，原文字是大写字母的无法调整，调整范围为 1%~100%。

⑫ 下划线：在文字下方产生一条下划线。

⑬ 扭曲：通过调整 X、Y 轴的比例值改变字符形状，调整范围为-100%~+100%。

(3) 填充属性

填充属性，如图 12-16 所示，包括填充类型、光泽和材质 3 个参数及其相应的子选项，在应用填充前，需要先选中填充前面的选择框。

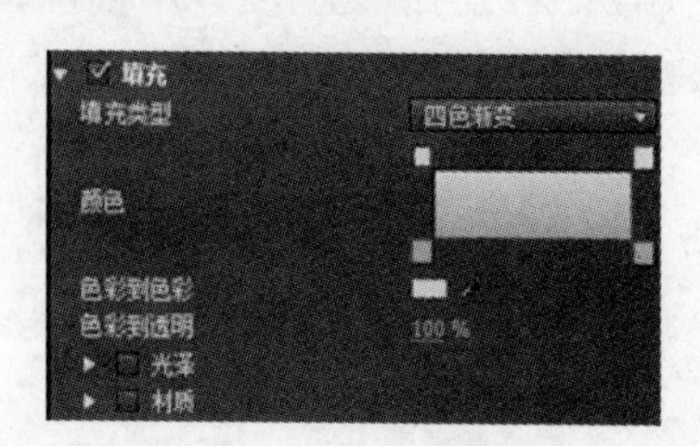

图 12-16　填充属性

① 填充类型

填充类型有实色、线性渐变、径向渐变、四色渐变、斜面、消除和残像，共 7 种类型。

实色填充方式即选择一种颜色定义给文字，可以调整颜色的不透明度。

线性渐变填充是在两种颜色之间制作直线方向的渐变，可调整每种颜色的位置、不透明度和产生渐变的方向，还可以通过重复数值设置创造条纹效果。

径向渐变填充与线性渐变填充类似，产生从中心辐射状的渐变。

四色渐变填充可以在矩形的四个顶点方向设置四种颜色的渐变，没有颜色位置与渐变角度调整。

斜面填充通过高光色、阴影色、照明角度等参数调整，产生立体化效果的工具。

消除填充使整个文字透明，仅保留文字的描边效果。

残像填充使整个文字透明，保留描边效果和阴影效果。

② 光泽

光泽设置是填充设置的子菜单，可为对象表面添加一道彩条。应用光泽效果需要选中光泽选项，展开属性下拉菜单。可在参数设置中调整颜色透明度、大小、角度及位置偏移量等。

③ 材质

材质设置是填充设置的子菜单，可以选择图形图像文件(包括位图和矢量图)作为对象的材质(即贴图功能)，以增加屏幕文字和图形的表现力。应用材质效果需要选中材质选项，展开属性下拉菜单。在菜单中可以选择贴图材质，设置贴图是否跟随对象一起翻转和旋转，缩放材质，当贴图小于对象时是否边角连续，对齐方式和贴图位置偏移等选项。此外，还可以使用混合选项定义多种填充之间的运算方式。

(4) 描边属性

描边属性，如图 12-17 所示，是以某种填充方式为对象(文字或图形)建立边缘效果。以对象边际为界限分为内侧边与外侧边两大类，每一类中又有凸出、凹进和深度 3 种描边类型。在描边的设置中可以使用 7 种填充类型，并且可以同时对同一个对象应用多个描边效果。另外，还可以调整描边的颜色、透明度、大小、光泽和材质等参数。

图 12-17　描边属性

(5) 阴影属性

阴影属性，如图 12-18 所示，可以为对象添加阴影效果增强空间感觉。虽然可以使用描边属性制作阴影效果，也可以通过将描边填充设置为带有透明度渐变的方法得到有羽化效果的阴影，但在阴影设置中提供的参数调整更为便捷，包括设置阴影颜色、阴影透明度、阴影角度、阴影距离、阴影大小和阴影扩散程度等参数。通过上述参数的调节，可以一步到位地为对象制作理想的阴影，不仅比使用描边属性效率高而且效果好。

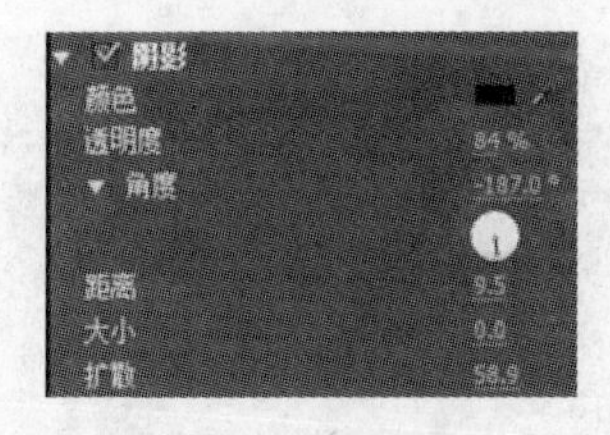

图 12-18　阴影属性

(6) 背景属性

背景属性，如图 12-19 所示，用来为文字对象添加背景效果，主要有背景颜色、填充类型、透明度、大小、材质等属性参数的设置。

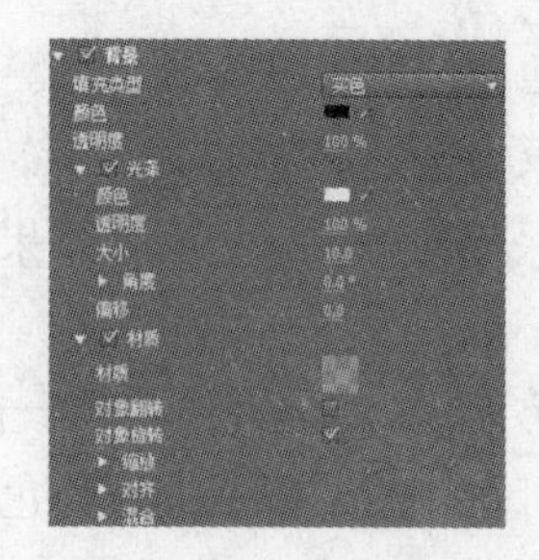

图 12-19　背景属性

5．字幕样式区

字幕样式面板中存放着 Premiere Pro CS5 软件内置的各种预置字幕样式，如图 12-20 所示。利用这些字幕样式，用户只需创建字幕内容后，即可快速获得各种精美的字幕素材，不仅可以用于字幕对象，还可以用于图形对象。各种字幕样式实质上是记录着不同属性的属性参数值，而应用字幕样式便是将这些属性参数值赋值给当前选择的对象。

图 12-20　字幕样式区

12.2.3　创建各种类型字幕

文本字幕有多种类型，Adobe Title Designer 不仅能够创建基本的静态形式的水平文本字幕和垂直文本字幕，还能够创建路径文本字幕以及动态字幕。

1．创建静态文本字幕

(1) 创建水平文本字幕

水平文本字幕是指沿水平方向进行分布的字幕类型。在字幕编辑面板中，使用“水平文字工具”在编辑窗口任意位置单击，即可输入相应的文字，从而创建水平文本字幕，如图 12-21 所示。

图 12-21　水平文本字幕

在输入文本内容的过程中，按 Enter 键可实现换行，从而使接下来的内容另起一行。此外，使用“水平区域文字工具”在字幕编辑窗口内绘制文本框，并输入文字内容后，还可创建水平多行文本字幕，如图 12-22 所示。

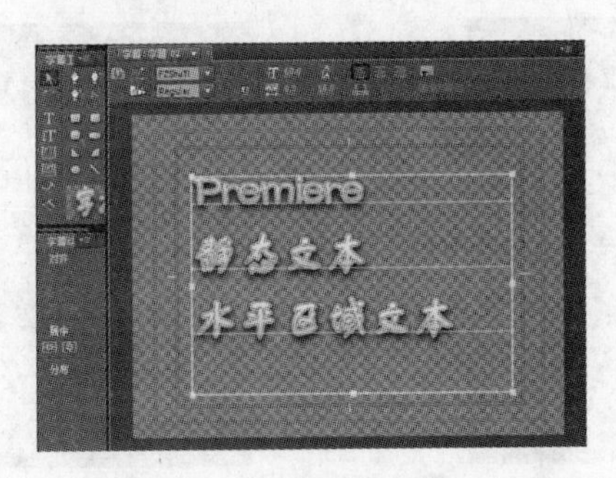

图 12-22　静态水平区域文本

在实际应用中，虽然使用“文字输入工具”时只需按回车键即可获得多行文本效果，但仍旧与“区域文字工具”所创建的水平多行文本字幕有着本质的区别。例如，当使用“选择工具”拖动文本字幕的边角控制点时，文本字幕将会随着控制点位置的变化而变形；但在使用相同方法调整多行文本字幕时，只是文本框的现状发生了变化，从而使文本的位置发生变化，但文字本身却不会有什么改变。

(2) 创建垂直文本字幕

垂直文本字幕的创建方法与水平文本字幕的创建方法基本一样。例如，使用“垂直文字工具”在字幕编辑窗口内单击后，输入相应的文字内容即可创建垂直文本字幕；使用“垂直区域文字工具”在编辑窗口内绘制文本框后，输入相应的文字即可创建垂直多行文本字幕，如图 12-23 所示。

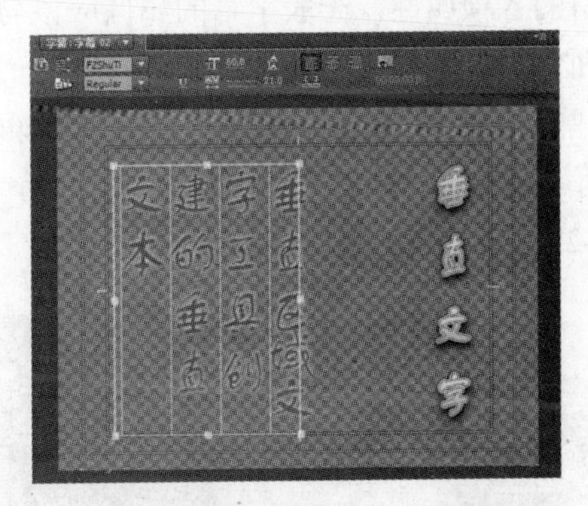

图 12-23　垂直文本字幕

2．创建路径文本字幕

路径文本字幕的特点是能够通过调整路径形状而改变字幕的整体形态，但必须依附于路径才能够存在。其创建方法如下。

使用“路径文字工具”单击字幕编辑窗口内的任意位置后，创建路径的第一个定位点，使用相同的方法创建第二个定位点，并通过调整定位点上的控制句柄来修改路径现状，如

图 12-24 所示。

完成路径的绘制后，使用相同的工具在路径中单击，直接输入文本内容，即可完成路径文本的创建，如图 12-25 所示。

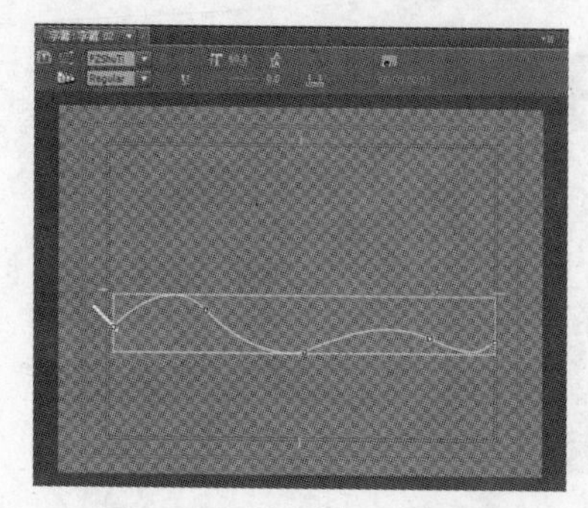

图 12-24　绘制的文字路径

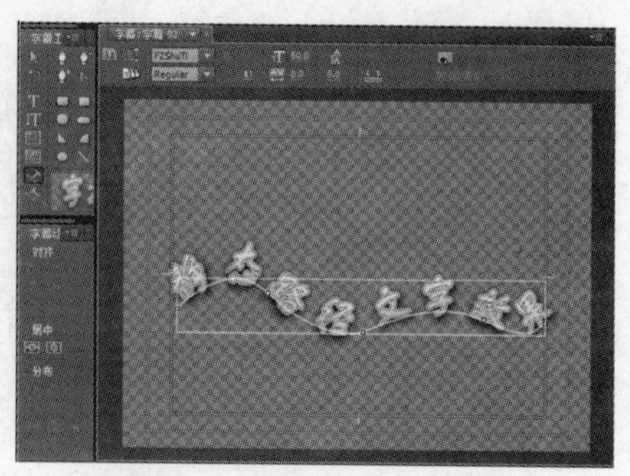

图 12-25　静态路径文字效果

运用相同的方法，使用“垂直路径文字工具”，则可创建出沿路径垂直方向的文本字幕。

3．创建动态文本字幕

动态字幕是指文本字幕本身可以运动的字幕，主要有游动字幕和滚动字幕两种类型。

(1) 创建游动字幕

游动字幕是指在屏幕上进行水平运动的动态字幕，分为从左至右游动和从右至左游动两种方式。其中，从右至左游动是游动字幕的默认设置，电视节目制作时也多用于滚动播报信息，在 Premiere 中，游动字幕的创建方法如下。

在 Premiere 主界面中，执行“字幕”｜“新建字幕”｜“默认游动字幕”命令，在弹出的对话框内设置字幕素材的各项属性，一般字幕的属性应该与项目文件在帧尺寸、帧速率和像素纵横比等属性方面保持一致，如图 12-26 所示。

接下来，即可按照创建静态字幕的方法，在打开的字幕编辑窗口内创建游动字幕。完成后，选择文本字幕，执行“字幕”｜“滚动/游动选项”命令，在弹出的对话框中设置相应属性的参数值，如图 12-27 所示。

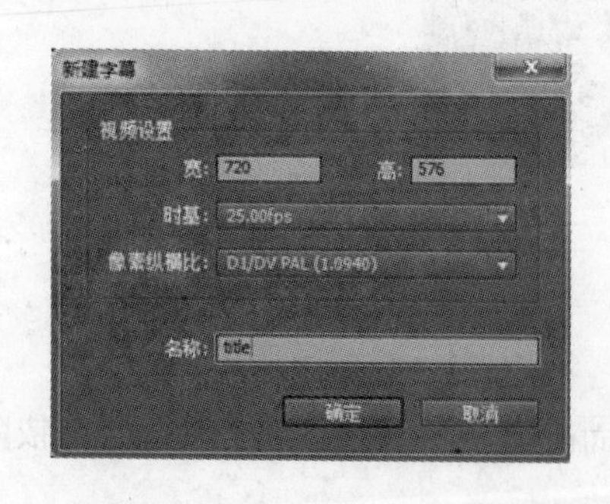

图 12-26　“新建字幕”窗口

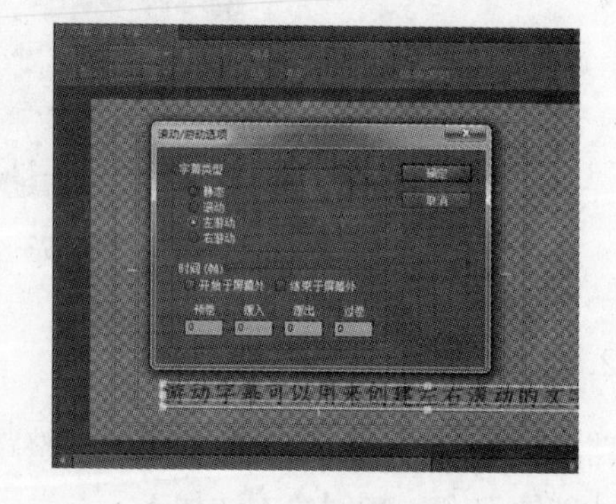

图 12-27　游动字幕

在“滚动/游动选项”对话框中，各选项的含义及其作用如表 12-1 所示。

表 12-1　“滚动/游动选项”各选项的含义与作用

选项组	选项名称	作用
字幕类型	静态	将字幕设置为静态字幕
	滚动	将字幕设置为滚动字幕
	左游动	将字幕设置为从右向左运动
	右游动	将字幕设置为从左向右运动
时间(帧)	开始于屏幕外	将字幕运动的起始位置设于屏幕外侧
	结束于屏幕外	将字幕运动的结束为止设于屏幕外侧
	预卷	字幕在运动之前保持静止的帧数
	缓入	字幕在到达正常播放速度之前，逐渐加深的帧数
	缓出	字幕在即将结束运动之时，逐渐减速的帧数
	过卷	字幕在运动之后保持静止的帧数

(2) 创建滚动字幕

滚动字幕的效果是从屏幕下方逐渐向上运动，在影视节目制作中多用于节目末尾演职员表的制作。在 Premiere 主界面中，执行“字幕”|“新建字幕”|“默认滚动字幕”命令，在弹出的对话框内设置字幕素材的各项属性，即可按照创建静态字幕的方法，在打开的字幕编辑窗口内创建滚动字幕。完成后，选择文本字幕，执行“字幕”|“滚动/游动选项”命令，在弹出的对话框中设置相应属性的参数值，即可完成滚动字幕的创建，如图 10-28 所示。

图 12-28　滚动字幕

12.2.4　字幕样式

字幕样式是 Premiere 预置的字幕属性设置方案，作用是帮助用户快速设置字幕属性，从而获得效果精美的字幕素材。在“字幕样式”面板中，不仅能够应用预设的样式效果，还可以自定义文字样式。

1．应用字幕样式

在 Premiere 中，字幕样式的应用方法极其简单，用户只需在输入相应的字幕文本内容后，在“字幕样式”面板内单击某个字幕样式的图标，即可将其应用于当前的字幕文本。

如果需要有选择性地应用字幕样式所记录的字幕属性，则可在“字幕样式”面板的弹出式菜单中，如图 12-29 所示，执行“应用带字体大小的样式”或“仅应用样式颜色”命令即可。

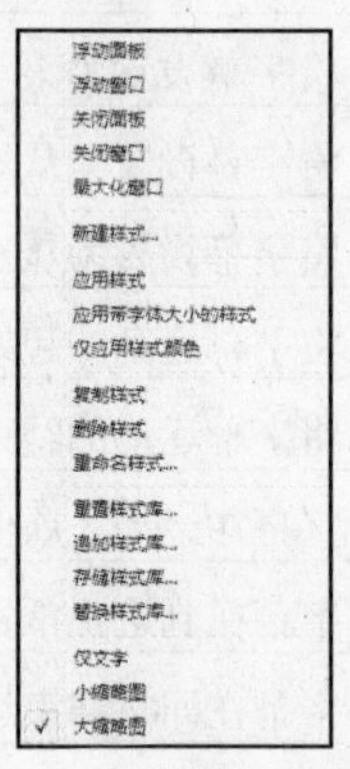

图 12-29　字幕样式面板菜单

2. 创建字幕样式

为了进一步提高用户创建字幕时的工作效率，Premiere 还为用户提供了自定义字幕样式的功能。这样一来，便可将采用的字幕属性配置方案保存起来，从而便于随后设置相同属性或相近属性时使用。

新建字幕素材后，使用“文字工具”在字幕编辑窗口内输入字幕文本。然后在“字幕属性”面板内调整字幕的字体、字号、颜色、填充效果、描边效果和阴影等。完成后，在“字幕样式”面板内单击“面板菜单”按钮，执行“新建样式”命令。在弹出的“新建样式”对话框中输入字幕样式名称后，单击“确定”按钮，Premiere 便会以该名称保存字幕样式。此时，即可在“字幕样式”面板内查看到所创建字幕样式的预览图，如图 12-30 所示。

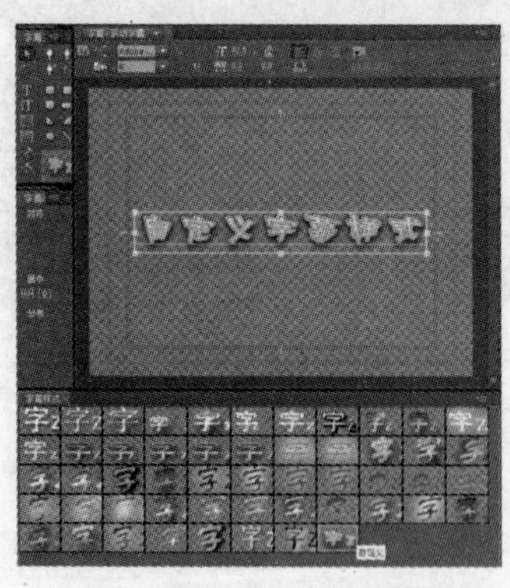

图 12-30　自定义字幕样式

12.2.5　字幕模板

Premiere 预置有大量精美的字幕模板，借助这些字幕模板可以快速完成字幕素材的创建工作，从而减少编辑项目所花费的时间，提高工作效率。在 Premiere 中，既可以从模板中新建字幕，还可以在新建的字幕中应用模板，以及将新建的字幕保存为模板。

1. 使用字幕模板

(1) 基于模板创建字幕

在 Premiere 主界面中，执行“字幕”|“新建字幕”|“基于模板”命令，在打开的“新建字幕”对话框中，从左侧树状结构的字幕模板列表中选择某一字幕模板后，即可在右侧预览区域内查看该模板的效果，如图 12-31 所示。

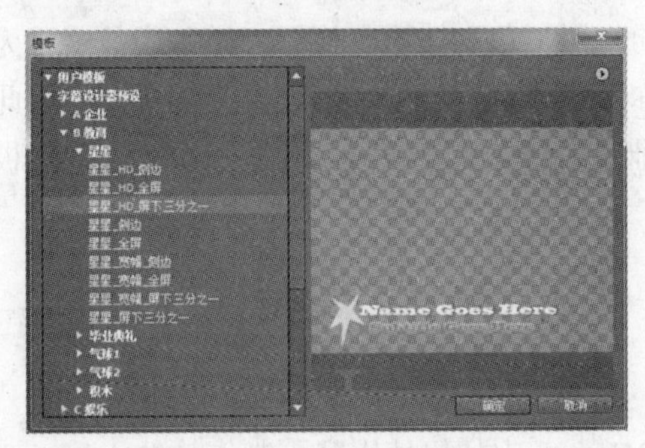

图 12-31　字幕模板

选择合适的字幕模板，并在“新建字幕”对话框内的“名称”文本框中输入字幕名称后，单击“确定”按钮，即可利用所选模板创建字幕素材。接下来，调整字幕文本、图像及其他元素的属性，并进行其他字幕编辑操作后，即可获得一个全新的字幕素材，如图 12-32 所示。

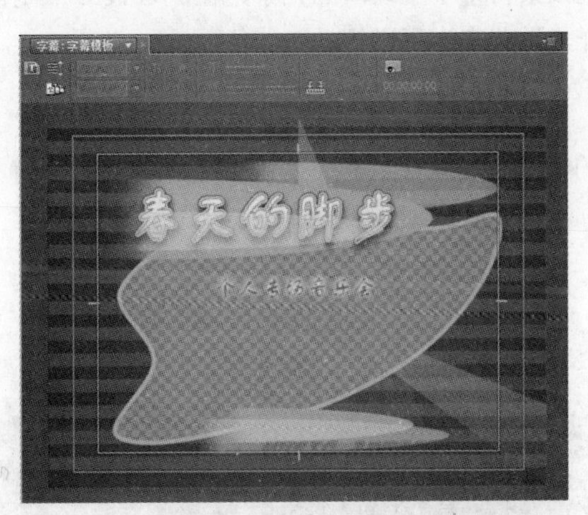

图 12-32　字幕面板应用效果

(2) 为字幕应用字幕模板

Premiere 不仅能够直接从字幕模板创建字幕素材，还允许用户在编辑字幕的过程中应用字幕模板，其方法如下：在“字幕编辑”面板中，单击属性栏中的“模板”按钮，打开“模板”对话框。在“模板”对话框左侧的树状结构字幕模板列表中选择某一个字幕模板后，单击对话框内的“确定”按钮，即可将其应用于当前字幕。接下来，用户所要做的便是根据自己的需要修改字幕内容和属性。

2. 创建字幕模板

Premiere 不仅允许用户利用字幕模板快速创建字幕素材，还允许用户将常用的字幕素材保存为模板。这样一来，便可在随后的影片编辑工作中利用这些模板快速创建相同或类似的字幕素材。Premiere 中将当前所编辑的字幕保存为模板的方法如下：在“字幕编辑”面板完成字幕的编辑工作后，单击属性栏内的“模板”按钮，在弹出的“模板”对话框中，单击模板预览区域上方的“黑三角”按钮。执行“导入当前字幕为模板”命令，并在弹出的对话框内设置模板名称后，即可将当前字幕设置为字幕模板。此时，Premiere 会在对话框左侧的模板列表中，将刚刚创建的自定义模板显示在“用户模板”选项的下方。

12.3　字幕制作实例

前面已经学习了在 Premiere 中如何使用字幕制作软件 Adobe Title Designer 设计并制作字幕，这节内容将结合具体的实例来详细讲解静态文本字幕、路径文本字幕和滚动字幕的制作过程。

12.3.1　静态文本字幕的制作

静态文本字幕是视频素材中不可或缺的元素，在 Premiere 中制作起来也较为简单，本案例结合文本字幕的样式设置来进行讲解。

1. 实例目标

使用 Premiere 中的字幕制作软件 Adobe Title Designer 制作出静态文本字幕，熟悉静态文本字幕制作的一般方法和步骤。

2. 实例效果图

本实例的最终效果，如图 12-33 所示。

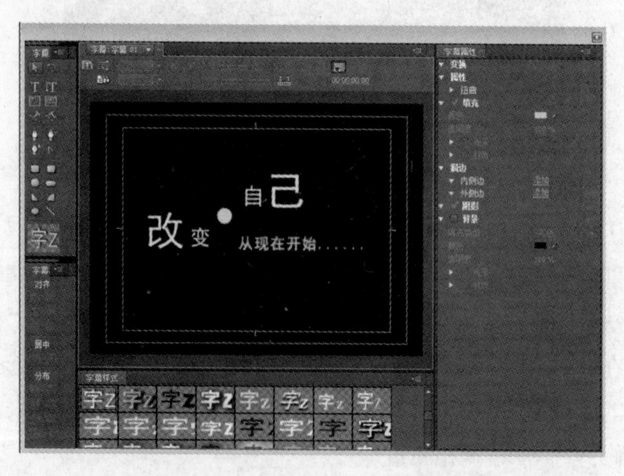

图 12-33　静态文本字幕效果图

3. 制作思路与关键步骤分析

制作的思路较为简单，首先是将需要呈现的文字内容按照需求输入到字幕版上，接着将文字都设置成合适的样式，最后对它们进行排列，直到到达效果为止。整个实例中较为关键的步骤是对文本的排列。

4. 操作步骤

(1) 在 Premiere 项目文件中，执行菜单命令“文件” | “新建字幕” | “默认静态字幕”来新建字幕文件，如图 12-34 所示。

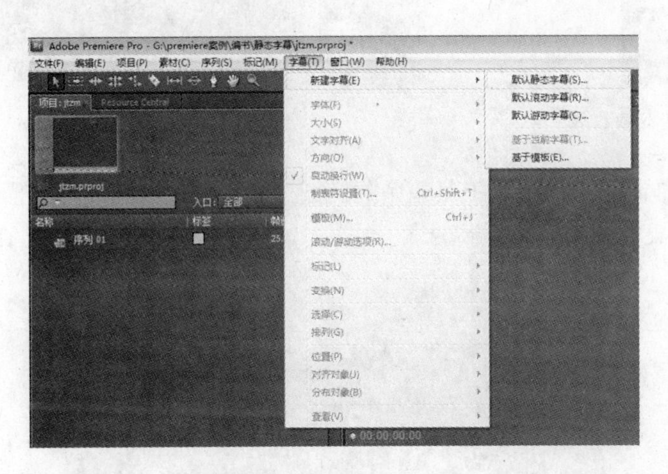

图 12-34　新建静态文本字幕

(2) 双击项目面板中的“字幕 01”，打开字幕编辑对话框，使用文本工具输入文字“改变”、“自己”、“从现在开始……”，如图 12-35 所示。注意在输入文本内容之后，经常会出现文字无法识别的现象，将文本的字体类型改为文字可识别的字体即可。

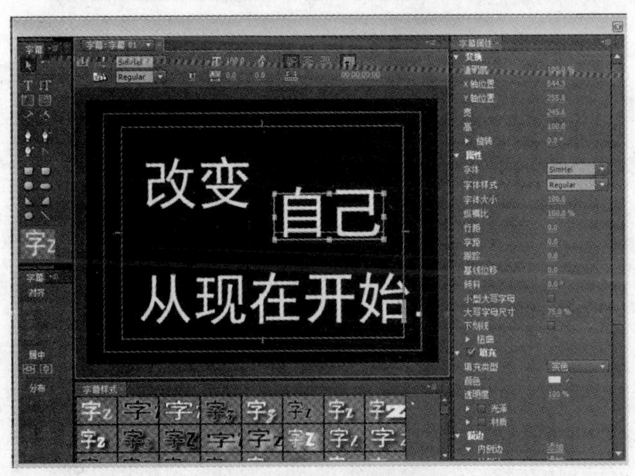

图 12-35　输入文本内容

(3) 将“改变”、“自己”、“从现在开始……”，调整为合适的字号和样式，具体参数如图 12-36 所示。显示效果如图 12-37 所示。

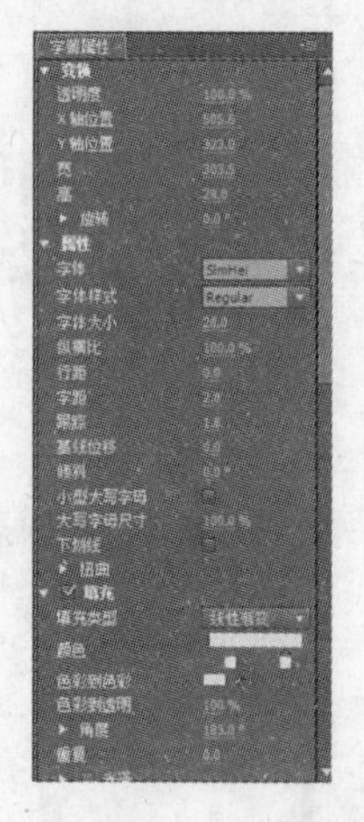
图 12-36　文本参数

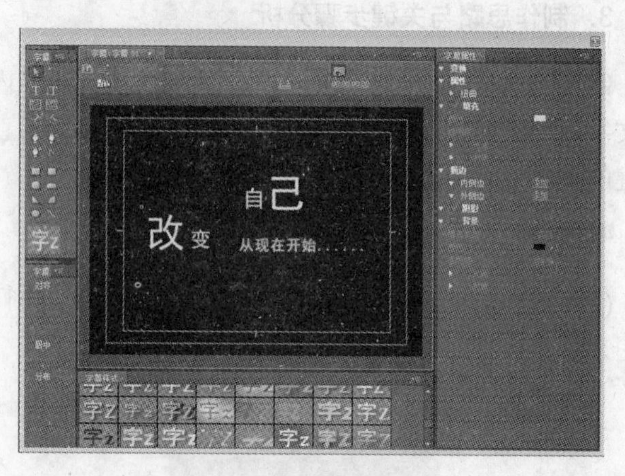

图 12-37　文本效果

(4) 使用字幕制作对话框中工具箱中的椭圆工具绘制黄色的实心圆圈，作为静态字幕的修饰元素，效果如图 12-38 所示。

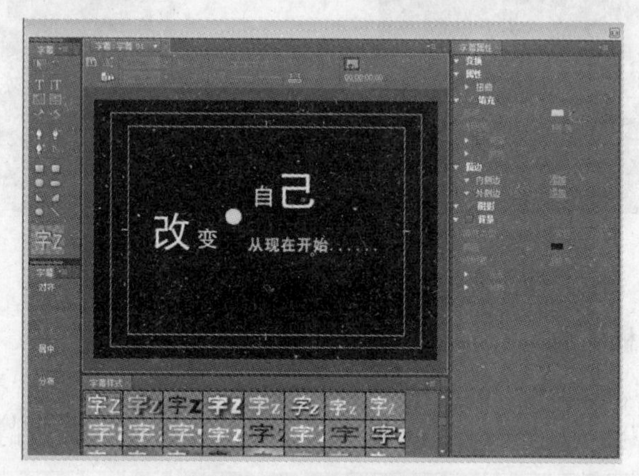

图 12-38　最终效果图

(5) 对字幕进行微调直到满意为止，保存字幕，案例制作完成。

12.3.2　路径文本字幕的制作

路径文本字幕能较好的修饰文字，并且能够制作出特殊效果，在 Premiere 字幕制作过程中属于较为实用的内容，本案例将对路径文字制作的一般方法进行讲解分析。

1. 实例目标

使用 Premiere 中 Adobe Title Designer 工具箱中的路径文本工具制作路径文字，并结合具体背景对路径文字进行修饰。

2. 实例效果图

路径文本字幕的最终效果，如图 12-39 所示。

图 12-39　路径文本字幕效果图

3. 制作思路与关键步骤分析

案例的制作思路，首先为即将输入的文字绘制路径，调整好路径之后输入要显示的文字，接着调整文字的间距和样式等，直到达到效果为止。路径文字的关键之处在于绘制路径，即对钢笔工具的使用。

4. 操作步骤

(1) 新建字幕文件，打开字幕编辑对话框，选择工具箱中的路径文字工具，如图 12-40 所示，绘制文字使用的路径，如图 12-41 所示。

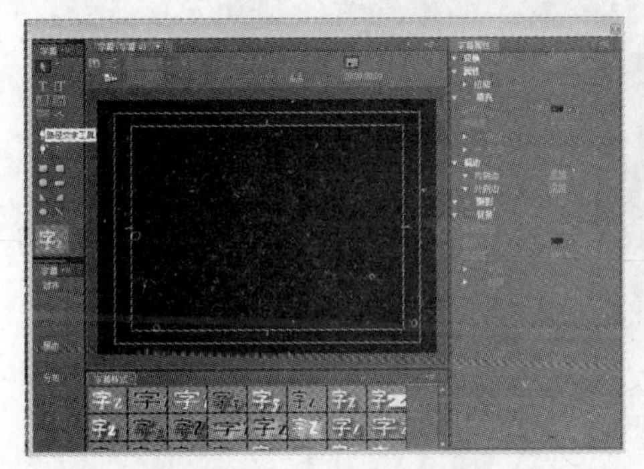

图 12-40　路径文本工具

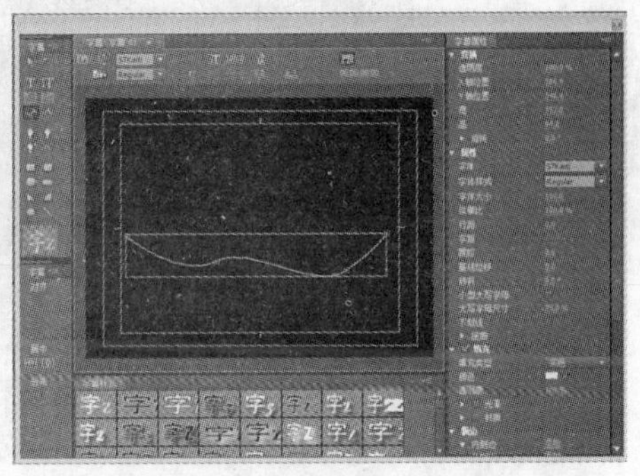

图 12-41　绘制路径效果

(2) 在绘制好的路径中，输入要显示的文字“美丽的季节”，如图 12-42 所示。

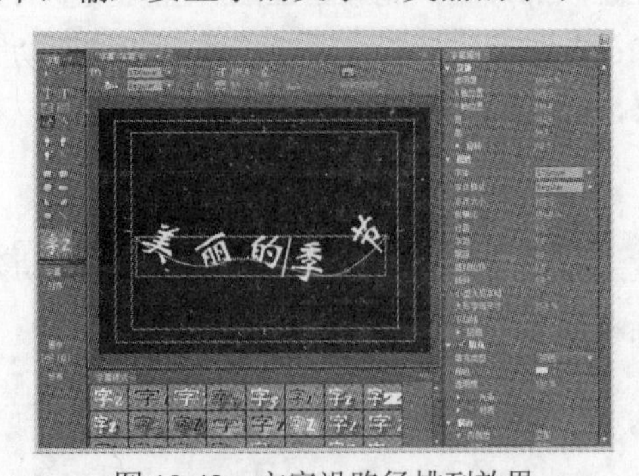

图 12-42　文字沿路径排列效果

(3) 选中“季节”两个字，调整路径文字的密集度为-50，让“季节”两个文字更加紧密，并对文字应用已有的字幕样式，效果如图 12-43 所示。

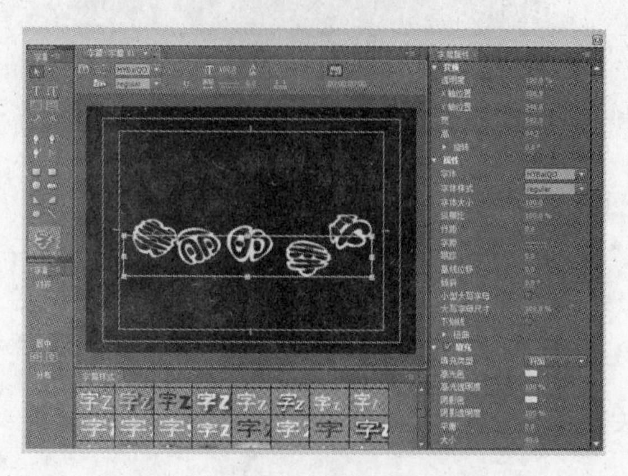

图 12-43　调整好的路径文字效果

(4) 将图片“大自然.jpg”导入到 Premiere 项目中，并将其放在视频轨道 1 上，将制作好的路径文本字幕放在视频轨道 2 上，调整它们的位置，可以更好的看到路径文字与图像相结合的效果，如图 12-44 所示。

图 12-44　路径文字最终效果

12.3.3　滚动字幕的制作

滚动字幕一般出现在视频的片尾，能够通过滚屏呈现较多的文字信息，是一种比较有用的文本处理方式。在 Premiere 字幕制作中，可以通过新建滚动字幕来实现。本案例将详细分析如何制作滚动字幕，并实现字幕在屏幕中间的暂停效果。

1. 实例目标

实现滚动字幕显示效果，让字幕滚动从屏幕下方出现，滚动到屏幕中间位置时暂停 4 秒，最后继续滚动并于屏幕顶部消失。

2. 实例效果图

滚动字幕的最终效果，如图 12-45 所示。

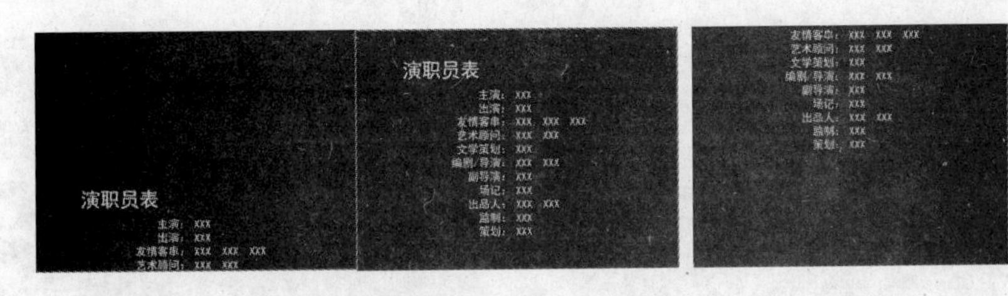

图 12-45　滚动字幕效果图

3．制作思路与关键步骤分析

在制作这个案例时，首先新建滚动字幕，设置字幕从底部出现，并在中间暂停，然后通过静态文本字幕让其在屏幕中暂停 4 秒，最后新建滚动字幕设置为滚动到顶部消失，调整这 3 个文件素材的时间显示长度，达到预期效果。本例的关键在于设置滚动字幕参数及结合静态文本字幕的功能实现文本信息暂停于屏幕之上的效果。

4．操作步骤

(1) 在 Premiere 项目文件中，执行菜单命令“文件”｜“新建字幕”｜“默认滚动字幕”来新建字幕文件，如图 12-46 所示。

(2) 双击项目管理器中的素材“字幕 01”，打开字幕编辑对话框，并输入要显示的字幕，调整文字的大小，显示效果如图 12-47 所示。

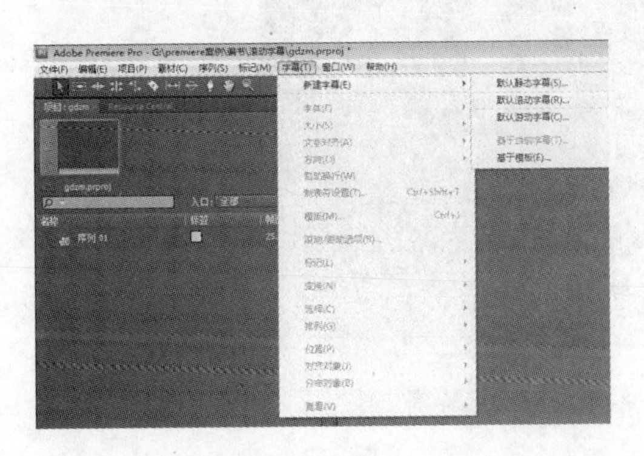

图 12-46　新建滚动字幕

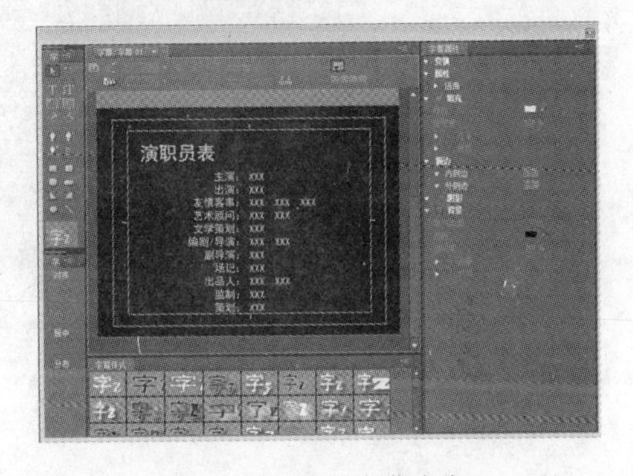

图 12-47　滚动字幕内容

(3) 将素材“字幕 01”拖到视频轨道 1 上，在节目监视器上预览效果，可以看到字幕从屏幕下方滚动到屏幕中间，瞬间消失，没有暂停时间。

(4) 在项目素材管理器中，复制并粘贴素材“字幕 01”两次，得到两个“字幕 01”的副本，分别将其改名为“字幕 02”和“字幕 03”，如图 12-48 所示。

(5) 双击项目素材管理器中的“字幕 02”，执行菜单命令“字幕”｜“滚动/游动选项”，将“字幕 02”的字幕类型修改为静态，如图 12-49 所示。此时“字幕 02”变为静态文本字幕，将“字幕 02”中的文字位置调整到屏幕的中间，如图 12-50 所示。

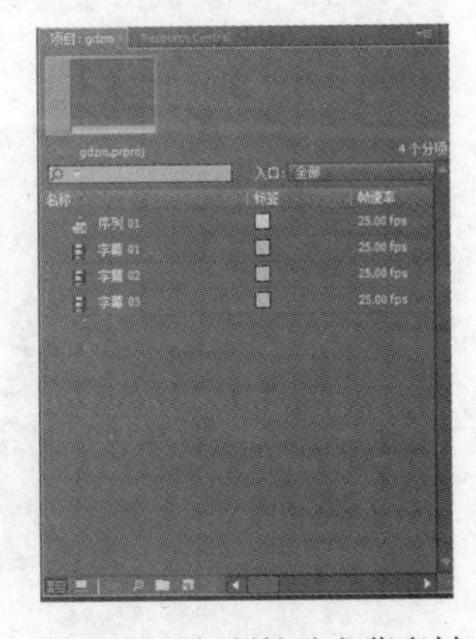

图 12-48　复制粘贴字幕素材

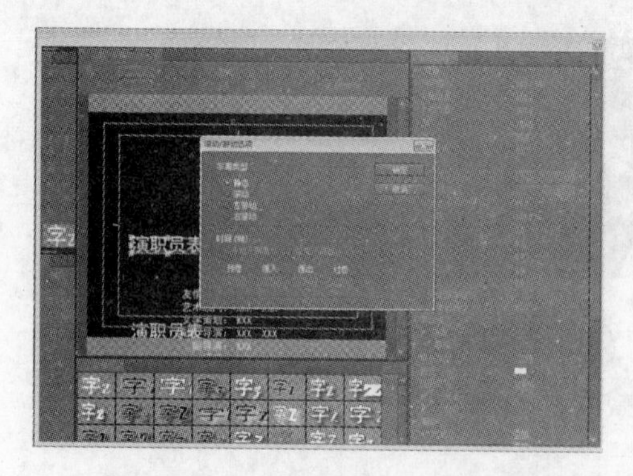

图 12-49　设计字幕类型为静态

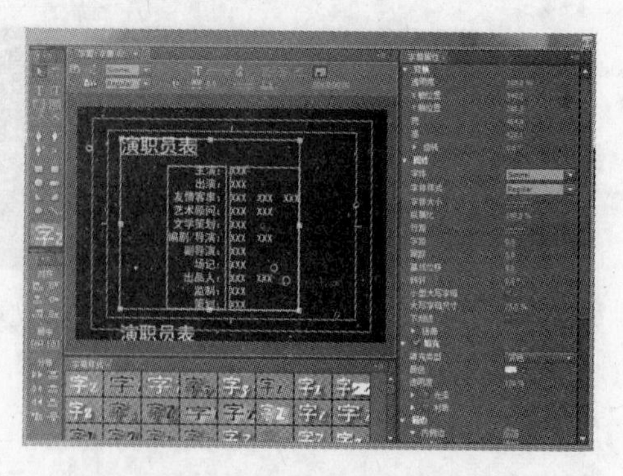

图 12-50　字幕处于屏幕中间

(6) 双击项目素材管理器中的“字幕 03”，执行菜单命令“字幕” | “滚动/游动选项”，将“字幕 03”的时间(帧)中“结束于屏幕外”复选框选中，如图 12-51 所示。此时“字幕 03”将从屏幕中间开始往上滚动，直至滚动出屏幕上方为止。

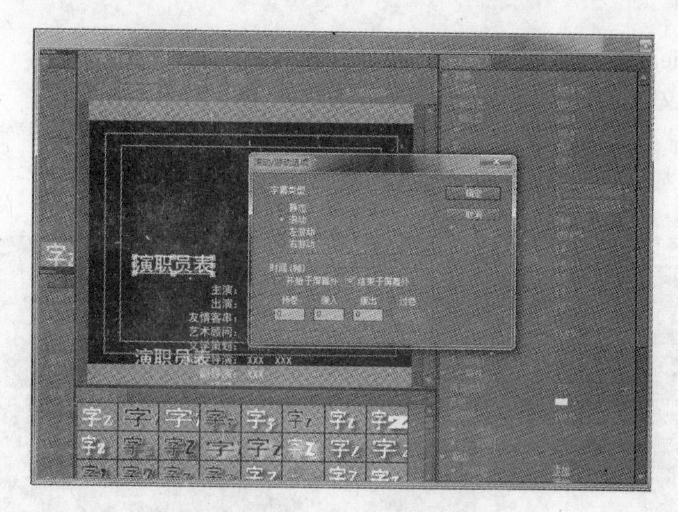

图 12-51　设置“字幕 03”滚动出屏幕

(7) 将“字幕 01”、“字幕 02”、“字幕 03”按顺序放置在视频轨道 1 上，调整素材“字幕 02”的时间线长度为 4 秒，如图 12-52 所示，在节目监视器上预览效果即可，最终效果图如图 12-45 所示。

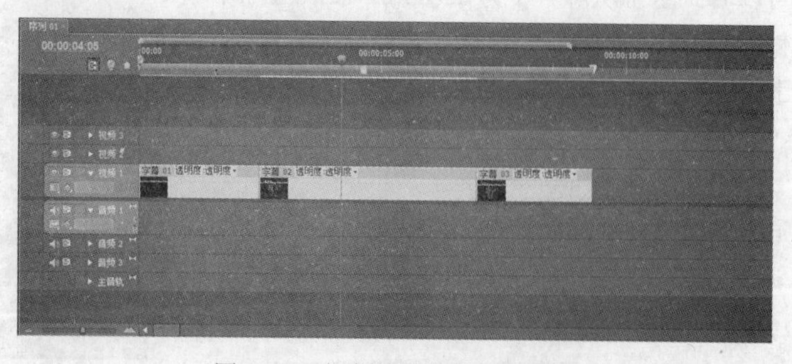

图 12-52　视频轨道上的素材长度

12.4　本章小结

字幕作为一种文字信息广泛应用于影视节目中，起到纯画面信息不可替代的作用。影视画面上叠加的字幕可以增加画面的信息量，对画面有说明、补充、扩展、强调的作用。字幕的类型多种多样，但每一种样式的字幕各具特点，能够产生不同的视觉效果和艺术感受。同时，字幕要根据影视节目的题材、内容、风格、样式来选择和确定，并充分考虑字幕的字体、颜色、排列、技巧、长度、衬底等基本属性。在 Premiere Pro CS5 中，可以利用 Adobe Title Designer 工具创建和编辑字幕，还可以绘制图形，方便地实现轨道遮罩等。此外，字幕还可以应用视频滤镜等特效，创造出具有艺术感的字幕或图形。在编辑字幕时应注意三个关键点：一是字幕的颜色搭配必须清晰可见；二是使用概括、精练的语言，力求简洁醒目；三是分清标题性文字与说明性文字之间的区别。

12.5　思考与练习

1．字幕包括哪些类型？
2．如何创建路径字幕？
3．字幕的填充类型包括哪几类？
4．如何创建字幕样式？
5．如何创建字幕模板？
6．简述滚动字幕的制作过程。
7．简述游动字幕的制作过程。

第13章　渲染与输出

Premiere在编辑影视媒体过程中，由于添加了视频切换、视频特效和音频特效等效果，要想看到实时的画面效果，需要对工作区域进行渲染。而项目完成后，则需要输出影片，便于长久保持视频文件。Premiere Pro CS5在视音频输出方面具有强大的功能，能输出标清、高清等多种视频文件格式，还可以通过Adobe Media Encoder转换视频格式。

本章学习目标：

1．掌握视音频文件输出的基本参数设置；

2．掌握视音频媒体输出的常用文件格式；

3．掌握Adobe Media Encoder CS5软件；

4．掌握制作视音频DVD播放光盘技术；

5．掌握视音频预演文件存储路径的设置。

13.1　项目渲染

渲染是在编辑过程中不生成文件而只浏览节目实际效果的一种播放方式。在编辑工作中使用渲染，可以检查素材之间的组接关系和特效效果。由于渲染可以采用较低的画面质量，速度比生成最终节目要快，便于随时对节目进行修改，提高编辑效率。在进行渲染时，可以将节目显示在监视器窗口、显示器中心和电视监视器上(需要计算机有视频输出功能)，方便对节目进行调整和检查纰漏。

在Premiere Pro CS5中对文件的渲染有两种方式：生成渲染和实时渲染。

实时渲染支持所有的视频特效、转场特效、运动设置和字幕。如果这些特效应用得比较复杂，在实时渲染过程中将不能达到正常的帧速率，可以降低画面品质或降低帧速率来调整。使用实时渲染不需要进行任何生成(渲染)工作，可节省时间。

生成渲染需要对时间线窗口中的所有内容与特效进行生成(渲染)，生成的时间与时间线窗口中素材的复杂程度有关。使用生成渲染播放质量较高，便于检查细节的纰漏，一般经常选择一部分内容进行生成渲染。

当视频素材不能以正常帧速率播放时，时间线序列窗口出现的是红线提示，当能够以正常帧速率播放时，时间线序列窗口中出现的是绿线提示。

13.1.1　渲染文件暂存盘设置

生成渲染和实时渲染在渲染时都会生成渲染文件，执行“项目”|“项目设置”|“暂存盘”菜单命令，打开如图13-1所示的对话框，可以对渲染文件的存储路径进行设置。可

以在视频渲染和音预渲染选项中设置渲染文件的保存路径。当选择“与项目相同”时，渲染文件将与项目文件保存于同一路径中。若项目文件未被保存，在退出 Premiere 后，渲染文件及其保存的文件夹将被自动删除。

由于渲染文件保存在硬盘中，为了提高渲染的质量与速度，尽可能选择转速快(如高速 SCSI 硬盘)、空间大(如大硬盘或硬盘阵列)的本地硬盘保存渲染文件。

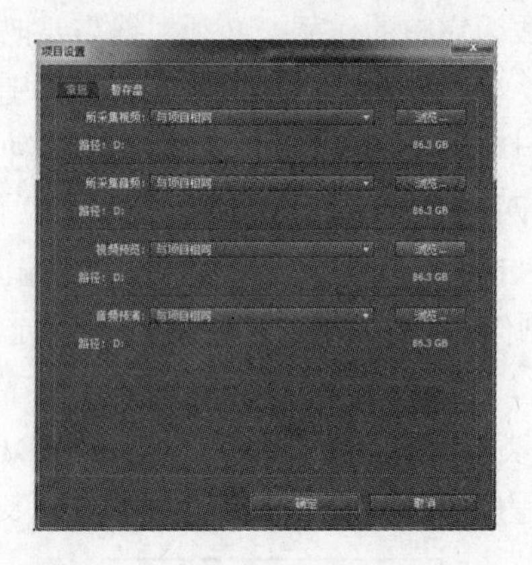

图 13-1　渲染文件的存储路径设置

13.1.2　特效的渲染与生成

在完成影视媒体作品的后期编辑处理后，在时间线窗口中拖动工作区域条并使其覆盖要渲染的区域，执行“序列”｜“渲染工作区域内的效果”菜单命令，如图 13-2 所示，或者在激活时间线窗口后按回车键，Premiere 将会出现一个正在渲染的进度条，如图 13-3 所示。

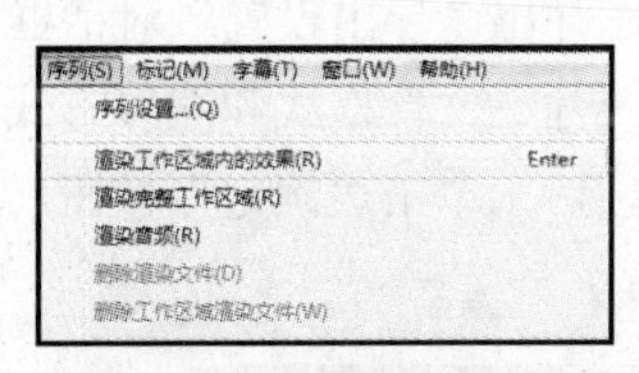

图 13-2　渲染菜单命令

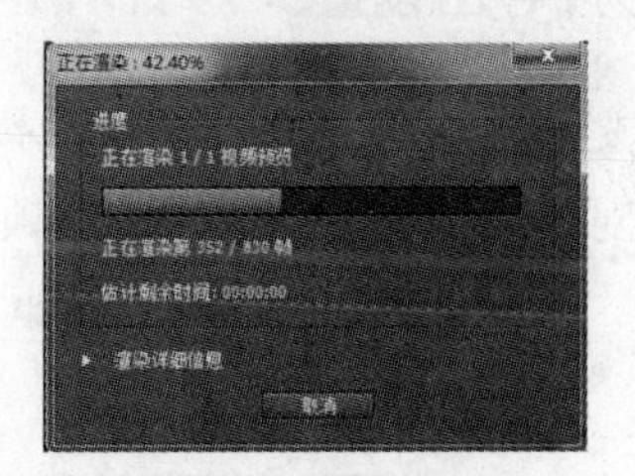

图 13-3　渲染进度条

待渲染文件生成后，在时间线窗口中的工作区域下方和时间标尺上方之间的部分会变成绿色，表明相应视频素材片段已经生成了渲染文件。此时激活时间线窗口，按 Enter 键，渲染片段会在节目监视器窗口中自动播放。而在暂存盘文件夹中，对应生成了相应的预演文件，如图 13-4 所示。

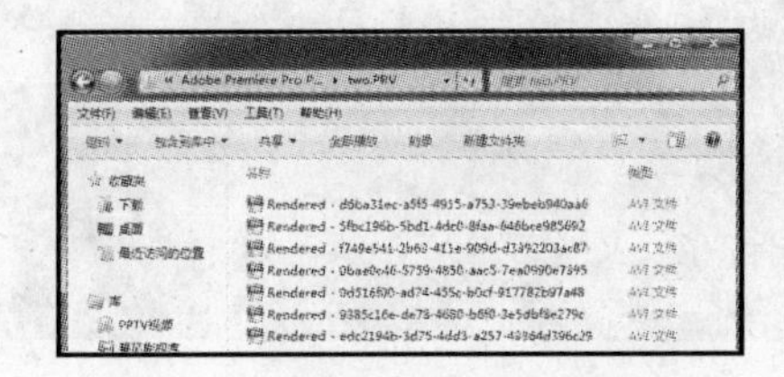

图 13-4　暂存盘中的渲染文件

13.2　影片输出

在 Premiere 中编辑好视频节目之后，只是完成了在计算机中素材的组织和剪辑，此时还不能将它进行随意的移动，也不能利用其他媒体播放器进行播放，因此，还没有完成整个项目，或者说还没有使它成为完整的作品。必须根据需要把它渲染输出为特定的媒体文件之后，才能在其他媒体播放器上进行播放。当然，这些工作还需要使用 Premiere 来完成，它具有强大的输出功能，而且可以把编辑好的文件输出为多种格式和形式的媒体文件。

一般来讲，输出的目的有两个，一个是输出为最终的媒体文件进行发布，另外一个目的是做进一步的编辑，如在 After Effects 或者其他合成软件中进行编辑或者合成。在 Premiere 中编辑好视频节目之后，如果对制作的效果满意，就可以根据特定的要求和目的进行输出了。执行“文件”|“导出”命令，弹出的级联菜单中有媒体、字幕、磁带、EDL、OMF、AAF 和 Final Cut Pro XML 等 7 种类型，如图 13-5 所示。其中，EDL 文件和 AAF 文件是介绍项目的数据文件和在其他编辑程序中使用的文件，用户导出最多的是媒体文件。

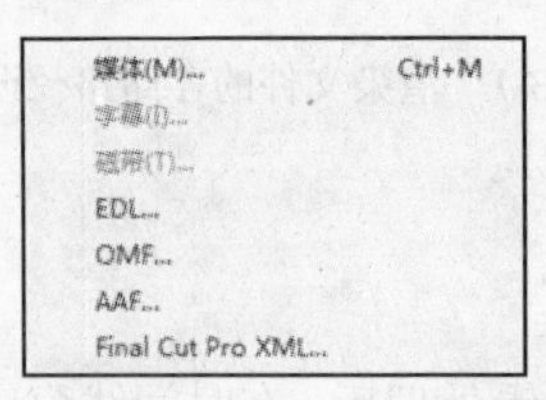

图 13-5　影片输出类型

13.2.1　影片导出设置

执行“文件”|“导出”|“媒体”菜单命令，弹出“导出设置”对话框，如图 13-6 所示。在该对话框中，用户可以对视频文件的最终尺寸、文件格式和编辑方式等一系列内容进行设置。完成“导出设置”对话框内的各个选项后，单击“确定”按钮，即可导出当前的设置。

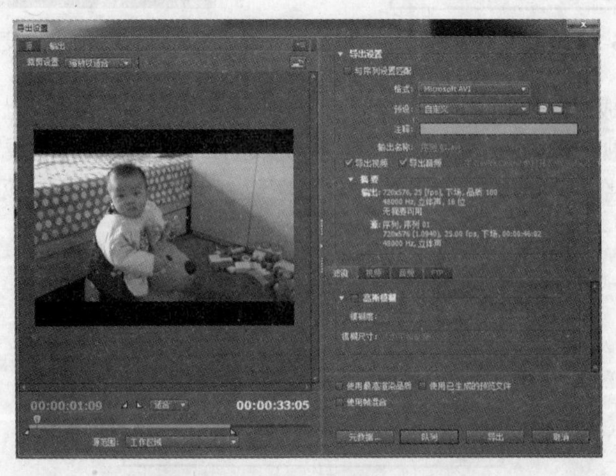

图 13-6　“导出设置”对话框

“导出设置”对话框的左半部分为视频预览区域，右边部分为参数设置区域。在左半部分的视频预览区域中，可分别在“源”和“输出”选项卡内查看到项目的最终编辑画面和最终输出为视频文件后的画面。在视频预览区的底部，调整滑杆上方的滑块可控制当前画面在整个影片中的位置，而调整滑杆下方的两个“三角”滑块则能够控制导出时的入点和出点，从而起到控制导出影片持续时间的作用。

1. 画面大小控制

单击“裁切输出视频”按钮后，在预览区域的视频画面四周增加了一个可控制的矩形框，用鼠标拖拽四条边界可以改变范围，鼠标放在矩形框内时则可以移动整个矩形框，在“裁切输出视频”右边的“左侧”、“顶部”、“右侧”和“底部”4 个数据在调整过程中同步发生相应的变化。用户还可以选择性地控制图像输出的宽高比，如图 13-7 所示。

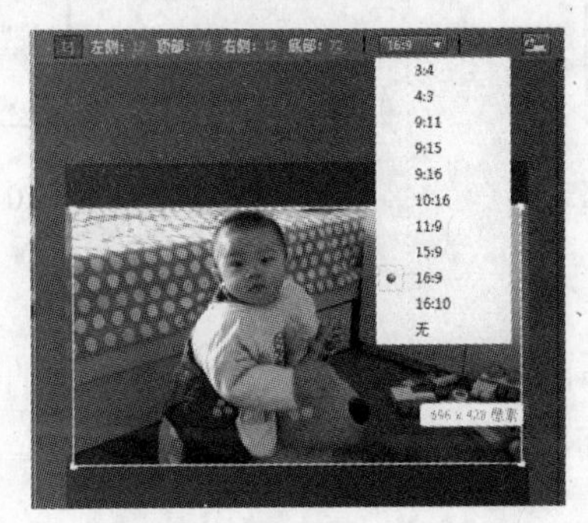

图 13-7　画面大小控制

2. 时间区域控制

通过预览区底部的时间控制按钮，用户可以控制源素材的输出范围及出点、入点间的持续时间，如图 13-8 所示。

图 13-8　时间区域控制

3. 文件格式设置

在“导出设置”选项组内选择不同的输出文件类型后，Premiere 会根据所选文件类型的不同，调整不同的视频输出选项，以便更为快捷地调整视频文件的输出设置。Premiere 提供强大的视频编辑功能的同时，还具有输出多种文件格式的功能。

(1) 与序列设置匹配

如果选择“与序列设置匹配”选项，则所有的参数属性与序列设置保持一致，此时无法修改导出视频媒体的相关属性设置。

(2) 导出格式

导出媒体时，主要可以导出视频、音频、视音频、静帧图像和序列图像等多种文件格式，如图 13-9 所示。用户根据节目的需要，选择一个最佳的文件格式输出媒体文件即可。

(3) 预设

Premiere 根据常用的电视视频制式，预设了常用的视频文件格式，用户直接选择即可输出相应的格式文件，如图 13-10 所示。

图 13-9　文件格式

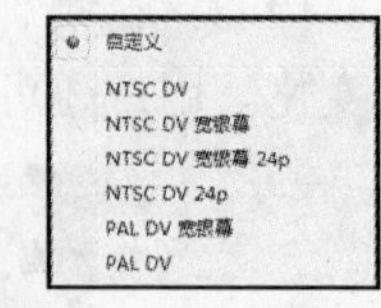

图 13-10　系统预设格式

(4) 输出名称

用户单击“输出名称”后面的默认名称，系统将弹出文件“另存为”对话框，用户可以修改文件的保存路径和名称，如图 13-11 所示。

(5) 其他选项

Premiere 在输出影片时，可以为视频画面添加高斯模糊效果，还可以通过计算机网络直接把文件传送到 FTP 服务器进行流媒体现场直播，如图 13-12 所示。

图 13-11　“另存为”对话框

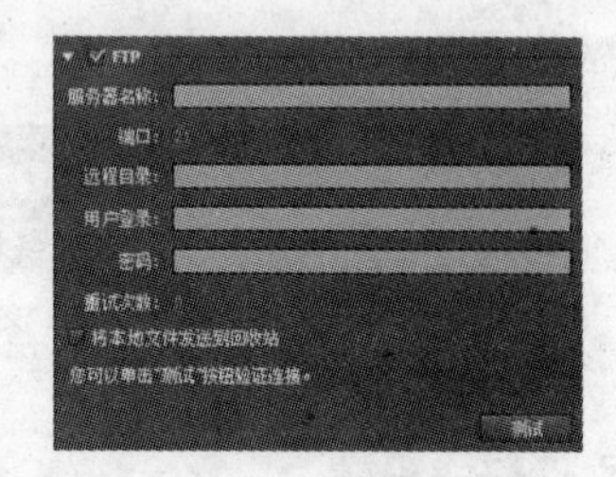

图 13-12　连接 FTP 服务器

13.2.2　使用 Media Encoder 输出影片

Adobe Media Encoder 是 Premiere 的编码输出终端，其功能是将素材或时间线上的成品序列编码输出为 MPEG、MOV、WMV、QuickTime 等格式的视音频媒体文件。在目前最新的 CS5 版本中，Adobe Media Encoder 还可独立运行，并支持队列输出、后台编码等功能。与之前集成于 Premiere 中的编码输出模块相比，独立的 Media Encoder 在输出与转换的功能上更加纯粹，避免了用户在输出音视频文件时的重复操作，提高了工作效率。

单击“队列”按钮，Premiere 将自动启动 Adobe Media Encoder CS5，并将所要导出的

影片剪辑项目添加到 Media Encoder CS5 中，如图 13-13 所示。

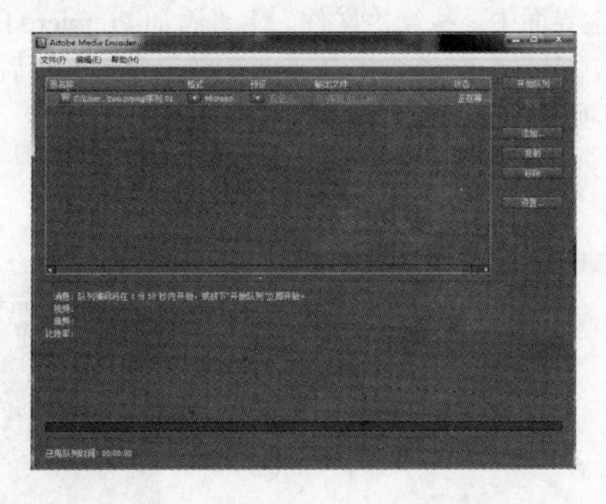

图 13-13　Media Encoder 操作界面

1．导出队列列表

用于查看和管理导出队列，还可用于调整导出队列内的某些设置。例如，在“预设”列表项内单击预置输出方案名称后，即可弹出“导出设置”对话框，以便用户调整相应队列的输出设置。

2．队列控件

单击“添加”按钮，可以在导出队列列表内添加素材文件，再单击“移除”按钮，可将不需要的素材从队列列表内删除。添加完素材后，单击“设置”按钮，弹出“导出设置”对话框，调整输出设置，还可以控制队列编码的开始与暂停。

3．编码信息提示区域

Adobe Media Encoder 开始输出视频文件时，该区域便会显示当前所导出文件的消息、视频、音频、比特率等编码信息。

4．编码进度条

开始输出文件时，编码进度条为用户显示当前所输出文件的编码进度、所用时间及剩余时间。

5．添加导出文件

根据待编码文件来源的不同，在 Adobe Media Encoder 内添加导出文件的方法也有所差别，下面将分别对其进行介绍。

(1) 添加媒体文件

当需要对现有媒体文件进行重新编码，以便将其转换为其他格式的媒体文件时，可在单击 Media Encoder 主界面内的“添加”按钮后，在弹出的对话框内选择所要转换的媒体文件，如图 13-14 所示。完成上述操作后，单击“打开”对话框内的“打开”按钮，即可将所选择的文件添加至导出队列列表内。

(2) 添加 Premiere 序列

在 Media Encoder 主界面中，执行“文件”|“添加 Premiere Pro 序列”命令，即可在弹出的对话框左侧的“项目”窗格内选择 Premiere 项目文件。然后，在对话框右侧的“序列”窗格中，选择当前项目内所要导出的序列，如图 13-15 所示。完成上述操作后，单击“导入 Premiere Pro 序列”对话框内的“确定”按钮，即可将所选序列添加至导出队列列表内。

图 13-14　添加素材

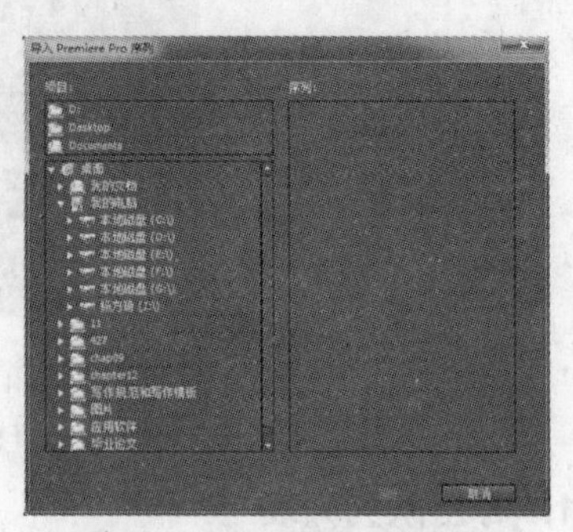

图 13-15　添加 Premiere 序列

6. 跳过导出文件

在批量输出媒体文件时，选择导出队列中的某个导出项目后，执行“编辑”|“跳过所选项目”命令，即可在导出队列任务的过程中，直接跳过该项目。对于已经设置为“跳过”状态的项目来说，选择这些项目后，执行“编辑”|“重置状态”命令，即可将其任务执行状态恢复为“正在等待”。这样一来，便可在批量输出媒体文件时，随同其他项目一同被输出为独立的媒体文件。

7. 添加监视文件夹

监视文件夹的作用在于，Media Encoder 会自动查找位于监视文件夹内的音视频文件，并使用事先设置的输出设置对文件进行重新编码输出。下面将对添加监视文件夹的方法进行讲解。在 Media Encoder 主界面中，执行“文件”|“创建监视文件夹”命令后，即可在弹出的对话框内选择或创建监视文件夹，如图 13-16 所示。

完成后，单击“浏览文件夹”对话框内的“确定”按钮，即可在导出队列列表内添加监视文件夹，如图 13-17 所示。

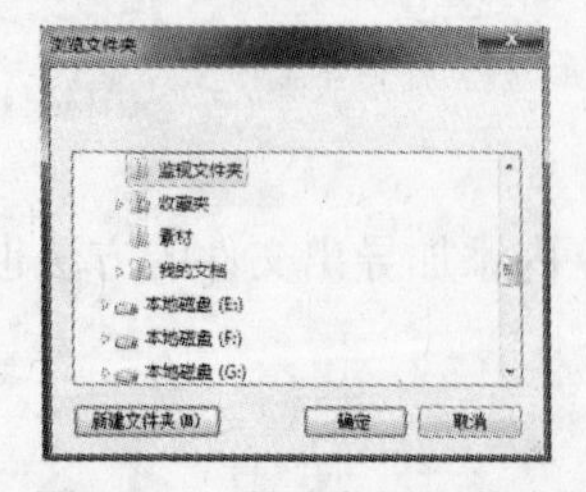

图 13-16　创建监视文件夹

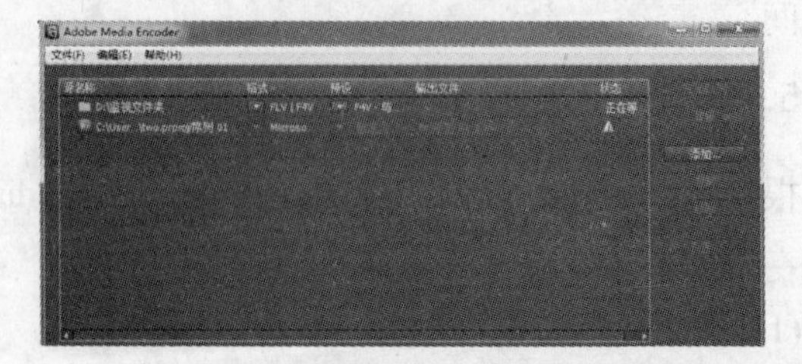

图 13-17　导出列表中的监视文件夹

13.2.3　输出到录像带

Premiere Pro CS5 还可以将编辑好的视频节目直接输出到录像带中。如果计算机连接了磁带机或者摄像机，那么也可以使用 Premiere 控制它们。视频的质量取决于在“项目设置”窗口中选择或者设置的编辑模式。当从时间线窗口中进行输出时，Premiere 将使用“项目设置”窗口中的设置。许多视频捕捉卡都包括与 Premiere 兼容的插件软件及其所提供的相应的菜单命令。因此，如果看到的选项与这里提到的不同的话，那么可参看捕捉卡或者插件说明文件。如果在输出时，要从时间线窗口中播放视频节目，那么要确定使用的压缩设置能够保留最高的捕捉质量，而且不丢帧。当把 DV 视频节目记录到 DV 磁带上时，一定要使用 IEEE 1394 连接。如果打算将 DV 音频和视频以模拟格式输出，那么需要一台设备，使之能够将 DV 音频和视频输出成模拟格式。大多数 DV 摄像机和所有的 DV 磁带录像机都具有这种转换能力。有些 DV 摄像机需要先将视频节目录制到 DV 带，再转换成模拟视频文件。

在输出到录像带时，要在视频节目的开始部分和结束部分设置一部分额外的时间，可在时间线窗口中的开始和结束部分添加一个黑色或者彩色的遮罩。如果使用后期制作设备复制录像带，那么要在视频节目的开始部分添加至少 30 秒的视频和音频补充部分。

1. 录制 DV 带

下面介绍如何把剪辑序列录制到 DV 带上。

(1) 开始录制之前，首先要确定将 DV 设备连接到计算机上，一定要使用 IEEE 1394 接口。依据所使用的设备，可以使用 4 针插头或者 6 针插头的连接线。

(2) 打开 DV 录像机，并设置为 VTR(VCR)模式。

(3) 启动 Premiere 并打开一个项目。

(4) 执行“序列”|“序列设置”命令，在弹出的“序列设置”对话框中单击“回放设置”按钮，打开“回放设置”对话框，如图 13-18 所示。

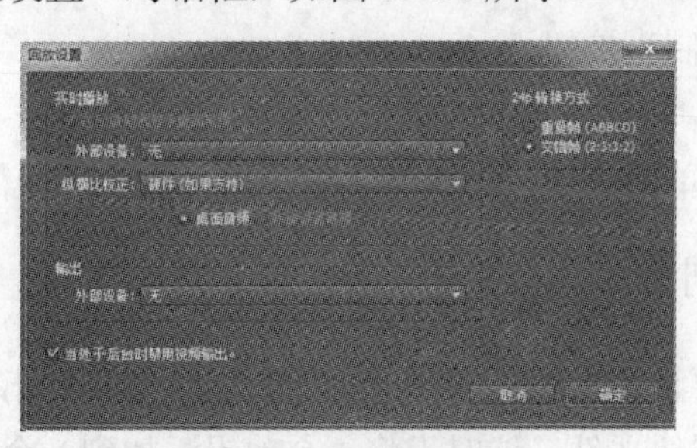

图 13-18　回放设置

(5) 如果编辑模式被设置为 DV Playback，那么根据需要再设置相应的序列选项。

(6) 单击“确定”按钮，关闭“回放设置”对话框。

2. 使用外部设备控制将时间线中的剪辑录制到录像带

Premiere 可以直接使用外部设备控制将时间线窗口中的剪辑序列录制到录像带。下面介绍操作过程。

(1) 确定视频录制设备是打开的，而且放置好录像带，并找到开始录制的位置。

(2) 在 Premiere 的时间线窗口中激活需要输出的剪辑序列，执行“文件”|“输出”|

“输出到磁带”命令。只有连接了外部录制设备之后，“输出到磁带”命令才是有用的。

(3) 为了使 Premiere 能够控制外部设备，选择“回放设置”项，并设置下列选项。

如果要设置开始录制的帧，那么选择“在时基组装”项，并输入开始输出的切入点。如果不选择该项，那么录制将从当前位置开始。

如果想使设备的时间码和录制时间同步，那么选择“延迟电影开始”项，并输入需要使电影延迟四分之一帧的数字，以便使之和 DV 设备录制的开始时间同步。有些 DV 设备需要的延迟时间是 DV 设备接到开始录制命令和电影在计算机上开始播放时之间的一个时间值。

(4) 在“选项”部分选择下列选项。

① 丢帧后退出：选中该项后，如果指定数量的帧不能成功地输出，那么自动结束输出过程。

② 报告丢帧：选中该项后，如果丢帧，那么将生成一个文本报告。

③ 在输出之前渲染音频：选中该项后，防止在输出期间因丢帧而造成音频出现异常。

(5) 根据需要设置好选项后，单击“录制”按钮即可。

3. 不使用设备控制将时间线中的剪辑录制到录像带

还可以不使用设备控制来输出视频到录像带中，下面介绍如何进行录制。

(1) 连接计算机和设备之后，激活需要输出的剪辑序列。

(2) 确定可以在摄像机或者录制设备上预览视频节目。如果不能，那么检查一下前面所设置的步骤是否有误。

(3) 确定视频录制设备是打开的，而且放置好录像带，录像带提示录制的开始点。

(4) 将当前时间指示器放置到时间线窗口中剪辑序列的开始位置。

(5) 在设备上按“录制”按钮。

(6) 单击节目监视器“播放”按钮。

(7) 当节目完成后，单击“节目接收器”窗口下面的“停止”按钮即可。

13.2.4　输出静帧序列

用户还可以根据需要将一个剪辑序列或者一个视频节目输出为一幅幅的静帧图像，每帧都是一个单独的静止图像文件，这对于将一个剪辑添加到一个动画或者三维应用程序中是非常有用的。在输出时，Premiere 将自动为每个图像文件标记序数。

1. 输出动画 GIF

GIF 动画最适合于实色的运动图像，而且帧的尺寸比较小，可用做动画公司的徽标。这种动画非常实用，因为它可以在任何的 Web 浏览器上播放，而不需要什么插件，但是在 GIF 动画中不能包含有音频。输出 GIF 动画的方式和输出其他文件的方式相同，但是一定要确定在文件类型列表中选择的是动画 GIF。下面介绍动画 GIF 输出的操作过程与方法。

(1) 选择需要输出的剪辑，执行“导出”|“媒体”命令，打开“导出设置”对话框。

(2) 从“导出设置”对话框右侧的“格式”下拉列表中选择“动画 GIF”或者 GIF 项，

其他选项使用默认设置即可。

(3) 单击“确定”按钮即可，编辑人员也可以根据需要设置其他的选项。

2. 输出静止图像序列

静止图像具有下列作用：可以使用电影记录器把静止图像转换为电影；在高端视频系统中使用；出版或者创建故事板；在其他图形编辑程序中使用输出静止图像序列时，要为它们单独创建一个文件夹，Premiere 将自动为每个图像文件标记序数。下面介绍静止图像的序列输出操作过程与方法。

(1) 在时间线窗口中选择剪辑或者剪辑序列，执行“文件”|“导出”|“媒体”命令，打开“输出设置”对话框。

(2) 从“输出设置”对话框右侧的“格式”下拉列表中选择合适的静止图像序列格式，如 Targa、GIF、JPG 或者 TIFF。

(3) 一般可以让其他选项保持默认设置，单击“确定”按钮即可输出静止图像序列。

13.2.5 输出 EDL 文件

EDL(Edit Decision List)是一种广泛应用于视频编辑领域的编辑交换文件，其作用是记录用户对素材的各种编辑操作。这样一来，用户便可在所有支持 EDL 文件的编辑软件内共享编辑项目，或通过替换素材来实现影视节目的快速编辑与输出。

在 Premiere 中，输出 EDL 文件变得极为简单，用户只需在主界面内执行“文件”|“导出”|EDL 命令后，弹出“EDL 输出设置”对话框，如图 13-19 所示，在“EDL 输出设置”对话框中，调整 EDL 所要记录的信息范围后，单击“确定”按钮，即可在弹出的对话框内保存 EDL 文件。

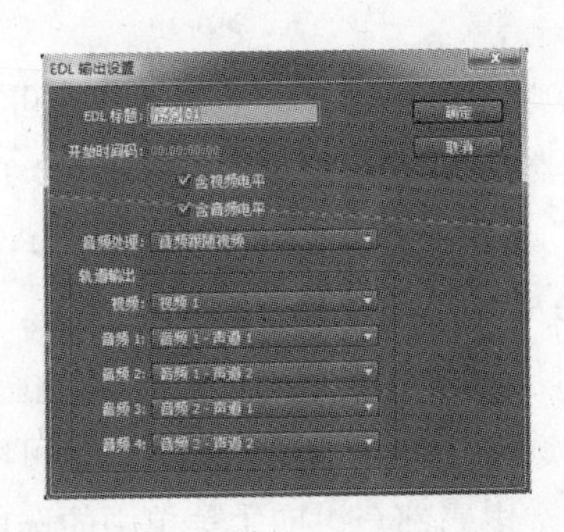

图 13-19　“EDL 输出设置”对话框

13.2.6 输出 OMF 文件

OMF(Open Media Framework)最初是由 Avid 推出的一种音频封装格式，能够被多种专业的音频编辑与处理软件所读取。在 Premiere 中，执行“文件”|“导出”|OMF 命令后，即可打开“OMF 输出设置”对话框，如图 13-20 所示。

根据应用需求，对“OMF 导出设置”对话框内的各项参数进行相应调整后，单击“确定”按钮，即可在弹出的对话框内保存 OMF 文件。

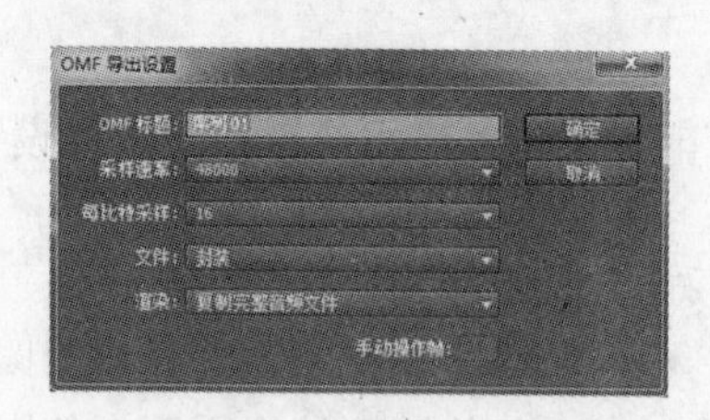

图 13-20　OMF 导出设置

13.2.7　制作 DVD

在编辑完影片或者 DV 之后，可以把它们输出为 CD、VCD、DVD 或者蓝光光盘格式，转到其他的相应软件中即可把它们刻录成对应的光盘，如 Adobe Encore DVD。另外，还可以输出带有控制菜单或者不带有控制菜单的 DVD，在 Premiere 中提供了多种可用的 DVD 菜单模板，也可以自行定制模板来创建 DVD。

如果使用 Adobe Encore DVD 来创建 DVD，那么可以把编辑好的剪辑序列输出为 AVI 或者 MPEG-2 格式的文件。而且可以使输出的剪辑包含有剪辑标记，Adobe Encore DVD 能够识别这些标记。

1. DVD 的类型

在 Premiere 中，可以创建自动播放的 DVD，也就是不带有菜单的 DVD；也可以创建基于菜单的 DVD，这些菜单为观众提供导航选项，可便于观众选择。在 Premiere 中可以创建 3 种类型的 DVD，分别是：自动播放的 DVD、基于菜单的带有场景选择子菜单的 DVD 和基于菜单的带有电影选项的 DVD。

(1) 自动播放的 DVD

这种 DVD 不带有菜单选项，插入到 DVD 播放器中即可播放，适用于短片或者在一种循环播放模式下持续播放的电影。但是也可以在这种 DVD 中插入标记以便允许观众可以使用 DVD 遥控器上的“前进”和“后退”键来选择播放 DVD 的内容。

(2) 基于控制菜单的 DVD

这种 DVD 会显示一个场景子菜单，适用于比较长的电影，可以从 DVD 的开头播放到最后。在主菜单中，观众可以选择 DVD 的播放内容，也可以使用子菜单选择要播放的内容。在创建这种 DVD 时，每个电影都会对应主菜单中的选项，也可以使它包含有场景标记，这样可以为观众提供一个场景选择子菜单，以便于选择要观看的内容。但是这种场景选择菜单是控制整个剪辑序列的，不能为单独的小电影设置单独的场景选择菜单。

2. 为制作 DVD 准备素材

在制作 DVD 项目之前需要准备必要的素材，如捕捉和录制的影像文件、声音文件等。但是在准备这些文件时一定要注意使素材符合制作 DVD 的规格，这样才能保证制作出的 DVD 能够在多种播放器中进行播放。一般要注意帧大小和帧频，为了获得最佳的效果，还要注意以下几个方面。

(1) 帧大小：对于 NTSC 制式而言是 720×480，对于 PAL 制式而言是 720×576。如果使用不同的帧大小，那么 Premiere 会自动地缩放它。

(2) 帧速率：对于 NTSC 制式而言是 29.97 帧每秒，对于 PAL 制式而言是 25 帧每秒。在同一个项目中的所有素材必须使用相同的帧速率。

(3) 屏幕宽高比：可以设置 4:3 或者 16:9(宽屏)。

(4) 音频参数：一般用 16 位、48kHz 的立体声。

3. 选择光盘的文件格式

创建不同的光盘或者不同类型的光盘需要选择合适的文件格式，执行"文件"｜"导出"｜"媒体"菜单命令，即可打开"输出设置"对话框。在这里只介绍当前比较流行的两种光盘的文件格式，一种是 DVD，另外一种是蓝光光盘，这两种光盘都有单层和双层之分。对于单层和双层的 DVD 而言，需要选择 MPEG2-DVD 或者 H.264 格式。对于单层和双层的蓝光光盘而言，需要选择 MEPG2 Blu-ray 格式或者 H.264 Blu-ray 格式。对于这些文件格式，可以在"输出设置"对话框的"格式"菜单中进行选择。

在以前的版本中，对于 CD、VCD 或者 SVCD(超级 VCD)而言，也需要选择对应的文件格式。如对于 VCD 而言，需要选择 MPEG4 格式。我们也可以把它们导入到其他相关的软件中进行转换。

4. 创建 DVD 的工作流程

可以把在 Premiere 中的整个剪辑序列烧录 DVD，也可以把项目中的每一个剪辑序列烧录成单独 DVD。在烧录 DVD 之前，需要做一些准备工作。烧录 DVD 的一般流程是：准备素材、编辑完成序列、添加场景、菜单和停止标记、预览 DVD 和刻录 DVD。

(1) 添加场景、菜单和停止标记

Premiere 会根据在剪辑序列中设置的 DVD 标记自动创建 DVD 标记。DVD 标记不同于剪辑序列标记，但是在时间线窗口中设置它们的方式是相同的。如果创建的是自动播放的 DVD，那么也可以为 DVD 添加场景标记以便使观众能够使用播放器的遥控器来选择要播放的内容。

(2) 预览 DVD

设置好菜单后，可以在"预览 DVD"窗口中预览 DVD 菜单的外观并检查菜单的功能是否正常。

(3) 刻录 DVD

检查完成后，如果计算机上连接有可以刻录 DVD 的工具，那么就可以装入 DVD 光盘进行刻录了。也可以把它们保存到计算机的硬盘上，注意要单独建立一个文件夹在计算机上播放。还可以把它们保存成 DVD ISO 影像在以后使用其他的 DVD 烧制软件进行刻录。

5. DVD 标记

DVD 标记是观众用于观看 DVD 内容的控制标记，可以使用播放器的遥控器进行控制。如果使用遥控器选择"播放"，那么电影就会开始播放。如果选择"主菜单"那么会出现更多的控制选项。DVD 标记根据功能，一般分为主菜单标记、场景标记和停止标记。

(1) 主菜单标记

使用主菜单标记可以把整个视频分成多个单独的电影，主菜单上的按钮将被连接到主菜单标记上。可以在剪辑序列中放置主菜单标记来指示每个电影的开始位置，也可以放置停止标记来指示每个电影的结束位置。添加到主菜单中的按钮与每个主菜单标记相对应，标记名称栏中的文本会成为该按钮的文本。如果主菜单没有包含足够的主菜单标记按钮，那么 Premiere 将复制该主菜单并添加一个“前进”按钮。如果在电影中没有主菜单标记，那么在该主菜单中则不会显示电影按钮。

(2) 场景标记

使用场景标记(没有停止标记)可以使电影从头播放至尾，而且可以把场景标记放置在任一位置，观众也可以选择不同的部分进行观看。场景按钮连接到场景标记，并依次显示在场景子菜单上，但是不会和电影组合在一起。如果在剪辑序列中没有设置场景标记，那么 Premiere 将省略场景按钮和场景子菜单。

(3) 手动添加场景或者主菜单标记

手动添加标记时，可以随时为它们命名。下面介绍如何添加场景标记，这两种标记的添加方法是相同的。在有些模板上，菜单按钮包含有视频的徽标图像。在默认设置下，徽标图像显示的是在该标记位置处的可见帧。但是可以在“Encore 章节标记”对话框中改变徽标所显示的图像。

① 在时间线窗口中，把当前时间指示器移动到需要设置标记的位置处。

② 单击“设置编码章节标记”按钮，即可在时间线窗口中创建章节标记。

③ 通过双击创建的章节标记，可以打开“编码章节标记”对话框，使用该对话框可以编辑创建的标记。

④ 为标记输入名称。要注意名称不要太长，需要和菜单相匹配，而且不能与其他按钮叠加。

⑤ 设置好名称之后，单击“确定”按钮即可在时间线中添加上该标记。注意，主菜单标记是绿色的，场景标记是蓝色的。

(4) 移动、编辑和删除标记

在 Premiere 中，有时还需要移动标记、编辑标记和删除标记。

① 移动标记

在需要移动标记时，只需要在时间线窗口把设置的 DVD 标记拖到需要的位置即可，就像编辑时移动素材、关键帧操作那样简单。

② 编辑标记

在放置好 DVD 标记之后，可以改变它的名称、类型(场景、主菜单或者停止标记等)，以及在徽标按钮上显示的徽标图像。标记名称将成为主菜单或者场景子菜单中的按钮名称。操作步骤如下：在时间线窗口中双击需要编辑的 DVD 标记，在弹出的“编码章节标记”对话框中编辑选择的标记，单击“确定”按钮即可。

③ 删除 DVD 标记

如果对设置的标记不满意或者不再需要它们，那么可以从剪辑序列中删除它们。可以一次删除单个的标记，也可以一次性删除所有的标记。操作非常简单，具体操作过程如下：

- 在时间线窗口中，把时间滑块移动到需要编辑的 DVD 标记上，为了精确起见，可以把时间标尺放大。
- 选择“标记”|“清除序列标记”|“清除所有标记”选项即可，也可以通过双击时间线窗口，打开“标记”对话框，单击“删除”按钮将其删除掉。
- 如果需要清除所有的 DVD 标记，那么确定时间线窗口处于激活状态，把当前时间指示器移动到标记上，选择“标记”|“清除编码章节标”|“清除所有标记”选项即可。

6. 制作自动播放的 DVD

在 Premiere 中可以把指定的剪辑序列输出为自动播放的 DVD。要注意的是在开始输出之前需要确定在计算机上安装了 Adobe Encore CS5。Adobe Encore 是 Adobe 公司开发的另外一款专门制作 DVD 的软件，读者可以从 Internet 下载源文件安装，Premiere Pro CS5 软件里面封装的是 Adobe Encore CS5。

(1) 在 Premiere 的时间线窗口中指定或者选择需要输出的剪辑序列。

(2) 通过单击“设置编码章节标准”按钮，打开“编码章节标记”对话框设置编码标记。

(3) 执行“文件”|“输出”|“媒体”命令，打开“输出设置”对话框，把“格式”设置为 MPEG-DVD 或者 H.264，然后设置其他需要的选项。单击“确定”按钮，关闭“输出设置”对话框。

(4) 在打开的“保存文件”对话框中，设置好保存的文件名称及路径，单击“保存”按钮后，打开“渲染”对话框开始渲染。

(5) 最后进行刻录，通常导入到 Adobe Encore CS5 中进行调整和刻录。

7. 制作基于菜单的 DVD

在 Premiere 中可以把指定的剪辑序列输出为能够使用控制菜单控制播放的 DVD。要注意的是在开始输出之前需要先在计算机上安装 Adobe Encore CS5。在 Encore 中预置有多种菜单模板，使用这些模板可以制作基于菜单的 DVD。在这些模板中都包含有主菜单和场景选择子菜单，而且模板会自动连接菜单按钮和在时间线窗口中设置 DVD 标记。

在模板中，主菜单一般包含两个按钮：一个用于播放电影；另外一个用于显示场景选择子菜单。在部分模板中还包含有附加的按钮用于执行其他的播放操作。场景选择子菜单中的按钮一般包含一个识别标签和一个场景中的徽标图像，该徽标图像属于视频中的一幅静止图片。

对于这些模板，可以通过改变它们的字体、颜色、背景和布局等来把它们改变成需要的外观和风格。但需要注意的是改变的模板只应用于当前的剪辑序列，不能把改变的模板保存起来重新使用。

下面介绍制作带有控制菜单 DVD 的具体操作过程。

(1) 在 Premiere 的时间线窗口中指定或者选择已经编辑好的、需要输出的剪辑序列。

(2) 通过单击时间线窗口中的“设置编码章节标记”按钮，打开“编码章节标记”对话框设置编码标记。

(3) 选择“文件”|“输出”|“媒体”选项，打开“输出设置”对话框。

(4) 根据需要设置好所有的选项。

(5) 渲染输出，并进行保存。

(6) 通常选择导入到 Adobe Encore CS5 中进行调整和刻录。

13.3 本章小结

在 Premiere Pro CS5 中进行影视媒体节目渲染可以采用较低的分辨率、精度和画面质量，速度比生成最终节目要快。可以随时对所编辑的节目进行修改，从而大大提高了编辑的效率。

项目的输出是影视媒体非线性编辑工作中的最后一个环节，输出的方法与技巧直接影响着影片的可观赏性。理论上讲，项目建立时的各项参数，如帧尺寸、帧速率、音频采样率等要与输出时对应，或高于输出参数，否则编辑的节目就达不到输出的要求。此外，还可以通过 Adobe Media Encoder 输出视频和 Adobe Encore CS5 刻录 DVD。

13.4 思考与练习

1．简述两种项目渲染方式的优缺点。

2．如何将一个编辑好的项目输出为 AVI、MPEG 和 WAV 格式的文件？

3．如何调整画面的质量？

4．如何将影片中的一帧画面输出到 Photoshop 软件中进行修改？

5．如何利用 Premiere Pro CS5 输出 DVD？

6．简述输出 WMV 文件时需要设置的参数。

7．非线性编辑过程中，交换文件的作用是什么？Premiere 支持导出哪些交换文件？

8．简述 Adobe Media Encoder 的功能与作用。

9．简述自定义导航界面的操作过程。

参考文献

[1] 白皓，洪国新．非线性编辑技术及应用[M]．武汉：华中科技大学出版社，2010.
[2] 曹飞，张俊，汤思明．视频非线性编辑[M]．北京：中国传媒大学出版社，2009.
[3] 房晓溪，黄莹，马双梅．非线性编辑教程[M]．北京：印刷工业出版社，2009.
[4] 关秀英，王泽波，吴军希．Premiere Pro CS5 中文版标准教程[M]．北京：清华大学出版社，2011.
[5] 黄秋生，江帆，寻茹茹．非线性编辑实验教程[M]．北京：中国人民大学出版社，2009.
[6] 焦道利，张新贤，张胜利．影视非线性编辑基础教程[M]．北京：国防工业出版社，2010.
[7] 雷徐冰，高志华，郭圣路．Premiere Pro CS5 从入门到精通[M]．北京：电子工业出版社，2011.
[8] 李宏虹．电视节目制作与非线性编辑[M]．北京：中国广播电视出版社，2008.
[9] 刘强，Adobe Premier Pro CS5 标准培训教材[M]．北京：人民邮电出版社，2010.
[10] 刘日宇，袁奕荣，翁志清．电视摄像与非线性编辑[M]．北京：清华大学出版社，2010.
[11] 任玲玲．影视非线性编辑与制作[M]．上海：上海人民美术出版社，2010.
[12] 唐守国，王健．Premiere Pro CS5 中文版从新手到高手[M]．北京：清华大学出版社，2011.
[13] 万璞，王磊，时中奇．Premiere Pro CS5 DV 视频制作入门与实战[M]．北京：清华大学出版社，2011.
[14] 王成志，李少勇，杜世友．Premiere Pro CS5 从入门到精通[M]．北京：人民邮电出版社，2011.
[15] 王建军．非线性编辑与应用[M]．南京：南京师范大学出版社，2011.
[16] 王维泉．数字媒体非线性编辑技术[M]．长春：吉林大学出版社，2010.
[17] 王志军．数字媒体非线性编辑技术[M]．北京：高等教育出版社，2005.
[18] 王志军．影视后期非线性编辑[M]．北京：电子工业出版社，2009.
[19] 新视角文化行．Premiere Pro CS5 完全学习手册[M]．北京：人民邮电出版社，2011.
[20] 徐亚非，李季，潘大圣．数字媒体非线性编辑技术[M]．上海：东华大学出版社，2009.

[21] 许伟民，袁鹏飞．Adobe Premiere Pro CS5 经典教程[M]．北京：人民邮电出版社，2011．

[22] 余润生．摄像与非线性编辑[M]．北京：中国水利水电出版社，2010．

[23] 苑文彪，王莉莉，鲍征烨．数字影视非线性编辑技术[M]．北京：清华大学出版社，2011．

[24] 张晓艳．影视非线性编辑[M]．北京：北京大学出版社，2010．

[25] 赵鸿章，沙景荣．数字视频处理：非线性编辑与流式化[M]．北京师范大学出版社，2009．

[26] 周进．影视动画非线性编辑专业教程[M]．北京：高等教育出版社，2009．

[27] 周进，崔贤．影视动画非线性编辑技术教程[M]．北京：清华大学出版社，2010．

[28] 朱花．影视非线性编辑简明教程[M]．北京：中国电力出版社，2011．

[29] 左明章，刘震．非线性编辑原理与技术[M]．北京：清华大学出版社，2008．